# 计算机原理
# 与汇编语言程序设计

主　编　高　静　王映龙
副主编　肖志勇　王丽颖　杨小玲

科学出版社
北　京

## 内 容 简 介

本书将“计算机原理”与“汇编语言程序设计”的内容进行了有机结合。从普遍性和原理性的角度出发，讲述计算机硬件系统的组成、各部件的结构及工作原理、指令系统和汇编语言程序设计的基本方法。全书内容分 10 章：第 1 章绪论；第 2 章计算机中的信息表示方法；第 3 章运算方法和运算器；第 4 章指令系统和寻址方式；第 5 章控制器部件的组成及其设计；第 6 章存储器系统；第 7 章输入/输出设备及输入/输出系统；第 8 章汇编语言的程序格式；第 9 章汇编语言程序设计；第 10 章汇编语言程序的开发与调试。

本书内容翔实、语句通顺、概念清晰、通俗易懂，每章配有适量的例题和习题，可以作为计算机及其相关专业的本、专科生的教材，成人自学考试和全国计算机等级考试三、四级用书，也可以作为计算机科技人员的参考书。

**图书在版编目(CIP)数据**

计算机原理与汇编语言程序设计/高静，王映龙主编. —北京：科学出版社，2011

ISBN 978-7-03-032574-7

Ⅰ.①计… Ⅱ.①高…②王… Ⅲ.①电子计算机-基础理论②汇编语言-程序设计 Ⅳ.①TP3

中国版本图书馆 CIP 数据核字(2011)第 213241 号

责任编辑：胡 凯 顾 艳/责任校对：陈玉凤

责任印制：赵 博/封面设计：王 浩

科学出版社 出版

北京东黄城根北街 16 号

邮政编码：100717

http://www.sciencep.com

北京九州迅驰传媒文化有限公司印刷

科学出版社发行 各地新华书店经销

*

2011 年 10 月第 一 版 开本：B5(720×1000)

2025 年 1 月第十三次印刷 印张：23 1/2

字数：468 000

**定价：46.00 元**

(如有印装质量问题，我社负责调换)

# 前　言

随着计算机、网络和通信等信息技术的高速发展，信息技术迅速产业化。我国的计算机技术在全球信息化浪潮的推动下也获得了快速的发展，进而对计算机专业的从业人员提出了新的挑战。对于他们来说，仅仅只会用高级语言编写代码已经不能很好地适应环境的需求了，掌握一些硬件知识和面向机器的语言势在必行——计算机原理与汇编语言的巧妙结合恰恰做到了这一点。

计算机原理主要讲述了单台计算机的完整的组成结构及各功能部件的工作原理和运行机理。汇编语言是面向机器的低级程序设计语言，可以直接操作硬件。如果将两方面有机结合起来，我们就可以很好地理解计算机系统由计算机硬件和计算机软件两部分组成，以及硬件、软件的功能划分和相互配合的关系，并且通过指令系统这条纽带将二者连接起来。本书不仅适合有一定计算机基础知识的人阅读，对于计算机的初学者也是非常适用的。

本书是首都经济贸易大学、江西农业大学、内蒙古科技大学、北京科技大学的教师多年从事"计算机组成原理"和"汇编语言程序设计"课程教学的经验总结。本书从组成计算机的五大部件出发，全面阐述了计算机各功能部件的组成、内部原理及其运行机制，详细介绍了指令系统和寻址方式，讲述了汇编语言的程序设计技术、方法和技能。通过本书的阅读，读者首先建立起计算机的整机概念，掌握计算机组成和运行机制方面的基本概念、基本原理、基本设计和分析方法等系统知识；然后，从系统结构的观点出发，理解提高计算机整机的软硬件性能和部件性能的各种可行途径，从而对计算机系统的分析、开发、使用与设计有一定的认识，并进一步为其他专业课的学习奠定基石。

本书将技术性、工程性和实践性融为一体，每章配有一定的习题和例题。从本书的内容编排上看，"计算机原理"与"汇编语言程序设计"既统一又相对独立，高等院校可以根据开设专业课的情况，选择相应内容教学。因此，本书既可以作为"计算机原理与汇编语言程序设计"课程的教材，也可以作为单独开设"计算机组成原理"或"汇编语言程序设计"课程的教材。

本书共 10 章，前 7 章涵盖了计算机原理的主要内容，以及汇编语言中 8086 指令系统中的常用指令。本书将 8086 指令系统放入第 4 章"指令系统和寻址方式"中介绍，目的在于将 8086 指令系统作为指令系统设计的一个典型例子，使读者更能深切地体会指令系统的设计技术。

本书第 1 章介绍了计算机两大系统的组成，然后自底而上地介绍了计算机系统的层次结构，并且详细介绍了计算机的分类和具体的应用及性能指标；第 2 章主要讲述了数值数据和非数值数据这两种数据的信息表示方法；第 3 章主要讲述计算机中定点数据和浮点数据的四则运算，并且详细讲述了定点运算器和浮点运算器的组成结构，介绍了运算器的发展；第 4 章主要介绍了指令系统的基本概念、指令格式以及寻址方式，探讨了指令系统的设计理念，详细介绍了 8086 计算机的指令系统及其寻址方式；第 5 章主要讲述控制器的功能和组成，并且介绍了两种产生控制信号的办法：硬连线控制器和微程序控制器；第 6 章主要讲述存储器的分类、主存储器和外存储器的存储原理，以及高速缓冲存储器和虚拟存储器的工作原理；第 7 章介绍各种输入/输出设备以及输入/输出系统中的各种输入/输出方式，简单介绍了总线的相关知识；第 8 章主要讲述汇编语言程序的基本概念、汇编语言功能和汇编语言程序格式、伪指令以及相应的运算符和表达式；第 9 章讲述了汇编语言程序设计技术，囊括了分支程序设计、循环程序设计、子程序设计的全部内容和设计技巧，介绍了宏汇编的具体内容；第 10 章介绍了汇编语言的开发过程与调试环境与方法。

本书由首都经济贸易大学信息学院高静、江西农业大学软件学院王映龙主编并负责全书的统稿。高静编写第 1、2 章；江西农业大学王映龙、肖志勇、杨小玲编写第 3～6 章；北京科技大学李莉、赵宝永编写第 7 章、附录；内蒙古科技大学王丽颖编写第 8、9 章；韩智东、王纪文编写第 10 章。北京科技大学杨炳儒教授担任主审，他认真审阅了全稿，提出了许多宝贵的意见。北京科技大学王志良教授、张德政教授，首都经济贸易大学杨一平教授、马慧教授、赵丹亚教授也对本书的编写给予了热情的帮助和指导，在此表示感谢！在编写过程中，我们还得到了首都经济贸易大学信息学院的领导和老师的大力帮助和支持。本书的出版得到了首都经济贸易大学科研水平提高经费的资助。

本书的编写也离不开父母和爱人的支持，借此对他们表示深深的谢意。在此，谨向所有给予我们支持和帮助的各位同仁表示衷心的感谢！

由于本书的出版是在各位老师繁忙的教学、科研工作的同时完成的，书中可能存在错误或不足之处，恳请读者给予批评指正。

作　者

2011 年 3 月于北京

# 目　　录

# 第1章　绪　　论

计算机原理讲述的是单台计算机基本的组成原理与完整的内部运行机制。计算机系统是由计算机硬件系统和计算机软件系统两部分组成的，本章在给出计算机的完整定义后，首先介绍了两大系统的组成，然后自底向上地介绍了计算机系统的层次结构，并且详细介绍了计算机的分类和具体的应用，将读者带入神奇的计算机世界。

## 1.1　计算机的定义、特征与发展

### 1. 计算机的定义

计算机(Computer)是一种能够按照事先存储的程序，自动、快速、准确地进行大量数值计算和各种信息处理的现代化智能电子设备。也可以说，数字电子计算机就是一种能自动、高速地对各种数字化信息进行运算处理的电子设备。所以，计算机的特性可以归纳为：高速性、通用性、准确性、逻辑性。因此，计算机可以进行数值计算，又可以进行逻辑计算，还具有存储记忆功能。它由硬件和软件组成，两者是不可分割的。一般，人们把没有安装任何软件的计算机称为裸机。通常，人们口头上说的计算机严格地说是面向个人使用的计算机，即个人计算机，PC(Personal Computer)。从物质上看，个人计算机由键盘、鼠标、主机和显示器几个部分组成。而依据冯·诺伊曼机制，计算机由五大部件组成，即运算器、控制器、存储器、输入设备、输出设备。

### 2. 计算机的特征

计算机是一种可以进行自动控制、具有记忆功能的现代化计算工具和信息处理工具。它有以下五个方面的特点：

1) 运算速度快

计算机的运算速度用MIPS(Million Instructions per Second)，即每秒处理的百万级的机器语言指令条数来衡量。现代计算机的运算速度在几十MIPS以上，巨型计算机的速度可达到千万MIPS。计算机如此高的运算速度是其他任何计算工具无法比拟的，它使得过去需要几十年才能完成的复杂运算任务，现在只需几小时、甚至更短的时间就可以完成。这正是计算机被广泛应用的主要原因之一。

2) 计算精度高

一般来说，现在的计算机都有三十几位(甚至更多位)有效数字，而且理论上还可以更高，因为数在计算机内部是用二进制数编码的，数的精度主要由它的二进制码的位数决定。可以通过增加数的二进制位数来提高精度，位数越多精度就越高。

3) 记忆功能强

计算机的存储器类似于人的大脑，可以“记忆”(存储)大量的数据和计算机程序而不丢失，在计算的同时，还可把中间结果存储起来，供以后使用。

4) 具有逻辑判断能力

计算机在程序的执行过程中，会根据上一步的执行结果，运用逻辑判断方法自动确定下一步的执行命令。正是计算机所具有的这种逻辑判断能力使其不仅能解决数值计算问题，而且能解决非数值计算问题，比如工业控制、管理决策、图像识别等。

5) 可靠性高

由于采用了大规模和超大规模集成电路，现在的计算机具有非常高的可靠性。

### 3. 计算机的发展

计算机系统是能够自动、快速、准确地进行信息处理的电子工具，其发展历程实质上是电子器件的快速发展史。

1946 年，世界上出现了第一台由电子管构成的、能够按照人们事先的安排，快速完成所要求的计算任务的电子计算机埃尼阿克(ENIAC，Electronic Numerical Integrator and Computer)。埃尼阿克的计算采用十进制，具有 18 000 多个电子管，耗电量达到每小时 150 千瓦·时，重量达 30 吨，占地 1500 平方英尺①，而且是手工扳动开关，需要人工插拔电缆。埃尼阿克能够完成的功能是：①每秒 5000 次加法运算；②每秒 50 次乘法运算；③平方和立方计算；④sin 和 cos 函数值计算；⑤其他略复杂的计算。伴随着第一台计算机的诞生，美国科学家冯·诺伊曼撰写了《电子装置的逻辑设计初探》一文，其中介绍了该计算机的工作原理。第一台计算机诞生之后，计算机及其相关技术经历了一个快速发展的过程。一般来说，电子计算机发展历程的各个阶段是以所采用的电子器件的不同来划分的。

(1) 1946 年开始的第一代电子管计算机：计算机运算速度低，存储器件为声延迟线或磁鼓，采用定点运算，这时“软件”尚未出现。

(2) 1958 年开始的第二代晶体管计算机：运算速度提高到每秒几万次到几十万次，存储器由磁芯构成，实现了浮点运算，出现了高级语言。

(3) 1965 年开始的第三代中小规模集成电路计算机：运算速度提高到每秒几十万次到几百万次，集成度与可靠性提高，微电子技术与计算机技术得到了结合，

① 1 平方米=10.764 平方英尺。

出现了微程序控制技术与流水技术等。

(4) 1971年开始的第四代大规模集成电路计算机:运算速度每秒可达到上亿次,可靠性进一步提高,体积进一步缩小,成本降低,微处理技术得到了发展,出现了并行技术。

(5) 1986年开始的第五代巨大规模集成电路计算机:运算速度提高到每秒十亿次,出现了集成在一片超大规模集成电路上的单片机,网络开始广泛应用。

(6) 非冯结构的新一代计算机:伴随着仿生学、量子力学、人工智能等学科的发展,出现了生物计算机、函数式计算机、推理计算机、光子计算机、量子计算机等。

随着科技的发展,计算机的发展依然会稳步前行,社会也更需要相关的科技人员、工作人员来从事计算机领域的工作,从而促进社会各行业的发展。

## 1.2　计算机系统组成

计算机系统由硬件和软件两大部分组成。

### 1.2.1　计算机系统组成框图

计算机系统组成框图如图1-1。

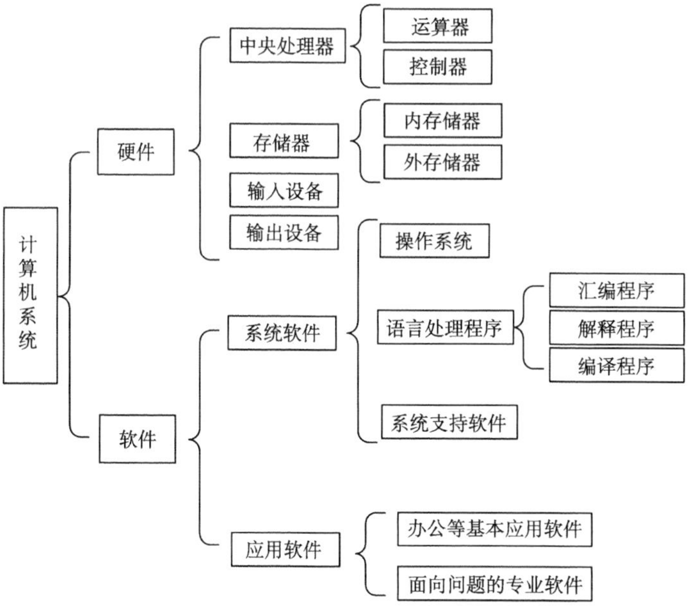


图1-1　计算机系统组成

### 1.2.2 计算机硬件

计算机硬件由控制器、运算器、存储器、输入设备和输出设备组成。

控制器负责从存储器中取出指令，控制计算机各部分协调运行；运算器则负责算术运算和逻辑运算。现在，控制器和运算器已经集成在一个中央处理器（CPU，Central Processing Unit）中。

存储器分为内存储器和外存储器。内存储器的主要功能是存储信息和与中央处理机直接交换信息；外存储器通常只与内存储器交换信息。目前常用的外存储器包括磁盘机、磁带机、光盘和 U 盘等。

输入设备是使计算机从外部获得信息的设备，如鼠标、键盘、扫描仪和摄像头等；输出设备是把计算机处理信息的结果以人们能够识别的形式表示出来的设备，如显示器、打印机、音箱和投影仪等。

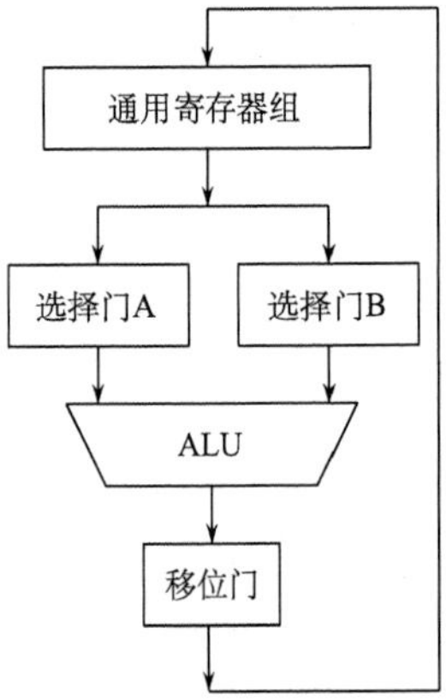


图 1-2 运算器组成结构简图

**1. 运算器**

运算器是计算机中进行数据加工的部件，图 1-2 是运算器的组成结构简图。

运算器的主要功能包括：

① 执行数值数据的加、减、乘、除等算术运算，执行逻辑数据的“与”、“或”、“非”等逻辑运算。这些均由一个被称为 ALU（Arithmetic Logic Unit，算术逻辑运算单元）的模块完成。

② 暂时存放参加运算的数据和中间结果，这由多个通用寄存器承担。

③ 运算器也是数据传输的通路。

**2. 存储器（主存储器）**

存储器是计算机中具有记忆功能的部件，可以保存或“记忆”解题的原始数据和解题步骤。计算机在运算前把参加运算的数据和解题步骤通过输入/输出设备送到存储器中保存起来；不论是数据还是解题步骤，存储器存储的全是 0 或 1 表示的二进制代码。图 1-3 是存储器的基本组成图。其中，存储体里面有若干个存储单元，每个存储单元都有编号，称为**地址**。存储单元存放了一串二进制代码，这些二进制代码有

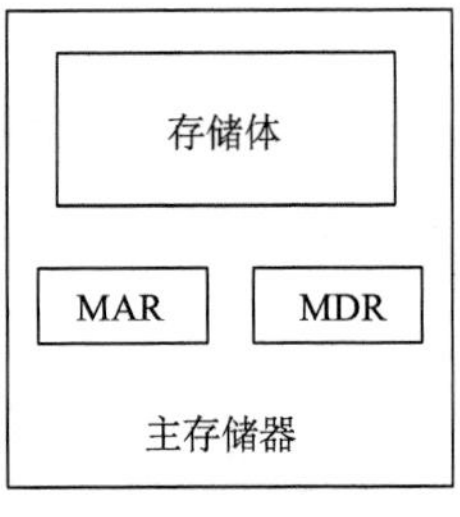


图 1-3 存储器基本组成图

可能表示指令(每一个基本操作叫做一条**指令**),也有可能表示数据。这些二进制代码的组合称为**存储字**。存储单元中二进制代码的位数称为**存储字长**。MAR(Memory Address Register)是存储器地址寄存器,反映了存储单元的个数;MDR(Memory Data Register)是存储器数据寄存器,反映了存储字长。存储器的所有存储单元的总数称为**存储容量**,通常用单位 KB、MB、GB、TB 表示,如 64KB,128MB。存储容量越大,计算机记忆储存的信息量就越多。设 MAR=4 位,MDR=8 位,则存储单元个数为 $2^4=16$ 个,存储字长为 8,存储容量为 16×8。

### 3. 控制器

控制器是计算机中控制执行指令的部件,它的主要功能如下:

① 正确执行每条指令,首先是取来一条指令,接着分析这条指令,再按指令格式和功能执行这条指令。

② 保证指令按规定序列自动连续地执行。

③ 对各种异常情况和请求及时响应和处理。

总之,控制器向计算机各功能部件提供每一时刻协同运行所需要的控制信号。图 1-4 是控制器的基本组成图。

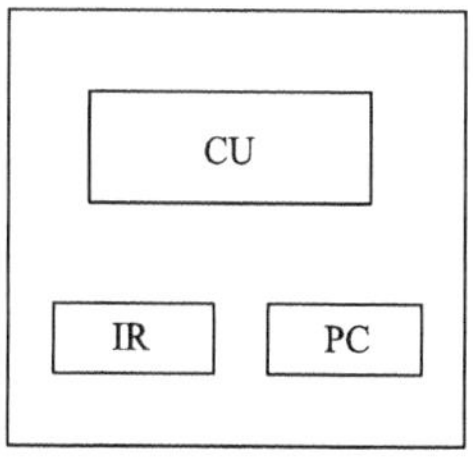

图 1-4 控制器的基本组成图

其中,PC(Program Count)表示程序计数器,是存放当前欲执行指令地址的计数器,具有自动加 1 功能;IR(Instruction Register)代表指令寄存器,存放当前欲执行的指令。CU(Control Unit)是控制单元,发出各种各样的控制信号,控制计算机执行各种操作。

控制器的基本任务,就是按照程序(解算某一问题的一串指令序列叫做**程序**)所排的指令序列,先从存储器取出一条指令放到控制器中,由译码器对该指令的操作码进行分析判别,然后根据指令性质执行这条指令;接着从存储器取出第二条指令,再执行这第二条指令;依此类推。通常把取指令的一段时间叫做取指周期,而把执行指令的一段时间叫做执行周期。下面我们简单叙述一下计算机完成一条指令的过程。图 1-5 是主机完成一条取数指令的过程,图 1-6 是主机完成一条存数指令的过程。

因此计算机执行一段程序的全过程如下:

① CPU 初始化程序在存储器中的首地址。

② CPU 通过地址总线将首地址或者下条待执行指令的地址(简称为下地址)送给存储器,并从存储器中将对应地址单元指令取出,送回 CPU。同时,CPU 自动计算下地址。

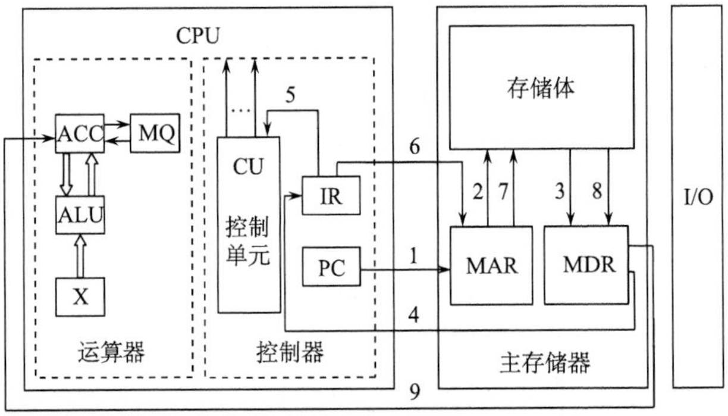


图 1-5　主机完成一条取数指令的过程

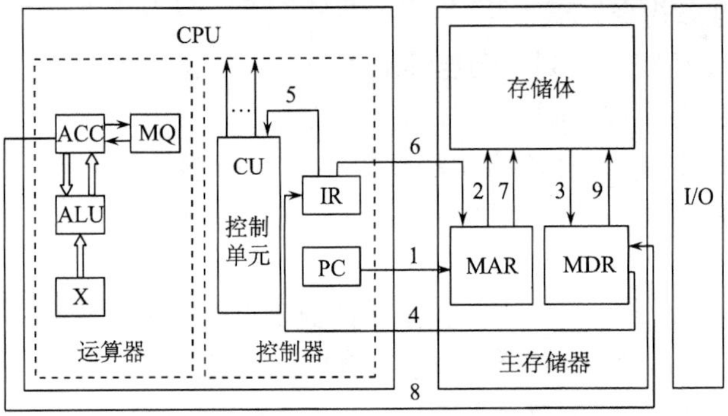


图 1-6　主机完成一条存数指令的过程

③ CPU 分析并执行指令。

④ 如果是程序结束指令转第⑤步;如果不是程序结束指令,转第②步。

⑤ 程序结束。

图 1-7 是主机完成一段程序的过程举例。

依图 1-7 所示,计算机执行该段程序的过程为

① 程序首地址 20H—PC

② (PC)—MAR,21H—PC;(MAR)=20H

③ (20H) —MDR—IR;(IR)=‘CLA’

④ 0—AC

⑤ (PC)—MAR,22H—PC;(MAR)=21H

⑥ (21H)—MDR—IR;(IR)=‘ADD 30H’

⑦ 30H—MAR

⑧ (30H)—MDR—ALU

⑨ (PC)—MAR,23H—PC;(MAR)=22H

⑩ (22H)—MDR—IR;(IR)='STA 31H'

⑪ 31H—MAR

⑫ (AC)—(31H)

……

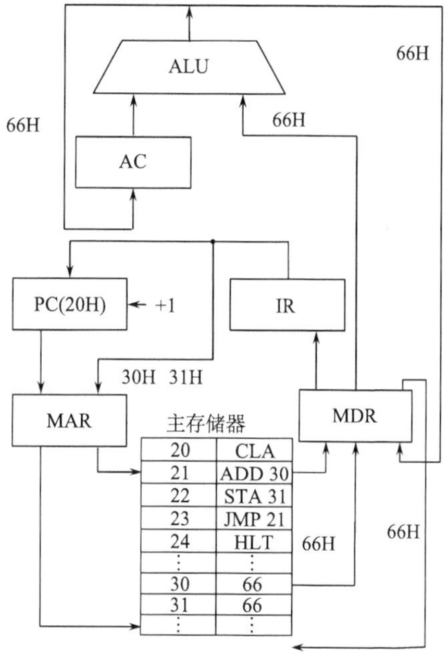

图 1-7　主机完成一段程序的过程举例

**4. 输入设备**

输入设备是向计算机中送入程序和数据的、有一定独立功能的设备,通过接口和总线与计算机主机连通,用于人-机交互联系,如键盘、鼠标等。

**5. 输出设备**

输出设备是计算机中用于送出计算机内部信息的设备,例如打印机、显示器等。

将计算机这五大部件连接起来的硬件为总线。依据不同的分类标准,总线具有不同的划分方法。

① 按照连接部件划分:内总线、局部总线、系统总线、外总线。

② 依据时序方法分为:同步总线、异步总线。

③ 按照传送格式的不同分为:并行总线、串行总线。

④ 按照传送方向的不同分为:单向总线、双向总线。

## 1.2.3　计算机软件

计算机软件通常分为两大类:系统软件和应用软件。系统软件最靠近硬件层,是计算机的基础软件,如操作系统、高级语言处理程序等。操作系统主要用于组织管理计算机系统的所有硬件和软件资源,使之协调一致和高效地运行;高级语言处理程序主要是将高级语言编写的源程序翻译成计算机能执行的目标程序。应用软件则处于计算机系统的最外层,是按照某种特定的应用需求而编写的软件。

**1. 系统软件**

系统软件是指管理、调度、监视和维护计算机系统软硬件资源的程序集合,它使系统资源得到合理调度，确保计算机高效运行。

常用的系统软件有：

1）操作系统

管理计算机系统的各种软、硬件资源，使其被高效利用；为计算机系统和用户之间提供接口，为用户提供方便。操作系统是直接运行在裸机上的最基本的系统软件，是系统软件的核心，任何其他软件必须在操作系统的支持下才能运行。

2）语言处理程序

它的功能是将高级语言编写的程序翻译成计算机能识别和执行的二进制机器指令，然后供计算机执行，又称为翻译程序。语言处理程序分为两种：

（1）编译程序：将用户编写的高级语言程序（源程序）的全部语句翻译成机器语言程序，然后再执行机器语言程序。

（2）解释程序：将源程序的一条语句翻译成机器语言程序，并立即执行，接着再翻译源程序的下一条语句并执行，如此重复直至完成源程序的全部翻译任务。它的特点是翻译一次，执行一次。

3）数据库管理系统

数据库管理系统（Database Management System）是一种操纵和管理数据库的大型软件，用于建立、使用和维护数据库，简称 DBMS。它对数据库进行统一的管理和控制，以保证数据库的安全性和完整性。用户通过 DBMS 访问数据库中的数据，数据库管理员也通过 DBMS 进行数据库的维护工作。它提供多种功能，可使多个应用程序和用户用不同的方法在同时或不同时刻去建立，修改和询问数据库。它也使用户能方便地定义和操纵数据，维护数据的安全性和完整性，以及进行多用户下的并发控制和恢复数据库。

4）服务性程序

服务性程序是一类辅助性的程序，它提供各种运行所需的服务。例如用于程序的装入、链接、编辑和调试用的装入程序、链接程序、编辑程序及调试程序，以及故障诊断程序、纠错程序等，包括编辑程序、纠错程序、连接程序等。

5）网络管理软件

网络管理，是指网络管理员通过网络管理程序对网络上的资源进行集中化管理的操作，包括配置管理、性能和记账管理、问题管理、操作管理和变化管理等。应用在这些方面的软件称为网络管理软件。常见的网络管理软件有：百络网警、网络管理员、金盾 CIS5 等。

**2. 应用软件**

应用软件又称为应用程序，它是用户在各自不同的应用领域根据具体的任务需要所开发编写的各种程序，如工程设计程序、数据处理程序、自动控制程序、企业管理程序、科学计算程序等。

### 1.2.4 软件与硬件的逻辑等价性

硬件和软件是一个完整的计算机系统互相依存的两大部分，它们具有逻辑等价性，这主要体现在以下几个方面：

1）硬件和软件互相依存

硬件是软件赖以工作的物质基础，软件的正常工作是硬件发挥作用的唯一途径。计算机系统必须要配备完善的软件系统才能正常工作，且充分发挥其硬件的各种功能。

2）硬件和软件无严格界线

随着计算机技术的发展，在许多情况下，计算机的某些功能既可以由硬件实现，也可以由软件来实现。因此，硬件与软件在一定意义上说没有绝对严格的界线。

3）硬件和软件协同发展

计算机软件随硬件技术的迅速发展而发展，而软件的不断发展与完善又促进硬件的更新，两者密切地交织发展，缺一不可。

## 1.3 计算机系统的层次结构

计算机系统是一个由硬件与软件组成的综合复杂体。为了方便对计算机的了解，从理论上我们可以把计算机系统看成是一个多层次结构的系统。从系统结构角度，可将计算机系统划分为如图1-8所示的层次结构。

第0级是硬联逻辑级。它是计算机的内核，由大量的门、触发器等逻辑电路组成。

第1级是微程序级。这一级的机器语言是微指令集。程序员用微指令编写的微程序一般是由硬件直接执行的。

第2级是传统机器级。这一级的机器语言是机器的指令集。程序员用机器指令编写的程序可以由微程序进行解释。

第3级是操作系统级。从操作系统的基本功能来看，一方面它要直接管理传统机器中的软硬件资源，另一方面它又是传统机器向上的延伸。

第4级是汇编语言级。这一级的机器语言是汇编语言。完成汇编语言翻译的程序叫做汇编程序。

第5级是高级语言级。这一级的机器语言是各种高级语言，通常用翻译程序来完成高级语言翻译的工作。

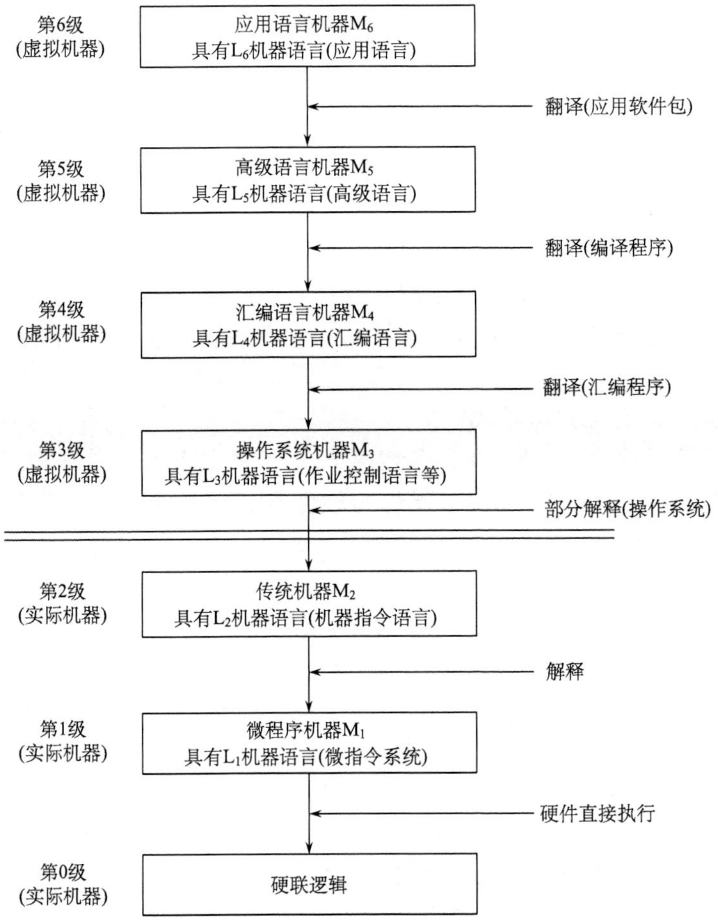


图 1-8 计算机系统的层次结构

第 6 级是应用语言级。这一级是为了使计算机满足某种特定用途而专门设计的，因此这一级的语言就是面向具体问题的各种应用语言。

将计算机系统划分成多级层次结构有利于正确理解计算机系统的工作过程，明确软件、硬件在计算机系统中的地位和作用。

## 1.4 8086 寄存器组与存储器

尽管 CPU 已进入了双核甚至是四核时代，内部结构和性能发生了巨大的变化，但概念结构仍然和早期的 8086/8088 基本相似。因此，下面主要介绍 8086 的寄存器组与存储器。

### 1.4.1 8086的寄存器

8086是Intel公司推出的第一个16位的微处理器，它由两个具有紧密联系的部件：执行部件EU(Executive Unit)和总线接口部件BIU(Bus Interface Unit)构成，其内部逻辑结构见图1-9。8086的外部具有20根地址总线，可直接寻址的存储器空间达 $2^{20}=1MB$。

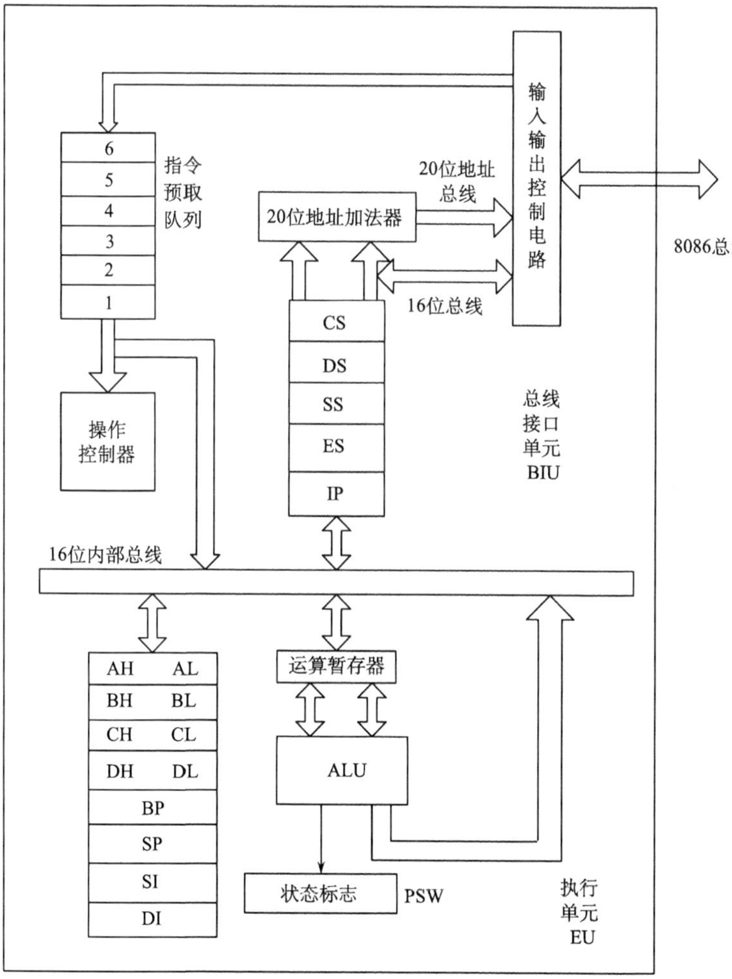


图1-9　8086 CPU内部逻辑结构

8086中程序可访问的寄存器共有14个，按功能可分为通用寄存器组、段寄存器组和专用寄存器组。

1) 通用寄存器组

通用寄存器组有 8 个，又可以分成 2 组，一组是数据寄存器(4 个)，另一组是指针寄存器及变址寄存器(4 个)。其中数据寄存器分为如下类型。

AX(Accumulator)：累加寄存器，常用于运算，在乘除等指令中指定用来存放操作数；另外，所有的 I/O 指令都使用这一寄存器与外界设备传送数据。

BX(Base)：基址寄存器，常用于地址索引。

CX(Count)：计数寄存器，常用于计数，常用于保存计算值，如在移位指令、循环(Loop)和串处理指令中用作隐含的计数器。

DX(Data)：数据寄存器，常用于数据传递。

它们的特点是：这 4 个 16 位的寄存器可以分为高 8 位：AH、BH、CH、DH 以及低 8 位：AL、BL、CL、DL。这两组 8 位寄存器可以分别寻址，并单独使用。

另一组是指针寄存器和变址寄存器，包括：

SP(Stack Pointer)：堆栈指针寄存器，与 SS 配合使用，可指向目前的堆栈位置。

BP(Base Pointer)：基址指针寄存器，可用作 SS 的一个相对基址位置。

SI(Source Index)：源变址寄存器，可用来存放相对于 DS 段之源变址指针。

DI(Destination Index)：目的变址寄存器，可用来存放相对于 ES 段之目的变址指针。

这 4 个 16 位寄存器只能按 16 位进行存取操作，主要用来形成操作数的地址，用于在堆栈操作和变址运算中计算操作数的有效地址。

2) 段寄存器(Segment Register)

为了充分使用所有的内存空间，8086 设定了 4 个 16 位段寄存器，专门用来保存段地址。

CS(Code Segment)：代码段寄存器，存放当前正在运行的程序。

DS(Data Segment)：数据段寄存器，数据段存放当前运行程序所用的数据，如果程序中使用了串处理指令，则其源操作数也存放在数据段中。

SS(Stack Segment)：堆栈段寄存器，堆栈段定义了堆栈的所在区域。

ES(Extra Segment)：附加段寄存器。附加段是附加的数据段，它是一个辅助的数据区，也是串处理指令的目的操作数存放区。

当一个程序要执行时，就要决定程序代码、数据和堆栈分别要规划到内存的哪些位置，通过设定段寄存器 CS、DS、SS 来指向这些特定段起始位置。通常是将 DS 固定，而根据需要修改 CS。由于段寄存器都是 16 位的，所以程序只能在可寻址空间小于 64KB 的情况下被设成任意大小。

3) 专用寄存器组

包括指令指针 IP(Instruction Pointer)和标志寄存器 FR(Flag Register)：指

令指针 IP 是一个 16 位专用寄存器,它指向当前需要取出的指令字节。当 BIU 从内存中取出一个指令字节后,IP 就自动加 1,指向下一个指令字节。注意,IP 指向的是指令地址的段内地址偏移量,又称偏移地址(Offset Address)或有效地址 EA(Effective Address)。

8086 的标志寄存器 FR 有 16 位,其中有意义的有 9 位——6 位是状态位,3 位是控制位。具体含义如下:

OF,溢出标志位,该位用于反映有符号数加减运算所得结果是否溢出。如果运算结果超过当前运算位数所能表示的范围,则称为溢出,OF 的值被置为 1,否则;OF 的值被清为 0。

DF,方向标志,该位用来决定在串操作指令执行时有关指针寄存器指向高地址或低地址的方向。当 DF 位为 1 时,每次操作后使变址寄存器 SI 和 DI 减小,这样使串处理从高地址向低地址方向处理;当 DF 位为 0 时,则使 SI 和 DI 增大,使串处理从低地址向高地址方向处理。

IF,中断允许标志,该位用来决定 CPU 是否响应其外部的可屏蔽中断发出的中断请求。但不管该标志为何值,CPU 都必须响应 CPU 外部的不可屏蔽中断所发出的中断请求,以及 CPU 内部产生的中断请求。具体规定如下:

① 当 IF=1 时,CPU 可以响应 CPU 外部的可屏蔽中断发出的中断请求;

② 当 IF=0 时,CPU 不响应 CPU 外部的可屏蔽中断发出的中断请求。

TF:跟踪标志 TF,该位可用于程序调试。TF 标志没有专门的指令来设置或清除。

① 如果 TF=1,则 CPU 处于单步执行指令的工作方式,此时每执行完一条指令,就显示 CPU 内各个寄存器的当前值及 CPU 将要执行的下一条指令;

② 如果 TF=0,则处于连续工作模式。

SF:符号标志,该位用来反映运算结果的符号位,它与运算结果的最高位相同。在微机系统中,有符号数采用补码表示法,所以,SF 也就反映运算结果的正负号。运算结果为正数时,SF 的值为 0,否则为 1。

ZF:零标志,该位用来反映运算结果是否为 0。如果运算结果为 0,则其值为 1,否则为 0。在判断运算结果是否为 0 时,可使用此标志位。

AF:下列情况下,辅助进位标志 AF 的值被置为 1,否则为 0。

① 在字操作时,发生低字节向高字节进位或借位时;

② 在字节操作时,发生低 4 位向高 4 位进位或借位时。

PF:奇偶标志,该位用于反映运算结果中"1"的个数的奇偶性。如果"1"的个数为偶数,则 PF 的值为 1,否则为 0。

CF:进位标志,该位主要用来反映运算是否产生进位或借位。如果运算结果的最高位产生了一个进位或借位,那么,其值为 1,否则为 0。

表 1-1 是标准汇编语言中各个标志位的符号表示方式。

**表 1-1 标志位的符号表示**

| 标志位名称 | 标志为 1 | 标志为 0 |
|---|---|---|
| OF 溢出(是/否) | OV | NV |
| DF 方向(减量/增量) | DN | UP |
| IF 中断(允许/关闭) | EI | DI |
| SF 符号(负/正) | NG | PL |
| ZF 零(是/否) | ZR | NZ |
| AF 辅助进位(是/否) | AC | NA |
| PF 奇偶(偶/奇) | PE | PO |
| CF 进位(是/否) | CY | NC |

从 80386 开始的 32 位微处理器被称为高性能微处理器，与 8086 相比，其内部结构和性能发生了巨大的变化，但考虑到软件兼容性问题，程序可以访问的寄存器组的结构与 8086 基本相同。80386 以上微处理器的内部寄存器大多是 32 位的，共有八种类型：通用寄存器、段寄存器、指令指针寄存器、状态标志寄存器、系统地址寄存器、控制寄存器、调试寄存器和测试寄存器。前四种类型寄存器是在 8086 基础上的扩展，而后四种寄存器是 80386 所特有的，一般程序不可访问。

与 8086/8088 相比，80386 的通用寄存器组新扩充为 32 位的寄存器名加上代表扩充的前缀“E”，分别命名为 EAX、EBX、ECX、EDX、ESI、EDI、ESP 和 EBP。32 位寄存器的低 16 位可以作为 16 位寄存器单独访问，它们的命名与 8086/8088 完全相同。而且，前四个 16 位寄存器 AX、BX、CX 和 DX 又可分为高字节和低字节，作为 8 位寄存器使用，它们的命名也与 8086/8088 相同，但 32 位寄存器的高 16 位不能独立地访问。以上有关 8086 寄存器组的逻辑关系如图 1-10 所示。

## 1.4.2 8086 存储器寻址

在计算机中，存储器是实现存放广义数据(包括指令)的主要器件，以字节为单位存储信息。为了正确地存取信息，每一个字节单元赋予一个唯一的存储器地址，称为物理地址。地址从 0 开始编号，每次顺序地加 1，因此存储器的物理地址空间是呈线性增长的。在计算机内部，地址是用二进制数来表示的，它是无符号整数，书写格式一般采用十六进制数形式。

一般而言，8086 存储器具有以下特性：第一，它的内容是取之不尽的。也就是说，从某个单元取出其内容后，该单元仍然保存着原来的内容不变，可以重复取出；只有存入新的信息后，原来保存的内容才会自动丢失。第二，存储器地址分配与数据类型(即存储格式)有关，二者的关系如图 1-11。

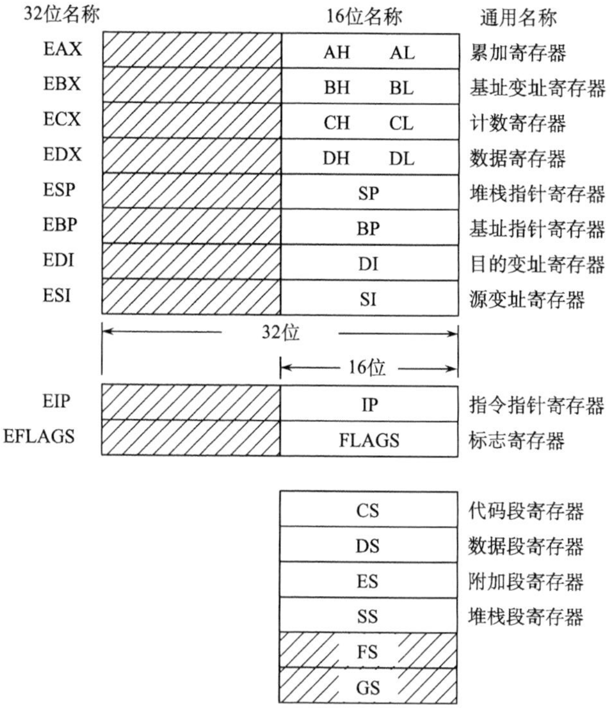


图 1-10　8086 的寄存器组

注：1. 对于 8086/8088 或 80286 CPU，图中阴影区寄存器是不存在的；

2. FS 和 GS 寄存器无专用名称。

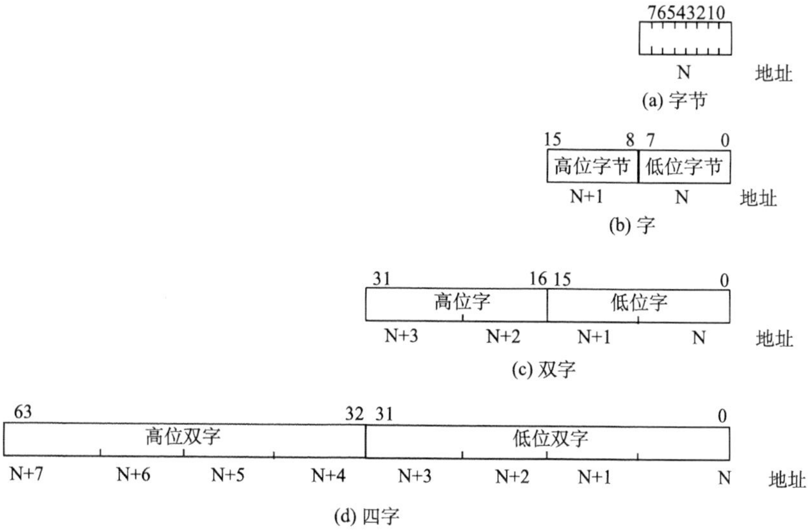


图 1-11　数据类型与存储器地址关系

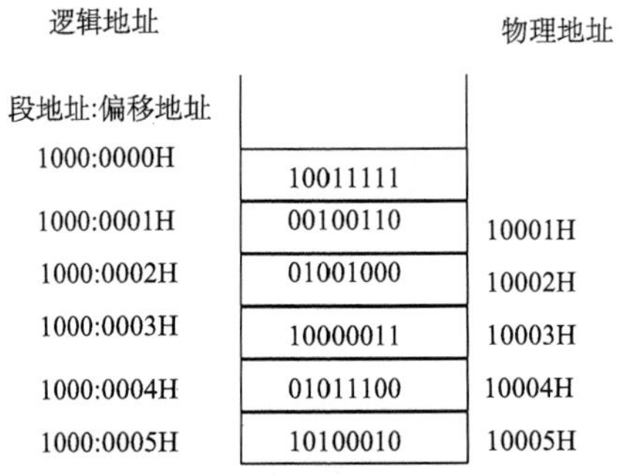


图 1-12　存储单元的地址和内容

一个存储单元中存放的信息称为该存储单元的内容。图 1-12 介绍了存储器里存放信息的情况，可以看出 1 号单元的内容是 00100110，表示为：(0001)＝00100110。但如果机器字长是 16 位，大部分数据都是以字为单位表示的。一个字要占用相继的两个字节，低位字节存入低地址，高位字节存入高地址。字单元地址用它的低地址来表示。比如：按字节访问，(10000H)＝9FH，(10001H)＝26H；而按字访问，(10000H)＝269FH，(10001H)＝4826H。但是如果访问字的话，机器常常以偶地址访问(读/写)存储器。

由于 8086 处理器可以工作于实模式和保护模式，下面我们就介绍 8086 两种模式下的存储器寻址。

### 1.4.2.1　实模式存储器寻址

#### 1. 存储器地址的分段

(1) 实模式下允许的最大寻址空间为 1MB。

(2) 采用存储器地址分段方法解决在 16 位字长的机器里提供 20 位地址的问题。

每 16 个字节为一小段，共有 64K 个小段。

段起始地址：小段的首地址

00000 H　～　0000F H

00010 H　～　0001F H

00020 H　～　0002F H

……

FFFF0 H　～　FFFFF H

可以看出小段的首地址的最后一位都是 0，可以省去。

(3) 物理地址的形成

$$物理地址＝段地址\times 16D＋偏移地址$$

实模式存储器物理地址的形成与计算过程如图 1-13，实模式存储器寻址方式如图 1-14。

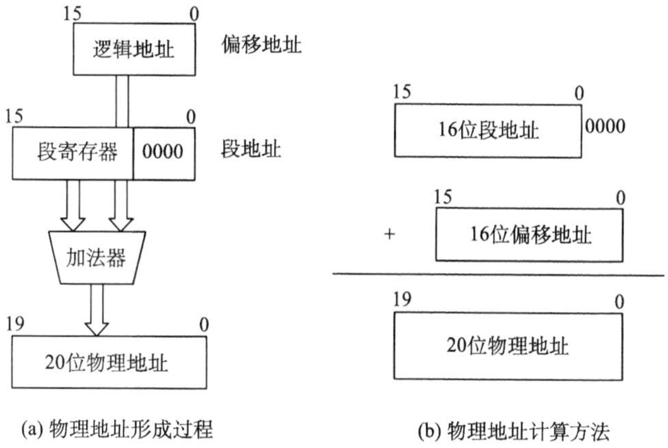


图 1-13　实模式存储器寻址时物理地址形成与计算过程

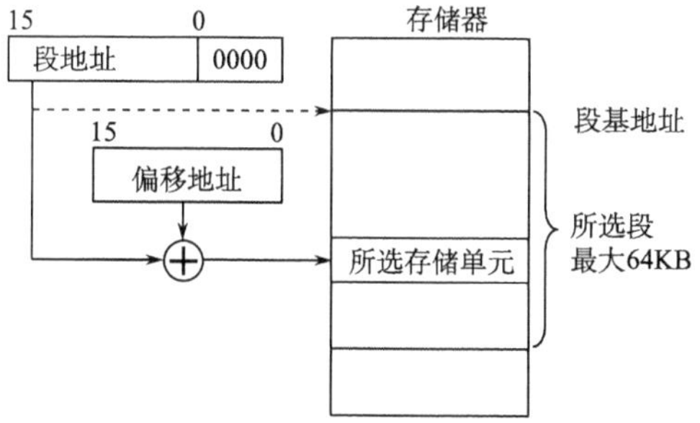


图 1-14　实模式存储器寻址

**2. 段寄存器**

(1) 代码段 CS:存放当前正在运行的程序。

(2) 数据段 DS:数据段存放当前运行程序所用的数据。如果程序中使用了串处理指令,则其源操作数也存放在数据段中。

(3) 堆栈段 SS:堆栈段定义了堆栈的所在区域。

(4) 附加段 ES:附加段是附加的数据段,它是一个辅助的数据区,也是串处理指令的目的操作数存放区。

在 80386 及后继的 80x86 中新增段寄存器。

(1) FS:附加的数据段寄存器。

(2) GS:附加的数据段寄存器。

各段在存储器中的分配是由操作系统负责的。每段可以独立地占用 64KB 存储区，各段也可以重叠。

在 80x86 中，段寄存器和与之对应的存放偏移地址的寄存器之间有一种默认的组合关系，如表 1-2 和表 1-3 所示。

**表 1-2　8086/8088,80286 缺省 16 位段地址和寄存器偏移地址寻址默认组合**

| 段 | 偏移 | 主要用途 |
|---|---|---|
| CS | IP | 指令寻址 |
| SS | SP 或 BP | 堆栈寻址 |
| DS | BX、DI、SI 或一个 16 位数 | 数据寻址 |
| ES | DI(用于串指令) | 串寻址 |

**表 1-3　80386 及其后继机型缺省 32 位段地址和寄存器偏移地址寻址默认组合**

| 段 | 偏移 | 主要用途 |
|---|---|---|
| CS | EIP | 指令寻址 |
| SS | ESP 或 EBP | 堆栈寻址 |
| DS | EAX、EBX、ECX、EDX、EDI<br>ESI 或一个 8 位数或一个 32 位数 | 数据寻址 |
| ES | EDI(用于串指令) | 串指令寻址 |
| FS | 无默认 | 一般寻址 |
| GS | 无默认 | 一般寻址 |

有时候程序需要改变段寄存器和偏移地址的缺省组合，具体改变方法在指令中说明。

在这种默认组合下，程序中不必专门指定其组合关系，但程序如用到非默认的组合关系，则必须用段跨越前缀加以说明。

寻址示例如下，

MOV　AX,ES:[BX]；ES 作段寄存器，BX 做间址寄存器寻址的单元内容送入 AX 寄存器中。

MOV　BX,ES:[SI]；ES 作段寄存器，SI 做间址寄存器寻址的单元内容送入 BX 寄存器中。

MOV　EAX,DS:[BP]；DS 作段寄存器，BP 做间址寄存器寻址的单元内容送入 EAX 寄存器中。

### 1.4.2.2　保护模式存储器寻址

1) 逻辑地址

它的组成是由段选择器和偏移地址组成。段选择器存放在段寄存器中，但不能直接表示段地址，而是由操作系统通过某种方法取得段基址，再和偏移地址相加，从而得到所选存储单元的物理地址。

2）描述符

①基地址(BASE)部分用来指定段的起始地址；②界限(LIMIT)部分存放着该段的段长度；③访问权(Access Rights)部分用来说明该段在系统中的功能，并给出访问该段的一些控制信息；④附加字段部分在386及其后继机型中存在，它用来表示该段的一些属性。

系统根据选择器的内容和指定的途径可以找到所选段对应的描述符，从而可以根据其给出的基地址和界限值确定所要找的存储单元所在的段；再加上逻辑地址中指定的偏移地址，就可以找到相应的存储单元。保护模式下存储器寻址方式如图1-15所示。

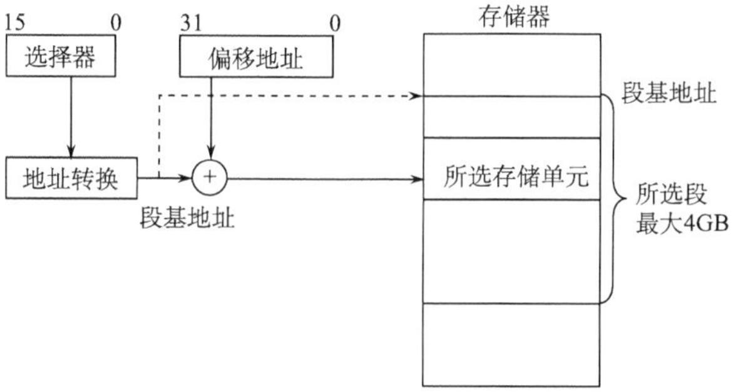


图1-15　保护模式存储器寻址示意图

# 1.5　计算机的分类与应用

## 1.5.1　计算机的分类

计算机的种类很多，而且分类的方法也很多。有些分法是在专业人员中使用的，例如，我们用I代表“指令流”，用D代表“数据流”，用S表示“单”，用M表示“多”。于是就可以把系统分成：SISD、SIMD、MISD、MIMD共四种。按照所处理的数据类型可分为模拟计算机、数字计算机和混合型计算机等。1989年IEEE科学巨型机委员会提出运算速度分类法，将计算机分为巨型机、大型机、小型机、工作站和微型计算机。

从总体上来说，电子计算机分为两大类：电子模拟计算机和电子数字计算机。前者的特点是数值由连续量来表示，运算过程也是连续的，而后者的主要特点是按位运算，并且不连续地跳动计算。无论按哪一种分类，各类计算机之间的主要区别是运算速度、存储容量及机器体积等。图 1-16 显示了计算机的详细分类。

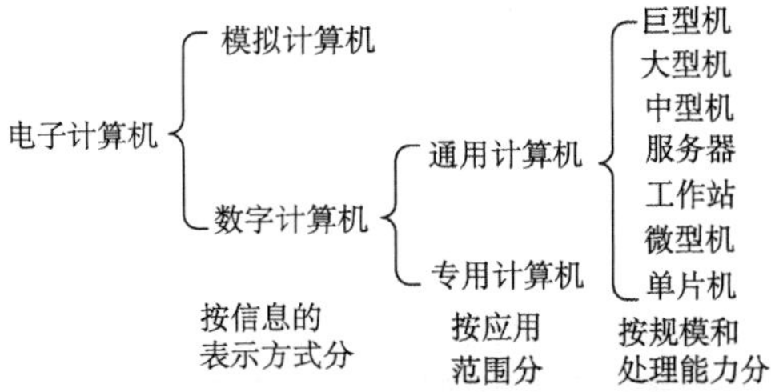


图 1-16　计算机的详细分类

## 1. 按使用范围分类

1）通用计算机

通用计算机是指为解决各种问题而设计、具有较强通用性的计算机。该机适用于一般的科学计算、学术研究、工程设计和数据处理等方面，这类机器本身有较大的适用面。

2）专用计算机

专用计算机是指为适应某种特殊应用而设计的计算机，具有运行效率高、速度快、精度高等特点，一般用在过程控制中，如智能仪表、飞机的自动控制、导弹的导航系统等。

## 2. 按照规模和处理能力分类

1）巨型机

巨型机有极高的速度、极大的容量，用于国防尖端技术、空间技术、大范围长期性天气预报、石油勘探等方面。目前这类机器的运算速度可达每秒百亿次。这类计算机在技术上朝两个方向发展：一是开发高性能器件，特别是缩短时钟周期，提高单机性能；二是采用多处理器结构，构成超并行计算机。通常由 100 台以上的处理器组成超并行巨型计算机系统，它们同时解算一个课题，以实现高速运算。

2）大/中型通用机

这类计算机具有极强的综合处理能力和极大的性能覆盖面。在一台大型机中可以使用几十台微机或微机芯片，来完成特定的操作。它可同时支持上万个用户，可支持几十个大型数据库，主要应用于政府部门、银行、大公司等。

3）小型机

小型机的机器规模小、结构简单、设计试制周期短，便于及时采用先进工艺技术，软件开发成本低，易于操作维护。它们已广泛应用于工业自动控制、大型分析仪器、测量设备、企业管理、大学和科研机构等，也可以作为大型与巨型计算机系统的辅助计算机。

近年来，小型机的发展也引人注目，特别是 RISC（Reduced Instruction Set Computer，精简指令系统计算机）。顾名思义，它是指令系统简化、缩小了的计算机，而过去的计算机则都属于 CISC（复杂指令系统计算机）。RISC 的思想是把那些很少使用的复杂指令用子程序来取代，将整个指令系统限制在数量很少的基本指令范围内，并且优化编译器，使绝大多数指令的执行都只占一个时钟周期，甚至更少，从而提高机器的整体性能。

4）微型机

微型机技术在近十年内发展迅猛，平均每 2～3 个月就有新产品出现，1～2 年产品就更新换代一次；平均每两年芯片的集成度可提高一倍，性能提高一倍，价格降低一半，目前还有加快的趋势。微型机已经应用于办公自动化、数据库管理、图像识别、语音识别、专家系统、多媒体技术等领域，并且开始成为家庭的一种常规电器。

5）工作站

工作站是指为了某种特殊用途而将高性能的计算机系统、输入/输出设备与专用软件结合在一起的系统。

6）服务器

服务器是在网络环境下为多用户提供服务的共享设备，一般分为文件服务器、打印服务器、计算服务器和通信服务器等。

目前，微型计算机与工作站、小型计算机乃至中、大型机之间的界线已经越来越模糊。

**3. 按系统结构分类（即 Michael Flynn 分类法）**

计算机在执行程序过程中，有两种信息在流动：一种是计算机指令，它从存储器流入控制器，并变成整个计算机系统的控制信号；另一种是数据，从输入设备流入存储器，再流入执行部件如运算器，运算结果流入存储器或输出设备。

Flynn 称前一种信息为“指令流”，后一种信息为“数据流”。因此根据指令流与数据流的不同组合，计算机系统结构分为四类（图 1-17）。

### 1.5.2 计算机的应用

计算机应用是研究计算机应用于各个领域的理论、方法、技术和系统等，是计算机学科与其他学科相结合的边缘学科，是计算机学科的组成部分。计算机应用分为数值计算和非数值应用两大领域。非数值应用又包括数据处理、知识处理，例

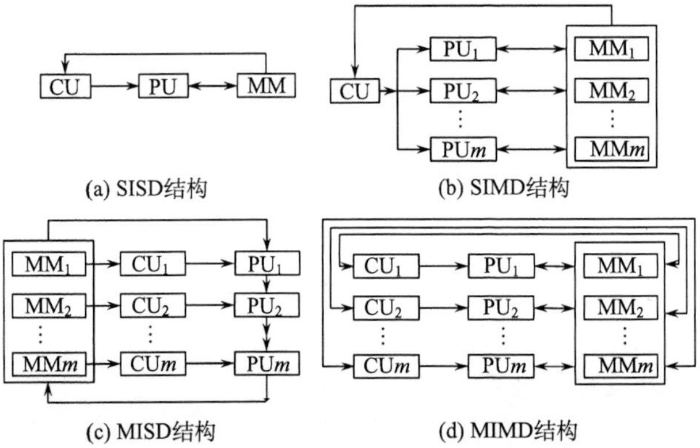


图 1-17　计算机系统结构分类

如信息系统、工厂自动化、办公室自动化、家庭自动化、专家系统、模式识别、机器翻译等领域。

**1. 科学计算(或称为数值计算)**

早期的计算机主要用于科学计算,目前,这仍然是计算机应用的一个重要方面,应用于高能物理、工程设计、地震预测、气象预报、航天技术等领域。由于计算机具有高运算速度和精度以及逻辑判断能力,因此出现了计算力学、计算物理、计算化学、生物控制等新的学科。计算机在科学计算和工程设计中的应用不仅提高了大量繁琐的计算工作的效率,更重要的是,一些以往无法解决、无法及时解决或无法精确解决的问题也得到了圆满的解决。

**2. 过程检测与控制**

利用计算机对工业生产过程中的某些信号进行自动检测,并把检测到的数据存入计算机,再根据需要对这些数据进行处理,这样的系统称为计算机检测系统。特别是仪器仪表引进计算机技术后所构成的智能化仪器仪表,将工业自动化推向了一个更高的水平。在测量和测试领域中,计算机主要起两个作用:第一,对测量和测试设备本身进行控制;第二,采集数据并进行处理。计算机已经广泛应用到工业生产过程综合自动化中,如工艺过程最优控制、武器控制、通信控制、交通信号控制等。

**3. 信息管理(数据处理)**

信息管理是利用计算机来加工、管理与操作任何形式的数据资料,如企业管理、物资管理、报表统计、账目计算、信息情报检索等,它是目前计算机应用最广泛的一个领域。近年来,国内许多机构纷纷建设自己的管理信息系统(MIS);生产企业也开始采用制造资源规划软件(MRP);商业流通领域则逐步使用电子信息交换系统(EDI),即所谓"无纸贸易"。在商业领域广泛应用的项目有:办公室计算机、数据处理机、发票处理机、销售额清单机、零售终端、会计终端、出纳终端,以及利用互联网的"电子商务"等。计算机的引入使信息管理系统获得了强有力的存储和处理手段。常见的物资管理,如用计算机进行,可以随时掌握各类物资库存情况,以便合理调剂、减少库存等。

### 4. 计算机辅助系统

1) 计算机辅助设计、制造、测试、教学(CAD/CAM/CAT/CAI)

用计算机辅助进行工程设计、产品制造、性能测试获得了极其广泛的应用,在此不再赘述。计算机被誉为"教育史上的第四次革命",较多的应用是CAI(计算机辅助教学)。用这种方法进行教学,学生可以生动活泼地进行学习,教师也可以减少大量重复的课堂讲授,而把精力放在提高教材质量和研究教学方法上。计算机辅助教学既用于普通教育,又用于专业训练方面。人们还可坐在家里,通过计算机远程网络,按照自己的才能确定个人的学习计划和进度。

2) 办公自动化

用计算机处理各种业务、商务,处理数据报表文件,进行各类办公业务的统计、分析和辅助决策。

3) 经济管理

国民经济管理、公司企业经济信息管理、计划与规划、分析统计、预测、决策,物资、财务、劳资、人事等管理。

4) 情报检索

图书资料、历史档案、科技资源、环境等信息检索自动化,建立各种信息系统。

5) 数字卫生的发展

远程计算机的问世为人类健康长寿带来了福音:使用计算机的各种医疗设备应运而生,为及早发现疾病提供了强有力的手段;利用计算机建成的各种电子健康档案、专家系统行之有效,为快速、简便地诊治疾病发挥了很大作用。

### 5. 家用电器

目前,人们不仅使用各种类型的个人计算机,而且将单片机广泛应用于微波炉、磁带录音机、自动洗涤机、煤气用定时器、家用空调设备控制器、电子式缝纫机、电子玩具、游戏机等;而国际互联网络和计算机控制的设备更是广泛应用于家庭。

### 6. 人工智能与模式识别

人工智能,又称"智能模拟",简单地说,就是要使计算机能够模仿人的高级思维活动。模式识别是指应用计算机对一组事件或过程进行鉴别和分类，它们可以是文字、声音、图像等具体对象，也可以是状态、程度等抽象对象。

人工智能和模式识别的研究课题是多种多样的，诸如：计算机学习、计算机证明、景物分析、模拟人的思维过程、机器人等。智能机器人会自己识别控制对象和工作环境，作出判断和决策，直接领会人的口令和意图，能避开障碍物，适应环境条件的变化，灵活机动地完成控制任务与信息处理任务。

## 1.6 计算机的性能指标

一台计算机性能的高低，不是由某项指标来决定的，而是由它的系统结构、指令系统、硬件组成、软件配置等多方面的因素综合决定的。但对于大多数普通用户来说，可以从以下几个指标来评价计算机的性能：

### 1. 运算速度

运算速度是衡量计算机性能的一项重要指标。通常所说的计算机运算速度(平均运算速度)是指每秒钟所能执行的指令条数，一般用 MIPS 来描述。同一台计算机，执行不同的运算所需时间可能不同，因而对运算速度的描述常采用不同的方法。常用的描述方法有 CPU 时钟频率(主频)、每秒平均执行指令数等。微型计算机一般采用主频来描述运算速度，例如，Pentium/133 的主频为 133 MHz，PentiumⅢ/800 的主频为 800 MHz，Pentium Ⅳ 1.5G 的主频为 1.5 GHz。现在的微型计算机主频越来越高，像 Intel 酷睿 i7 2600K 已经达到 3400MHz。一般说来，主频越高，运算速度就越快。

### 2. 机器字长

一般说来，字长是指参与运算的数的基本位数，它是由加法器和寄存器的位数决定的，所以字长一般等于内部寄存器的大小。字长标志着精度。字长越长，计算的精度就越高。在其他指标相同时，字长越长，计算机处理数据的速度就越快。早期的微型计算机的字长一般是 8 位和 16 位。目前，Pentium 系列 CPU 大多是 32 位，现在 64 位的 CPU 也已经开始被广泛使用了。

### 3. 内存储器的容量

内存储器，简称内存，又称主存，是 CPU 可以直接访问的存储器。需要执行的指令与待处理的数据就是存放在内存储器中的。内存储器容量的大小反映了计算机即时存储信息的能力。内存容量越大，系统能处理的数据量就越多。随着操作系统的升级，应用软件的不断丰富及其功能的不断扩展，人们对计算机内存容量的需求也不断提高。一般情况下，运行 Windows XP 最少需要 128 MB 的内存容量，实际上，目前大多数微型计算机的内存容量已经达到几个 GB 的容量了，型号是海盗船(Corsair)的内存容量已经达到 4GB。

**4. 外存储器的容量**

外存储器容量通常是指硬盘容量(包括内置硬盘和移动硬盘)。外存储器容量越大，可存储的信息就越多，可安装的应用软件就越丰富。目前，硬盘容量一般为500～1000GB，有的甚至已达到 2TB。

以上只是一些主要的性能指标，除此之外，微型计算机还有其他一些指标，例如所配置外围设备的性能指标以及所配置系统软件的情况等。另外，各项指标之间也不是彼此孤立的，在实际应用时，应该把它们综合起来考虑，而且还要遵循最优“性能价格比”的原则。

# 习 题

1. 说明计算机系统的层次结构。

2. 简述计算机硬件和软件的功能及其逻辑等价性。

3. 计算机系统的主要技术指标有哪些？

4. 计算机的五大部件是什么？它们各自的功能是什么？

5. 8086 计算机有哪些寄存器？

6. 有两个 16 位字 1EE5H 和 2A3CH，分别存放在 8086 微机的存储器的 000B0H 和 000B3H 单元中，请用图表示出它们在存储器里的存放情况。

7. 在实模式下，段地址和偏移地址为 3017∶000A 的存储单元的物理地址是什么？如果段地址和偏移地址分别是 3015∶002A 和 3010∶007A 呢？

8. 下列操作可使用哪些寄存器？

(1) 加法和减法；

(2) 循环计数；

(3) 乘法和除法；

(4) 保存段地址；

(5) 表示运算结果为 0；

(6) 将要执行的指令地址；

(7) 将要从堆栈取出数据的地址。

9. 计算机技术有哪些方面的应用？

10. 在 IBM PC 机的存储器中存放的信息如右图所示。试读出 30022H 和 30024H 字节单元的内容，以及 30021H 和 30022H 字单元的内容。

| | 存储器 |
|---|---|
| | ⋮ |
| 30020H | 12H |
| 30021H | 34H |
| 30022H | ABH |
| 30023H | CDH |
| 30024H | EFH |
| | ⋮ |

题 10 的信息存放情况

# 第 2 章　计算机中的信息表示方法

随着科学技术的发展，计算机需要处理的信息越来越多，也越来越丰富。信息的表示方法影响着计算机的结构和功能。计算机中的信息表示可以分为对数值数据的表示和对非数值数据的表示两种，本章主要讲述了这两种数据的信息表示的方法。

## 2.1　数值数据表示方法

### 2.1.1　数制与进位计数法

表示一个数值数据要确定三个要素：进位计数制、定/浮点表示和数的编码表示。它们分别用来解决数值数据的基本表示符号、小数点位置和数的正负号表示。

计算机中的数值数据都是用二进制表示的。这些数值数据可以分为整数和实数两大类。计算机中的整数可以分为“不带符号的整数”（或称为正整数）和“带符号的整数”两类，它们可以用 8 位、16 位、32 位甚至是 64 位来表示；而实数是指既有整数又有小数的数。任何一个实数，不论是用十进制还是二进制，均可以表示为一个纯小数和一个幂的乘积，如：$325.125=10^3\times(0.325125)$，这可以称为数制与进位计数法。

在某个数字系统中，若采用 R 个基本符号（0，1，2，…，R－1）表示各位上的数字，则称其为基 R 数制，或称 R 进制数字系统，R 被称为该数字系统的基，采用“逢 R 进一”的运算规则。对于每一个数位 $i$，该位上的权为 $R^i$。因此，进位制的两要素就是：基数 R，数制中所用到的数码个数；位权 $R^i$，数位的固定倍数。R 进位的主要性质如下：

① 有 R 个数字符号，逢 R 进一。

② 任一个 R 进制数都可以按权展开，例如：十进制数 2585.62 代表的实际值是 $2\times10^3+5\times10^2+8\times10^1+5\times10^0+6\times10^{-1}+2\times10^{-2}$；二进制数 $(100101.01)_2$ 代表的实际值是：$(100101.01)_2=1\times2^5+0\times2^4+0\times2^3+1\times2^2+0\times2^1+1\times2^0+0\times2^{-1}+1\times2^{-2}=(37.25)_{10}$。

③ 对于 R 进制数，若小数点左移一位，则此数缩小 R 倍；若小数点右移一位，则此数增大 R 倍。

在计算机系统中，常用的进位计数制有下列几种。

(1) 二进制(R=2):基本符号为 0 和 1。

(2) 八进制(R=8):基本符号为 0,1,2,3,4,5,6,7。

(3) 十六进制(R=16):基本符号为 0,1,2,3,4,5,6,7,8,9,A,B,C,D,E,F。

(4) 十进制(R=10):基本符号为 0,1,2,3,4,5,6,7,8,9。

## 2.1.2　数制转换

计算机内部数值都是用二进制形式来表示和存储的,二进制数是逢二进一,计算机使用二进制的原因是:

① 二进制只有两种状态,在数字电路中很容易实现。

② 二进制编码、运算规则非常简单。

③ 二进制的“0”、“1”与二值逻辑一致,很容易实现逻辑运算。

但是二进制表示同一数量所需位数较多,不便书写与记忆,而且跟人们习惯不同。因此,计算机外部经常使用十进制,有时候也用八进制和十六进制。

二进制最基本的规定是逢二进一。十进制整数转换为二进制整数只要将它一次又一次地被 2 除,得到的余数(从最后一次的余数读起)就是二进制表示的数。$11=1\times2^3+0\times2^2+1\times2^1+1\times2^0$ 把十进制数化为以 2 为底的指数形式,其系数的顺序排列(由高次到低次)就是二进制表示的数。

下面我们就简单介绍这几种进制的数值之间的转换。

不同进制之间可以相互转换的原因是:

**若两个有理数相等,则这两个数的整数部分和小数部分分别相等。**

### 1. R 进制数转换成十进制数

方法:任何一个 R 进制数转换成十进制数时,只要“按权展开”即可。

1) 二进制转换成十进制

整数部分:只要将它的最后一位乘以 $2^0$,倒数第二位乘以 $2^1$,…,依此类推,将各项相加就得到用十进制表示的整数部分;小数部分:只要将小数点后面第一位乘以 $2^{-1}$,第二位乘以 $2^{-2}$,…,依此类推,将各项相加就得到用十进制表示的小数部分。

**例 2.1**　二进制数转换成十进制数。

**解:**　$(101101)_2=(1\times2^5+0\times2^4+1\times2^3+1\times2^2+0\times2^1+1\times2^0)_{10}=(32+8+4+1)_{10}=(45)_{10}$;

$(10101.01)_2=(1\times2^4+0\times2^3+1\times2^2+0\times2^1+1\times2^0+0\times2^{-1}+1\times2^{-2})_{10}=(21.25)_{10}$。

2）八进制转换成十进制

整数部分：只要将它的最后一位乘以 $8^0$，最后第二位乘以 $8^1$，…，依此类推，将各项相加就得到用十进制表示的整数部分；小数部分：只要将小数点后面第一位乘以 $8^{-1}$，第二位乘以 $8^{-2}$，…，依此类推，将各项相加就得到用十进制表示的小数部分。

**例 2.2**　八进制数转换成十进制数。

**解：**　$(307.6)_8=(3\times8^2+7\times8^0+6\times8^{-1})_{10}=(199.75)_{10}$。

3）十六进制转换成十进制

整数部分：只要将它的最后一位乘以 $16^0$，最后第二位乘以 $16^1$，…，依此类推，将各项相加就得到用十进制表示的整数部分；小数部分：只要将小数点后面第一位乘以 $16^{-1}$，第二位乘以 $16^{-2}$，…，依此类推，将各项相加就得到用十进制表示的小数部分。

**例 2.3**　十六进制数转换成十进制数。

**解：**　$(3A.C)_{16}=(3\times16^1+10\times16^0+12\times16^{-1})_{10}=(58.75)_{10}$。

**2. 十进制数转换成 R 进制数**

方法：任何一个十进制数转换成 R 进制数时，要将整数和小数部分分别进行转换。

1）整数部分的转换

方法：整数部分的转换方法是“除基取余，上右下左”。

**例 2.4**　将十进制整数 835 分别转换成二进制数和八进制数。

**解：**

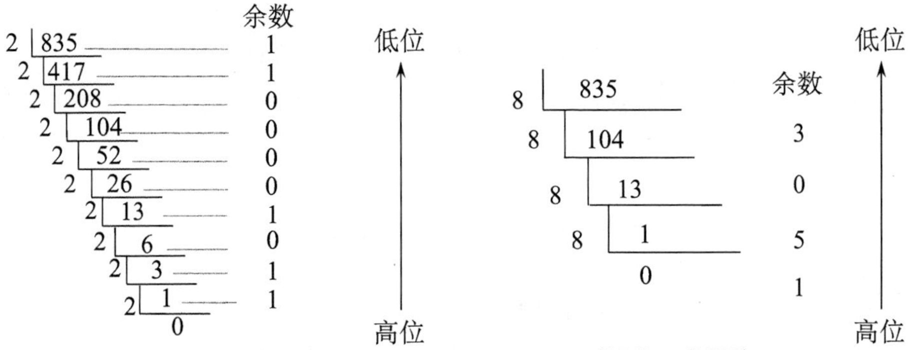


$(835)_{10}=(1101000011)_2$，　　　　$(835)_{10}=(1503)_8$。

2）小数部分的转换

方法：小数部分的转换方法是“乘基取整，上左下右”。

**例 2.5**　将十进制小数 0.6875 分别转换成二进制数和八进制数。

**解：**

| | 整数部分 | |
|---|---|---|
| $0.6875\times 2=1.375$ | 1 | 高位 |
| $0.375\times 2=0.75$ | 0 | ↓ |
| $0.75\times 2=1.5$ | 1 | ↓ |
| $0.5\times 2=1.0$ | 1 | 低位 |

$(0.6875)_{10}=(0.1011)_2$

| | 整数部分 | |
|---|---|---|
| $0.6875\times 8=5.5$ | 5 | 高位 |
| $0.5\times 8=4.0$ | 4 | 低位 |

$(0.6875)_{10}=(0.54)_8$

当无法乘尽的时候，按照精度保留近似值。

**例 2.6**　将十进制小数 0.63 转换成二进制数。

**解：**

| | 整数部分 | |
|---|---|---|
| $0.63\times 2=1.26$ | 1 | 高位 |
| $0.26\times 2=0.52$ | 0 | ↓ |
| $0.52\times 2=1.04$ | 1 | ↓ |
| $0.04\times 2=0.08$ | 0 | 低位 |

$(0.63)_{10}=(0.1010)_2$　(近似值)

3）含整数、小数部分的数的转换

只要将整数、小数部分分别进行转换，得到转换后的整数和小数部分，然后再将这两部分组合起来得到一个完整的数。

**例 2.7**　将十进制小数 725.015625 转换成八进制数。

**解：**

整数部分：

```
8|725.…….5(低位)
 8|90.…….2
 8|11.…….3
  8|1.…….1(高位)
   0
```

小数部分：

```
        0.015625
      ×        8
(高位)0.125000
      ×        8
(低位)1.000000
```

所以，$(725.015625)_{10}=(1325.01)_8$。

### 3. 二、八、十六进制数的相互转换

1）八进制数与二进制数间的转换

八→二方法：将每位八进制数码用相对应的 3 位二进制数码表示；

二→八方法：以小数点为基准，向左（整数）和向右（小数）每三位数码一组（不够补 0），用相应的八进制数码表示即可。3 位二进制数不会大于 8，是逢八进一的，称八进制数。如：10110101111 可分为 10 110 101 111 四组。

二进制与八进制的对应关系如图 2-1 所示。

| 八进制 | 二进制 |
|---|---|
| 0 | 000 |
| 1 | 001 |
| 2 | 010 |
| 3 | 011 |
| 4 | 100 |
| 5 | 101 |
| 6 | 110 |
| 7 | 111 |

图 2-1　二进制与八进制的对应关系

**例 2.8**　二进制转换为八进制数。

**解：**　$(10\ 110\ 101\ 111)_2=(2657)_8$。

　2　6　5　7

**例 2.9**　八进制数转换为二进制数。

**解：**　$(1\quad 0\quad 5\quad 0\quad 0)_8=(001000101000000)_2$。

001 000 101 000 000

**例 2.10**　将二进制 10100111.11 转换成八进制数。

**解：**　$(10100111.11)_2=(010\ 100\ 111\ .\ 110)_2=(247.6)_8$。

2) 十六进制数与二进制数间的转换

一个字节包含 8 个二进制位，常分成两组，每组 4 个位，中间用逗号分割，如：10110101 可分割为 1011，0101。一个 4 位的二进制数不会超过十进制数 15，因为$(1111)_2$是十进制 15，$(16)_{10}$是$(10000)_2$。

如果有一个二进制数 1010110000110111，可表示为：十六进制的 AC37，即$(1010110000110111)_2=(AC37)_{16}$。

将一个十六进制数转换为二进制数，只要将其每一位分别转换为 4 位二进制数即可。例如：

　7　2　C　F

0111 0010 1100 1111

十六→二方法：将每位十六进制数码用相对应的 4 位二进制数码表示。

二→十六方法：以小数点为基准，向左（整数）和向右（小数）每 4 位数码一组（不够补 0），用相应的十六进制数码表示即可。二进制与十六进制的对应关系如图 2-2 所示。

| 十六进制 | 二进制 |
|---|---|
| 0 | 0000 |
| 1 | 0001 |
| 2 | 0010 |
| 3 | 0011 |
| 4 | 0100 |
| 5 | 0101 |
| 6 | 0110 |
| 7 | 0111 |
| 8 | 1000 |
| 9 | 1001 |
| A | 1010 |
| B | 1011 |
| C | 1100 |
| D | 1101 |
| E | 1110 |
| F | 1111 |

图 2-2　二进制与十六进制的对应关系

**例 2.11**　将十六进制数 A19C 转换成二进制数。

**解：**　$(A19C)_{16}=(1010\ 0001\ 1001\ 1100)_2$。

八进制和十六进制比较直观，是二进制派生出来的，好处是位数少，如：十进制的 254，用二进制表示成 8 位，即$(11111110)_2$，用八进制表示为 3 位$(376)_8$，用十六进制表示只需 2 位$(FE)_{16}$。因此，我们有时需要将运算过程中得到的二进制的结果转化成十六进制，以方便书写和阅读。

## 2.1.3　二进制的四则运算

由于二进制数只有 0、1 两个基本数码，所以其四则运算要比十进制数简单得多。

### 1. 加法

在进行二进制数加法运算时，只要记住“逢二进一”的规律，就可以得到下列二进制数的加法规则：

0+0=0；

0+1=1；

1+0=1；

1+1=10。

### 2. 减法

减法是加法的逆运算，在进行二进制数减法运算时，只要记住“借一当二”的规律，就可得到下列二进制数减法规则：

0－0=0；

1－0=1；

1－1=0；

10－1=1。

### 3. 乘法

二进制数的乘法规则是：

0×0=0；

0×1=0；

1×0=0；

1×1=1。

**例 2.12**　求 1011×101=?

**解：**　现用二进制数和十进制数的乘法竖式对照演算如下：

二进制数相乘 ⟶ 十进制数相乘

```
   1011 ·········→  11
 ×  101 ·········→ × 5
 ------          -----
   1011            55
  0000              ↑
 1011               ┆
 ------             ┆
 110111 ············┘
```

**4. 除法**

除法是乘法的逆运算，因此在除法运算过程中，用的不外乎是乘法和减法的规则。

**例 2.13** 求 11001÷101=？

**解：** 现用二进制数和十进制数除法竖式对照演算如下：

二进制数除法 ⟶ 十进制数除法

```
        101              5
     ______            ___
 101/ 11001          5/ 25
      101               25
      -----            ----
        101              0
        101
      -----
          0
```

## 2.1.4 定点数表示

用来解决数值小数点位置的不同的数据表示方法有定点数表示方法和浮点数表示方法。小数点位置固定不变的数称为定点数。用定点表示的计算机称为定点机。小数点位置可变的数称为浮点数。一般来说，定点格式容许的数值范围有限，但所要求的处理硬件比较简单；而浮点格式的数据表示容许的数值范围很大，但所要求的处理硬件比较复杂。

**1. 无符号数的表示**

无符号数指正整数；机器字长的全部位数均用来表示数值的大小，相当于数的绝对值。

字长为 $n+1$ 位的无符号数的表示范围为：$0\sim2^{n+1}-1$。

### 2. 带符号数的表示

带符号数是指在计算机中将数的符号数码化。在计算机中，一般规定二进制的最高位为符号位，最高位为“0”表示该数为正，“1”表示该数为负。

**定点表示**：约定机器中所有数据的小数点位置是固定不变的。由于约定在固定的位置，小数点就不再使用记号“. ”来表示。通常将数据表示成纯小数或纯整数。

定点数 $x=x_0x_1x_2\cdots x_n$ 在定点机中表示如下（$x_0$：符号位，“0”代表正号，“1”代表负号）：

| $x_0$ | $x_1\quad x_2\quad\cdots\quad x_{n-1}\quad x_n$ |
| --- | --- |
| 符号 | ←　量值(尾数)　→ |

**纯小数**的表示范围为（$x_0, x_1, x_2, \cdots x_n$ 各位均为 0 时，x 的绝对值最小；各位均为 1 时，x 的绝对值最大）

$$0 \leqslant |x| \leqslant 1-2^{-n};\qquad(2.1)$$

**纯整数**的表示范围为

$$0 \leqslant |x| \leqslant 2^n-1。\qquad(2.2)$$

目前计算机中多采用定点纯整数表示，因此将定点数表示的运算简称为整数运算。定点表示格式的数据运算简单、速度快、而且硬件实现简单，但是表示范围小、运算精度低、容易产生溢出。

## 2.1.5　浮点数表示

实际应用中，定点数的表示范围不能满足所有需求，比如说太阳的质量很大、电子的质量很小，它们是无法用定点数的格式表示出来的。如果用定点机来表示，必须把它们的精度和取值范围分开表示，这就相当于数的小数点位置随比例因子的不同而可在一定范围内自由浮动，称为浮点表示法。

### 1. 浮点数的表示

浮点数是指小数点位置可浮动的数，通常用下式表示：

$$N = M \cdot R^E,$$

其中，N 为浮点数，M 为尾数，E 为阶码，R 称为“阶的基数(底)”，为一常数，一般为 2、8 或 16。在一台计算机中，所有数据的 R 都是相同的，于是不需要在每个数据中表示出来。因此，浮点数的机内表示一般采用以下形式：

| Ms | E | M |
|---|---|---|
| 1位 | $n+1$位 | $m$位 |

其中，Ms是尾数的符号位，设置在最高位上。E为阶码，有$n+1$位，一般为定点纯整数，其中有一位符号位，设置在E的最高位上，用来表正阶或负阶。M为尾数，有$m$位，由Ms和M组成一个定点纯小数。Ms=0，表示正号；Ms=1，表示负号。对于十进制数$156.78=15.678\times10^1=1.5678\times10^2=0.15678\times10^3=R^E\times M$，可以表示成多种形式，那么对于二进制数$1011.1101=0.10111101\times2^{+4}=10.111101\times2^{+2}=1.0111101\times2^{+3}=R^E\times M$。

计算机究竟采用哪种形式表示呢？这就是规格化的问题。

为了保证数据精度，浮点数通常用规格化形式表示：当R=2，且尾数不为0时，其绝对值大于或等于$(0.5)_{10}$。对非规格化浮点数，通过将尾数左移或右移，并修改阶码值使之满足规格化要求。规格化浮点数使浮点数的表示唯一，并且可以保留最多的有效数字，避免丢失运算精度。

**2. IEEE754 标准**

1985年，IEEE754标准由IEEE提出，根据该标准，常用的浮点数有两种格式，

(1) 单精度浮点数(32位)：阶码8位，尾数24位(内含位符号位)。

(2) 双精度浮点数(64位)：阶码11位，尾数53位(内含位符号位)。

单精度格式32位，阶码为8位，尾数为23位。另有一位为符号位S，处在最高位。

由于IEEE754标准约定在小数点左部有一位隐含位，从而实际有效位数为24位，这样就使得尾数的有效值变为1.M。尾数最高有效位为1，隐藏，并且隐藏在小数点的左边(即$1\leqslant M<2$)。因此，

1) 32位单精度浮点数规格化表示

$$x=(-1)^S\times(1.M)\times2^{E-127},$$
$$e=E-127(E=e+127)。$$

2) 64位双精度浮点数规格化表示

$$x=(-1)^s\times(1.M)\times2^{E-1023},$$
$$e=E-1023(E=e+1023)。$$

其中，指数真值e用偏移码形式表示为阶码E。

若$|M|\geqslant2$，将尾数右移；每右移一位，阶码加1，称为向右规格化，简称右规；若$|M|<1$，将尾数左移；每左移一位，阶码减1，称为向左规格化，简称左规。

对于 32 位单精度规格化浮点数，阶码部分采用移码表示，移码值为 127，E 取值为 1 到 254，经移码变换为 e 的取值为：−126～+127。表 2-1 表示的为 32 位单精度浮点数的阶码和尾数的取值情况。

**表 2-1　32 位单精度浮点数取值范围**

| S(1 位) | E(8 位) | M(23 位) | N(共 32 位) |
|---|---|---|---|
| 符号位 | 0 | 0 | 0 (浮点 0) |
| 符号位 | 0 | 不等于 0 | $(-1)^S \cdot 2^{-126} \cdot (0.M)$ 为非规格化数 |
| 符号位 | 1～254 之间 | — | $(-1)^S \cdot 2^{E-127} \cdot (1.M)$ 为规格化数 |
| 符号位 | 255 | 不等于 0 | NaN(非数值) |
| 符号位 | 255 | 0 | 无穷大 |
| 符号位 | 1 | 0 | $2^{-126} \approx 1.18 \times 10^{-38}$ |
| 符号位 | 254 | 23 个 1 | $(2-2^{-23}) \times 2^{127} \approx 2 \times 2^{127} \approx 3.40 \times 10^{38}$ |

**说明：** 0 有了精确的表示，无穷大也有了明确的表示。对于绝对值较小的数，可以采用非规格化数表示，减少下溢精度损失。非规格化数的隐含位是 0，不是 1。

浮点数表示的数据格式表数范围宽、运算精度高，但是运算复杂、硬件实现复杂。

**例 2.14**　若浮点数 X 的十六进制存储格式为 $(41360000)_{16}$，求其 32 位浮点数的十进制值。

**解：** 将十六进制数展开后，可得二进制格式为

0　1000 0010　0110 1100 0000 0000 0000 000

S　阶码8位　尾数23位

指数 e＝阶码−127＝10000010−01111111＝00000011＝$(3)_{10}$，包括隐藏位 1 的尾数 1.M＝1.011 0110 0000 0000 0000 0000＝1.011011，于是有　$X=(-1)^S \times 1.M \times 2^e = +(1.011011) \times 2^3 = +1011.011 = (11.375)_{10}$。

**例 2.15**　已知真值 28.75，求 32 位单精度浮点数 X 的二进制存储格式。

**解：** $28.75 = 11100.11 = 1.110011 \times 2^4$。

所以，S＝0，　E＝127＋e＝$(131)_{10}$＝$(10000011)_2$。

可得二进制格式为

0　1000 0011 1100 1100 0000 0000 0000 000，

即 $(41E60000)_H$。

## 2.1.6　机器码表示方法

在计算机中对数据进行运算操作时，符号位该如何表示呢？是否也同数值位

一道参加运算操作呢？如何方便地在计算机内表示正数、零、负数，并且尽可能地简化它们的算术运算规则？为了妥善地解决这些问题，就产生了把符号位和数字位一起编码来表示相应的数的各种表示方法，如原码表示法、补码表示法、反码表示法、移码表示法等。

为了区别一般书写表示的数和机器中这些编码表示的数，通常将计算机内部运用编码方法表示的数称为机器码，机器数所代表的实际值称为真值。根据符号位和数值位的编码方法的不同，机器数分为原码、补码和反码。

### 1. 原码表示法

机器数的最高位为符号位，0 表示正数，1 表示负数，数值跟随其后，并以绝对值形式给出。这是与真值最接近的一种表示形式。

若定点小数的原码形式为 $x_0x_1x_2\cdots x_n$，则原码表示的定义是

$$[x]_{原}=\begin{cases}x, & 1>x\geqslant 0,\\ 1-x=1+|x|, & 0\geqslant x>-1,\end{cases}\tag{2.3}$$

其中，$[x]_{原}$是机器数，x 是真值。

例如，x=+0.1001，则$[x]_{原}$=0.1001，

x=−0.1001，则$[x]_{原}$=1.1001。

对于 0，原码机器中往往有“+0”与“−0”之分，故有两种形式：

$$[+0]_{原}=0.000\cdots 0,$$

$$[-0]_{原}=1.000\cdots 0。$$

若定点整数的原码形式为 $x_0x_1x_2\cdots x_n$，则原码表示的定义是

$$[x]_{原}=\begin{cases}x, & 2^n>x\geqslant 0,\\ 2^n-x=2^n+|x|, & 0\geqslant x>-2^n。\end{cases}\tag{2.4}$$

采用原码表示法简单易懂，但它的最大缺点是加法运算复杂。这是因为：当两数相加时，如果是同号则数值相加；如果是异号，则要进行减法。而在进行减法时还要比较绝对值的大小，然后大数减去小数，最后还要给结果选择符号。为了解决这些矛盾，人们找到了补码表示法。

### 2. 补码表示法

在说明补码编码方法之前，我们先介绍一下“模运算”：

“对一个多于 $n$ 位的数丢弃高位而保留低 $n$ 位数”这样一种处理，实际上等价于“将这个多于 $n$ 位的数除以 $2^n$，然后丢掉商保留其余数”的操作。这样一种操作运算就是“模运算”。

在模运算中，若 A，B，M 满足下列关系：A＝B＋KM（K 为整数），则记为：A ≡B(mod M)。即：A、B 各除以 M 后的余数相同，故称 B 和 A 为模 M 同余。

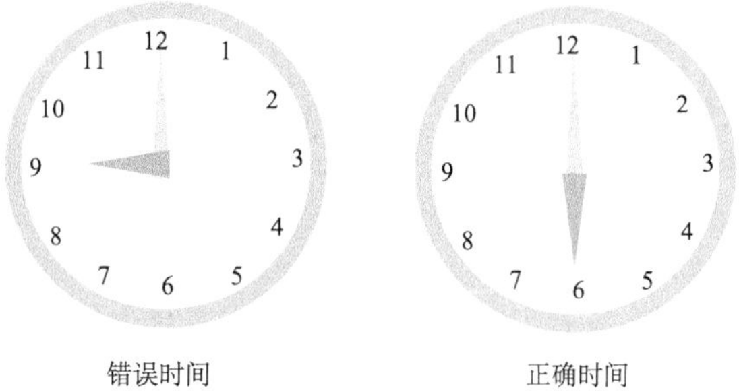


我们先以钟表对时为例补充说明补码。假设现在的标准时间为 6 点整；而有一只表已经 9 点了，为了校准时间，可以采用两种方法：一是将时针退 9－6＝3 格；一是将时针向前拨 12－3＝9 格。这两种方法都能对准到 6 点，由此可以看出，减 3 和加 9 是等价的，就是说 9 是(－3)对 12 的补码，可以用数学公式表示－3＝＋9 (mod12)，其中，“mod12”的意思就是 12 模数，这个“模”表示被丢掉的数值。上式在数学上称为“同余式”。

上例中之所以 9－3 和 9＋9 模 12 等价，原因就是表指针超过 12 时，将 12 自动丢掉，最后得到 18－12＝6。得出结论：对于某一确定的模，某数减去小于模的另一数，总可以用该数加上模与另一数绝对值之差来代替。因此，补码可以用加法实现减法运算。

从这里可以得到一个启示：当负数用补码表示时，可以把减法转化为加法。这样，在计算机中实现起来就比较方便。

机器数的最高位为符号位，0 表示正数，1 表示负数，对于定点小数和定点整数的定义分别如下：

若定点小数补码形式为 $x_0.x_1x_2\cdots x_n$，则补码表示的定义是

$$[x]_{补}=\begin{cases}x, & 1>x\geqslant 0,\\ 2+x=2-|x|, & 0\geqslant x\geqslant -1。\end{cases}\quad (\text{mod } 2) \qquad (2.5)$$

例如：　x＝＋0.1011，则$[x]_{补}$＝0.1011，

x＝－0.1011，则$[x]_{补}$＝10＋x＝10.0000－0.1011＝1.0101。

对定点整数，补码表示的定义是

$$[x]_{补}=\begin{cases}x, & 2^n>x\geqslant 0,\\ 2^{n+1}+x=2^{n+1}-|x|, & 0\geqslant x\geqslant -2^n。\end{cases}\quad (\text{mod } 2^n) \qquad (2.6)$$

对于 0，$[+0]_{补}=[-0]_{补}$＝0.0000(mod 2)。

注意：0 的补码表示只有一种形式。

当 x 是定点小数时：

由于当 $0 \leqslant x < 1$，$[x]_{补}=x$，即 $[+0]_{补}=0.00\cdots0$；

当 $-1 \leqslant x \leqslant 0$，$[x]_{补}=2+x=x$，即 $[-0]_{补}=0.00\cdots0$，

所以 $[+0]_{补}=[-0]_{补}=0.00\cdots0$。

当 x 是定点整数时，情况相似。

在定点小数中，$[-1]_{补}=1.00\cdots0$，

因为当 $-1 \leqslant X \leqslant 0$，$[x]_{补}=2+x$，即 $[-1]_{补}=2+[-1]=1=1.00\cdots0$。

在定点整数中，$[-2n]_{补}=100\cdots0$。

因此，补码的求法为：负数的时候，符号位为 1，数值各位在原码基础上变反后再在末尾位+1。证明如下：

假如 $[x]_{原}=-x_n\cdots x_1$（当 $-2^n \leqslant x \leqslant 0$ 时），

因为 $[x]_{补}=2^{n+1}+x \quad \bmod 2^{n+1}$，$-2^n \leqslant x \leqslant 0$，

所以

$$
\begin{aligned}
[x]_{补} &= 2^{n+1}+x \\
&= 2^n+[2^n+x] \\
&= 2^n+[(2^n-1)+x+1] \\
&= 2^n+\left[\sum_{i=1}^{n} 1+x+1\right] \\
&= 2^n+[\bar{x}_n\cdots\bar{x}_1+1]。
\end{aligned}
$$

同等情况下，补码表示范围比原码表示范围最小数小 1。

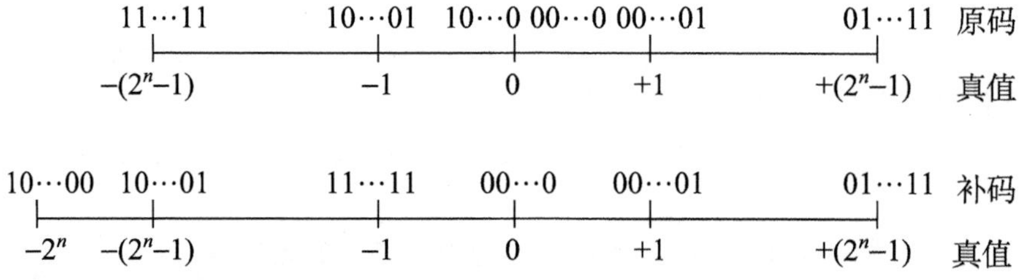


**例 2.16**　设补码的位数为 6 位，求负数 −0.10110 的补码表示。

**解：**　$[-0.10110]_{补}=2-0.10110=10.00000-0.10110=1.01010$。

有关补码的运算，可以得出如下几个结论：

**结论 1**　求负数补码的简单方法：符号位固定为 1，其余各位由真值中相应各位取反后，末尾加 1 所得。

**结论 2**　由补码求真值的简便方法：若符号位为 1，则真值的符号为负，其数值部分的各位由补码中相应各位取反后，末尾加 1 所得。

**例 2.17**　$[x]_{补}=1.01010$，则 $x=-0.10101+0.00001=-0.10110$；

$[x]_{补}=0.01010$，则 $x=+0.01010$。

**结论 3**　求一个补码“取负”后的补码表示方法：只要对该已知补码连同符号位各位取反，末尾加 1 即可。

**例 2.18**　$[x]_{补}=1.0101$，则$[-x]_{补}=0.1011$。

**结论 4**　由$[x]_{补}$求$[x/2]_{补}$的方法：将$[x]_{补}$的符号位和数值位一起向右移动一位，符号位移走后还保持原来的值不变。

**例 2.19**　$[x]_{补}=1.0101000$，$[x/2]_{补}=1.1010100$。

为便于判断运算结果是否溢出，某些计算机中采用了一种双符号位的补码表示方式，称为“变形补码”。

**例 2.20**　$x=0.11010$，$y=-0.11010$，$[x]_{补}=0.11010$，$[y]_{补}=1.00110$；$[x]_{变补}=00.11010$，$[y]_{变补}=11.00110$。

采用补码表示法进行减法运算就比原码方便得多了。因为不论数是正还是负，机器总是作加法，减法运算可变为加法运算。但根据补码定义，求负数的补码要从 2 中减去$|x|$。为了用加法代替减法，结果还得在求补码时作一次减法，这显然是不方便的。下面介绍的反码表示法可以解决负数的求补问题。

### 3. 反码表示法

机器数的最高位为符号，0 表示正数，1 表示负数。反码就是二进制的各位数码 0 变为 1，1 变为 0。也就是说，若 $x_i=1$，则反码为 $\bar{x}_i=0$；若 $\bar{x}_i=0$，则反码 $x_i=1$。数值上面的一横表示反码的意思。在计算机中用触发器寄存数码，若触发器 Q 端输出表示原码，则其 $\overline{Q}$ 端输出就是反码。由此可知，反码是容易得到的。

对定点小数，反码表示的定义为

$$[x]_{反}=\begin{cases}x, & 1>x\geqslant 0,\\(2-2^{-n})+x, & 0\geqslant x>-1,\end{cases}\tag{2.7}$$

其中，$n$ 代表数的位数。

一般情况下，对于正数 $x=+0.x_1x_2\cdots x_n$，则 $[x]_{反}=0.x_1x_2\cdots x_n$。

对于负数 $x=-0.x_1x_2\cdots x_n$，则有 $[x]_{反}=1.x_1x_2\cdots x_n$。

对于 0，有$[+0]_{反}$和$[-0]_{反}$之分：$[+0]_{反}=0.00\cdots0$；$[-0]_{反}=1.11\cdots1$。

对定点整数，反码表示的定义为

$$[x]_{反}=\begin{cases}x, & 2^n>x\geqslant 0,\\(2^{n+1}-1)+x, & 0\geqslant x>-2^n。\end{cases}\tag{2.8}$$

**例 2.21**　$x=+0.1001$，　则 $[x]_{反}=0.1001$；$y=-0.1001$，则 $[y]_{反}=1.0110$。

我们比较反码与补码的公式：

$[x]_{反}=(2-2^{-n})+x$，

$[x]_{补}=2+x$，

可得到

$$[x]_{补} = [x]_{反} + 2^{-n}。 \quad (2.9)$$

这就是通过反码求补码的重要公式。这个公式告诉我们：若要一个负数变补码，方法是符号位置 1，其余各位 0 变 1，1 变 0，然后在最末位($2^{-n}$)上加 1。

### 4. 移码表示法

移码通常用于表示浮点数的阶码。由于阶码是一个 $n$ 位的整数，假设定点整数的移码形式为 $x_0x_1x_2\cdots x_n$，对定点整数，移码的传统定义是真值加上一个固定常数 $2^n$，即

$$[x]_{移} = 2^n + x, \quad 2^n > x \geqslant -2^n。 \quad (2.10)$$

若阶码数值部分有 7 位，以 x 表示真值，则

$$[x]_{移} = 2^7 + x = 128 + x, 128 > x \geqslant -128。$$

例如： 当正数 x=+1010101 时，$[x]_{移}$=1.1010101；

当负数 x=−10101 01 时，$[x]_{移}=2^7+x=2^7-1010101=10000000-1010101$ =0.0101011。

移码中的逗号不是小数点，而是表示左边一位是符号位。显然，移码中符号位 $x_0$ 表示的规律与原码、补码、反码相反。因此，移码的求法是：正数的移码符号位为 1，数值部分不变；负数的移码符号位为 0，其余位取反，末位加 1。

在限定位数下，最小的负数的移码为 000000。

例如： $n=5, x=-2^5$，则 $[x]_{移}=2^5+(-2^5)=000000$。

0 的移码只有一种表示方法：

$[0]_{移}=2^n+0=100\cdots0$。

移码与补码的符号位相反，数值位相同。

当 $-2^n \leqslant X \leqslant 0$ 时，$[x]_{补}=2^{n+1}+x$；因为 $[x]_{移}=2^n+x$，所以 $[x]_{移}=2^n+[x]_{补}-2^{n+1}=[x]_{补}-2^n$；当 $0 \leqslant x \leqslant 2^n$ 时，$[x]_{补}=x$；因为 $[x]_{移}=2^n+x$，所以 $[x]_{移}=2^n+[x]_{补}$。

对于原码、反码、补码三种编码，总结如下：

① 三种编码都是为了解决负数在机器中的表示而提出的。

② 原码和反码都有+0、−0 两种 0 表示，补码 0 唯一。

③ 补码和反码的符号位可作为数值的一部分，可以和数值位一起参加运算，而原码的符号位必须和代表绝对值的数值位分开处理。

④ 原码和反码能表示的正数和负数的范围相对零来说是对称的，而补码表示范围不对称，负数表示范围比正数大。

⑤ 各种编码采用不同的方法进行移位处理。右移一位，移位后的结果为原数的 1/2；左移一位，移位后的结果为原数的 2 倍。各种编码的移位规则如下：

原码

左移：高位移出，末位补 0；右移：高位补 0，低位移出。

补码

左移：高位移出，末位补 0；右移：高位补符，低位移出。

反码

左移：高位移出，末位补 0；右移：高位补符，低位移出。

小结：在上面四种数据的机器表示法中，移码表示法主要用于表示浮点数的阶码。由于补码表示对加减法运算十分方便，因此目前机器中广泛采用补码表示法，在这类机器中，数用补码表示、存储、运算；也有些机器，数用原码进行存储和传送，运算时改用补码；还有些机器在做加减法时用补码运算，在作乘除法时用原码运算。

**例 2.22**　以定点整数为例，用数轴形式说明原码、反码、补码表示范围和可能的数码组合情况。

**解：**　原码、反码、补码表示分别见下图所示。与原码、反码不同，在补码表示中“0”只有一种形式，且用补码表示负数时范围可到 $-2^n$。

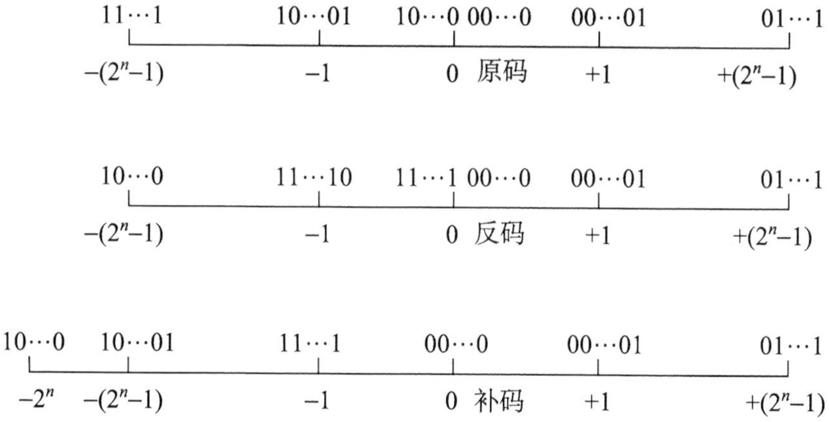


**例 2.23**　将十进制真值（－127，－1，0，＋1，＋127）列表表示成二进制数及原码、反码、补码、移码值。

**解：**　二进制真值 x 及其诸码值列于表 2-2。其中，0 在$[x]_{原}$和$[x]_{反}$中有两种表示。由表 2-2 中数据可知，补码值与移码值的差别仅在于符号位不同。

**表 2-2　二进制真值 x 及其诸码值**

| 真值 x(十进制) | 真值 x(二进制) | [x]原 | [x]反 | [x]补 | [x]移 |
|---|---|---|---|---|---|
| −127 | −01111111 | 11111111 | 10000000 | 10000001 | 00000001 |
| −1 | −00000001 | 10000001 | 11111110 | 11111111 | 01111111 |
| | | 000000000 | 00000000 | | |
| 0 | 00000000 | | | 00000000 | 10000000 |
| | | 10000000 | 1111111 | | |
| +1 | +00000001 | 00000001 | 00000001 | 00000001 | 10000001 |
| +127 | +01111111 | 01111111 | 01111111 | 01111111 | 1111111 |

**例 2.24**　设机器字长 16 位，定点表示，尾数 15 位，数符 1 位，问：

(1) 定点原码整数表示时，最大正数是多少？最小负数是多少？

(2) 定点原码小数表示时，最大正数是多少？最小负数是多少？

**解：**

(1) 定点原码的整数表示：

最大正数值 $=(2^{15}-1)_{10}=(+32767)_{10}$；

| | |
|---|---|
| 0 | 111 111 111 111 111 |

最小负数值 $=-(2^{15}-1)_{10}=(-32767)_{10}$。

| | |
|---|---|
| 1 | 111 111 111 111 111 |

(2) 定点原码的小数表示：

最大正数值 $=(1-2^{-15})_{10}=(+0.\overbrace{111\cdots11}^{15个1})_2$；

最小负数值 $=-(1+2^{-15})_{10}=(-0.111\cdots11)_2$。

**例 2.25**　假设由 S,E,M 三个域组成一个 32 位二进制字所表示的非零规格化浮点数 x，真值表示为

$$x=(-1)^S\times(1.M)\times 2^{E-128}。$$

问：它所表示的规格化的最大正数、最小正数、最大负数、最小负数分别是多少？

**解：**

(1) 最大正数

| | | |
|---|---|---|
| 0 | 11 111 111 | 111 111 1111 111 111 111 111 11 |

$$x=[1+(1-2^{-23})]\times 2^{127}；$$

（2）最小正数

| | | |
|---|---|---|
| 0 | 00 000 000 | 000 000 000 000 000 000 000 00 |

$$x=1.0\times 2^{-128};$$

（3）最小负数

| | | |
|---|---|---|
| 1 | 11 111 111 | 111 111 111 111 111 111 111 11 |

$$x=-[1+(1-2^{-23})]\times 2^{127};$$

（4）最大负数

| | | |
|---|---|---|
| 1 | 00 000 000 | 000 000 000 000 000 000 000 00 |

$$x=-1.0\times 2^{-128}。$$

## 2.2　非数值数据的信息表示

计算机除了能对数值信息进行处理（主要是进行各种数学运算）之外，对于逻辑数据、文字、图画及声音等现代多媒体信息也能进行各种处理，当然它们在计算机内部也必须表示成二进制形式，我们将这些统称为非数值数据。

### 2.2.1　逻辑数据

所谓逻辑数据，是指不带符号的二进制数，主要用于表示真、假两种状态。计算机中除了可以进行加、减、乘、除等基本算术运算外，还可对一个或多个逻辑数据进行逻辑运算，对两个逻辑数据进行比较，或者从某个逻辑数据中选取某几位等操作。计算机中的逻辑运算主要是指逻辑非、逻辑加、逻辑乘、逻辑异或这四种基本运算。逻辑数据只有两个值：真和假，正好可以用二进制码的两个符号分别表示：1 表示真，0 表示假，而不必使用其他编码规则。

对逻辑型数据可以执行与、或、非等基本逻辑运算，其规则如表 2-3 所示。

**表 2-3　逻辑运算的运算规则**

| A | B | A AND B | A OR B | NOT A |
|---|---|---|---|---|
| 0 | 0 | 0 | 0 | 1 |
| 0 | 1 | 0 | 1 | 1 |
| 1 | 0 | 0 | 1 | 0 |
| 1 | 1 | 1 | 1 | 0 |

表 2-4　标准 ASCII 码表

| 低位<br>高位 | 0<br>0000 | 1<br>0001 | 2<br>0010 | 3<br>0011 | 4<br>0100 | 5<br>0101 | 6<br>0110 | 7<br>0111 | 8<br>1000 | 9<br>1001 | A<br>1010 | B<br>1011 | C<br>1100 | D<br>1101 | E<br>1110 | F<br>1111 |
|---|---|---|---|---|---|---|---|---|---|---|---|---|---|---|---|---|
| 0<br>0000 | NUL | SOH | STX | ETX | EOT | ENQ | ACK | BEL | BS | HT | LF | VT | FF | CR | SO | SI |
| 1<br>0001 | DLE | DC1 | DC2 | DC3 | DC4 | NAK | SYN | ETB | CAN | EM | SUB | ESC | FS | GS | RS | US |
| 2<br>0010 | SP | ! | “ | # | $ | % | & | 、 | ( | ) | * | + | , | — | . | / |
| 3<br>0011 | 0 | 1 | 2 | 3 | 4 | 5 | 6 | 7 | 8 | 9 | : | ; | < | = | > | ? |
| 4<br>0100 | @ | A | B | C | D | E | F | G | H | I | J | K | L | M | N | O |
| 5<br>0101 | P | Q | R | S | T | U | V | W | X | Y | Z | [ | \ | ] | ↑ | ← |
| 6<br>0110 | 、 | a | b | c | d | e | f | g | h | i | j | k | l | m | n | o |
| 7<br>0111 | p | q | r | s | t | u | v | w | x | y | z | { | \| | } | ~ | DEL |

### 2.2.2　西文字符的表示

计算机中将非数字的符号表示成二进制形式，叫做字符编码。字符作为人-机联系的媒介，是最重要的数据类型之一。西文是由拉丁字母、数字、标点符号及一些特殊符号所组成的字符。当前的西文字符集由 128 个符号组成，通常用 8 位二进制编码，即用一个字节来表示每一个符号。

为了在世界范围内进行信息的处理与交换，人们必须遵循一种统一的编码标准，目前计算机中广泛使用的编码有 EBCDIC 码(Extended Binary Coded Decimal Interchange Code)和 ASCII 码(American Standard Code for Information Interchange)。这里重点介绍 ASCII 码。

计算机中使用最广泛的是美国信息交换标准代码(American Standard Code for Information Interchange)，简称 ASCII 码。基本 ASCII 码共 128 种，用一个字节的低 7 位表示，最高位为 0。而扩展 ASCII 码最高位为 1，它表示的 ASCII 值范围为 128～255。一般的英文字母、数字符号、标点符号等在计算机中使用一个基本 ASCII 码表示，即一个字符的 ASCII 码占一字节的存储单元。

表 2-4 列出了 128 种标准 ASCII 码所对应的二进制数。如："A"的 ASCII 码对应的二进制数是 1000001，其对应的十进制数为 65。

"t"的 ASCII 码对应的二进制数是 1110100，其对应的十进制数为 116。

### 2.2.3　字符串的表示

字符串是指连续的一串字符，是由 0 个或多个字符组成的有限序列，用单引号引起来，但单引号不属于字符串的字符。这些字符集一般是基于 ASCII 码或 EBCDIC 码扩充而成的。通常方式下，它们占用主存中连续的多个字节，每个字节存一个字符。当主存字由 2 个或 4 个字节组成时，在同一个主存字中，既可按从低位字节向高位字节的顺序存放字符串的内容，也可按从高位字节向低位字节的顺序存放字符串的内容。

由一个或多个空格组成的串称为空格串，它的长度为串中空格的个数；而用两个相连的单引号''表示空串，空串的长度为 0。

定义为字符串类型的变量称为字符串变量。字符串类型的特征如下：

① 可以进行比较运算。

② 字符串数据可以作为输入/输出语句的参数。

### 2.2.4 汉字字符的表示

用计算机处理汉字，每个汉字必须用 0 和 1 组成的代码表示，这就是汉字编码。键盘输入汉字是输入汉字的外部码，外部码必须转换为内部码才能在计算机内进行存储和处理。为了将汉字以点阵的形式输出，还要将内部码转换为字形码。

**1. 外部码**

汉字主要是从键盘输入，每个汉字对应一个外部码，它是计算机输入汉字的代码，代表某一个汉字的一组键盘符号。外部码也叫输入码，有下列类型：

① 数字编码用一串数字表示汉字的编码(区位码)。

② 字音编码基于汉语拼音的编码(双拼、全拼)。

③ 字形编码字形分解而归出的编码(五笔)。

④ 形音编码汉字读音和形状一起考虑。

**2. 内部码**

汉字内部码也称汉字内码或汉字机内码，是用于汉字信息的存储、交换、检索等操作的机内代码。在不同的汉字输入方案中，同一汉字的外部码不同，但内部码是唯一的。关于内部码，需要注意的是：

① 不能有二义性，即不能和 ASCⅡ码有相同的编码。

② 要与汉字字库中的位置有关系，便于汉字的处理。

③ 编码要尽量短。

**3. 交换码**

计算机与计算机之间或计算机与终端之间交换信息时，要求过程中传送的汉字代码信息完全一致。为此，国家根据汉字的常用程度制订了一级和二级汉字字符集，并规定了国家标准编码。在 GB2312—1980《信息交换用汉字编码字符集基本集》中，汉字的编码即国标码。这个字符集中的任何一个图形、符号及汉字都用两个 7 位的字节表示(在计算机中当然用两个 8 位字节，每个字节的最高位为 1)。在 GB2312－1980 标准中，对每个图形字符或汉字给出了两种汉字代码：一种是用两个字节二进制数给出的国标码(即内部码中所用到的)；另一种是四位十进制的区位码，其中高二位是某字符或汉字所在的区号，低二位是在区中的位置号。例如“啊”字的国标码是 3021H，区位码是 1601D。

#### 4. 输出码

汉字输出码又称汉字字形码或汉字发生器的编码。汉字可以写在一个方块中，一个方块可以看作 $m$ 行 $n$ 列的矩阵，称为点阵。一个 $m$ 行 $n$ 列的点阵共有 $m \times n$ 个点。

在计算机中用一组二进制数字表示点阵，用二进制数 1 表示点阵中的黑点，用二进制数 0 表示点阵中的非黑点。

### 2.2.5　多媒体信息的表示

图形、图像和各种音视频等多媒体信息在计算机中也用二进制编码来表示。能处理图形、图像和各种音视频信息的计算机称为多媒体计算机。在多媒体计算机中，各种媒体信息也是采用二进制编码来表示的。首先，把声音、图像等各种模拟信息(如声音波形、图像的颜色等)经过采样、量化和编码，转换成数字信息，这一过程称为“模数转换”。由于数字化信息量非常大，为了节省存储空间和提高处理速度，往往要把这些信息经过压缩后再存储到计算机中。处理后的数字化信息还需经过还原，数模转换(把数字化信息转化为声音、图像等模拟信息)后再现原来的信息，例如：通过扬声器播放声音，通过显示器显示图像。

### 2.2.6　校验码

数据校验码是一种具有发现某些错误或自动改错能力的常用的数据编码方法。其实现原理是加进一些冗余码，使合法数据编码出现某些错误时，就成为非法编码。这样就可以通过检测编码的合法性来达到发现错误的目的。合理地安排非法编码数量和编码规则可以提高发现错误的能力，或达到自动改正错误的目的。

下面介绍几种常用的校验码，其中码距是根据任意两个合法码之间至少有几个二进制位不相同而确定的，仅有一位不同，称其码距为 1。

#### 1. 奇偶校验码

其实现原理是使码距由 1 增加到 2。若编码中有 1 位二进制数出错了，即由 1 变成 0，或者由 0 变成 1，这样，出错的编码就成为非法编码，我们就可以知道出现了错误。在原有的编码之上再增加一位校验位，原编码 $n$ 位，形成新的编码为 $n+1$ 位。增加的方法有两种，即

(1) 奇校验：增加位的 0 或 1 要保证整个编码中 1 的个数为奇数个；

(2) 偶校验：增加位的 0 或 1 要保证整个编码中 1 的个数为偶数个。

### 2. 海明校验码

实现原理是在数据中加入几个校验位，并把数据的每一个二进制位分配在几个奇偶校验组中。当某一位出错就会引起有关的几个校验组的值发生变化，这不但可以发现出错，还能指出是哪一位出错，为自动纠错提供了依据。

假设校验位的个数为 $r$，则它能表示 $2^r$ 个信息，用其中的一个信息指出“没有错误”，其余 $2^r-1$ 个信息指出错误发生在哪一位。然而错误也可能发生在校验位，因此只有 $k=2^r-1-r$ 个信息能用于纠正被传送数据的位数，也就是说要满足关系：$2^r \geqslant k+r+1$。

### 3. CRC 校验码

CRC 校验码一般是指 $k$ 位信息之后拼接 $r$ 位校验码。关键问题是如何从 $k$ 位信息方便地得到 $r$ 位校验码，以及如何从 $k+r$ 位信息码判断是否出错。

将带编码的 $k$ 位有效信息位组表达为多项式：

$$M(x)=C_{k-1}x^{k-1}+C_{k-2}x^{k-2}+\cdots+C_i x^i+\cdots+C_1 x+C_0,$$

其中，$C_i$ 为 0 或 1。

若将信息位左移 $r$ 位，则可表示为多项式 $M(x).x^r$。这样就可以空出 $r$ 位，以便拼接 $r$ 位校验位。

CRC 码是用多项式 $M(x).x^r$ 除以生成多项式 G(x)所得的余数作为校验码的。为了得到 $r$ 位余数，G(x)必须是 $r+1$ 位。

设所得的余数表达式为 R(x)，商为 Q(x)。将余数拼接在信息位组左移 $r$ 位空出的 $r$ 位上，就构成了 CRC 码，这个码可用多项式表达为

$$\begin{aligned} M(x)\cdot x^r+R(x) &= [Q(x)\cdot G(x)+R(x)]+R(x) \\ &= [Q(x)\cdot G(x)]+[R(x)+R(x)] \\ &= Q(x)\cdot G(x)。 \end{aligned}$$

因此，所得 CRC 码可被 G(x)表示的数码除尽。

将收到的 CRC 码用约定的生成多项式 G(x)去除，如果无错，余数应为 0；有某一位出错，余数不为 0。

## 习　　题

1. 将下列十六进制数转换为二进制数和十进制数：

(1) FA　(2) 5B　(3) FFFE　(4) 1234

2. 将下列十进制数转换为二进制数和十六进制数：

(1) 369　(2) 10000　(3) 4095　(4) 32767

3. 将十进制数354.625转换成二进制数、八进制数、十六进制数和BCD数。

4. 完成下列十六进制数的运算，并转换为十进制数进行验证：

(1) 3A+B7　(2) 1234+AF　(3) ABCD−FE　(4) 7AB×6F

5. 计算下列各题二进制数运算：

(1)100101−10011　(2)11100110−10001　(3)10100010/110

6. 设机器字长为16位，定点表示时，尾数15位，数符1位。

(1) 定点原码整数表示时，最大正数为多少？最小负数为多少？

(2) 定点原码小数表示时，最大正数为多少？最小负数为多少？

7. 浮点数格式如下：1位阶符，6位阶码，1位数符，8位尾数，请写出浮点数所能表示的范围(只考虑正数值)。

8. 机器数字长8位(含1位符号位)，若机器数为81(十六进制)，当它分别表示原码、补码、反码和移码时，等价的十进制数分别是多少？

9. 机器数字长为8位(含1位符号位)，当x=−127(十进制)时，其对应的二进制表示，$[x]_{原}$表示，$[x]_{反}$表示，$[x]_{补}$表示，$[x]_{移}$表示分别是多少？

10. 若浮点数x的二进制存储格式为$(41C6A000)_{16}$，求其32位浮点数的十进制值。

11. 将下列十进制数转换成IEEE短浮点数格式：

(1)28.75　(2)624　(3)−0.625　(4)+0.0　(5)−1000.5

12. 写出下列各数的原码、补码、反码。

(1)7/16　(2)4/16　(3)1/16　(4)−1/16　(5)−4/16　(6)−7/16

13. 按机器数字长8位(含1位符号位)，分别写出下列各二进制数的原码、反码和补码。

| 真值 | 原码 | 反码 | 补码 |
|---|---|---|---|
| 0 | | | |
| −0 | | | |
| 0.1000 | | | |
| −0.1000 | | | |
| 0.1111 | | | |
| −0.1111 | | | |
| 1101 | | | |
| −1101 | | | |

14. 设由S,E,M三个域组成的一个32位二进制字所表示的非零规格化数x可表示为$x=(-1)^S\times(1.M)\times2^{E-127}$。问：它所能表示的规格化的最大正数、最小正数、最大负数、最小负数是多少？

15. x=0.1011，y=−0.0101，求$[x/2]_{补}$，$[x/4]_{补}$$[-x]_{补}$及$[y/2]_{补}$，$[y/4]_{补}$$[-y]_{补}$。

16. 若$[x]_{原}=0.10100$，求$[x]_{补}$、$[-x]_{补}$；若$[x]_{原}=1.10111$，求$[x]_{补}$、$[-x]_{补}$。若$[x]_{补}=0.10100$，求$[x]_{原}$、真值x；若$[x]_{补}=1.10111$，求$[x]_{原}$、真值x。

# 第 3 章　运算方法和运算器

计算机中的核心部件是 CPU,由运算器和控制器组成。早期计算机是以运算器为中心的,它能够实现算术和逻辑运算。本章主要讲述计算机中定点数据和浮点数据的四则运算,并且详细讲述了定点运算器和浮点运算器的组成结构,介绍了运算器的发展。

## 3.1　定点加减运算

计算机的一个重要特点是它只能用有限的数码位数来表示操作数和操作结果。定点加、减法运算只有在模运算规则下所得到的结果才是正确的,否则就会出现“溢出”。于是制定用来表示正、负数的各种码制;通过数据编码来简化数据的运算。定点加减法运算包括原码、反码和补码的加减法运算,特别是补码,把加法和减法巧妙地结合起来。本书主要讲解补码的加减法运算。

### 3.1.1　补码加减法运算

#### 1. 补码定点加法

补码加法规则:任意两数的补码之和等于该两数和的补码。

$$[x]_{补}+[y]_{补}=[x+y]_{补} \qquad (\text{mod } 2)。$$

设$[x]_{补}=x_0.x_1x_2\cdots x_n$,$[y]_{补}=y_0.y_1y_2\cdots y_n$,

$-1\leqslant x<1$,$-1\leqslant y<1$,$-1\leqslant x+y<1$。

现根据操作数的不同情况加以证明:

① $x\geqslant 0$,$y\geqslant 0$,则 $x+y\geqslant 0$。

根据补码的定义可得$[x]_{补}=x$,$[y]_{补}=y$,

$[x]_{补}+[y]_{补}=x+y$。

因为 $x+y\geqslant 0$,所以 $[x+y]_{补}=x+y$,

故 $[x]_{补}+[y]_{补}=[x+y]_{补}=x+y$。

② $x<0$,$y<0$,则 $x+y<0$。

因为 $[x]_{补}=2+x$,$[y]_{补}=2+y$,则

$[x]_{补}+[y]_{补}=2+x+2+y=2+(x+y) \quad (\text{mod } 2)$。

又由于 $x+y<0$，则 $[x+y]_{补}=2+(x+y)$。

故　$[x]_{补}+[y]_{补}=[x+y]_{补}=2+(x+y) \pmod 2$。

③ 设 x，y 任一为正数，任一为负数(例如 x 为正，y 为负)。

$[x]_{补}=x$，$[y]_{补}=2+y$，则

$[x]_{补}+[y]_{补}=x+(2+y)=2+(x+y)$。

当 $x+y\geqslant 0$ 时，$2+(x+y)\geqslant 2$，对于模 2 来说，2 必然丢掉，

即 $[x]_{补}+[y]_{补}=2+x+y=x+y \pmod 2$，

又因为 $x+y\geqslant 0$，所以 $[x+y]_{补}=x+y$。

故 $[x]_{补}+[y]_{补}=[x+y]_{补}=x+y$。

当 $x+y<0$ 时，$[x+y]_{补}=2+(x+y)=[x]_{补}+[y]_{补}$。

因此，在补码制方法下，无论 x，y 是正数还是负数，加、减法运算统一采用加法来处理；$[x]_{补}$ 和 $[y]_{补}$ 的符号位和数值位一起参与求和运算，加、减运算结果的符号位也在求和运算中直接得出。

**例 3.1**　$x=+0.1011$，$y=-0.0101$，求 $x+y$。

**解：**　$[x]_{补}=0.1011$，　$[y]_{补}=1.1011$，

所以，$[x+y]_{补}=0.0110$，　　故　$x+y=+0.0110$。

补码加法的特点：

① 符号位作为数的一部分参加运算，符号位的进位丢掉。

② 运算结果为补码形式。

## 2. 补码定点减法

1）补码减法的规则

推论：$[x-y]_{补}=[x+(-y)]_{补}=[x]_{补}+[-y]_{补}$。

已知 $[y]_{补}$，那么 $[-y]_{补}=?$

2）求补

由 $[y]_{补}$ 求 $[-y]_{补}$，称为对 y 求补。

3）求补规则：连同符号位各位变反，末位加 1

例如：$[y]_{补}=1.1010$，则 $[-y]_{补}=0.0110$。

可见：求补时，从[y]补的最低位开始向高位扫描，见到第一个“1”，包括这个“1”的各位不变，其余位都变反。

**例 3.2**　已知 $[x]_{补}=1.1010$，$[y]_{补}=1.0110$，求 $[x-y]_{补}$。

**解：**　$[x-y]_{补}=[x]_{补}+[-y]_{补}$，

$[-y]_{补}=0.1010$，

所以 $[x-y]_{补}=1.1010+0.1010=10.0100=0.0100 \pmod 2$，

故 $x-y=0.0100$。

用真值运算并加以验算：

因　x=−0.0110，　y=−0.1010，

所以　x−y =−0.0110 −(−0.1010)=0.0100。

补码加减运算的规则可归纳如下：

① 参加运算的操作数均为补码表示的形式。

② 加减运算可统一为加法运算进行，符号位作为数的一部分参加运算，符号位的进位去掉。

③ 运算结果为补码形式。

**例 3.3**　已知$[x]_补=01001$，$[y]_补=11100$，求$[x+y]_补$，$[x-y]_补$。

**解：**　由$[-y]_补=00100$，则

$$[x+y]_补=([x]_补+[y]_补)\quad (\mathrm{mod}\,2^5)$$
$$=(01001+11100)\quad (\mathrm{mod}\,2^5)$$
$$=00101,$$
$$[x-y]_补=([x]_补+[-y]_补)\quad (\mathrm{mod}\,2^5)$$
$$=(01001+00100)\quad (\mathrm{mod}\,2^5)$$
$$=01101。$$

### 3.1.2　溢出判断

所谓溢出，是数据计算结果超过计算机所能表示的实际范围。对于 $n$ 位的二进制码表示的补码整数(符号位占一位)，它可表示的数据范围为$-2^{n-1}\sim2^{n-1}-1$。在字长为 8 位的计算机中，当二进制数用补码表示时，其范围为−128～+127；在字长为 16 位的计算机中，其范围为−32768～+32767。如果运算结果超出此范围，就会产生溢出。若结果超过了允许表示的最大正数时，产生的溢出称为上溢出(正溢出)；若结果超过了允许表示的最小负数时，产生的溢出称为下溢出(负溢出)。在运算器中应设有溢出判别线路和溢出标志位。

**例 3.4**　已知$[x]_补=01010$，$[y]_补=01010$，

$[x+y]_补=(01010+01010)\quad(\mathrm{mod}\,2^5)=10100$，　　溢出

原因是：$[10]_{10}+[10]_{10}=[20]_{10}>15$。　　产生上溢

**例 3.5**　已知$[x]_补=10010$，$[y]_补=00100$，

$[x-y]_补=(10010+11100)\quad(\mathrm{mod}\,2^5)=01110$，　　溢出

原因是：$[-14]_{10}-[4]_{10}=[-18]_{10}<-16$。　　产生下溢

溢出的判断方法有多种，这里介绍单符号位溢出判断方法和双符号溢出的判断法。

### 1. 单符号位方法

当操作数中的加数与被加数符号相同时，若运算结果的符号与操作数的符号不一致，表示溢出；否则，表示没有溢出。而当加数和被加数符号不同时，相加运算的结果是绝对不会溢出的。为了便于逻辑实现，溢出的检测也可描述为：当最高有效位产生进位而符号位无进位时，产生上溢；当最高有效位无进位而符号位有进位时，产生下溢。

溢出逻辑表达式为：$V=C_f \oplus C_0$，

$V=1$ 表示结果有溢出，$V=0$ 表示结果正确。其中 $C_f$ 为符号位产生的进位，$C_0$ 为最高有效位产生的进位。这是因为只有最高有效位与符号位均有进位或均无进位时，才能保证运算结果的符号与操作数的符号一致。

下面使用单符号位法来验证一下例 3.3、例 3.4 及例 3.5。

在例 3.3 中，求$[x+y]_{\text{补}}$时：$V=C_f \oplus C_0=1 \oplus 1=0$，结果正确。

在例 3.4 中，求$[x+y]_{\text{补}}$时：$V=C_f \oplus C_0=0 \oplus 1=1$，结果溢出。

在例 3.5 中，求$[x-y]_{\text{补}}$时：$V=C_f \oplus C_0=1 \oplus 0=1$，结果溢出。

### 2. 双符号位方法(采用变形补码的方法)

常用双符号位方法来判别加、减法运算是否有溢出。依据两数运算后的结果来判断，两数运算结果正数的双符号位是 00，负数的双符号位是 11。两个正数双符号位的运算为 00 时，结果不溢出；两个正数双符号位的运算为 01 时，结果上溢。两个负数的双符号位运算为 11 时，结果不溢出；两个负数的双符号位的运算为 10 时，结果下溢。

下面使用双符号位法来验证一下例 3.3、例 3.4 和例 3.5。

在例 3.3 中，求$[x+y]_{\text{补}}$时：$[x+y]_{\text{变补}}=00\ 0101$，结果正确。

在例 3.4 中，求$[x+y]_{\text{补}}$时：$[x+y]_{\text{变补}}=010100$，结果正溢出。

在例 3.5 中，求$[x-y]_{\text{补}}$时：$[x-y]_{\text{变补}}=101110$，结果负溢出。

## 3.2　移位运算

移位运算就是在二进制的基础上对数字进行平移。按照平移的方向和填充数字的规则分为三种：＜＜(左移)、＞＞(带符号右移)和＞＞＞(无符号右移)。在移位运算时，byte、short 和 char 类型移位后的结果会变成 int 类型。对于 byte、short、char 和 int 进行移位时，规定实际移动的次数是移动次数和 32 的余数，也就是移位 33 次和移位 1 次得到的结果相同。移动 long 型的数值时，规定实际移动的次数是移动次数和 64 的余数，也就是移动 66 次和移动 2 次得到的结果相同。三种移位运算符的移动规则和使用如下所示：

**1. 算术移位**

在带符号数的移位中，无论正数还是负数，移位后符号不变，数值变化。

**移位规则**：正数：左移右移都补 0。

负数：原码左移右移都补 0。

反码左移右移都补 1。

补码左移补 0，右移补 1。

**2. 逻辑移位**

无数值意义的二进制代码，只是位置变化。

左移低位补 0，右移高位补 0。

**3. 循环移位**

循环左移，最高位移至最低位，其他依次左移。

循环右移，最低位移至最高位，其他依次右移。

## 3.3 定点乘法运算

### 3.3.1 原码一位乘

在定点计算机中，两个原码表示的数相乘的运算规则是：乘积的符号位由两数的符号按异或运算得到，而乘积的数值部分则是两个正数相乘之积。设 $n$ 位被乘数和乘数用定点小数表示(定点整数也同样适用)。

被乘数 $[x]_{原}=x_f.x_0x_1x_2\cdots x_n$，

乘数 $[y]_{原}=y_f.y_0y_1y_2\cdots y_n$，

则乘积 $[z]_{原}=(x_f\oplus y_f)\cdot(0.x_0x_1x_2\cdots x_n)(0.y_1y_2\cdots y_n)$。

在上式中，$x_f$ 为被乘数符号，$y_f$ 为乘数符号。

乘积符号的运算法则是：同号相乘为正，异号相乘为负。由于被乘数和乘数的符号组合只有四种情况($x_fy_f$=00,01,10,11)，因此积的符号可按“异或”(按位加)运算得到。

数值部分的运算方法与普通的十进制小数乘法相类似，不过对于用二进制表达的数来说，其乘法规则更为简单一些：从乘法 y 的最低位开始，若这一位为“1”，则将被乘数 x 写下；若这一位为“0”，则写下全 0。然后再对乘数 y 的高一位进行的乘法运算，其规则同上，不过这一位乘数的权与最低位乘数的权不一样，因此被乘数 x 要左移一位。依次类推，直到乘数各位乘完为止，最后将它们统统加起来，便得到最后乘积 z 。

设 x=0.1011，y=0.1101，让我们先用习惯方法求其乘积，其过程如下：

| | | | | | | | | | |
|---|---|---|---|---|---|---|---|---|---|
| | | | | 0. | 1 | 1 | 0 | 1 | (y) |
| × | | | | 0. | 1 | 0 | 1 | 1 | (x) |
| | | | | | 1 | 1 | 0 | 1 | |
| | | | | 1 | 1 | 0 | 1 | | |
| | | 0 | 0 | 0 | 0 | | | | |
| + | 1 | 1 | 0 | 1 | | | | | |
| 0. 1 | 0 | 0 | 0 | 1 | 1 | 1 | 1 | | (z) |

如果被乘数和乘数用定点整数表示，我们也会得到同样的结果。但是人们习惯的算法对机器并不完全适用：原因之一，机器通常只有 $n$ 位长，两个 $n$ 位数相乘，乘积可能为 $2n$ 位；原因之二，只有两个操作数相加的加法器，难以胜任将 $n$ 个位积一次相加起来的运算。为了简化结构，机器通常只有 $n$ 位长，并且只有两个操作数相加的加法器。为此，必须修改上述乘法的实现方法，将 $x \cdot y$ 改写成适于如下定点机的形式：

一般而言，设被乘数 x、乘数 y 都是小于 1 的 $n$ 位定点正数：

$$x=0.x_1x_2\cdots x_n;y=0.y_1y_2\cdots y_n,$$

其乘积为

$$\begin{aligned} x\cdot y &= x\cdot(0.y_1y_2\cdots y_n) \\ &= x\cdot(y_12^{-1}+y_22^{-2}+\cdots+y_n2^{-n}) \\ &= 2^{-1}(y_1x+2^{-1}(y_2x+2^{-1}(\cdots+2^{-1}(y_{n-1}x+\cdots)+\cdots)))。\end{aligned}$$

令 $z_i$ 表示第 $i$ 次部分积，则上式可写成如下递推公式：

$$\begin{aligned} z_0 &= 0; \\ z_1 &= 2^{-1}(y_nx+z_0); \\ &\vdots \\ z_i &= 2^{-1}(y_{n-i+1}x+z_{i-1}); \qquad (3.1) \\ &\vdots \\ z_n &= x\cdot y = 2^{-1}(y_1x+z_{n-1})。\end{aligned}$$

显然，欲求 $x\cdot y$，则需设置一个保存部分积的累加器。乘法开始时，令部分积的初值 $z_0=0$，然后求加上 $y_nx$，右移 1 位得第 1 个部分积，又将加上 $y_{n-1}x$，再右移

1 位得第 2 个部分积。依此类推，直到求得 $y_1x$ 加上 $z_{n-1}$ 并右移 1 位得最后部分积，即得 x · y。显然，两个 $n$ 位数相乘，需重复进行 $n$ 次“加法”及“右移”操作，才能得到最后乘积。这就是实现原码一位乘法的规则。

**例 3.6** 已知 x＝＋0.11011，y＝－0.11111，用原码一位乘法计算 x · y（要求写出计算步骤）。

**解：** $[x]_原$＝0.11011， $[y]_原$＝1.11111。

| 进位 | 部分积 | 乘数 | 说明 |
|---|---|---|---|
| 0 | 00000 | 11111 | |
| | 11011 | | $y_5=1$，+X |
| | 11011 | | CPY 同时右移一位 |
| 0 | 01101 | 11111 | $y_4=1$，+x |
| | 11011 | | |
| 1 | 01000 | | CPY 同时右移一位 |
| 0 | 10100 | 01111 | $y_3=1$，+x |
| | 11011 | | |
| 1 | 01111 | | CPY 同时右移一位 |
| 0 | 10111 | 10111 | $y_2=1$，+x |
| | 11011 | | |
| 1 | 10010 | | CPY 同时右移一位 |
| 0 | 11001 | 01011 | $y_1=1$，+x |
| | 11011 | | |
| 1 | 10100 | | CPY 同时右移一位 |
| 0 | 11010 | 00101 | |

其中，在“CPY”中，“C”表示进位寄存器，“P”表示部分积寄存器，“Y”表示乘数寄存器。

$[x \cdot y]_原$＝1.1101000101，因此 x · y＝－0.1101000101。

图 3-1 为实现原码一位乘法的硬件逻辑原理图。这里有三个寄存器，其中 $R_0$ 存放部分积 z，在乘法开始 $R_0$ 前应清“0”，保证 $z_0=0$；$R_1$ 寄存器存放乘数 y；$R_2$ 寄存器存放被乘数 x。由于乘法开始时先从乘数的最低位 $y_n$ 开始，以后则使用 $y_{n-1}$，$y_{n-2}$，…，$y_1$，因此乘数寄存器 $R_1$ 应当是具有右移功能的移位寄存器。假定加法器不具备右移功能，那么由于部分积需要右移，$R_0$ 也应当是具有右移功能的移位寄

存器。除了三个寄存器 $R_0$，$R_1$，$R_2$外，还需一个加法器和一个计数器，前者完成部分积与位积的累加，后者对移位的次数进行计数，以便判断乘法运算是否结束。

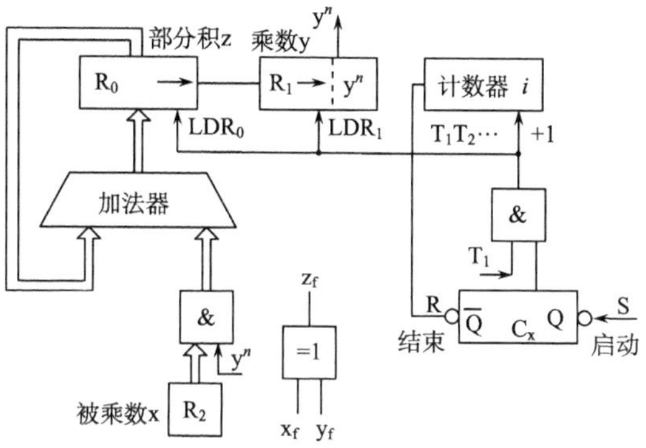


图 3-1　原码一位乘法逻辑结构原理图

乘法开始时，"启动"信号使控制触发器 Cx 置"1"，于是开启时序脉冲 T。当乘数寄存器 $R_1$最末位为"1"时，部分积 z 和被乘数 x 在加法器中相加，其结果输出至 $R_1$的输入端。一旦打入控制脉冲 T，控制信号 $LDR_0$使部分积右移 1 位；与此同时，乘数寄存器 $R_1$也在控制信号 $LDR_1$ 作用下右移一位，且计数器 $i$ 计数 1 次。当计数器 $i=n$ 时，计数器 $i$ 的溢出信号使控制触发器 Cx 置"0"，关闭时序脉冲 T，乘法操作结束。如果将 $R_0$和 $R_1$连接起来，乘法结束时乘积的高 $n$ 位部分在 $R_0$，低 $n$ 位部分在 $R_1$，$R_1$ 中原来的乘数 y 由于右移而全部丢失，乘积为 $2n+1$ 位，其中包括 1 位符号位。

### 3.3.2　原码两位乘

为提高乘法的速度，可以对乘数的每两位取值情况进行判断，一步求出对应于该两位的部分积。采用原码二位乘法，只需增加少量的逻辑线路，就可以将乘法的速度提高一倍。

两位乘数的取值可以有四种可能组合，每种组合对应于以下操作：

00 相当于 0 · x，部分积 $P_i$ 右移 2 位，不进行其他运算。

01 相当于 1 · x，部分积 $P_i+x$ 后右移 2 位。

10 相当于 2 · x，部分积 $P_i+2x$ 后右移 2 位。

11 相当于 3 · x，部分积 $P_i+3x$ 后右移 2 位。

上面出现了+1x，+2x，+3x 三种情况。+x 容易实现，+2x 可把 x 左移 1 位得 2x，在机器内通常采用向左移 1 位传送来实现。可是+3x 一般不能一次完成，如分成两次进行，又降低了计算速度。解决问题的办法是：以＋(4x－x)来代替＋3x运算，在本次运算中只执行－x，而＋4x则归并到下一步执行，因为下一步运算时，前一次的部分积已右移了两位，上一步欠下的＋4x在本步已变成＋x。实际线路中要用一个触发器C来记录是否欠下＋4x的操作尚未执行，若是，则1→C。因此实际操作要用$y_{i-1}$、$y_i$、C三位的组合值来控制乘法运算操作，运算规则如表3-1所示。

**表 3-1 原码两位乘运算规则**

| $y_{i-1}$ | $y_i$ | C | 操作 | | 部分积右移 |
|---|---|---|---|---|---|
| 0 | 0 | 0 | +0 | 0→C | 2位 |
| 0 | 0 | 1 | +x | 0→C | 2位 |
| 0 | 1 | 0 | +x | 0→C | 2位 |
| 0 | 1 | 1 | +2x | 0→C | 2位 |
| 1 | 0 | 0 | +2x | 0→C | 2位 |
| 1 | 0 | 1 | −x | 1→C | 2位 |
| 1 | 1 | 0 | −x | 1→C | 2位 |
| 1 | 1 | 1 | +0 | 1→C | 2位 |

原码两位乘举例：

**例 3.7** 假定x=0.100111，y=0.100111，用原码两位乘法计算x·y。

**解：** 由$[-x]_{补}=1011001$，

| 部分积 | 乘数 | 欠位C | 操作说明 |
|---|---|---|---|
| 00 000000 | 1 0 0 1 1 1 | 0 | |
| 11 011001 | | | −x，1→C |
| 11 011001 | | | |
| 11 110110 | 0 1 1 0 0 1 | 1 | 右移2位 |
| 01 001110 | | | +2x，0→C |
| 01 000100 | | | |
| 00 010001 | 0 0 0 1 1 0 | 0 | 右移2位 |
| 01 001110 | | | +2x，0→C |
| 01 011111 | | | |
| 00 010111 | 1 1 0 0 0 1 | 0 | 右移2位 |

故x·y=0.010111110001。

如上面最后一次运算时欠下+4x,则部分积右移2位后还需补充完成+x操作。

### 3.3.3 补码一位乘

原码乘法的主要问题是符号位不能参加运算,而是单独用一个“异或”门产生乘积的符号位。因此,科学家自然提出:能否让符号数字化后也参加乘法运算?补码乘法就可以实现符号位直接参加运算。补码一位乘又叫做Booth(布斯)乘法(又叫比较法),它是由科学家Booth(布斯)夫妇提出的。A. D. Booth算法思想是:相乘二数用补码表示,它们的符号位与数值位一起参与乘法运算过程,直接得出用补码表示的乘法结果,且正数和负数同等对待。

为了得到补码一位乘法的规律,先从补码和真值的转换公式开始讨论。

**1. 补码与真值的转换公式**

设$[x]_补=x_0.x_1x_2\cdots x_n$,有

$$x=-x_0+\sum x_i 2^{-i},\tag{3.2}$$

其中,等式左边x为真值。公式(3.2)说明真值和补码之间的关系。

**2. 补码的右移**

正数右移一位,相当于乘1/2(即除2)。负数用补码表示时,右移一位也相当于乘1/2。因此,在补码运算的机器中,一个数不论其正负,连同符号位向右移一位,若符号位保持不变,就等于乘1/2。

**3. 补码乘法规则**

设被乘数$[x]_补=x_0.x_1x_2\cdots x_n$和乘数$[y]_补=y_0.y_1y_2\cdots y_n$均为任意符号,则有补码乘法算式

$$[x\cdot y]_补=[x]_补\cdot(-y_0+\sum y_i 2^{-i})。\tag{3.3}$$

为了推出串行逻辑实现人分步算法,将上式展开加以变换:

$$\begin{aligned}[x\cdot y]_补&=[x]_补\cdot[-y_0+y_1 2^{-1}+y_2 2^{-2}+\cdots+y_n 2^{-n}]\\&=[x]_补\cdot[-y_0+(y_1-y_1 2^{-1})+(y_2 2^{-1}-y_2 2^{-2})+\cdots\\&\quad+(y_n 2^{-(n-1)}-y_n 2^{-n})]\\&=[x]_补\cdot[(y_1-y_0)+(y_2-y_1)2^{-1}+\cdots+(y_n-y_{n-1})2^{-(n-1)}\\&\quad+(0-y_n)2^{-n}]\\&=[x]_补\cdot\sum_{i=0}^{n}(y_{i+1}-y_i)2^{-i}(y_{n+1}=0)。\end{aligned}$$

写成递推公式如下：

$$
\begin{aligned}
&[z_0]_{补} = 0,\\
&[z_1]_{补} = 2^{-1}\{[z_0]_{补} + (y_{n+1} - y_n)[x]_{补}\}(y_{n+1} = 0),\\
&\qquad\vdots\\
&[z_i]_{补} = 2^{-1}\{[z_{i-1}]_{补} + (y_{n-i+2} - y_{n-i+1})[x]_{补}\} \qquad (3.4)\\
&\qquad\vdots\\
&[z_n]_{补} = 2^{-1}\{[z_{n-1}]_{补} + (y_2 - y_1)[x]_{补}\},\\
&[z_{n+1}]_{补} = [z_n]_{补} + (y_1 - y_0)[x]_{补} = [x \cdot y]_{补}。
\end{aligned}
$$

开始时，部分积为 0，即 $[z_0]_{补}=0$。然后每一步都是在前次部分积的基础上，由 $(y_{i+1}-y_i)$ $(i=0,1,2,\cdots,n)$ 决定对$[x]_{补}$的操作，再右移一位，得到新的部分积。如此重复 $n+1$ 步，最后一步不移位，便得到 $[x \cdot y]_{补}$，这就是有名的布斯公式。

实现这种补码乘法规则时，在乘数最末位后面要增加一位补充位 $y_{n+1}$。开始时，由 $y_n y_{n+1}$判断第一步该怎么操作；然后再由 $y_{n-1} y_n$ 判断第二步该怎么操作。因为每做一步要右移一位，故做完第一步后，$y_{n-1} y_n$ 正好移到原来 $y_n y_{n+1}$的位置上。依此类推，每步都要用 $y_n y_{n+1}$ 位置进行判断，我们将这两位称为判断位。

如果判断位 $y_n y_{n+1}=01$，则 $y_{i+1}-y_i=1$，做加$[x]_{补}$操作；如果判断位 $y_n y_{n+1}=10$，则 $y_{i+1}-y_i=-1$，做加$[-x]_{补}$操作；如果判断位 $y_n y_{n+1}=11$ 或 00，则 $y_{i+1}-y_i=0$，$[z_i]$ 加 0，即保持不变。

**4. 补码一位乘法运算规则**

① 如果 $y_n y_{n+1}=11$ 或 00，部分积不加不减，直接右移一位。

② 如果 $y_n y_{n+1}=01$，部分积加$[x]_{补}$，再右移一位。

③ 如果 $y_n y_{n+1}=10$，部分积加$[-x]_{补}$，再右移一位。

这样重复进行 $n+1$ 步，但最后一步不移位。包括一位符号位，所得乘积为 $2n+1$ 位，其中 $n$ 为尾数位数。

**例 3.8** 已知 $x=+1101$，$y=-1010$，用补码一位乘法计算 $x \cdot y$(要求写出计算步骤)。

**解：** 部分积　y　$y_{n+1}$　说明

| 部分积 | y | $y_{n+1}$ | 说明 |
|---|---|---|---|
| 00 0000 | 10110 | 0 | 开始，设$y_5=0$，$[P_0]_补=0$ |
| 00 0000 | 0 1011 | 0 | $y_4y_5=00$，P、Y同时右移一位<br>得$[P_1]_补$ |
| +11 0011<br>11 0011<br>11 1001 | 10 101 | 1 | $y_3y_4=10$，$+[-x]_补$<br>P、Y同时右移一位<br>得$[P_2]_补$ |
| 11 1100 | 110 10 | 1 | $y_2y_3=11$，P、Y同时右移一位<br>得$[P_3]_补$ |
| +00 1101<br>00 1001<br>00 0100 | 1110 1 | 0 | $y_1y_2=01$，$+[x]_补$<br>P、Y同时右移一位<br>得$[P_4]_补$ |
| +11 0011<br>11 0111 | 1110 | 1 | $y_0y_1=10$，$+[-x]_补$<br>最后一次不右移 |

因此，$[x\cdot y]_补=101111110$，所以，$x\cdot y=-10000010$。

实现一位补码乘法的逻辑原理图如图 3-2 所示，它与一位原码乘法的逻辑结构非常类似，所不同的有以下几点：

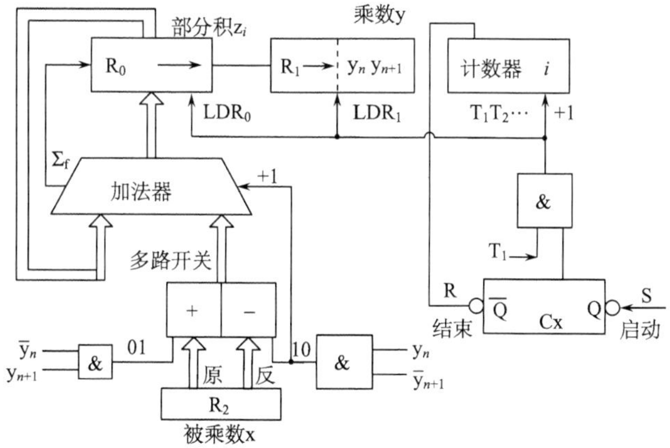


图 3-2　补码一位乘法逻辑原理图

① 被乘数的符号和乘数的符号都参加运算。

② 乘数寄存器 $R_1$有附加位 $y_{n+1}$，其初始状态为“0”。当乘数和部分积每次右移时，部分积最低位移至 $R_1$的首位位置，故 $R_1$必须是具有右移功能的寄存器。

③ 被乘数寄存器 $R_2$ 的每一位用原码（即触发器 Q 端）或反码（即触发器 $\overline{Q}$ 端）经多路开关传送到加法器对应位的一个输入端，而开关的控制位由和 $y_n$ 的 $y_{n+1}$ 输出译码器产生。当 $y_n y_{n+1}=01$ 时，送$[x]_{补}$；当 $y_n y_{n+1}=10$ 时，送$[-x]_{补}$，即送的反码且在加法器最末位上加“1”。

④ $R_0$ 保存部分积，它也是具有右移功能的移位寄存器，其符号位与加法器 $\Sigma_f$ 符号位始终一致。

⑤ 当计数器 $i=n+1$ 时，封锁 LD $R_0$ 和 LD $R_1$ 控制信号，使最后一位不移位。

总之，布斯乘法的算法过程为 $n+1$ 次的“判断—加减—右移”的循环，判断的次数为 $n+1$ 次，右移的次数为 $n$ 次。在布斯乘法中，遇到连续的“1”或连续的“0”时，是跳过加法运算，直接实现右移操作的，因此运算效率高。但是，如果出现 01010101 这样的组合，执行速度又会变慢，并且，一方面需要有附加位来判断，增加了硬件的开销；另一方面，最后一位不移位，硬件实现较为困难。

### 3.3.4 阵列乘法

前面介绍的原码、补码乘法都是基于原有的加法器加上逻辑电路来实现的，是一种时序逻辑电路。高性能的计算机则是采用专门的器件来实现乘法运算，是通过硬件的组合逻辑电路来实现的，虽然增加了硬件的开销，但是运算速度提高了。更何况，随着计算机硬件的飞快发展，硬件成本相对降低，所以使用专门的器件来作乘法运算已经是目前大部分计算机所采用的方法。

硬件乘法器的常规设计适用于“串行移位”和“并行加法”相结合的方法，这种方法并不需要很多器件。然而串行方法毕竟太慢，执行一次乘法的时间至少是执行一次加法时间的 $n$ 倍，不能满足科学技术对高速乘法所提出的要求。自从大规模集成电路问世以来，高速的单元阵列乘法器应运而生，出现了各种形式的流水线阵列乘法器，它们属于并行乘法器，提供了极快的速度。

#### 1. 不带符号的阵列乘法器

设有两个不带符号的十进制整数：

$A=a_{m-1}\cdots a_1 a_0$，

$B=b_{n-1}\cdots b_1 b_0$，

它们的数值分别为 a 和 b，则

$a=\sum a_i 2^i$，$b=\sum b_j 2^j$。

在十进制乘法中，被乘数 A 与乘数 B 相乘，产生 $m+n$ 位乘积 P；

$P=p_{m+n-1}\cdots p_1 p_0$，则

$$P = A \times B = \sum_{i=0}^{m-1} a_i \times 2^i \times \sum_{j=0}^{n-1} b_j \times 2^j$$
$$= \sum_{i=0}^{m-1}\sum_{j=0}^{n-1} a_i \times b_j \times 2^{i+j} = \sum_{k=0}^{m+n-1} p_k \times 2^k。$$

图 3-3 为 $m$ 位×$n$ 位不带符号的阵列乘法器逻辑框图。

每一个部分乘积项 $a_i b_j$（位积）叫做一个被加数。这 $m\times n$ 个被加数 $\{a_i b_j \mid 0\leqslant i\leqslant m-1$ 和 $0\leqslant j\leqslant n-1\}$ 可以用 $m\times n$ 个“与”门并行地产生，如图 3-3 上半部所示。

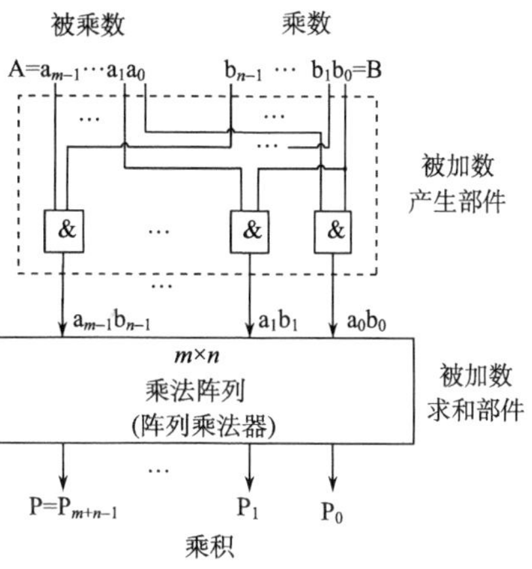


图 3-3 $m$ 位×$n$ 位不带符号的阵列乘法器逻辑框图

现在以 5 位乘 5 位不带符号的阵列乘法器（$m=n=5$）为例来说明并行阵列乘法器的基本原理。实现这个乘法过程所需要的操作如下所示：

| | | | | | | | | | |
|---|---|---|---|---|---|---|---|---|---|
| | | | | | $a_4$ | $a_3$ | $a_2$ | $a_1$ | $a_0$ |
| | | | | × | $b_4$ | $b_3$ | $b_2$ | $b_1$ | $b_0$ |
| | | | | | $a_4b_0$ | $a_3b_0$ | $a_2b_0$ | $a_1b_0$ | $a_0b_0$ |
| | | | | $a_4b_1$ | $a_3b_1$ | $a_2b_1$ | $a_1b_1$ | $a_0b_1$ | |
| | | | $a_4b_2$ | $a_3b_2$ | $a_2b_2$ | $a_1b_2$ | $a_0b_2$ | | |
| | | $a_4b_3$ | $a_3b_3$ | $a_2b_3$ | $a_1b_3$ | $a_0b_3$ | | | |
| + | $a_4b_4$ | $a_3b_4$ | $a_2b_4$ | $a_1b_4$ | $a_0b_4$ | | | | |
| | $P_8$ | $P_7$ | $P_6$ | $P_5$ | $P_4$ | $P_3$ | $P_2$ | $P_1$ | $P_0$ |

图 3-4 为 5 位×5 位不带符号的阵列乘法器的逻辑电路图，其中 FA 是我们后面将要讲的 5 位×5 位一位全加器，FA 的斜线方向为进位输出，竖线方向为和输出，而所有被加数项的排列和前述 A×B=P 乘法过程中的被加数矩阵相同。图中阵列中最后一行构成了一位行波进位加法器，其时间延迟为 $(n-1)2T$。当然，为了缩短加法时间，最下一行的行波进位加法器也可以用先行进位加法器来代替。

这种乘法器要实现 $n$ 位×$n$ 位时，需要 $n(n-1)$ 个全加器和 $n^2$ 个“与”门。该乘法器的总的乘法时间可以估算如下：

令 $T_a$ 为“与门”的传输延迟时间，$T_f$ 为全加器（FA）的进位传输延迟时间，假定用 2 级“与非”逻辑或者“与或非”接线逻辑来实现 FA 的进位链功能，那么，$T_a=T_f=2T$。从图 3-4 可见，最坏情况下的延迟途径，即是沿着矩阵最右边的对角线和最下面的一行。因而得到 $n$ 位×$n$ 位不带符号的阵列乘法器的总的乘法时间为

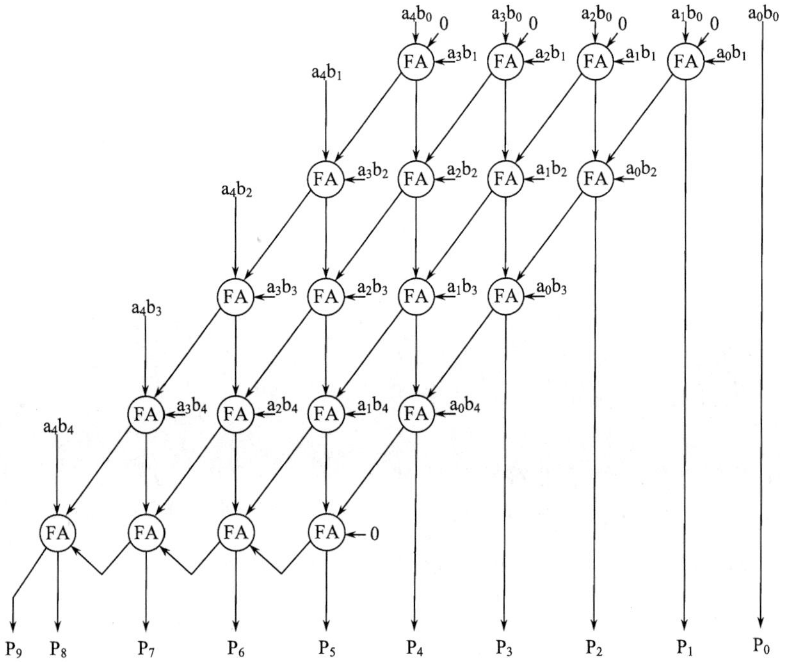


图 3-4　5 位×5 位不带符号的阵列乘法器逻辑电路图

$$t_m = T_a + [(n-1)+(n-1)] \times T_f = 2T + (2n-2) \times 2T = (4n-2)T。 \tag{3.5}$$

**2. 带符号的阵列乘法器**

对带符号的阵列乘法器的结构来说，按其所用的数的表示方法而有所不同。图 3-5 为算术运算部件设计中经常用到的求补电路，其逻辑表达式如下：

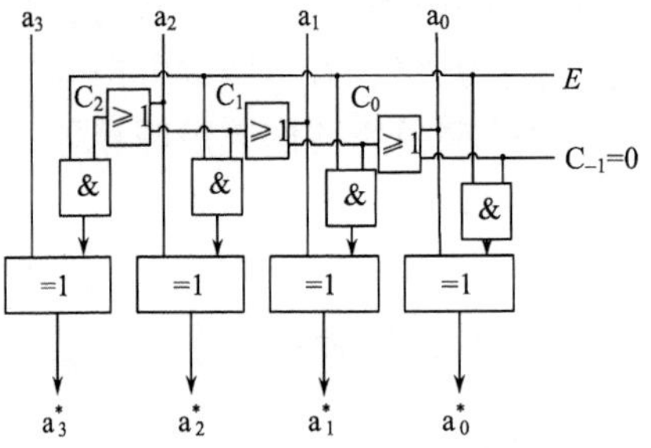


图 3-5　对 2 求补器电路图

$$C_{-1}=0, C_i = a_i + C_{i-1},$$

$$a_i^* = a_i \oplus EC_{i-1}, 0 \leqslant i \leqslant n。$$

在对 2 求补时，令 $A = a_n \cdots a_1 a_0$ 是给定的 $(n+1)$ 位带符号的数，要求确定它的补码形式。进行求补的方法就是从数的最右端 $a_0$ 开始，由右向左，直到找到第一个“1”。

例如 $a_i=1$。这样，$a_i$ 以右的每一个输入位，包括 $a_i$ 自己，都保持不变，而 $i$ 以左的每一个输入位都求反，即 1 变 0，0 变 1。鉴于此，横向链式线路中的第 $i$ 扫描级的输出 $C_i$ 为 1 的条件是：第 $i$ 级的输入位 $a_i=1$，或者第 $i$ 级链式输入（即第 $i-1$

级的输出 $C_{i-1}$)$C_{i-1}=1$。另外,最右端的起始链式输入 $C_{-1}$ 必须永远置成“0”。当控制信号线 E 为“1”时,启动对 2 求补的操作;当控制信号线 E 为“0”时,输出将和输入相等。显然,我们可以利用符号位来作为控制信号。

例如,在一个 4 位的对 2 求补器中,如果输入数为 1010,那么输出数应是 0110,其中从右算起的第 2 位,就是所遇到的第一个“1”的位置。用这种对 2 求补器来转换一个$(n+1)$位带符号的数,所需的总时间延迟为

$$t_{TC}=n\times 2T+5T=(2n+5)T,$$

其中每个扫描级需 2T 延迟,而 5T 则是由“与”门和“异或”门引起的。

图 3-6 示出了$(n+1)$位$\times(n+1)$位带求补器的阵列乘法器逻辑方框图。通常,把包含这些求补级的乘法器又称为符号求补的阵列乘法器。在这种逻辑结构中,共使用了三个求补器。其中两个算前求补器的作用是:将两个操作数 A 和 B 在被不带符号的乘法阵列(核心部件)相乘以前,先变成正整数;而算后求补器的作用则是:当两个输入操作数的符号不一致时,把运算结果变换成带符号的数。

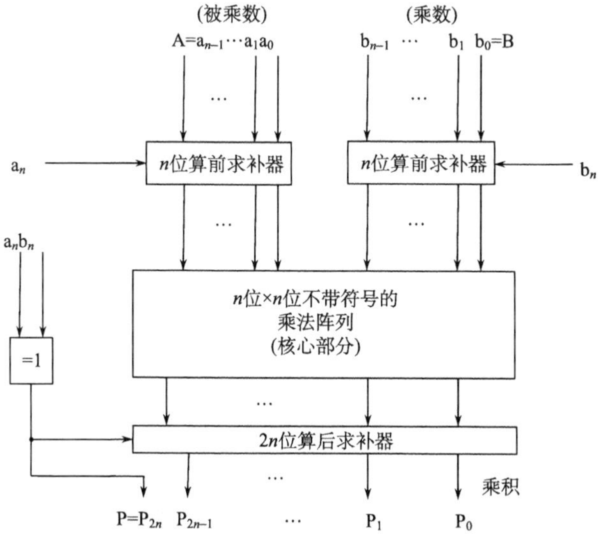


图 3-6　$(n+1)$位$\times(n+1)$位带求补器的阵列乘法器逻辑方框图

设 $A=a_na_{n-1}\cdots a_1a_0$ 和 $B=b_nb_{n-1}\cdots b_1b_0$ 均为用定点表示的$(n+1)$位带符号整数。由图 3-6 看到,在必要的求补操作以后,A 和 B 的码值输送给 $n$ 位$\times n$ 位不带符号的阵列乘法器,并由此产生 $2n$ 位乘积:

$$A\times B=P=P_{2n-1}\cdots P_1P_0,$$

$$P_{2n}=a_n\oplus b_n,$$

其中,$P_{2n}$ 为符号位。

图 3-6 所示的带求补级的阵列乘法器既适用于原码乘法，也适用于间接的补码乘法。不过在原码乘法中，算前求补和算后求补都不需要，因为输入数据都是立即可用的。而间接的补码阵列乘法却需要使三个求补器。为了完成所必需的求补与乘法操作，时间大约比原码阵列乘法增加 1 倍。

## 3.4 定点除法运算

### 3.4.1 原码一位除

两个原码表示的数相除时，商的符号由两数的符号按位相加求得，商的数值部分由两数的数值部分相除求得。

设有 $n$ 位定点小数(定点整数也同样适用)：

被除数 x，其原码为 $[x]_原=x_f.x_1x_2\cdots x_n$，

除数 y，其原码为 $[y]_原=y_f.y_1y_2\cdots y_n$；

设商为 q=x/y，其原码为 $[q]_原=(x_f\oplus y_f)\cdot(x_1x_2\cdots x_n/y_1y_2\cdots y_n)$。

商的符号运算 $q_f=x_f\oplus y_f$ 与原码乘法一样，用模 2 求和得到。商的数值部分的运算，实质上是两正数求商的运算。根据我们所熟知的十进制除法运算方法，很容易得到二进制数的除法运算方法；所不同的只是在二进制中，商的每一位不是“1”就是“0”，其运算法则更简单一些。下面仅讨论数值部分的运算。

**例 3.9** 设被除数 x=0.1001，除数 y=0.1011，模仿十进制除法运算。

**解：** 以手算方法求 x÷y 过程如下：

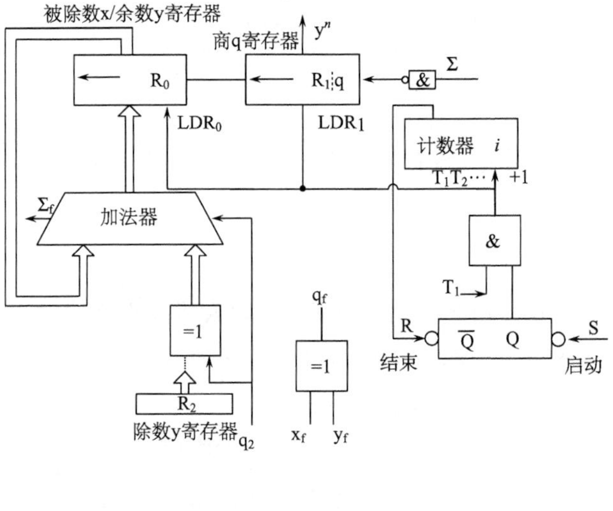

所以 x÷y 的商 q=0.1101,余数为 r=0.00000001。

在计算机中,小数点是固定的,不能简单地采用手算的办法。为便于机器操作,除数 y 固定不动,使被除数和余数进行左移(相当于乘 2),效果与笔算是相同的。

用左移方法求 x÷y 过程如下:

| | | |
|---|---|---|
| | 0.1101 | 商 q |
| 0.1011) | 00.1001 | $x<y$,商 0 |
| ← | 01.0010 | 被除数左移1位,$2x>y$,商1 |
| | 11.0101 | 减y,即加$-[y]_{补}$ |
| | 00.0111 | 第一次余数 $r_1$ |
| ← | 00.1110 | 左移1位,$2r_1>y$,商1 |
| | 11.0101 | 减y |
| | 00.0011 | 第二次余数 $r_2$ |
| ← | 00.0110 | 左移1位,$2r_2<y$,商0 |
| ← | 00.1100 | 左移1位,$r_3=4r_2>y$,商1 |
| | 11.0101 | 减y |
| | 00.0001 | 第四次余数 $r_4$ |

和手算结果一样,只是余数不是真正的余数。由于每次所得的余数多乘了 2,求得小数点后的 $n$ 位商后,相当于多乘了 $2n$,故最后的正确余数应为 0.00000001。很显然,用余数左移来代替除数右移,可使“除数右移”和“右移上商”的操作统一起来。

### 1. 恢复余数法

事实上,机器的运算过程和人毕竟不同,人会心算,一看就知道够不够减。但机器却不会心算,必须先作减法,若余数为正,才知道够减;若余数为负,才知道不够减。不够减时必须恢复原来的余数,以便再继续往下运算,这种方法称为恢复余数法。要恢复原来的余数,只要当前的余数加上除数即可。

**例 3.10**　x=0.1001,y =0.1011,用恢复余数法求 x÷y。

**解:**　$[x]_{原}=[x]_{补}=0.1001$,$[y]_{原}=[y]_{补}=0.1011$,$[-y]_{补}=1.0101$。

求解过程如下:

| | 被除数x/余数r | 商数q | 说明 |
|---|---|---|---|
| | 0 0.1 0 0 1 | | |
| $+[-y]_{补}$ | 1 1.0 1 0 1 | | x减y |
| | 1 1.1 1 1 0 | | 余数$r_0<0$，商0 |
| $+[y]_{补}$ | 0 0.1 0 1 1 | | 恢复余数 |
| | 0 0.1 0 0 1 | | $r'_0$ |
| ← | 0 1.0 0 1 0 | 0 | 商0移入q，$r_0$左移 |
| $+[-y]_{补}$ | 1 1.0 1 0 1 | | 减y |
| | 0 0.0 1 1 1 | | 余数$r_1>0$，商1 |
| ← | 0 0.1 1 1 0 | 0.1 | 商1移入q，$r_1$左移 |
| $+[-y]_{补}$ | 1 1.0 1 0 1 | | 减y |
| | 0 0.0 0 1 1 | | 余数$r_2>0$，商1 |
| ← | 0 0.0 1 1 0 | 0.1 1 | 商1移入q，$r_2$左移 |
| $+[-y]_{补}$ | 1 1.0 1 0 1 | | 减y |
| | 1 1.1 0 1 1 | | 余数$r_3<0$，商0 |
| $+[y]_{补}$ | 0 0.1 0 1 1 | | 恢复余数 |
| | 0 0.0 1 1 0 | | $r_3=2r_2$ |
| ← | 0 0.1 1 0 0 | 0.1 1 0 | 商0移入q，$r'_3$左移 |
| $+[-y]_{补}$ | 1 1.0 1 0 1 | | 减y |
| | 0 0.0 0 0 1 | | 余数$r_4>0$，商1 |
| ← | 0 0.0 0 0 1 | 0.1 1 0 1 | 商1移入q，$r_4$不左移 |

所以 $x \div y$ 的商 $[q]_{原}=0.1101$，余数$[r]_{原}=0.00000001$，即 $r=2^{-4}\cdot r_4$。

**2. 加减交替法(不恢复余数法)**

对恢复余数法来说，由于要恢复余数，使除法进行过程的步数不固定，因此控制比较复杂。实际上常用不恢复余数法，又称加减交替法。其特点是运算过程中如出现不够减，则不必恢复余数，根据余数符号，可以继续往下运算，因此步数固定，控制简单。

原码加减交替法的规则是：当余数为正时，商“1”，余数左移一位减除数；当余数为负时，商“0”，余数左移一位，加除数。

**例 3.11**　x=0.1001，y=0.1011，用加减交替法求 x÷y。

**解：**　求解过程如下：

$[x]_{原}=[x]_{补}=0.1001$，$[y]_{原}=[y]_{补}=0.1011$，$[-y]_{补}=1.0101$。

| | 被除数x/余数r | 商数q | 说明 |
|---|---|---|---|
| | 00.1001 | | |
| $+[-y]_{补}$ | 11.0101 | | x减y |
| | 11.1110 | | 余数$r_0<0$，商0 |
| ← | 11.1100 | 0 | 商0，r和q左移一位 |
| $+[y]_{补}$ | 00.1011 | | 加y |
| | 00.0111 | | 余数$r_1>0$，商1 |
| ← | 00.1110 | 0.1 | 商1，r和q左移一位 |
| $+[-y]_{补}$ | 11.0101 | | 减y |
| | 00.0011 | | 余数$r_2>0$，商1 |
| ← | 00.0110 | 0.1 1 | 商1，r和q左移一位 |
| $+[-y]_{补}$ | 11.0101 | | 减y |
| | 11.1011 | | 余数$r_3<0$，商0 |
| ← | 11.0110 | 0.1 1 0 | 商0，r和q左移一位 |
| $+[y]_{补}$ | 00.1011 | | 加y |
| | 00.0001 | | 余数$r_4>0$，商1 |
| | | 1 1 0 1 | 商1 |

所以 x÷y 的商 $[q]_{原}=0.1101$，余数$[r]_{原}=0.00000001$，即 $r=2^{-4}\cdot r_4$。

实现上述原码加减交替法的硬件原理框图如图 3-7 所示。其中 $R_1$ 寄存器为 $n$ 位，除法开始时存放被除数的低 $n$ 位，运算结束后存放 $n$ 位的商。每次进商置于 $R_1$ 的最末位，由加法器符号位 $\Sigma_f$ 来设置。由于进商时商的各位逐位左移，故 $R_1$ 寄存器应具有左移功能，考虑到作乘法时要右移，因此 $R_1$ 应当是双向移位寄存器。$R_0$ 保存被除数或余数，作除法时要左移，考虑作乘法时需要右移，因此 $R_0$ 也是双向移位寄存器。

在进商左移过程中，被除数(余数)的低位部分由 $R_1$ 串行移至 $R_0$。经 $n+1$ 步后，求得 $n+1$ 位商：1 位整数位(正常情况下为 0)，$n$ 位尾数位。这 $n$ 位小数位放在寄存器 $R_1$ 中，而整数位“0”经最后一次向左移位被丢掉，并用正确的符号位 $q_f$ 所代替。商的符号位由 x、y 两数的符号位通过“异或”门相加得到。

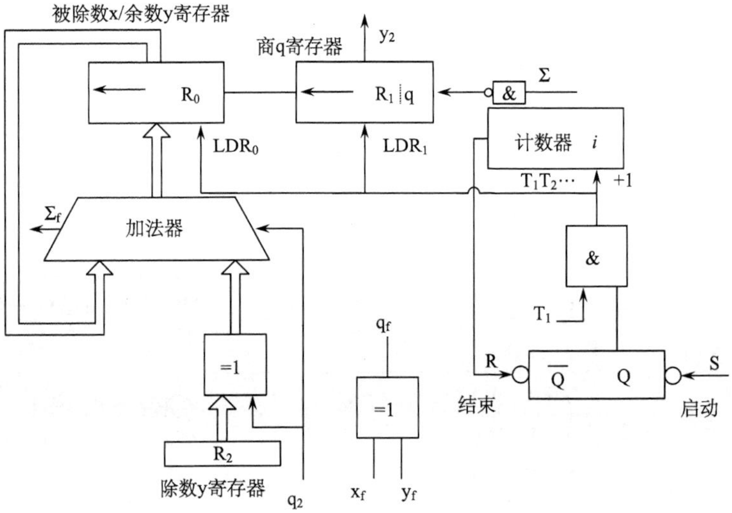


图 3-7　原码加减交替法逻辑结构框图

作一次除法的总时间为 $t_d$：

$$t_d = (n+1)\ t_a + (n+1)\ t_r,$$

其中 $n$ 为尾数位数，$t_a$ 为一次加法操作时间，为 $t_r$一次移位操作时间。如果加法操作和移位操作同时进行，则 $t_r$项可以省去。

## 3.4.2　补码一位除

补码除法的被除数、除数用补码表示，符号位和数值位一起参加运算，商的符号位与数值位由统一的算法求得。

### 1. 补码加减交替除法算法

在补码一位除法中也必须比较被除数（余数）和除数的大小，并根据比较的结果来上商。另外，为了避免溢出，商的绝对值不能大于 1，即被除数的绝对值一定要小于除数的绝对值。

补码加减交替除法的算法规则如下：

① 被除数与除数同号，被除数与减去除数；被除数与除数异号，被除数加上除数。

② 余数和除数同号，商为 1，余数左移一位，下次减除数；余数和除数异号，商为 0，余数左移一位，下次加除数。

③ 重复步骤②，包括符号位在内，共做 $n+1$ 步。

为了统一并简化控制线路，一开始就根据$[x]_补$和$[y]_补$的符号位是否相同，上一次商 $q_0'$。这位商 $q_0'$不是真正的商的符号，故称其为假商。如果$[x]_补$和$[y]_补$的符号位相同，商 1，正好控制下次作减法：第一次一定不够减，才得到商的正确符号位 $q_0=0$；如果$[x]_补$和$[y]_补$的符号位不同，商 0，正好控制下次作加法：第一次一定不够减，才得到商的正确符号 $q_0=1$。以后按同样的规则运算下去。显然，第一次上的假商 $q_0'$只是为除法做准备工作，共进行 $n+1$ 步操作。最后，第一次上的商$q_0'$移出寄存器，而需要的位商数则保留在商数寄存器中。

作一次补码一位除法的总时间为

$$t_d=(n+1)(t_a+t_r)+t_r,$$

其中 $n$ 为尾数位数。当加法操作与移位操作在同一操作步骤中完成时，

$$t_d=(n+1)\,t_a+t_r。$$

**2. 商的校正**

补码一位除法的算法是在商的末位“恒置 1”的舍入条件下推导的。按照这种算法所得到的有限位商为负数时，是反码形式。而正确需要得到的商是补码形式，两者之间至多是相关末位的一个“1”，这样引起的最大误差是 $2^{-n}$。在对商的精度没有特殊要求的情况下，一般采用商的末位“恒置 1”的方式进行舍入，这样处理的好处是操作简单，便于实现。

如果要求进一步提高商的精度，可以不用“恒置 1”的方式舍入，而按上述法则多求一位后，再采用如下校正方法对商进行处理：

① 刚好能除尽时，如果除数为正，商不必校正；如果除数为负，则商加 $2^{-n}$。

② 不能除尽时，如果商为正，则不必校正；如果商为负，则商加 $2^{-n}$

**例 3.12**　x=－0.1001，y=＋0.1101，用补码加减交替法求 x÷y。

**解：**　$[x]_补=1.0111$，$[y]_补=0.1101$，$[-y]_补=1.0011$。

求解过程如下：

| | | 被除数x/余数r | 商数q | 说明 |
|---|---|---|---|---|
| | | 1 1.0 1 1 1 | 1 | $[x]_补$和$[y]_补$异号，商$q'_0=0$ |
| $+[y]_补$ | | 0 0.1 1 0 1 | | 加除数 |
| | | 0 0.0 1 0 0 | | 余数和除数同号 |
| | ← | 0 0.1 0 0 0 | 0 1 | 左移1位，商1 |
| $+[-y]_补$ | | 1 1.0 0 1 1 | | 减除数 |
| | | 1 1.1 0 1 1 | | 余数和除数异号 |
| | ← | 1 1.0 1 1 0 | 0 1 0 | 左移1位，商0 |
| $+[y]_补$ | | 0 0.1 1 0 1 | | 加除数 |
| | | 0 0.0 0 1 1 | | 余数和除数同号 |
| | ← | 0 0.0 1 1 0 | 0 1 0 1 | 左移1位，商1 |
| $+[-y]_补$ | | 1 1.0 0 1 1 | | 减除数 |
| | | 1 1.1 0 0 1 | | 余数和除数异号 |
| | ← | 1 1.0 0 1 0 | 0 1 0 1 0 | 左移1位，商0 |
| $+[y]_补$ | | 0 0.1 1 0 1 | | 减除数 |
| | | 1 1.1 1 1 1 | | 余数和除数异号 |
| | ← | 1 1.1 1 1 1 | 1.0 1 0 0 | 左移1位，商0，余数不左移 |

解得：$[q]_补=1.0100+0.0001$(校正量)$=1.0101$，$[r]_补=1.1111$。

### 3.4.3 阵列除法

与阵列乘法器相似，阵列除法器也是一种并行运算部件，采用大规模集成电路制造。与早期的串行除法器相比，阵列除法器不仅所需要的控制线路少，而且能够提供令人满意的高速运算速度。

阵列除法器有多种形式，如不恢复余数阵列除法器、补码阵列除法器等。这里以不恢复余数阵列除法器为例来说明这类除法器的组成原理。

#### 1. 可控加法/减法(CAS)单元

在介绍不恢复余数阵列除法器以前，首先介绍可控加法/减法(CAS)单元，因为它将被采用于下面所介绍的除法流水逻辑阵列中。图 3-8(a)所示为可控加法/减法(CAS)单元的逻辑电路图，它有四个输出端和四个输入端。当输入线 P=0 时，CAS 作加法运算；当 P=1 时，CAS 作减法运算。

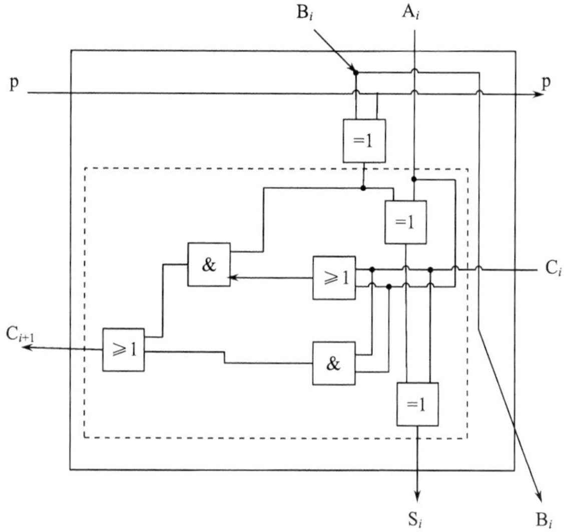


(a) 可控加法/减法(CSA)单元的逻辑图

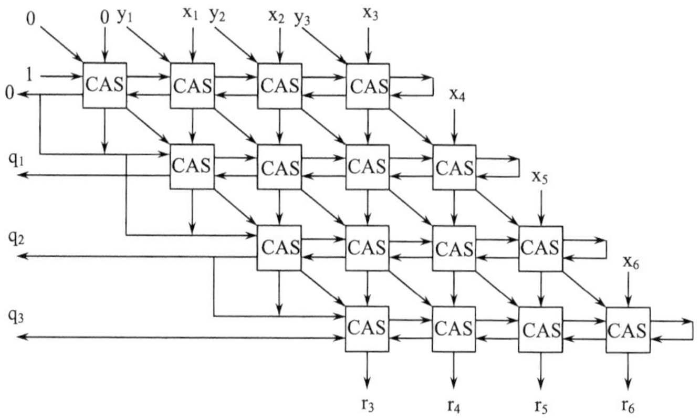


(b) 4位除4位阵列除法器的逻辑图

图 3-8　不恢复余数阵列除法器逻辑结构图

CAS 单元的输入与输出关系可用如下一组逻辑方程来表示：

$$S_i = A_i \oplus (B_i \oplus P) \oplus C_i, C_{i+1} = (A_i + C_i) \cdot (B_i \oplus P) + A_iC_i。$$

当 P=0 时，上述方程式等于一位全加器(FA)的公式：

$$S_i = A_i \oplus B_i \oplus C_i;$$

$$C_{i+1} = A_iB_i + B_iC_i + A_iC_i。$$

当 P=1 时，则得求差公式：

$$S_i = A_i \oplus \overline{B}_i \oplus C_i,$$

$$C_{i+1} = A_i\overline{B}_i + \overline{B}_iC_i + A_iC_i\text{。}$$

在减法情况下，输入 $C_i$ 称为借位输入，而 $C_{i+1}$ 称为借位输出。

考虑 CAS 单元的实际内部电路的实现，可将以上方程式加以变换，得出以下形式：

$$\begin{aligned}S_i &= A_i \oplus (B_i \oplus P) \oplus C_i\\ &= A_iB_i\overline{C}_iP + A_i\overline{B}_i\overline{C}_i\overline{P} + \overline{A}_iB_iC_iP + A_iB_iC_i\overline{P} + A_i\overline{B}_iC_iP + \overline{A}_i\overline{B}_i\overline{C}_iP + \overline{A}_iB_i\overline{C}_iP\\ &\quad + \overline{A}_i\overline{B}_iC_iP,\end{aligned}$$

$$\begin{aligned}C_{i+1} &= (A_i + C_i)(B_i \oplus P) + A_iC_i\\ &= A_iB_i\overline{P} + A_i\overline{B}_iP + B_iC_i\overline{P} + \overline{B}_iC_iP + A_iC_i\text{。}\end{aligned}$$

以上两个表达式中，每一个都能使用一个三级硬连线电路（“与非”门、“或非”门、反相器）来实现。因此每一个基本 CAS 单元的延迟时间为 3T 单位。

**2. 不恢复余数阵列除法器**

现在转入讨论不恢复余数的阵列除法器。在讨论中，假定所有被处理的数都是正小数。

不恢复余数的除法也就是加减交替法。在不恢复余数的除法阵列中，每一行所执行的操作究竟是加法还是减法，取决于前一行输出的符号与被除数的符号是否一致。当出现不够减时，部分余数相对于被除数来说要改变符号。这时应该产生一个商位“0”，除数首先沿对角线右移，然后加到下一行的部分余数上。当部分余数不改变它的符号时，即产生商位“1”，下一行的操作应该是减法。

图 3-8(b)示出了 4 位除 4 位的不恢复余数阵列除法器的逻辑原理图。其中，

被除数　$x=0.x_1x_2x_3x_4x_5x_6$　（双倍长），

除数　$y=0.y_1y_2y_3$，

商数　$q=0.q_1q_2q_3$，

余数　$r=0.00r_3r_4r_5r_6$，

字长　$n+1=4$。

由图看出，该阵列除法器是用一个可控加法/减法（CAS）单元所组成的流水阵列来实现的。在一般情况下，一个$(n+1)$位$\div(n+1)$位的加减交替除法阵列由$(n+1)^2$个 CAS 单元组成，其中两个操作数（被除数与除数）都是正的。

单元之间的互联是用 $n=3$ 的阵列来表示的。

这里被除数 x 是一个 6 位的小数（双倍长数值）：

$$x=0.x_1x_2x_3x_4x_5x_6,$$

它是由顶部一行和最右边的对角线上的垂直输入线来提供的。

除数 y 是一个 3 位的小数：

$$y=0.y_1y_2y_3,$$

它沿对角线方向进入这个阵列。这是因为，在除法中所需要的部分余数的左移，可以用下列等效的操作来代替：即让余数保持固定，而将除数沿对角线右移。

商 q 是一个 3 位的小数：

$$q=0.q_1q_2q_3,$$

它在阵列的左边产生。

余数 r 是一个 6 位的小数：

$$r=0.00\,r_3r_4r_5r_6,$$

它在阵列的最下一行产生。

最上面一行所执行的初始操作经常是减法。因此最上面一行的控制线 P 置成"1"。减法是用 2 的补码运算来实现的，这时右端各 CAS 单元上的反馈线用作初始的进位输入，即最低位上加"1"。每一行最左边的单元的进位输出决定着商的数值。将当前的商反馈到下一行，我们就能确定下一行的操作。由于进位输出信号指示出当前的部分余数的符号，因此，正如前面所述，它将决定下一行的操作将进行加法还是减法。

对不恢复余数阵列除法器来说，在进行运算时，沿着每一行都有进位(或借位)传播，同时所有行在它们的进位链上都是串行连接。而每个 CAS 单元的延迟时间为 3T 单元，因此对一个 $2n$ 位除以 $n$ 位的不恢复余数阵列除法器来说，单元的数量为$(n+1)2$，考虑最大情况下的信号延迟，其除法执行时间为

$$t_d=3(n+1)^2T,$$

其中 $n$ 为尾数数位。

**例 3.13**　x=0.101001，y=0.111，求 x÷y。

**解：**　求解过程如下：　$[-y]_补=1.001$

| | | | |
|---|---|---|---|
| 被除数x | 0.1 0 1 0 0 1 | | |
| 减y | 1.0 0 1 | | |
| 余数为负 | 1.1 1 0 0 0 1 | <0 | $q_0=0$ |
| 移位 | 1.1 0 0 0 1 | | |
| 加y | 0.1 1 1 | | |
| 余数为正 | 0.0 1 1 0 1 | >0 | $q_1=1$ |
| 移位 | 0.1 1 0 1 | | |
| 减y | 1.0 0 1 | | |
| 余数为负 | 1.1 1 1 1 | <0 | $q_2=0$ |
| 移位 | 1.1 1 1 | | |
| 加y | 0.1 1 1 | | |
| 余数为正 | 0.1 1 0 | >0 | $q_3=1$ |

故得 $q=q_0 \cdot q_1 q_2 q_3=0.101$。

$r=(0.0\,0\,r_3 r_4 r_5 r_6)=0.000110$。

此例便是使用图 3-8 所示的阵列除法器进行除法运算的例子。我们看到，当被除数 x 和除数 y 送到阵列除法器输入端后，经过 $3(n+1)2T$ 时间延迟，便在除法器输出端得到稳定的商数 q 和余数 r 的信号电平。与串行除法器相比，明显的优点是省去了复杂的控制线路，提高了运算速度，当然，这是以牺牲硬件成本为代价的。

## 3.5 运算器的组成

运算器一般包括 ALU、FPU、各种寄存器组、多路开关、三态缓冲器、数据总线等逻辑部件。运算器的设计主要是围绕着 ALU 和寄存器同数据总线之间如何传送操作数和运算结果而进行的。在决定方案时，需要考虑数据传送的方便性和操作速度，在微型机和单片机中还要考虑在硅片上制作总线的工艺。

### 3.5.1 运算器的组成部件

运算器是按照指令功能，在控制器作用下，对信息进行加工与处理的部件。运算器部件是计算机中的执行部件，它可以对二进制数据进行各种算术和逻辑运算；运算器也是计算机内部数据信息的重要通路。运算器一般由算术逻辑运算部件 ALU、浮点运算单元 FPU、通用寄存器组、专用寄存器组和数据通道组成。

**1. 算术逻辑运算单元 ALU(Arithmetic Logic Unit)**

ALU 主要完成对二进制数据的定点算术运算（加减乘除）、逻辑运算（与或非异或）以及移位操作。在某些 CPU 中还有专门用于处理移位操作的移位器。

通常 ALU 是由两个输入端、一个输出端和多个功能控制信号端组成的逻辑部件。整数单元有时也称为 IEU（Integer Execution Unit）。我们通常所说的"CPU 是 XX 位的"就是指 ALU 所能处理的数据的位数。图 3-9 显示了 ALU 的简单逻辑图。

**2. 浮点运算单元 FPU(Floating Point Unit)**

FPU 主要负责浮点运算和高精度整数运算。有些 FPU 还具有向量运算的功能，另外一些则有专门的向量处理单元。在早期的计算机中，浮点运算器是在 CPU 外作为协处理器使用的。比如 80386 的协处理器就是 80387，用于浮点运算。

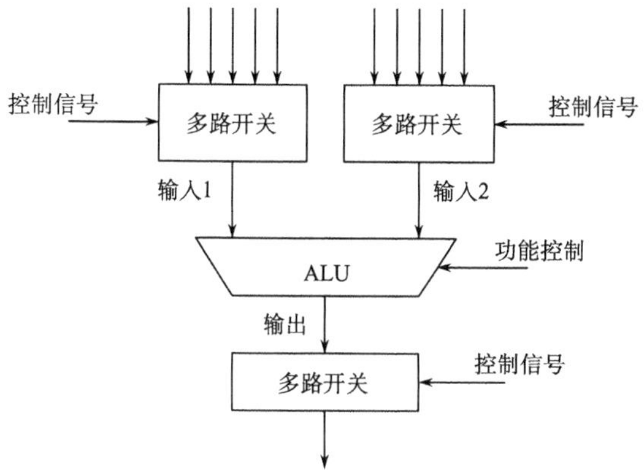


图 3-9　ALU 的简单逻辑图

**3. 通用寄存器组**

运算器内设有若干通用寄存器，构成通用寄存器组；通用寄存器组是一组最快的存储器，用于暂时存放参加运算的数据和某些中间结果。通用寄存器的数量越多，对提高运算器性能和程序执行速度越有利。通用寄存器组是对用户开放的，用户可以通过指令去使用这些寄存器。在运算器中用来提供一个操作数并存放运算结果的通用寄存器称作为累加器。

对于 x86 指令集只支持 8 个通用寄存器的缺点，Intel 最新 CPU 采用了一种叫做“寄存器重命名”的技术，这种技术使 x86CPU 的寄存器可以突破 8 个的限制，达到 32 个甚至更多。

**4. 专用寄存器**

运算器需要记录下指令执行过程中的重要状态标记，以及提供运算前后数据的暂存缓冲等，这通过在运算器中设置若干专用寄存器来实现。

专用寄存器通常是一些状态寄存器，不能通过程序改变，由 CPU 自己控制，表明某种状态。比如，程序状态字 PSW(Program Status Word)，它存放着指令执行结果的某些状态(如是否溢出、是否为零、是否有进位/借位、是否为负等)，它对程序员是开放的；堆栈指针 SP(Stack Pointer)，它指示了堆栈的使用情况。

**5. 附加的控制线路**

在运算器中附加一些控制线路，以达到运算速度快、运算精度高的目的。如：运算器中的乘除运算和某些逻辑运算是通过移位操作来实现的。在 ALU 的输出

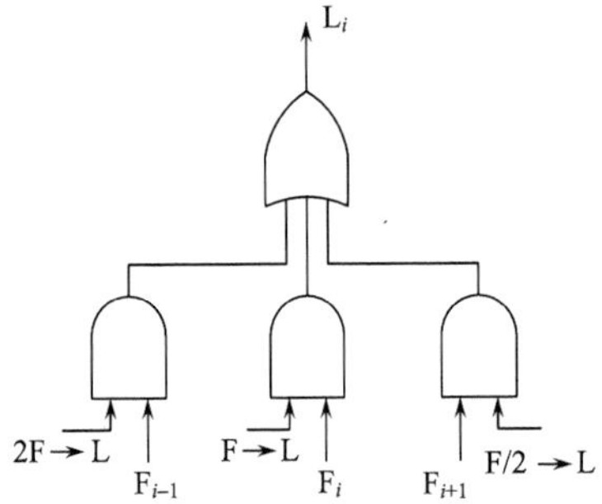

图 3-10　实现移位功能的多路选择器

端设置移位线路来实现左移、右移和直送。移位线路是一个多路选择器，图 3-10 给出了这个简图。

### 3.5.2　半加器与加法器

运算器中各种运算都是分解成加法运算进行的，因此加法器是计算机中最基本的运算单元。构成加法器的重要部件是一位的全加器，而全加器是由半加器考虑了低位进位而得来的，下面首先介绍半加器。

半加器电路是指对两个输入数据位（一位二进制数）进行加法，输出一个结果位，不考虑数据的进位的加法器电路。它是实现两个一位二进制数的加法运算电路。数据输入 A 被加数、B 加数；数据输出和数（半加和）S、进位 C。

图 3-11 中，A 和 B 是相加的两个数，S 是半加和数，C 是进位数。

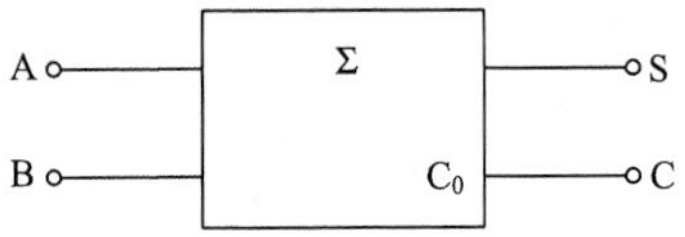

图 3-11　半加器逻辑图

现在按数字电路与数字逻辑的设计方法来实现半加器。

我们先不管半加器是一个什么样的电路，按组合数字电路的分析方法和步骤进行：首先按照两个一位二进制数相加，不考虑低位进位的情况，写出真值表，此真值表中肯定是有两个输入端（即两个数据）A、B，两个输出端，即和输出端 S 和向高位的进位输出端 C；然后，依据真值表写出布尔逻辑表达式，进行化简；最后根据化简后的逻辑表达式，画出逻辑结构图。

#### 1. 列出半加器真值表

半加器的真值表见表 3-2。表中两个输入是加数 $A_i$ 和 $B_i$，输出有一个是和 $S_i$，另一个是进位 $C_i$。

**表 3-2　半加器的真值表**

| 输入 | | 输出 | |
|---|---|---|---|
| $A_i$ | $B_i$ | $S_i$ | $C_i$ |
| 0 | 0 | 0 | 0 |
| 0 | 1 | 1 | 0 |
| 1 | 0 | 1 | 0 |
| 1 | 1 | 0 | 1 |

### 2. 写出半加器输出逻辑表达式

该电路有两个输出端，属于多输出组合数字电路，电路的逻辑表达式如下：

$$C_i = A_iB_i, S_i = \overline{A_i}B_i + A_i\overline{B_i}。$$

### 3. 画出半加器逻辑图[图 3-12(a)]，其符号表示如图 3-12(b)

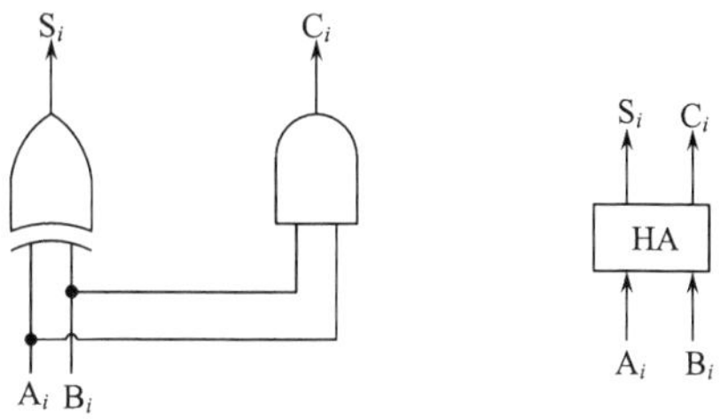


(a) 逻辑图　　　　(b) 符号表示

图 3-12　半加器逻辑图和半加器的符号表示

半加器是实现两个一位二进制码相加的电路，因此只能用于两个二进制码最低位的相加。因为高位二进制码相加时，有可能出现低位的进位，因此两个加数相加时还要计算低位的进位，需要比半加器多进行一次相加运算。

考虑低位进位的加法运算就是全加运算，考虑低位进位的两个一位二进制码的相加电路称为全加器(Full Adder)，简称加法器。两个二进制数字 $A_i$，$B_i$ 和一个进位输入 $C_i$ 相加，产生一个和输出 $S_i$，以及一个进位输出 $C_{i+1}$。

### 4. 列出全加器真值表

全加器的真值表见表 3-3。表中三个输入是加数 $A_i$ 和 $B_i$ 和低位进位 $C_i$，输出有一个是和 $S_i$，另一个是进位 $C_{i+1}$。

**表 3-3　一位全加器真值表**

| 输入 | | | 输出 | |
|---|---|---|---|---|
| $A_i$ | $B_i$ | $C_i$ | $S_i$ | $C_i+1$ |
| 0 | 0 | 0 | 0 | 0 |
| 0 | 0 | 1 | 1 | 0 |
| 0 | 1 | 0 | 1 | 0 |
| 0 | 1 | 1 | 0 | 1 |
| 1 | 0 | 0 | 1 | 0 |
| 1 | 0 | 1 | 0 | 1 |
| 1 | 1 | 0 | 0 | 1 |
| 1 | 1 | 1 | 1 | 1 |

### 5. 写出全加器输出逻辑表达式

根据表 3-3 所示的真值表，三个输入端和两个输入端可按如下逻辑方程进行联系：

$$S_i = \overline{A}_i B_i \overline{C}_i + A_i \overline{B}_i \overline{C}_i + \overline{A}_i \overline{B}_i C_i + A_i B_i C_i = A_i \oplus B_i \oplus C_i,$$

$$C_{i+1} = A_i B_i \overline{C}_i + \overline{A}_i B_i C_i + A_i \overline{B}_i C_i + A_i B_i C_i = (A_i \oplus B_i) C_i + A_i B_i。$$

**6. 按此表达式组成的一位全加器的逻辑结构见图 3-13(a)，全加器(FA)的表达式如图 3-13(b)所示**

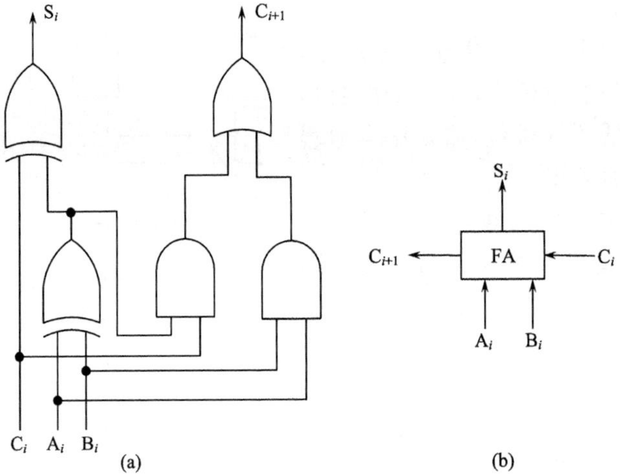


图 3-13　全加器逻辑图和全加器的符号表示

**7. 求和与进位的时间延迟**

假设每级“异或”门的时间延迟为 3T，“与”门和“或”门的时间延迟为 T，则全加器的和与进位的时间延迟如图 3-14 所示。

因此，全加器的求和输出的时间延迟为 6T，进位输出的时间延迟为 5T。

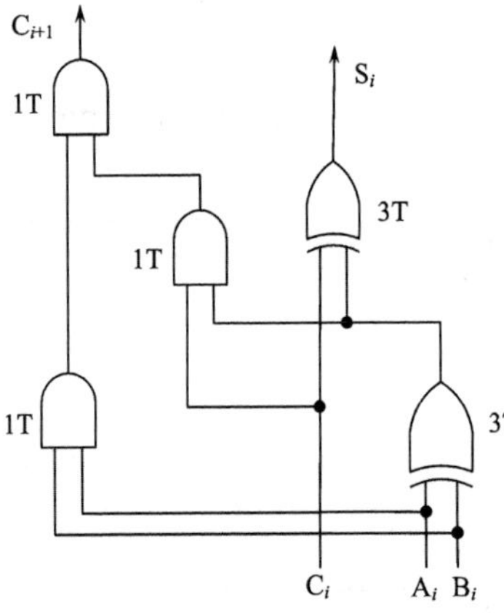


图 3-14　全加器的求和与进位的时间延迟

## 3.5.3　串行进位与并行进位

二进制并行加法器：是一种能并行产生两个二进制数算术和的硬连线部件。

按其进位方式的不同，可分为串行进位二进制并行加法器和超前进位二进制并行加法器两种类型。

## 1. 串行进位(行波进位)

$n$ 个全加器相连可得 $n$ 位的加法器。图 3-15 是串行进位(也叫行波进位)加法器,由全加器级联构成,高位的进位依赖于低位的进位。

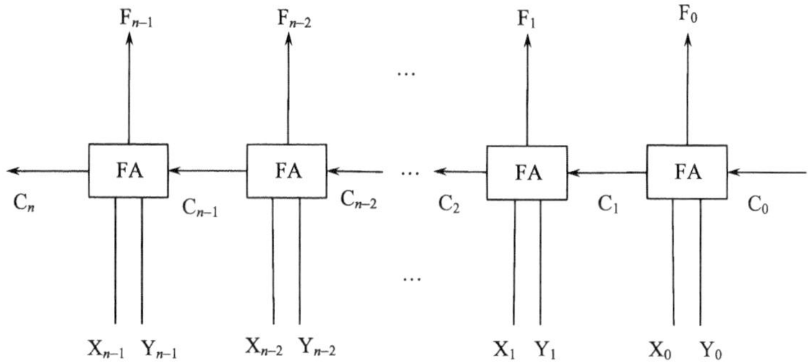


图 3-15　串行进位(也叫行波进位)加法器

典型芯片有四位二进制并行加法器 T692,其结构框图如图 3-16 所示。

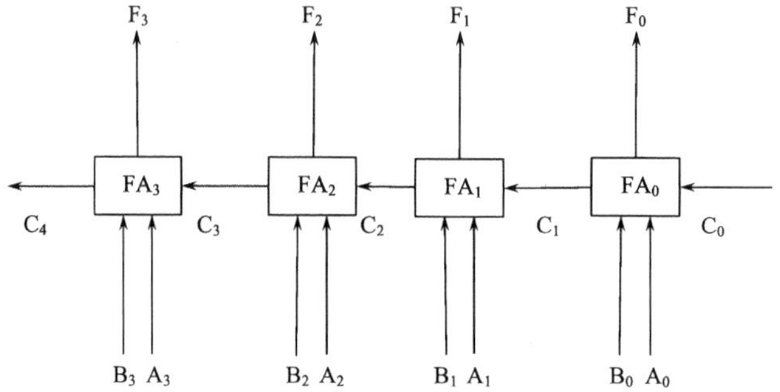


图 3-16　T692 的结构框图

图 3-17 所示为补码运算的二进制加法/减法器逻辑结构图。由图看到,$n$ 个 1 位的全加器(FA)可级联成一个 $n$ 位的行波进位加减器。M 为方式控制输入线,当 M=0 时,作加法(A+B)的运算;当 M=1,作减法(A−B)运算,在后一种情况下,A−B 运算转化成$[A]_{补}+[-B]_{补}$运算,求补过程由 $\bar{B}+1$ 来实现。因此,图中最右边的全加器的起始进位输入端被连接到功能方式线 M 上,作减法时 M=1,相当于在加法器的最低位上加 1。另外,图中左边还表示出单符号位法的溢出检测逻辑:当 $C_n=C_{n-1}$时,运算无溢出;而当 $C_n \neq C_{n-1}$时,运算有溢出,经"异或"门产生溢出信号。

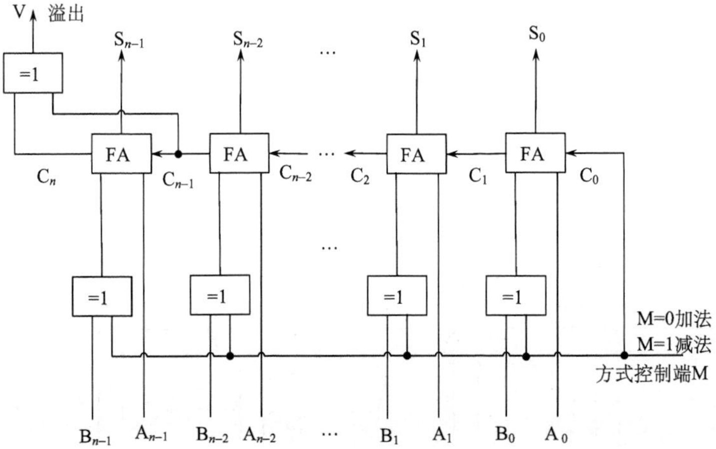


图 3-17　行波进位的补码加法/减法器

串行进位二进制并行加法器的特点是：被加数和加数的各位能同时并行到达各位的输入端，而各位全加器的进位输入则是按照由低位向高位逐级串行传递的，各进位形成一个进位链。由于每一位相加的和都与本位进位输入有关，所以，最高位必须等到各低位全部相加完成并送来进位信号之后才能产生运算结果。显然，这种加法器运算速度较慢，而且位数越多，速度就越低。

为了提高加法器的运算速度，必须设法减小或去除由于进位信号逐级传送所花的时间，使各位的进位直接由加数和被加数来决定，而不需依赖低位进位。根据这一思想设计的加法器称为超前进位（又称先行进位或并行进位）二进制并行加法器。

## 2. 超前进位二进制并行加法器

由逻辑电路根据输入信号同时形成各位向高位的进位，又称为先行进位二进制并行加法器，或者并行进位二进制并行加法器。就四位加法器而言，典型芯片有四位二进制并行加法器 T693。

四位二进制并行加法器 T693 的构成思想如下。

讨论一下其进位 $C_1$、$C_2$、$C_3$ 和 $C_4$ 的产生条件。

(1) 下述条件中任一条满足就可生成 $C_1=1$：

① $X_1$、$Y_1$ 均为“1”；

② $X_1$、$Y_1$ 任一个为“1”，且进位 $C_0$ 为“1”。

可得 $C_1$ 的表达式为

$$C_1=X_1Y_1+(X_1+Y_1)C_0。$$

(2) 下述条件中任一条满足，就可生成 $C_2=1$：

① $X_2$、$Y_2$ 均为“1”；

② $X_2$、$Y_2$ 任一个为“1”，且进位 $C_1$ 为“1”。

可得 $C_2$ 的表达式为

$$\begin{aligned}C_2 &= X_2Y_2+(X_2+Y_2)C_1\\ &= X_2Y_2+(X_2+Y_2)X_1Y_1+(X_2+Y_2)(X_1+Y_1)C_0。\end{aligned}$$

(3) 同理，可得 C3 的表达式为

$$\begin{aligned}C_3 &= X_3Y_3+(X_3+Y_3)C_2\\ &= X_3Y_3+(X_3+Y_3)[X_2Y_2+(X_2+Y_2)X_1Y_1+(X_2+Y_2)(X_1+Y_1)C_0]\\ &= X_3Y_3+(X_3+Y_3)X_2Y_2+(X_3+Y_3)(X_2+Y_2)X_1Y_1\\ &\quad +(X_3+Y_3)(X_2+Y_2)(X_1+Y_1)C_0。\end{aligned}$$

(4) 同理，可得 C4 的表达式为

$$\begin{aligned}C_4 &= X_4Y_4+(X_4+Y_4)C_3\\ &= X_4Y_4+(X_4+Y_4)[X_3Y_3+(X_3+Y_3)X_2Y_2+(X_3+Y_3)(X_2+Y_2)X_1Y_1\\ &\quad +(X_3+Y_3)(X_2+Y_2)(X_1+Y_1)C_0]\\ &= X_4Y_4+(X_4+Y_4)X_3Y_3+(X_4+Y_4)(X_3+Y_3)X_2Y_2\\ &\quad +(X_4+Y_4)(X_3+Y_3)(X_2+Y_2)X_1Y_1\\ &\quad +(X_4+Y_4)(X_3+Y_3)(X_2+Y_2)(X_1+Y_1)C_0。\end{aligned}$$

第 $i$ 位全加器的进位输出函数表达式为

$$C_i=A_iB_i+(A_i+B_i)C_{i-1}。$$

定义两个辅助函数：

$P_i=A_i+B_i$，

$G_i=A_iB_i$，

其中，$P_i$ 为进位传递函数，当 $X_i$、$Y_i$ 中有一个为“1”时，若有低位进位输入，则本位向高位传送进位。

$G_i$ 为进位产生函数，当 $X_i$、$Y_i$ 均为“1”时，不管有无低位进位输入，本位一定向高位产生进位输出。

则有　$C_i=P_iC_{i-1}+G_i$，

于是，当 $i=1$、2、3、4 时，可得到 4 位并行加法器各位的进位输出函数表达式为

$C_1=P_1C_0+G_1$，

$C_2=P_2C_1+G_2=P_2P_1C_0+P_2G_1+G_2$，

$C_3=P_3C_2+G_3=P_3P_2P_1C_0+P_3P_2G_1+P_3G_2+G_3$，

$C_4=P_4C_3+G_4=P_4P_3P_2P_1C_0+P_4P_3P_2G_1+P_4P_3G_2+P_4G_3+G_4$。

由于 $C_1\sim C_4$ 是 $P_i$、$G_i$ 和 $C_0$ 的函数，而 $P_i$、$G_i$ 又是 $A_i$、$B_i$ 的函数，所以，在输入 $A_i$、$B_i$ 和 $C_0$ 之后，可以同时产生 $C_1\sim C_4$，称为，“先行进位产生电路”[见图 3-18(a)]。

通常将根据 $P_i$、$G_i$ 和 $C_0$ 形成 $C_1 \sim C_4$ 的逻辑电路称为先行进位发生器[见图 3-18(b)]。采用先行进位发生器的并行加法器称为超前进位二进制并行加法器。

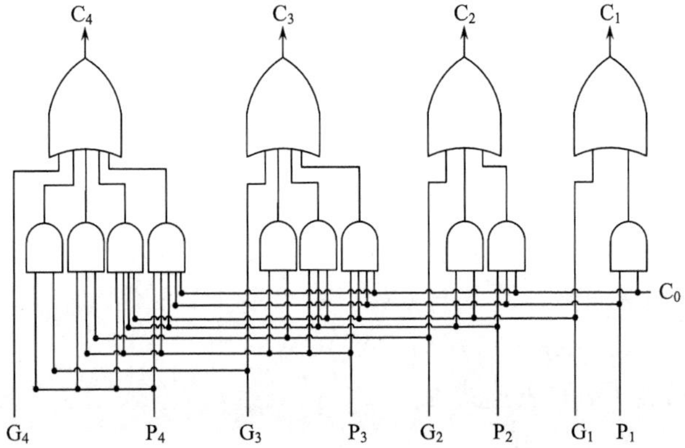


(a) 先行进位产生电路

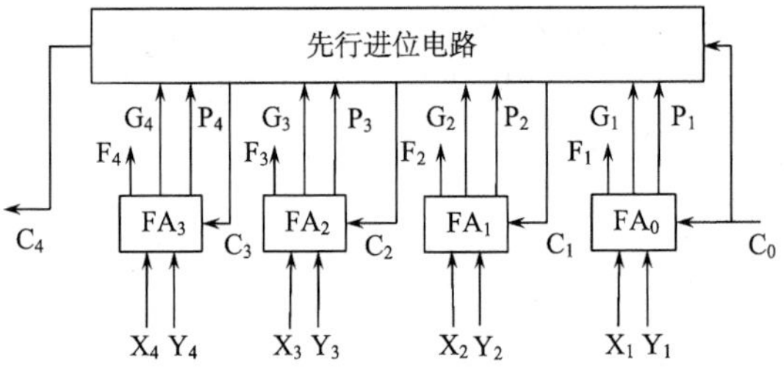


(b) 先行进位发生器

图 3-18　先行进位产生电路和先行进位发生器

### 3.5.4　并行加法器进位链

计算机可执行的运算位数不仅仅是 4 位，如果想构成 16 位加法器，可以将四个 4 位先行进位加法器串接起来构成 16 位加法器。图 3-19 给出了组间为串行进位构成的 16 位加法器。该加法器中，各加法单元之间，进位信号是串行传送的；而

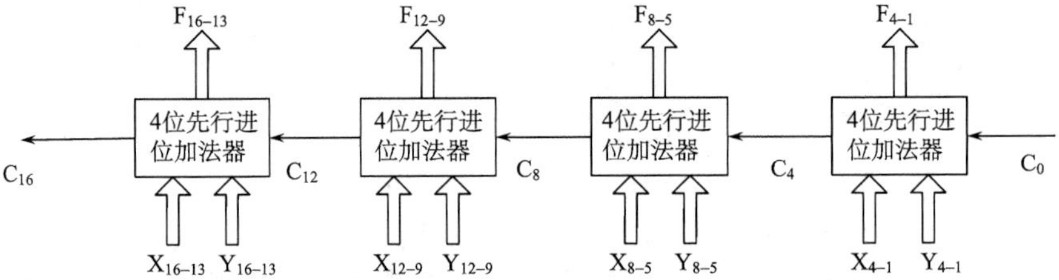


图 3-19　组间为串行进位构成的 16 位加法器

在加法单元内，进位信号是并行传送的。

将上一节中构成并行进位链的方法进一步用于 16 位加法器的构成，可以进一步提高 16 位加法器的运算速度。

令 $C_m = G_m + P_m C_0$，$C_m$ 表示 4 位加法器的进位输出，$P_m$ 表示 4 位加法器的进位传递输出，$G_m$ 表示 4 位加法器的进位产生输出。

$P_m$ 和 $G_m$ 分别为

$P_m = P_4 P_3 P_2 P_1$，

$G_m = G_4 + P_4 G_3 + P_4 P_3 G_2 + P_4 P_3 P_2 G_1$，

应用于四个 4 位先行进位加法器，则有

$C_{m1} = G_{m1} + P_{m1} C_0$，

$C_{m2} = G_{m2} + P_{m2} C_{m1} = G_{m2} + P_{m2} G_{m1} + P_{m2} P_{m1} C_0$，

$C_{m3} = G_{m3} + P_{m3} C_{m2} = G_{m3} + P_{m3} G_{m2} + P_{m3} P_{m2} G_{m1} + P_{m3} P_{m2} P_{m1} C_0$，

$C_{m4} = G_{m4} + P_{m4} C_{m3} = G_{m4} + P_{m4} G_{m3} + P_{m4} P_{m3} G_{m2} + P_{m4} P_{m3} P_{m2} G_{m1} + P_{m4} P_{m3} P_{m2} P_{m1} C_0$。

因此，$C_4$、$C_8$、$C_{12}$、$C_{16}$ 也可以提前产生，构成先行进位链路。那么由先行进位链路就可以构成组间由先行进位链构成的 16 位加法器，如图 3-20 所示。

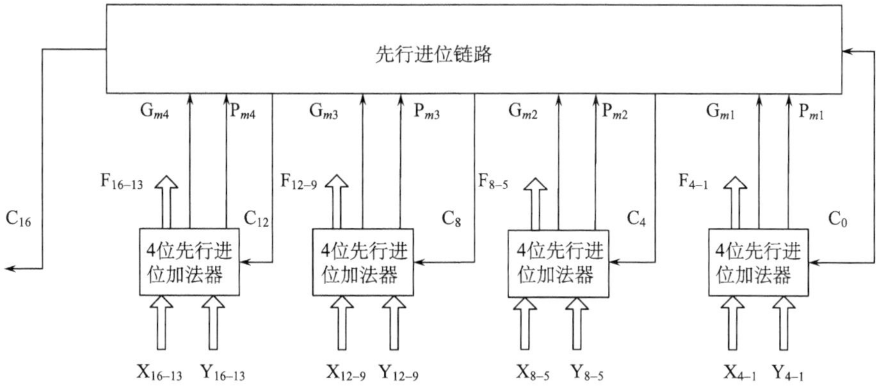


图 3-20　组间由先行进位链构成的 16 位加法器

我们可将并行进位的概念用于更大位数的加法器上。随着加法器位数的增加，加法电路变得越来越复杂。

## 3.5.5　定点运算器的三种结构

计算机的定点运算器按照 ALU 和寄存器之间如何通过总线传送操作数和运算的结果，大体有如下三种结构形式：

### 1. 单总线结构的运算器

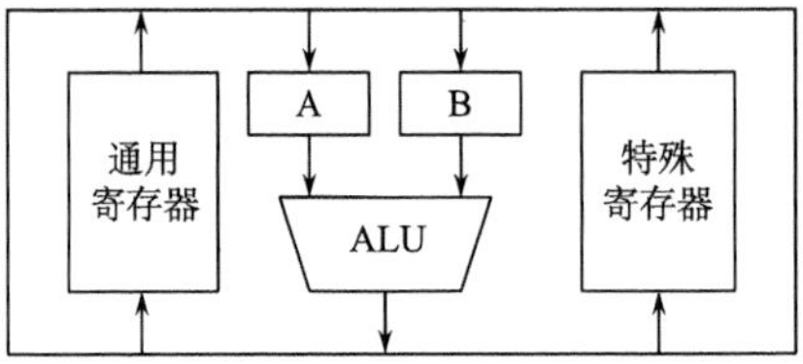

图 3-21 单总线结构的运算器

单总线结构的运算器如图 3-21 所示。由于所有部件都接到同一总线上，所以数据可以在任何两个寄存器之间，或者在任一个寄存器和 ALU 之间传送。如果具有阵列乘法器或除法器，那么它们所处的位置应与 ALU 相当。

对这种结构的运算器来说，在同一时间内，只能有一个操作数放在单总线上。为了把两个操作数输入到 ALU，需要分两次来做，而且还需要 A，B 两个缓冲寄存器。例如执行一个加法操作时，第一个操作数先放入 A 缓冲寄存器，然后再把第二个操作数放入 B 缓冲寄存器。只有两个操作数同时出现在 ALU 的两个输入端，ALU 才执行加法。当加法结果出现在单总线上时，由于输入数已保存在缓冲寄存器中，它并不会打扰输入数。然后，再由第三个传送动作，以便把加法的"和"选通到目的寄存器中。由此可见，这种结构的主要缺点是操作速度较慢。

虽然在这种结构中输入数据和操作结果需要三次串行的选通操作，但它并不会对每种指令都增加很多执行时间。例如，如果有一个输入数是从存储器来的，运算结果又送回存储器，那么限制数据传送速度的主要因素是存储器访问时间。只有在对全都是 CPU 寄存器中的两个操作数进行操作时，单总线结构的运算器才会造成一定的时间损失。但是由于它只控制一条总线，故控制电路比较简单。

### 2. 双总线结构的运算器

双总线结构的运算器如图 3-22 所示。

在这种结构中，两个操作数同时加到 ALU 进行运算，只需要一次操作控制，而马上就可以得到运算结果。图中，两个总线各自把其数据送至 ALU 的输入端。特殊寄存器分成两组，它们分别与一条总线交换数据。这样，通用寄存器中的数不可以进入到任一组特殊寄存器中去，从而使数据传送更为灵活。

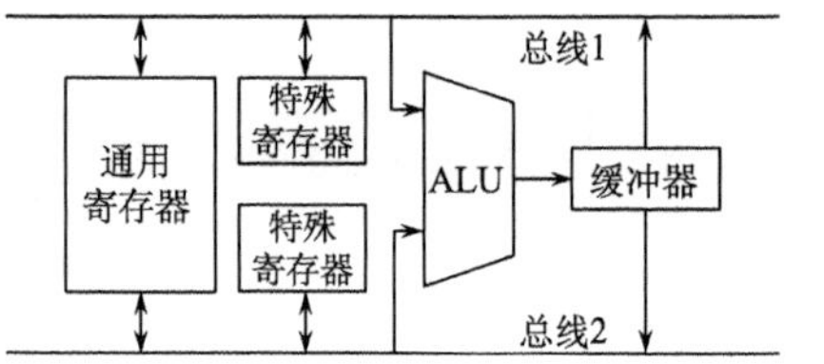

图 3-22 双总线结构的运算器

ALU 的输出不能直接加到总线上去。这是因为，当形成操作结果的输出时，两条总线都被输入数占据，因而必须在 ALU 输出端设置缓冲寄存器。为此，操作的控制要分两步来完成：第一步，在 ALU 的两个输入端输入操作数，形成结果并送入缓冲寄存器；第二步，把结果送入目的寄存器。假如在总线 1，2 和 ALU 输入端之间再各加一个输入缓冲寄存器，并把两个输入数先放至这两个缓冲寄存器，那么，ALU 输出端就可以直接把操作结果送至总线 1 或总线 2 上去。

**3. 三总线结构的运算器**

三总线结构的运算器如图 3-23 所示。

在三总线结构中，ALU 的两个输入端分别由两条总线供给，而 ALU 的输出则与第三条总线相连。这样，算术逻辑操作就可以在一步的控制之内完成。由于 ALU 本身有时间延迟，所有打入输出结果的选通脉冲必须考虑到包括这个延迟。另外，设置了一总线旁路器。如果一个操作数不需要修改，而直接从总线 2 传送到总线 3，那么可以通过控制总线旁路器把数据传出；如果一个操作数传送时需要修改，那么就借助于 ALU。很显然，三总线结构的运算器的特点是操作时间短。

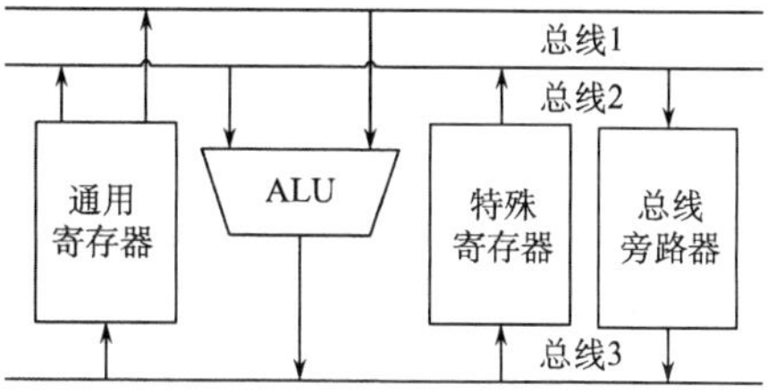


图 3-23　三总线结构的运算器

## 3.6　浮点运算

### 3.6.1　浮点加减法运算

设有两个浮点数 x 和 y，它们分别为

$$x = 2^{E_x} \cdot M_x,$$

$$y = 2^{E_y} \cdot M_y。$$

两浮点数进行加法和减法的运算规则是

$$x \pm y = (M_x 2^{E_x - E_y} \pm M_y) 2^{E_y}, E_x \leqslant E_y,$$

其中，$E_x$、$E_y$ 分别为 x、y 的阶码，$M_x$、$M_y$ 分别为 x 和 y 的尾数。完成浮点加减运算的操作过程大体分为六步：

① 0 操作数的检查。

② 对阶。

③ 尾数进行加、减运算。

④ 结果规格化。

⑤ 舍入处理。

⑥ 溢出判断。

#### 1. 0操作数检查

浮点加减运算过程比定点运算过程复杂。如果判知两个操作数 x 或 y 中有一个数为 0，即可得知运算结果而没有必要再进行后续的一系列操作，以节省时间。0 操作数检查步骤则用来完成这一功能。

#### 2. 对阶

两浮点数进行加减，首先要看两数的阶码是否相同，即小数点位置是否对齐。若两数阶码相同，表示小数点是对齐的，就可以进行尾数的加减运算。反之，若两数阶码不同，表示小数点位置没有对齐，此时必须使两数的阶码相同，这个过程叫做对阶。

要对阶，首先应求出两数阶码 $E_x$ 和 $E_y$ 之差，即

$$\Delta E = E_x - E_y。$$

若 $E_x = E_y$，表示两数阶码相等，不需改变两数的阶码；若 $E_x \neq E_y$，要通过尾数的移位以改变 $E_x$ 或 $E_y$，使之相等。由于浮点表示的数多是规格化的，尾数左移会引起最高有效位的丢失，造成很大误差；而尾数右移虽引起最低有效位的丢失，但造成的误差较小，因此，对阶操作规定使尾数右移，尾数右移后使阶码作相应增加，其数值保持不变。很显然，一个增加后的阶码与另一个相等，所增加的阶码一定是小阶。因此在对阶时，总是使小阶向大阶看齐，即小阶的尾数向右移位（相当于小数点左移），每右移一位，其阶码加 1，直到两数的阶码相等为止，右移的位数等于阶差 $\Delta E$。

原码形式的尾数右移时，符号位不参加移位，数值位右移，空出位补 0。补码形式的尾数右移时，符号位与数值位一起右移，空出位填补符号位的值。尾数的右移，使得尾数中原来 $|E|$ 位有效位移出。移出的这些位不要丢掉，应保留，并且参加后续运算。这对运算结果的精确度有一定影响。保留的多余的位数称为保留位。

#### 3. 尾数加减运算

对阶完毕后就可对尾数进行加减运算。不论是加法运算还是减法运算，都按定点小数加法进行操作，其方法与定点加减运算完全一样，可以使用双符号判断是否“溢出”，即是否规格化。浮点数的运算尾数加减运算后的溢出不是真正的溢出，可以通过规格化来处理。

#### 4. 规格化

当尾数用二进制表示时，浮点规格化的定义是尾数 M 应满足：

$$1/2 \leqslant |M| < 1。$$

显然对于正数而言，有 M＝00.1ϕϕ…ϕ；对于负数，其补码形式为 11.0ϕϕ…ϕ。这样，当进行补码浮点加减运算时，只要对运算结果的符号位和小数点后的第一位进行比较：如果它们不等，即为 00.1ϕϕ…ϕ 或 11.1ϕϕ…ϕ，就是规格化的数；如果它们相等，即为 00.0ϕϕ…ϕ 或 11.1ϕϕ…ϕ，就不是规格化的数，在这种情况下需要尾数左移以实现规格化的过程，叫做向左规格化。规则是：尾数左移 1 位，阶码减 1。左规有可能需要移动多位。

在浮点加减运算时，尾数求和的结果也可以得到 01.ϕϕ…ϕ 或 10.ϕϕ…ϕ，即两符号位不相等，在这定点加减运算中称为溢出，是不允许的。但在浮点运算中，它表明尾数求和结果的绝对值大于 1，向左破坏了规格化。此时将尾数运算结果右移以实现规格化表示，称为向右规格化，即尾数右移 1 位，阶码加 1。右规只需要移动一位。

**5. 舍入处理**

在对阶或向右规格化时，尾数要向右移位，这样，被右移的尾数的低位部分会被丢掉，从而造成一定误差，因此要对保留位中的二进制数进行舍入处理。

常用的舍入方法有

(1) 0 舍 1 入法：即如果右移时被丢掉数位的最高位为 0 则舍去，为 1 则将尾数的末位加“1”。这种方法的最大误差为$\pm 2^{-(n+1)}$，$n$ 为有效尾数位数。

(2) 恒置 1 法：即只要数位被移掉，就在尾数的末位恒置“1”。恒置 1 法产生的最大误差为$\pm 2^{-n}$，$n$ 为有效尾数位数。

(3) 恒舍法：无论保留位的值是多少，都舍去。尾数的结果就取其有效的 $n$ 位的值。又称为趋向零舍入(Round Toward Zero)。

上述几种简单的舍入方法对原码形式的尾数进行舍入处理，舍入的效果与真值舍入的效果是一致的。对于补码形式的负的尾数来说，所进行的舍入处理与真值的舍入效果将可能不一致。

**例 3.14** 真值 0.2，求 32 位单精度浮点数。

**解：** ① 转换成二进制数 0.2＝0.001100110011；

② 移动小数点，使其在第 1、2 位之间，即

$0.001100110011 = 1.100110011 \times 2^{-3}$，

S＝0，e＝－3，E＝－3＋127＝124＝01111100，

M＝10011001100110011001100(110011)。

保留位(110011)如何舍入呢？采取 0 舍 1 入法，

③ 得到 32 位浮点数的二进制存储格式为

0011 1110 0100 1100 1100 1100 1100 1101＝$(3E4CCCCD)_{16}$。

**例 3.15**　已知有 X=−0.101010，$[x]_{补}$=1010110，有效小数位数为 4 位，如何舍入？

**解：** 分别对 X 和$[x]_{补}$采用 0 舍 1 入法 进行舍入处理，可得

X=−0.1011(入)，$[x]_{补}$=10110(入)，此时，对应的 X=−0.1010。

可见，对负数的补码来说，执行 0 舍处理使得原值变大，1 入处理反而使得原值变小。

**6. 溢出判断**

浮点数的溢出是以其阶码溢出表现出来的。在加、减运算过程中要检查是否产生了溢出：若阶码正常，加、减运算正常结束；若阶码溢出，则要进行相应的处理：若阶码下溢，要置运算结果为浮点形式的机器 0；若阶码上溢，则置溢出标志。

因此，浮点数运算需要经过 6 个步骤的操作方可结束，图 3-24 给出了浮点数加减运算的流程图。

**例 3.16**　已知 $x=2^{-011}\times 0.101100$，$y=2^{-001}\times(-0.111100)$，求 x+y，x−y。(提示：采用"0 舍 1 入"法)

**解：** 为了便于直观理解，假设两数均以补码表示，阶码采用双符号位，尾数采用双符号位，则它们的浮点表示分别为

$[x]_{浮}$=11 101；00.101100，

$[y]_{浮}$=11 111；11.000100。

经过 0 操作数判断，x 和 y 均为非 0 的操作数，需要执行以下五步：

①对阶；②尾数加减；③规格化；④舍入处理；⑤溢出判断。

①$\Delta E=E_x-E_y=[E_x]_{补}+[-E_y]_{补}$=11 101 + 00 001=11 110，

即 ΔE 为−2，x 的阶码小，应使 $M_x$右移 2 位，$E_x$ 加 2，

$[x]'_{浮}$=11 111，00.001011 (00)。

**加法：**

②尾数和

$$\begin{array}{rr} & 00.001011\ (00) \\ + & 11.000100 \\ \hline & 11.001111\ (00) \end{array}$$。

③ 规格化处理　不需要规格化。④ 舍入处理

⑤ 判断溢出

不溢出，故得最终结果为

$[x+y]_{浮}$=11 111；11.001111，　$x+y=2^{-001}\times(-0.110001)$。

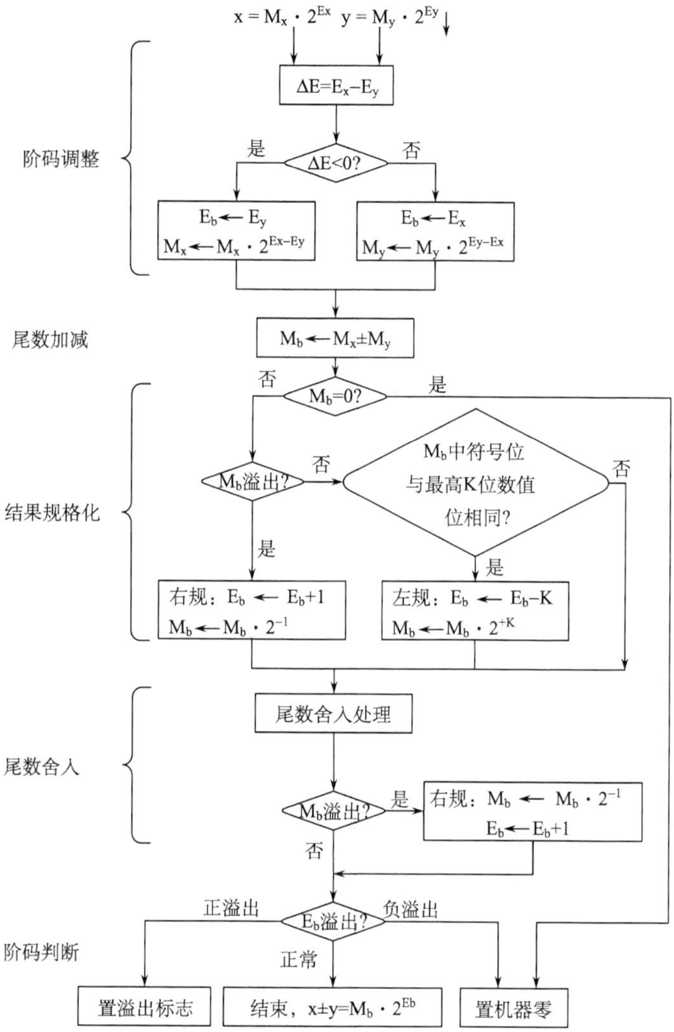


图 3-24　浮点数加减运算的流程图

**减法：**

② 尾数减

$$
\begin{array}{rl}
 & 00.001011\ \ (00) \\
+ & 00.111100 \\
\hline
 & 01.000111\ \ (00)
\end{array}
$$
。

③ 规格化处理

应执行右规处理，阶码加 1。

④ 舍入处理 0 舍 1 入

⑤ 判断溢出

不溢出，故得最终结果为

$[x-y]_{浮}=00\ 000;00.100100$，　$x-y=2^{-000}\times 0.100100$。

## 3.6.2　浮点乘除法运算

### 1. 浮点乘、除法运算规则

设有两个浮点数 x 和 y，它们分别为

$x=2^{Ex}\cdot M_x$，

$y=2^{Ey}\cdot M_y$，

则浮点乘法运算的规则是：$x\cdot y=2^{(Ex+Ey)}\cdot(M_x\cdot M_y)$。

可见，乘积的尾数是相乘两数的尾数之积，乘积的阶码是相乘两数的阶码之和。当然，这里也有规格化与舍入等步骤。

浮点除法运算的规则是：$x\div y=2^{(Ex-Ey)}\cdot(M_x\div M_y)$。

可见，商的尾数是相除两数的尾数之商，商的阶码是相除两数的阶码之差。当然也有规格化和舍入等步骤。

### 2. 浮点乘、除法运算步骤

浮点数的乘除运算大体分为四步：

第一步，0 操作数检查；第二步，阶码加/减操作；第三步，尾数乘/除操作；第四步，结果规格化及舍入处理。

1) 浮点数的阶码运算

对阶码的运算有+1、−1、两阶码求和、两阶码求差四种，运算时还必须检查结果是否溢出。在计算机中，阶码通常用补码或移码形式表示。补码运算规则和溢出的方法，前面已经讲过。这里只对移码的运算规则和判定溢出的方法进行讲解。

移码的定义：$[x]_{移}=2^n+x$，　$2^n>x\geqslant 2^{-n}$。

按此定义，有
$$[x]_{移}+[y]_{移}=2^n+x+2^n+y=2^n+[2^n+(x+y)]=2^n+[x+y]_{移}，$$

即直接用移码实现求阶码之和时，结果的最高位多加了个 1，要得到移码形式的结果，必须对结果的符号再执行一次求反。

考虑到移码和补码的关系：对同一个数值，其数值位完全相同，而符号位正好

相反。而$[y]_{补}$的定义为

$$[y]_{补}=2^{n+1}+y,$$

则求阶码和用如下方式完成：$[x]_{移}+[y]_{补}=2^n+x+2^{n+1}+y=2^{n+1}+[2^n+(x+y)]$，即$[x+y]_{移}=[x]_{移}+[y]_{补} \pmod{2^{n+1}}$。

同理$[x-y]_{移}=[x]_{移}+[-y]_{补}$。

上两式表明执行阶码加减时，对加数或减数 y 应送移码符号位正常值的反码。

如果阶码运算的结果溢出，则上述条件不成立。此时，使用双符号位的阶码加法器，当规定移码的第二个符号位，即最高符号位恒用 0 参加加减运算，则溢出条件是结果的最高符号位为 1。此时，当低位符号位为 0 时，表明结果上溢；为 1 时，表明结果下溢。当最高符号位为 0 时，表明没有溢出；低位符号位为 1，表明结果为正；为 0 时，表明结果为负。

**例 3.17**　$x=+011$，$y=+110$，求$[x+y]_{移}$和$[x-y]_{移}$，并判断是否溢出。

**解：**　$[x]_{移}=01,011$，$[y]_{补}=00,110$，$[-y]_{补}=11,010$；

$[x+y]_{移}=[x]_{移}+[y]_{补}=10,001$，结果上溢。

$[x-y]_{移}=[x]_{移}+[-y]_{补}=00,101$，结果正确，为$-3$。

2）尾数处理

浮点加减法对结果的规格化及舍入处理也适用于浮点乘除法。

第一种简单的办法是，无条件地丢掉正常尾数最低位之后的全部数值。这种办法被称为截断处理，其好处是处理简单，缺点是影响结果的精度。

第二种简单办法是，运算过程中保留移出的若干高位的值，最后再按某种规则用这些位上的值修正尾数，这种处理方法被称为舍入处理。

当尾数用原码表示时，舍入规则比较简单。最简便的方法是，只要尾数最低位为 1，或移出的几位中有为 1 的数值位，就使最低位的值为 1。另一种是 0 舍 1 入法，即当丢失的最高位的值为 1 时，把这个 1 加到最低数值位上进行修正，否则舍去丢失的各位的值。这样处理时，舍入效果对负数是相同的，入将使数的绝对值变大，舍则使数的绝对值变小。

当尾数是用补码表示时，所用的舍入规则，应该与用原码表示时产生相同的处理效果。具体规则是：当丢失的各位均为 0 时，不必舍入；当丢失的最高位为 0，以下各位不全为 0 时，或者丢失的最高位为 1，以下各位均为 0 时，则舍去丢失位上的值；当丢失的最高位为 1，以下各位不全为 0 时，则执行在尾数最低位入 1 的修正操作。

**例 3.18**　设$[x_1]_{补}=11.0110$，$[x_2]_{补}=11.01100001$，$[x_3]_{补}=11.01101000$，$[x_4]_{补}=11.01111001$，求执行只保留小数点后 4 位有效数字的舍入操作值。

**解：**　执行舍入操作后，其结果值分别为

$[x_1]_{补}=11.0110$（不舍不入），

$[x_2]_{补}=11.0110$(舍),

$[x_3]_{补}=11.0110$(舍),

$[x_4]_{补}=11.1000$(入)。

$M_x \times M_y$ 产生双字长乘积,如果只要求得到单字长结果,那么低位乘积就当作保留位进行结果舍入处理。若要求结果保留双字长乘积,就不需要舍入处理了。对结果的阶码溢出判断完全相同于浮点数加、减法的相应操作。

浮点数乘法运算步骤的流程图如图 3-25 所示。

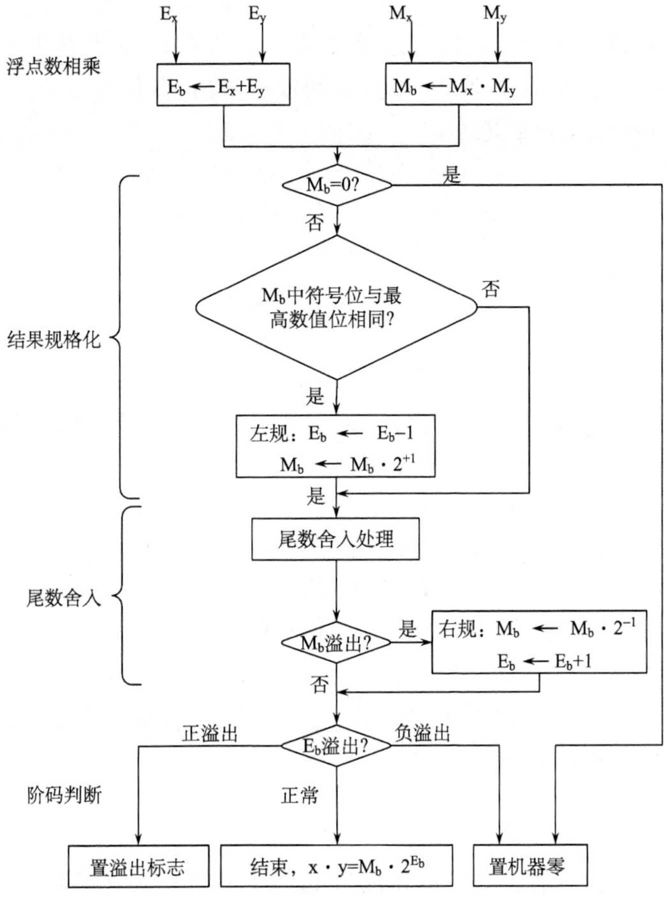


图 3-25　浮点数乘法运算流程图

**例 3.19**　已知 $x=0.110000 \cdot 2^{101}$, $y=-0.111000 \cdot 2^{100}$,设阶码数值部分各取 5 位,阶符 2 位;尾数数值部分各取 6 位,尾符 2 位,按机器浮点数运算步骤求 $x \cdot y$。

**解:**　(1) 求阶和

$[E_x]_{补}=00\ 00101$，　　$[E_y]_{补}=00\ 00100$，

$[\Delta E]_{补}=[E_x]_{补}+[E_y]_{补}=00\ 01001$。

(2) 尾数相乘

可利用原码或补码定点数乘法求尾数之乘积，得

$[M_x \cdot M_y]_{原}=1.101010000000$，或

$[M_x \cdot M_y]_{补}=1.010110000000$。

(3) 规格化

$[M_x \cdot M_y]_{原}$或$[M_x \cdot M_y]_{补}$已是规格化形式，无需规格化。

(4) 舍入

若取单字长乘积，可得$[M_x \cdot M_y]_{原}=1.101010$或$[M_x \cdot M_y]_{补}=1.010110$，所以

$[x \cdot y]_{原}=1.101010\times 2^{0001001}$，

$[x \cdot y]_{补}=1.010110\times 2^{0001001}$。

得　$x \cdot y=-0.101010 \cdot 2^{1001}=-101010000$。

浮点数除法运算与浮点数乘法运算步骤基本相同。只是，浮点数的除法运算需要进行第 1 步，除数是否为 0 的判断，若 $M_y=0$，则打印出错报告。第 2 步，两浮点数相除，商的阶码为被除数的阶码减去除数的阶码。商的尾数为相除两数的尾数之商。第 3 步，尾数规格化处理。$M_x$ 和 $M_y$ 都是绝对值大于或等于 0.1 的二进制小数，因此，两数相除 $M_x/M_y$ 的绝对值是大于或等于 0.1 且小于 1.0 的二进制小数。所以，结果不需要左规操作。若溢出，执行右规：结果尾数右移一位，阶码加 1。对结果的阶码溢出判断完全相同于浮点数加、减法的相应操作。

浮点数除法运算步骤的流程图如图 3-26 所示。

### 3.6.3　浮点运算的流水线

计算机的流水处理过程同工厂中的流水装配线类似。为了实现流水处理，首先必须把输入的任务分割为一系列的子任务，使各子任务能在流水线的各个阶段并发地执行。将任务连续不断地输入流水线，从而实现了子任务的并行。流水处理大幅度地改善了计算机的系统性能，是在计算机上实现时间并行性的一种非常经济的方法。

Pentium CPU 将浮点运算器包含在芯片内。浮点运算部件采用流水线设计。指令执行过程分为 8 段流水线：前 4 段为指令预取(DF)、指令译码(D1)、地址生成(D2)、取操作数(EX)，在 U，V 流水线中完成；后 4 段为执行 1(X1)、执行 2(X2)、结果写回寄存器堆(WF)、错误报告(ER)，在浮点运算器中完成。一般情况下，由 V 流水线完成一条浮点操作指令。

浮点部件内有浮点专用的加法器、乘法器和除法器，由 8 个 80 位寄存器组成

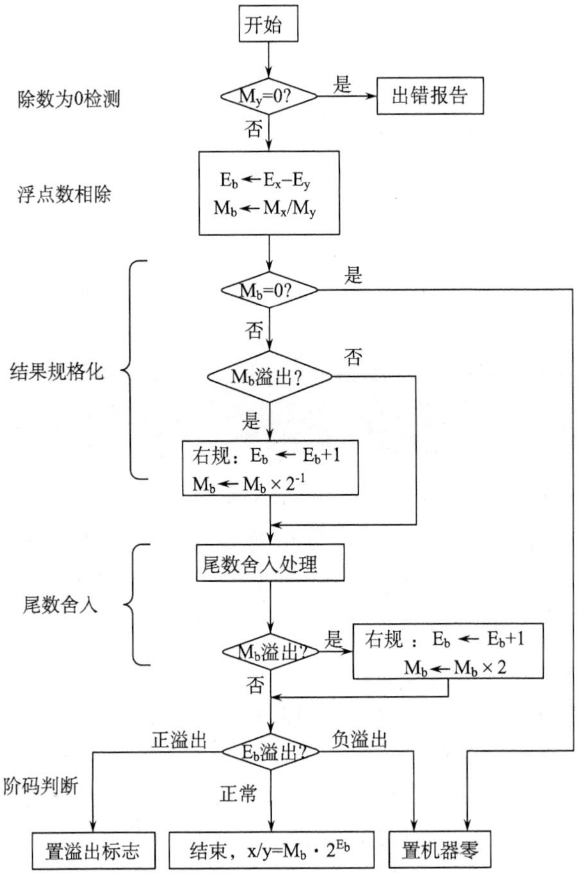


图 3-26　浮点数除法运算流程图

的寄存器堆，内部的数据总线为 80 位宽。因此浮点部件可支持 IEEE754 标准的单精度和双精度格式的浮点数。另外还使用一种称为临时实数的 80 位浮点数。对于浮点的取数、加法、乘法等操作，采用了新的算法并用硬件来实现，其执行速度是 80486 的十倍多。

## 3.7　运算器的发展

### 3.7.1　ALU 的发展

计算机运行时，ALU(Arithmetic Logic Unit)的操作和操作种类由控制器决定。ALU 处理的数据来自存储器；处理后的结果数据通常送回存储器，或暂时寄存在运算器中。

ALU 的处理对象是数据，所以数据长度和计算机数据表示方法对运算器的性能影响极大。20 世纪 70 年代的微处理器常以 1、4、8 或 16 个二进制位作为处理数据的基本单位，当时 ALU 运算器一次可处理 4、8 或 16 位；80 年代的 ALU 运算器一次可处理 8 位或 16 位；90 年代之后，ALU 运算器一次可处理的位数已经达到 32 位；现在的 ALU 运算器一次可处理 64 位，甚至 128 位。因此，现在大多数计算机的 ALU 是以 32、64 或者 128 位作为 ALU 处理数据的长度。

ALU 运算器所能执行的操作种类的多少和操作速度的快慢，标志着运算器能力的强弱，甚至标志着计算机本身的能力。早期的 ALU 运算器最基本的操作之一是加法。后来，左右移位和乘、除法等较为复杂的操作也被设计为 ALU 运算器的基本操作。ALU 运算器的另一基本操作是逻辑操作，它可将两个数据按位进行与、或、异或，以及将一个数据的各位求非。随着技术的发展，ALU 运算器还能进行二值代码的 16 种、甚至更多种逻辑操作。

现在的 ALU 在处理位数和执行操作上都得到了长足的发展。

### 3.7.2　浮点运算器的发展

8087 是美国 Intel 公司为处理浮点数等数据而设计生产的专用浮点运算器。由于它的浮点算术运算是配合 8086 的，所以又称为浮点协处理器，其主要功能如下：

① 可与配套的 CPU 芯片异步并行工作。

② 高性能的 80 位字长的内部结构，有 8 个 80 位字长的以堆栈方式管理的寄存器组。

③ 浮点数的格式完全符合 IEEE 制定的国际标准。

④ 能处理二进制浮点数、二进制整数和十进制数串这三大类共 7 种数据。

⑤ 内部的出错管理功能。

1985 年，Intel 推出了 80386 芯片，数学协处理器 80387 也随之诞生。80387 不仅仅是浮点运算器，而且还集成很多控制功能。1989 年，Intel 推出 80486 芯片，它是将 80386 和数学协处理器 80387 以及一个 8KB 的高速缓存集成在一个芯片内。

到了奔腾时代，CPU 内部的浮点运算器开始采用流水线设计。使用了 U，V 两条流水线，其主要的流水线设计方案可参见 3.6.3 的内容。

## 习　题

1. 已知 $x=-0.01111$，$y=+0.11001$，求 $[x]_{补}$，$[-x]_{补}$，$[y]_{补}$，$[-y]_{补}$，$x+y=?$ $x-y=?$

2. 下列各数均为十进制数，请用 8 位二进制补码计算下列各题，并用十六进制数表示其运算结果。

(1) (－85)＋76　(2) 85＋(－76)　(3) 85－76　(4) 85－(－76)

(5) (－85)－76　(6) －85－(－76)

3. 已知 X 和 Y,试用它们的变形补码计算出 X＋Y,并指出结果是否溢出。

(1) X=0.11011, Y=0.11111;

(2) X=0.11011, Y=－0.10101;

(3) X=－0.10110,Y=－0.00001;

(4) X=－0.11011,Y=0.11110。

4. 已知 X 和 Y,试用它们的变形补码计算出 X－Y,并指出结果是否溢出。

(1) X=0.11011, Y=－0.11111;

(2) X=0.10111, Y=0.11011;

(3) X=0.11011, Y=－0.10011;

(4) X=－0.10110,Y=－0.00001。

5. 分别用原码一位乘法、补码一位乘法计算下列各题的 X·Y。

(1) X=0.11011, Y=－0.11111;

(2) X=－0.11010,Y=－0.01110。

6. 已知 X=－0.1101,Y=0.0110,用原码两位乘法计算 X·Y。

7. 分别用原码和补码不恢复余数法计算 X÷Y。

(1) X=0.10101, Y=0.11011;

(2) X=－0.10101,Y=0.11011;

(3) X=0.10001, Y=－0.10110;

(4) X=－0.10110, Y=－0.11011。

8. 用原码阵列乘法器计算 X·Y。

(1) X=11011, Y=－11111;

(2) X=－11111,Y=－11011。

9. 某加法器进位链小组信号为 $C_4C_3C_2C_1$,低位来的进位信号为 $C_0$,请按串行进位方式写出 $C_4C_3C_2C_1$ 的逻辑表达式。

10. 某加法器进位链小组信号为 $C_4C_3C_2C_1$,低位来的进位信号为 $C_0$,请按并行进位方式写出 $C_4C_3C_2C_1$ 的逻辑表达式。

11. 设浮点数的阶码和尾数部分均用补码表示,按照浮点数运算规则,计算下列各题的 X＋Y,X－Y。(采用 0 舍 1 入法)

(1) $X=2^{101}\times(-0.100010)$, $Y=2^{100}\times(-0.111110)$;

(2) $X=2^{-101}\times0.101100$,$Y=2^{-100}\times(-0.101000)$;

(3) $X=2^{-011}\times0.101100$,$Y=2^{-001}\times(-0.111100)$。

12. 简述 ALU 的发展,并且通过互联网查询最新的定点运算器和浮点运算器,并分别加以描述。

# 第 4 章　指令系统和寻址方式

指令系统是一台计算机中所有指令的集合，它决定了计算机的基本功能，是软件与硬件相结合的界面。指令系统是软件编程的出发点和硬件设计的依据，它反映了硬件对软件的支持程度。本章主要介绍了指令系统的基本概念、指令格式以及寻址方式，探讨了指令系统的设计理念；在此基础上介绍了指令的类型和操作数的类型，详细介绍了 8086 计算机的指令系统及其寻址方式。同时，介绍了典型的 RISC 和 CISC 指令系统。

## 4.1　指令系统的基本概念

### 4.1.1　指令系统及计算机语言

计算机的程序是由一系列的指令组成。指令是指计算机完成某个基本操作的命令。指令能被计算机硬件理解并执行。一条指令就是计算机机器语言的一个语句，是程序设计中最小的语言单位。一台计算机所能执行的全部指令的集合，称为这台计算机的指令系统。指令系统比较充分地说明了计算机对数据进行处理的能力。不同种类的计算机，其指令系统的指令数目与格式也不同。指令系统是表征一台计算机性能的重要因素，其格式与功能不仅直接影响到机器的硬件结构，还直接影响到系统软件，关系到机器的适用范围。指令系统是根据计算机使用要求设计的。指令系统越丰富完备，编制程序就越方便灵活。

一条计算机指令是用一串二进制代码表示的，它通常应包括两方面的信息：操作码和地址码。操作码用来表征该指令的操作特性和功能，即指出进行什么操作；地址码指出参与操作的数据在存储器中的地址。一般情况下，参与操作的源数据或操作后的结果数据都在存储器中，通过地址可访问该地址中的内容，即得到操作数。

从计算机组成的层次结构来说，计算机的指令有微指令、机器指令和宏指令之分。微指令是指微程序级的命令，它属于硬件；宏指令是指由若干条机器指令组成的软件指令，它属于软件；机器指令（指令）是指介于微指令与宏指令之间，每条指令可完成一个独立的算术运算或逻辑运算。本章讨论的指令即机器指令。

指令系统的发展经历了下面的各阶段。

(1) 20 世纪 50 年代：指令系统只有定点加减、逻辑运算、数据传送、转移等十几～几十条指令。

(2) 20 世纪 60 年代后期：在这一时期，增加了乘除运算、浮点运算、十进制运算、字符串处理等指令，指令数目多达一二百条，寻址方式也趋多样化。同时，系列计算机(基本指令系统与基本体系结构相同的一系列计算机)开始出现，一个系列往往有多种型号，它们在结构和性能上有所差异。同一系列的各机种有共同的指令级而且新推出的机种指令系统一定包含所有旧机种的全部指令，并且旧机种上运行的各种软件可以不加任何修改便可在新机种上运行，这称作向上兼容，大大减少了软件开发费用。

(3) 20 世纪 70 年代末期：出现复杂指令系统计算机(CISC)和精简指令系统计算机(RISC)。

复杂指令系统计算机 CISC(Complex Instruction Set Computer)，这类计算机的指令系统属于增强指令功能，它设置功能复杂的指令，而且是面向目标代码、高级语言和操作系统的。在这类计算机中，用一条指令代替一串指令。

精简指令系统计算机 RISC(Reduced Instruction Set Computer)只保留功能简单的指令。这类计算机中功能较复杂的指令用子程序来实现。

伴随着指令系统的发展，计算机语言也是处于不断发展中，经历了机器语言、汇编语言、高级语言这三个时期。高级语言如 C，FORTRAN 等，其语句和用法与具体机器的指令系统无关。

低级语言分为机器语言(二进制语言)和汇编语言(符号语言)，这两种语言都是面向机器的语言，和具体机器的指令系统密切相关。机器语言用指令代码编写程序，而符号语言用指令助记符编写程序。

计算机能够直接识别和执行的唯一语言是二进制语言，采用符号语言或高级语言编写的程序必须借助汇编程序或编译程序，翻译成二进制码组成的机器语言后才能被机器执行。

汇编语言依赖于具体计算机的硬件结构和指令系统，所以用汇编语言编写的程序不能在其他类型的机器上运行，称为不能移植。汇编语言具有如下的特点：

① 面向机器的低级语言，通常是为特定的计算机或计算机系列专门设计的。

② 保持了机器语言的优点，具有直接和简捷的特点。

③ 可有效地访问、控制计算机的各种硬件设备，如磁盘、存储器、CPU、I/O 端口等。

④ 目标代码简短，占用内存少，执行速度快，是高效的程序设计语言。例如，编程实现 c ＝a＋b，并在屏幕上显示出结果。如果用 C 语言来编写程序，尽管简短，但是编译后的目标文件达到 3.59KB；而用汇编语言来编写虽然程序代码较长，但是汇编后的目标文件只有 208 字节。

⑤ 经常与高级语言配合使用，应用十分广泛。

高级语言与计算机的硬件结构及指令系统无关，高级语言程序“看不见”机器的硬件结构，不能用于编写直接访问机器硬件资源的系统软件或设备控制软件。不过，一些高级语言提供了与汇编语言之间的调用接口。用汇编语言编写的程序，可作为高级语言的一个外部过程或函数，利用堆栈来传递参数或参数的地址。由此，可见汇编语言的重要性。

因此，70%以上的系统软件是用汇编语言编写的；某些快速处理、位处理、访问硬件设备等高效程序是用汇编语言编写的；高级绘图程序、视频游戏程序一般也是用汇编语言编写的。

### 4.1.2　对指令系统的性能要求

指令系统的性能决定了计算机的基本功能。指令系统的设计是计算机系统设计的一个核心问题，它的设计直接关系到计算机的硬件结构和用户的需要，而且直接影响到系统软件设计的难易程度。

一个完善的指令系统应满足如下四方面的要求。

(1) 完备性：用汇编语言编写各种程序时，指令系统直接提供的指令足够使用，而不必用软件来实现。完备性要求指令系统丰富、功能齐全、使用方便。

(2) 有效性：利用该指令系统所编写的程序能够高效率地运行。高效率主要表现在程序占据存储空间小、执行速度快。一般来说，一个功能更强、更完善的指令系统，必定有更好的有效性。

(3) 规整性：规整性包括指令系统的对称性、匀齐性、指令格式和数据格式的一致性。对称性指在指令系统中所有的寄存器和存储器单元都可同等对待，所有的指令都可使用各种寻址方式；匀齐性是指一种操作性质的指令可以支持各种数据类型；指令格式和数据格式的一致性是指指令长度和数据长度有一定的关系，以方便处理和存取。

(4) 兼容性：系列机各机种之间具有相同的基本结构和共同的基本指令集，因而指令系统是兼容的，即各机种上基本软件可以通用。但由于不同机种推出的时间不同，在结构和性能上有差异，做到所有软件都完全兼容是不可能的，只能做到“向上兼容”，即低档机上运行的软件可以在高档机上运行。

## 4.2　指令格式

### 4.2.1　指令格式及指令字长度

机器指令是用机器字来表示的。表示一条指令的机器字就是指令字，通常简称指令。

指令格式是指令用二进制代码表示的结构形式，通常由操作码和地址码两部分组成。操作码用来表征该指令的操作特性和功能，即指出进行什么操作；地址码指出参与操作的数据在存储器中的地址。因此，一条指令的结构可用如下形式来表示：

| 操作码字段 | 地址码字段 |
|---|---|

指令格式一般有如下几种。

(1) 多字长指令：在于提供足够的地址位来解决访问内存任何单元的寻址问题。其主要缺点是必须两次或多次访问内存以取出一整条指令，降低了 CPU 的运算速度，又占用了更多的存储空间。

(2) 等长指令：各种指令字长度是相等的。这种指令字结构简单，且指令字长度是不变的。其中又包括：

半字长指令：指令字长与半个机器字长相等的指令称作半字长指令；

单字长指令：指令字长与机器字长相等的指令称作单字长指令；

双字长指令：指令字长与两个机器字长相等的指令称作双字长指令。

(3) 变长指令：各种指令字长度随指令功能而异。结构灵活，能充分利用指令长度，但指令的控制较复杂。

指令格式设计的一般准则如下：

① 指令字长要短，以得到时间和空间上的优势。

② 指令字长必须有足够的长度。

③ 指令字长一般应是字节的整数倍以便存储系统的管理。若机器中字符码长是 L 位，则机器字长最好是 L，2L，4L，8L 等。

④ 指令格式的设计还与如何选定指令中操作数地址的位数有关。

计算机的指令格式与机器的字长、存储器的容量及指令的功能密切相关。

机器字长是指 CPU 能同时并行处理的用二进制表示的数据位数。计算机的运算精度由机器字长决定。而指令字长是指一条指令中包含的二进制代码的位数。指令字长＝操作码的位数＋(操作数地址个数)＊(操作数地址码位数)。

### 4.2.2 操作码

指令系统的每一条指令都有一个操作码，它表示该指令应进行什么性质的操作，它提供指令的操作控制信息。每条指令都要求它的操作码必须是独一无二的位组合。不同的指令用操作码字段的不同编码来表示，每一种编码代表一种指令。组成操作码字段的位数一般取决于计算机指令系统的规模。指令系统中指令的个数 $N$ 与操作码的位数 $n$ 必须满足关系式：$N \leqslant 2^n$。例如，一个指令系统只有 8 条指令，那么有 3 位操作码就够；如果有 32 条指令，那么就需要 5 位操作码。对于一个机器的指令系统，在指令字中操作码字段和地址码字段长度通常是固定的。在单片机中，由于指令字较短，为了充分利用指令字长度，指令字的操作码字段和地址码字段是不固定的，即不同类型的指令有不同的划分，以便尽可能用较短的指令字长来表示越来越多的操作种类，并在越来越大的存储空间中寻址。

对于操作码的设计有两种，一种是固定格式的设计，一种是可扩展格式的设计。固定格式是指操作码长度固定，且集中放在指令字的一个字段中。可变格式是指操作码长度可变，且分散地放在指令字的不同字段中。它的优点是：①操作码位数随地址码个数变化采取可变长度的类型；②指令间各指令码一定不重复。下面重点来讨论一下可扩展操作码的操作码设计方法。

假设一台计算机指令字长 16 位，操作码与地址码都为 4 位，如下所示，

| | | | |
|---|---|---|---|
| 操作码 OP | AC1 | AC2 | AC3 |

(1) 方法一：采用固定格式，则最多可以设计 16 条三地址指令。

(2) 方法二：扩展操作码，具体方法如下：

① 4 位 OP 中用 0000～1110 定义 15 条三地址指令，留编码 1111 作为扩展标志与下一个 4 位组成一个 8 位操作码，引出二地址指令，则

② (i)若将 AC1 全部用作二地址指令的 OP，能再定义 16 条二地址指令；

(ii) 8 位 OP 中用 11110000～11111110 定义 15 条二地址指令，剩下的一个编码 11111111 与下一个 4 位组成一个 12 位的操作码，引出一地址指令；

(iii) 选 11110000～11111101 共 14 条二地址指令，留 11111110，11111111 为扩展标志，再与 AC2 组合，以此类推。

③ 若选②(iii)，则可定义 31 条一地址指令，留一个编码 111111111111 为扩展标志，与下一个 4 位组成 16 位操作码，引出 16 条零地址指令。

扩展操作码的另一个演变是用操作码中的某一位或几位来说明指令的格式与长度，或操作数的特征。例如：小型机 PDP-11 是用操作码最左边一位(最高位 15 位)来指明指令操作处理的数据字长度，当第 15 位＝“0”，是字指令，操作数是 16 位长的字；当第 15 位＝“1”，是字节指令，操作数是 8 位长的字节。

### 4.2.3　地址码

根据一条指令中有几个操作数地址，可将该指令称为几操作数指令或几地址指令。一般的操作数有被操作数、操作数及操作结果这三种数，因而就形成了三地址指令格式。在此基础上，后来又发展成二地址格式、一地址格式和零地址格式。

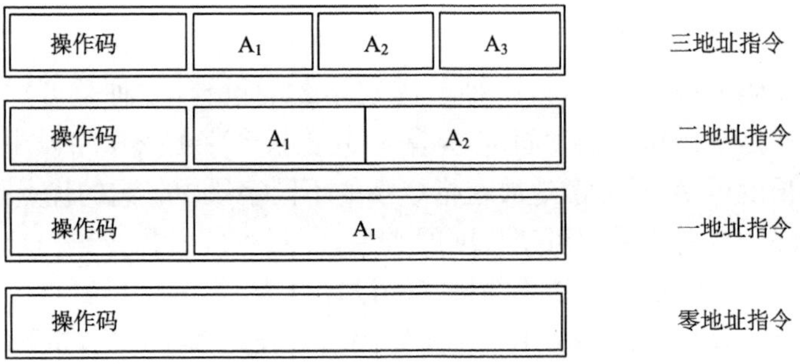


① 零地址指令的指令字中只有操作码，而没有地址码。这种指令有两种可能：第一种，无需任何操作数，如空操作指令、停机指令等；第二种，所需的操作数是默认的，比如堆栈的操作。设数据进栈方向为从高地址向低地址发展，当向堆栈压入数据时，SP 的内容先自动递减而指向一个新的空栈顶单元，再把数据写入此栈顶单元；当数据弹出堆栈时，立即读出 SP 所指向的栈顶单元内容，再把 SP 内容自动递增而指向新的栈顶位置。

② 一地址指令常称为单操作数指令，如加 1、减 1、移位等。指令中给出的一个地址既是操作数的地址，又是操作结果的存储地址。通常，这种指令以运算器的累加寄存器 AC 中的数据为被操作数，指令字的地址码字段所指明的数为操作数，操作结果又放回累加寄存器 AC 中。

$$(AC)\quad OP\quad (A)\longrightarrow AC$$

其中，OP 表示操作性质；(AC)表示累加寄存器 AC 中的数；(A)表示内存中地址为 A 的存储单元中的数或运算器中地址为 A 的通用寄存器中的数；→表示把操作(运算)结果传送到指定的地方。

③ 二地址指令常称为双操作数指令，它的两个地址码字段分别指明参与操作的两个数在内存中或运算器中通用寄存器的地址，$A_1$ 作存放操作结果的地址。

$$(A_1)\quad OP\quad (A_2)\longrightarrow A_1$$

在这种指令中，把保存操作前原操作数的地址称为源点地址(SS)，把保存指令执行结果的地址称为终点地址或目的地址(DD)。将源点与终点操作数进行操作码规定的操作后，将结果存入终点地址。

例如，双操作数加法指令：ADD　$R_0$，$R_1$ 表示将 $R_0$ 寄存器的内容和 $R_1$ 寄存器的内容相加以后，将结果存入 $R_0$ 寄存器中。又如 ADD $R_1$，($R_0$)，表示将 $R_0$ 寄存器的内容作为地址，到内存中取出该地址所指向的单元内容作为源点操作数；和作为终点操作数的 $R_1$ 寄存器的内容相加以后，将结果存入 $R_1$ 寄存器中。

④ 三地址指令字中有三个操作数地址。

$$(A_1)\quad OP\quad (A_2) \longrightarrow A_3$$

其中，$A_1$ 为被操作数地址，也称源操作数地址；$A_2$ 为操作数地址，也称终点操作数地址；$A_3$ 为存放结果的地址。同样，$A_1$，$A_2$，$A_3$ 可以是内存中的单元地址，也可以是运算器中通用寄存器的地址。例如：ADD　X　Y　Z　含义为 X 单元内容加上 Y 单元内容，结果送给 Z 单元中。

针对二地址指令格式，从操作数的物理位置来说，又可归结为三种类型。

(1) 存储器-存储器(SS)型指令：操作时都是涉及内存单元，参与操作的数都放在内存里，从内存某单元中取操作数，操作结果存放至内存另一单元中，因此机器执行这种指令需要多次访问内存。

(2) 寄存器-寄存器(RR)型指令：需要多个通用寄存器或个别专用寄存器，从寄存器中取操作数，把操作结果放到另一寄存器。机器执行寄存器-寄存器型指令的速度很快，因为执行这类指令，不需要访问内存。这类指令具有简单、定长的指令编码，采用简单的代码生成模式，每条指令执行的时钟周期相近。但其程序的指令条数多，目标代码较大。

(3) 寄存器-存储器(RS)型指令：执行此类指令时，既要访问内存单元，又要访问寄存器。这类指令可以直接访问存储器，容易对指令进行编码，生成的目标代码较小。但其操作数类型不同，需同时对存储器和寄存器进行编码，指令执行的时钟周期数也不尽相同。

### 4.2.4　指令助记符与机器指令代码

由于硬件只能识别 1 和 0，所以采用二进制操作码是必要的，但是我们用二进制来书写程序却非常麻烦。为了便于书写和阅读程序，每条指令通常用 3 个或 4 个英文缩写字母来表示。这种缩写码叫做指令助记符。如表 4-1 所示，这里我们假定指令系统只有 7 条指令，所以操作码只需 3 位二进制。由于指令助记符提示了每条指令的意义，因此比较容易记忆，书写起来比较方便，阅读程序时也容易理解。需要注意的是，在不同的计算机中，指令助记符的规定是不一样的。因此，指令助记符还必须转换成与之相对应的二进制码。这种转换借助汇编程序可以自动完成，汇编程序相当于一个“翻译”。

**表 4-1　典型的指令助记符**

| 典型指令 | 指令助记符 | 二进制操作码 |
|---|---|---|
| 加法 | ADD | 001 |
| 减法 | SUB | 010 |
| 传送 | MOV | 011 |
| 跳转 | JMP | 100 |
| 转子 | JSR | 101 |
| 存储 | STR | 110 |
| 读数 | LDA | 111 |

对于地址码部分，寄存器也是用寄存器编号或者相应的二进制代码来表示，存储在机器内存中的是统一的二进制数。比如可以规定 8086 四个通用寄存器 AX、BX、CX、DX 分别用 00、01、10、11 来表示。若 ADD 用 0000 来表示，则 ADD AX，BX，在机器中被存储成 00000001。

因此，在进行指令系统的设计时，要求设计出机器指令代码以及与之相对应的指令助记符：需要对指令格式进行详细设计及说明；要确定各类指令的长度、操作码以及操作数地址分别对应指令中哪些二进制位，从而确定操作码与地址码采用什么样的助记符来表示。例如，我们在用 Debug 工具来调试汇编语言时，若对 ADD AX，BX 指令进行反汇编命令（U 命令），则可以看到该条指令的机器指令代码是：十六进制的 01D8。若对 SUB AX，BX 指令进行反汇编命令（U 命令），则可以看到该条指令的机器指令代码是：十六进制的 29D8。若对 MOV AX，BX 指令进行反汇编命令（U 命令），则可以看到该条指令的机器指令代码是：十六进制的 89D8。

### 4.2.5　指令格式举例

#### 1. 8 位微型计算机的指令格式

8 位微型机字长只有 8 位，指令结构是一种可变字长形式，包含单字长、双字长、三字长指令等多种。

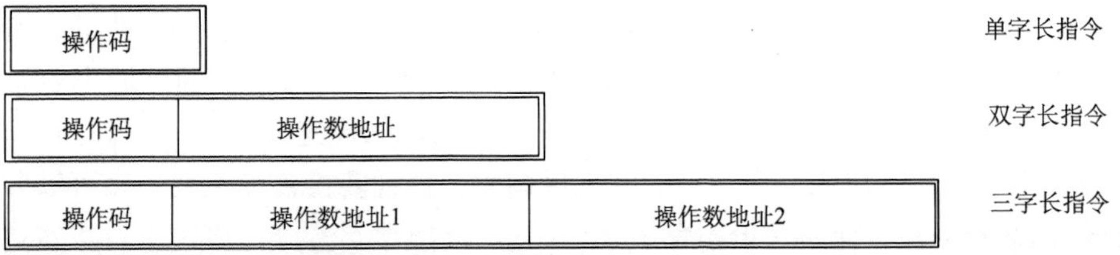

内存按字节编址，所以单字长指令每执行一条指令后，指令地址加 1。双字长指令或三字长指令每执行一条指令时，指令地址要加 2 或加 3。可见多字长的指令格式不利于提高机器速度。

### 2. PDP/11 系列机指令格式

PDP/11 系列机指令字长 16 位，其指令格式如下表所示。

从表 4-2 中看出，在 PDP/11 中，操作码字段是不固定的，其长度也是不相同的。这样做可以扩展操作码以包含较多的指令。但是操作码字段不固定，对控制器的设计来说必将复杂化。

**表 4-2　PDP/11 系列机指令格式**

<table>
<tr><th>指令位 / 指令类型</th><th>15</th><th>14</th><th>13</th><th>12</th><th>11</th><th>10</th><th>9</th><th>8</th><th>7</th><th>6</th><th>5</th><th>4</th><th>3</th><th>2</th><th>1</th><th>0</th></tr>
<tr><td>单操作数指令</td><td colspan="10">操作码(10 位)</td><td colspan="6">目标地址(6 位)</td></tr>
<tr><td>双操作数指令</td><td colspan="4">操作码(4 位)</td><td colspan="6">源地址(6 位)</td><td colspan="6">目标地址(6 位)</td></tr>
<tr><td>转移指令</td><td colspan="8">操作码(8 位)</td><td colspan="8">位移量(8 位)</td></tr>
<tr><td>转子指令</td><td colspan="7">操作码(7 位)</td><td colspan="3">寄存器号</td><td colspan="6"></td></tr>
<tr><td>子程序返回指令</td><td colspan="13">操作码(13 位)</td><td colspan="3"></td></tr>
<tr><td>条件码操作指令</td><td colspan="11">操作码(11 位)</td><td>S</td><td>N</td><td>Z</td><td>V</td><td>C</td></tr>
</table>

### 3. Pentium 指令格式

Pentium 机的指令字长度是可变的：从 1 字节到 12 字节，还可以带前缀，指令格式如下所示：

| 0~4B | 1~2B | 0~1B | 0~1B | 0~4B | 0~4B |
|---|---|---|---|---|---|
| 前缀 | 操作码 | Mod-R/M | SIB | 位移量 | 立即数 |

这种非固定长度的指令格式是典型的 CICS 结构特征。一是为了与它的前身 80486 保持兼容，二是希望能给编译程序写作者以更多灵活的编程支持。指令的前缀是可选项，其作用是对其后的指令本身进行显示约定。每个前缀占 1 个字节。

(1) 指令前缀：包括 LOCK(锁定)前缀和重复前缀。LOCK 前缀用于多 CPU 环境中对共享存储器的排他性访问；重复前缀用于字符串的重复操作，以获得比软件循环方法更快的速度。

(2) 段取代前缀：根据指令的定义和程序的上下文，一条指令所使用的段寄存器名称可以不出现在指令格式中，这称为段缺省规则。当要求一条指令不按缺省规则使用某个段寄存器时，必须以段取代前缀明确指明此段寄存器。

(3) 操作数长度取代前缀和地址长度取代前缀：在实地址模式下，操作数和地址的默认长度是 16 位；在保护模式下，若 D="1"，操作数和地址的默认长度是 32 位，若 D="0"，二者的默认长度是 16 位。

指令本身由操作码字段、Mod-R/M 字段、SIB 字段、位移量字段、立即数字段组成。除操作码字段外，其他四个字段都是可选字段。

(1) Mod-R/M 字段：规定了存储器操作数的寻址方式，给出了寄存器操作数的寄存器地址号。

(2) SIB 字段：和 Mod-R/M 字段一起，对操作数来源进行完整的说明，其中 S 表示比例系数、I 表示变址寄存器的内容，B 表示基址寄存器的内容。

**例 4.1**　分析如下的指令格式的特点：

| 15　　9 | | 7　　4 | 3　　0 |
|---|---|---|---|
| OP | --------- | 源寄存器 | 目标寄存器 |

**解：** ① 单字长二地址指令。

② 操作码字段 OP 长度为 7 位，可指定 128 条指令。

③ 源寄存器和目标寄存器都是通用寄存器(可分别指定 16 个)。两个操作数均在寄存器中，所以是寄存器-寄存器型指令。

④ 这种指令结构常用于算术逻辑运算类指令。

**例 4.2**　分析如下的指令格式的特点：

| 15　　10 | | 7　　4 | 3　　0 |
|---|---|---|---|
| OP | --------- | 源寄存器 | 变址寄存器 |
| 位移量(16位) | | | |

**解：** ① 双字长二地址指令，用于访问存储器。

② 操作码字段 OP 为 6 位，可以指定 64 种操作。

③ 一个操作数在源寄存器(共 16 个)，另一个操作数在存储器中(由变址寄存器和位移量决定)，所以是寄存器-存储器型指令。

# 4.3　寻址方式

## 4.3.1　指令寻址方式

操作数或指令在存储器中的地址：某个操作数或某条指令存放在某个存储单

元时其存储单元的编号。在存储器中，操作数或指令字写入或读出的方式有：地址指定方式、相联存储方式和堆栈存取方式。当采用地址指定方式时，形成操作数或指令地址的方式，称为寻址方式。寻址方式分为两类，即指令寻址方式和数据寻址方式，前者比较简单，后者比较复杂。指令的寻址方式有两种：一种是顺序寻址方式，另一种是跳跃寻址方式。

### 1. 顺序寻址方式

指令地址在内存中按顺序安排，当执行一段程序时，通常是一条指令接一条指令地顺序执行。从存储器中取出第一条指令，然后执行这条指令；接着从存储器取出第二条指令，再执行第二条指令；接着再取出第三条指令……这种程序顺序执行的过程，我们称之为指令的顺序寻址方式。为此，必须使用程序计数器（又称指令指针寄存器）PC 来计数指令的顺序号，该顺序号就是指令在内存中的地址。图 4-1 显示了指令的顺序寻址方式。

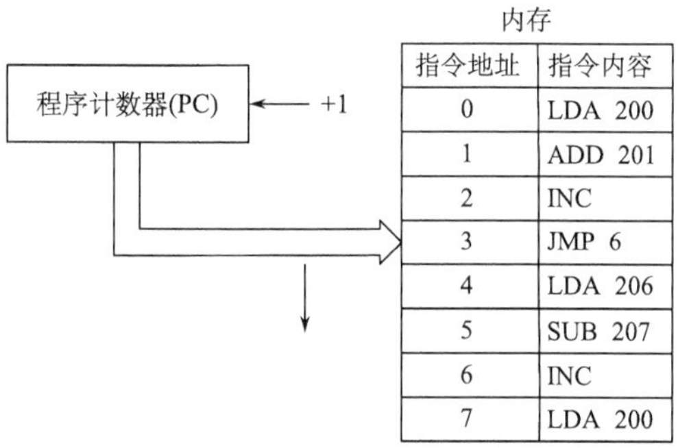


图 4-1　指令的顺序寻址方式

### 2. 跳跃寻址方式

当程序转移执行的顺序时，指令的寻址就采取跳跃寻址方式。所谓跳跃，是指下条指令的地址码不是由程序计数器给出，而是由本条指令给出。程序跳跃后，按新的指令地址开始顺序执行。指令计数器的内容也必须相应改变，以便及时跟踪新的指令地址。采用指令跳跃寻址方式，可以实现程序转移或构成循环程序，从而能缩短程序长度，或将某些程序作为公共程序引用。指令系统中的各种条件转移或无条件转移指令，就是为了实现指令的跳跃寻址而设置的。图 4-2 显示了指令的跳跃寻址方式。

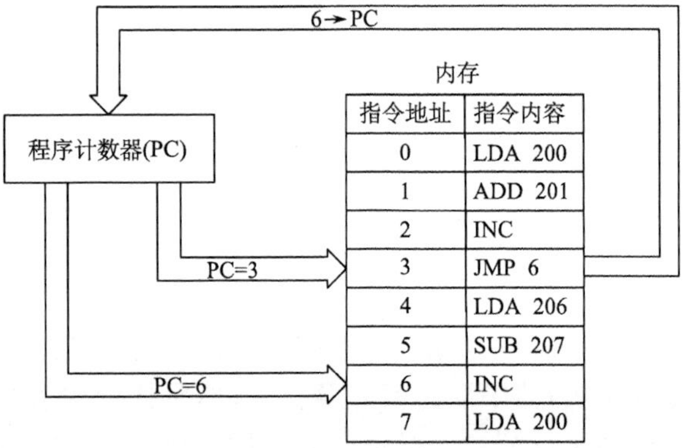


图 4-2 指令的跳跃寻址方式

## 4.3.2 操作数寻址方式

形成操作数的有效地址的方法,称为操作数的寻址方式。

例如,一种单地址指令的结构如下所示,其中用 X,I,D 各字段组成该指令的操作数地址:

| | | | |
|---|---|---|---|
| 操作码 OP | 变址 X | 间址 I | 形式地址 D |

指令中操作数字段的地址码是由形式地址和寻址方式特征位等组合形成,因此,一般来说,指令中所给出的地址码,并不是操作数的有效地址。因此,寻址过程就是把操作数的形式地址变换为操作数的有效地址的过程。主要的寻址方式有下列几种:

### 1. 隐含寻址

在指令中不明显地给出而是隐含着操作数的地址,例如单地址的指令格式,没有在地址字段中指明第二操作数地址,而是规定累加寄存器 AC 作为第二操作数地址,那么 AC 对单地址指令格式来说是隐含地址。

### 2. 立即寻址

指令的地址字段指出的不是操作数的地址,而是操作数本身。这种方式的特点是指令执行时间很短,不需要访问内存取数。比如,MOV AX,0006H,这条指令的源操作数就是立即数寻址方式,它的意思是将 0006H 送入 AX 寄存器中。

例如：单地址的移位指令格式为

| OP(移位) | F | D |
|---|---|---|

这里D不是地址，而是一个操作数。F为标志位，当F="1"，操作数进行右移；当F="0"时，操作数进行左移。

### 3. 直接寻址

直接寻址的特点是：在指令格式的地址字段中直接指出操作数在内存的地址D。如图4-3所示，采用直接寻址方式时，指令字中的形式地址D就是操作数的有效地址E，即E=D。因此通常把形式地址D又称为直接地址。此时，由寻址模式给予指示。如果用S表示操作数，那么直接寻址的逻辑表达式为S=(E)=(D)。比如，MOV AX,[2000H]，这条指令的源操作数就是直接寻址方式，它的意思是将内存单元[2000H]的内容送入AX寄存器中。这种寻址方式常用于读写内存，或指定指令的转移地址。

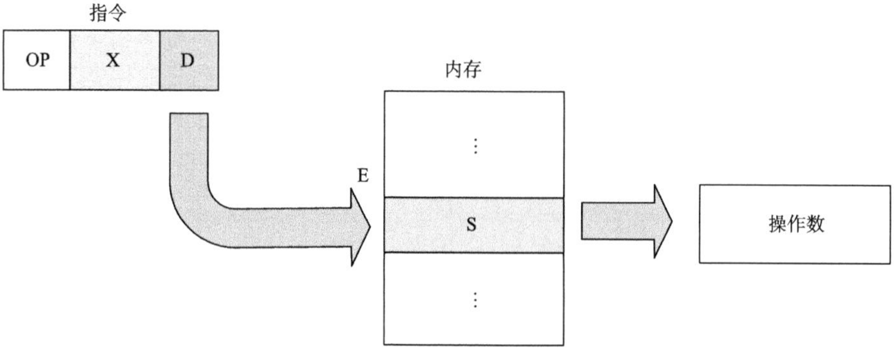


指令字中的形式地址D就是操作数的有效地址E。

图4-3　直接寻址方式

### 4. 间接寻址

间接寻址的情况下，指令地址字段中的形式地址D不是操作数的真正地址，而是操作数地址的指示器，D单元的内容才是操作数的有效地址。

如果把直接寻址和间接寻址结合起来，指令有如下形式：

| 操作码 | I | D |
|---|---|---|

寻址特征位 I＝“0”，表示直接寻址，此时有效地址 E＝D；I＝“1”，表示间接寻址，此时有效地址 E＝(D)。

间接寻址方式是早期计算机中经常采用的方式，但由于两次访存，影响指令执行速度，现在已不大使用。图 4-4 为间接寻址方式的示意图。

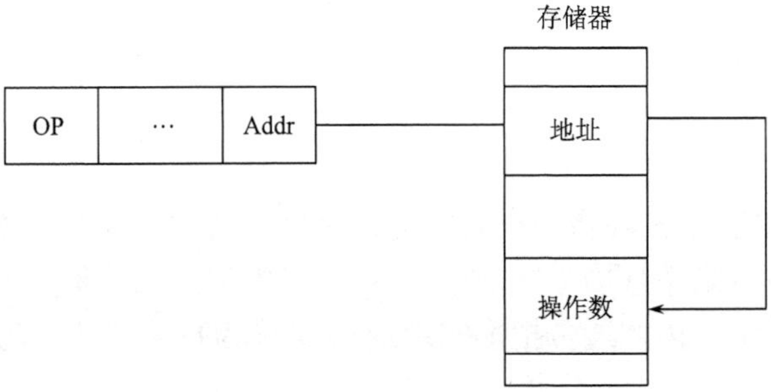


图 4-4　间接寻址方式

### 5. 寄存器寻址方式和寄存器间接寻址方式

当操作数不放在内存中，而是放在 CPU 的通用寄存器中时，可采用寄存器寻址方式。此时指令中给出的操作数地址不是内存的地址单元号，而是通用寄存器的编号。比如，MOV AX，BX，这条指令的源操作数和目的操作数都是寄存器寻址方式。

例如：

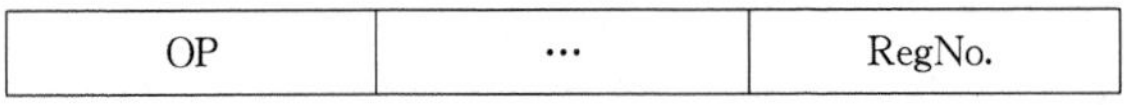


操作数就在 RegNo. 指定的寄存器中。RegNo. ＝5，(R5)＝7，则操作数＝7。

寄存器间接寻址方式与寄存器寻址方式的区别在于：指令格式中的寄存器内容不是操作数，而是操作数的地址，该地址指明的操作数在内存中。比如，MOV AX，[BX]，这条指令的源操作数就是寄存器间接寻址方式，它的含义是以 BX 寄存器的内容为地址，到内存中取出该单元的内容传送到 AX 寄存器。

### 6. 相对寻址方式

相对寻址是把程序计数器 PC 的内容加上指令格式中的形式地址 D 而形成操作数的有效地址。程序计数器的内容就是当前指令的地址。“相对”寻址，就是相对于当前的指令地址而言。采用相对寻址方式的好处是：程序员无需用指令的绝对地址编程，所编程序可以放在内存中任何地方。此时形式地址 D 通常称为偏移量，其值可正可负，相对于当前指令地址进行浮动。图 4-5 即为相对寻址方式的示意图。

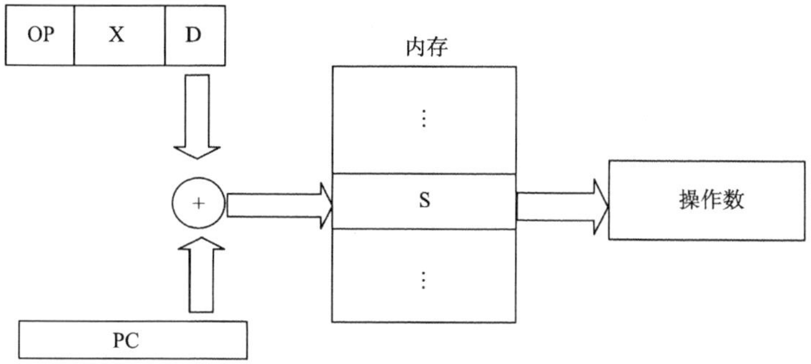


图 4-5　相对寻址方式

### 7. 基址寻址方式

基址寻址方式是将 CPU 中基址寄存器的内容加上指令格式中的形式地址而形成操作数的有效地址。它的优点是可以扩大寻址能力。同形式地址相比,基址寄存器的位数可以设置得很长,从而可以在较大的存储空间中寻址。图 4-6 显示了基址寻址方式。

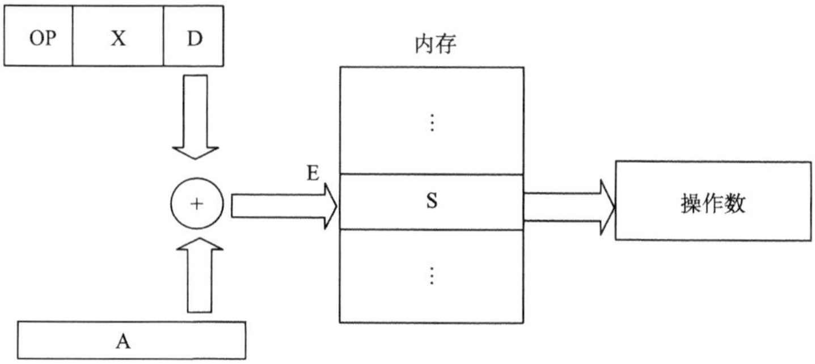


图 4-6　基址寻址方式

### 8. 变址寻址方式

变址寻址方式与基址寻址方式计算有效地址的方法很相似,它把 CPU 中某个变址寄存器的内容与偏移量 D 相加来形成操作数有效地址。但使用变址寻址方式的目的不在于扩大寻址空间,而在于实现程序块的规律性变化。

依据图 4-7,例如:Disp = H18,Reg = 5,(R5) = H5700,则操作数地址 =H5718。

变址寻址方式便于对数组元素进行处理,是几乎所有计算机都采用的一种寻址方式。

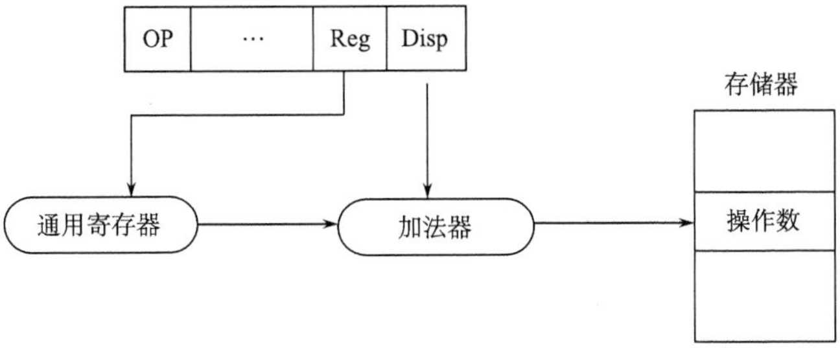


图 4-7　变址寻址方式

### 9. 块寻址方式

块寻址方式经常用在输入/输出指令中，以实现外存储器或外围设备同内存之间的数据块传送。块寻址方式在内存中还可用于数据块搬家。块寻址时，通常在指令中指出数据块的起始地址（首地址）和数据块的长度（字数或字节数）。

如果数据块是变长的，可用三种方法指出它的长度：

① 指令中划出字段指出长度。

② 指令格式中指出数据块的首地址与末地址。

③ 由块结束字符指出数据块长度。

### 10. 段寻址方式

微型机中采用了段寻址方式，例如它们可以给定一个 20 位的地址，从而有 1M 存储空间的直接寻址能力。为此将整个 1M 空间存储器以 64K 为单位划分成若干段。在寻址一个内存具体单元时，由一个基地址再加上某些寄存器提供的 16 位偏移量来形成实际的 20 位物理地址。这个基地址就是 CPU 中的段寄存器的内容。在形成 20 位物理地址时，段寄存器中的 16 位数会自动左移 4 位，然后以 16 位偏移量相加，即可形成所需的内存地址。即，物理地址＝16d×段地址＋偏移地址。比如：(DS)＝2100H，(BX)＝0500H，则(PA)＝21000H＋0500H＝21500H。这种寻址方式的实质还是基址寻址。

## 4.3.3　8086 寻址方式

8086 寻址方式分为两类，即数据寻址和指令寻址。

### 4.3.3.1　数据寻址方式

#### 1. 立即数寻址方式

操作数直接包含在指令中，紧跟在操作码之后的寻址方式，称为立即数寻址方式。这种操作数被称为立即数(imm)，它可以是 8 位数值 i8(00H～FFH)，也可以是 16 位数值 i16(0000H～FFFFH)。立即数寻址方式常用来给 R/M 赋值。需要注意的是，立即数只能用于源操作数字段的寻址方式。

例：MOV　AL,0FFH；　　　MOV　AX,1234H

例：MOV AX, 3064H;(AX)=3064H

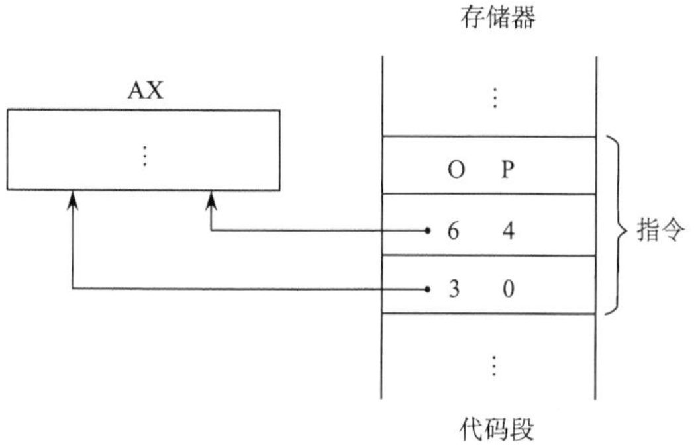


#### 2. 寄存器寻址

操作数存放在 CPU 的内部寄存器(reg)中，这些寄存器可以是:8 位寄存器 AH、AL、BH、BL、CH、CL、DH、DL；16 位寄存器 AX、BX、CX、DX、SI、DI、BP、SP；4 个段寄存器 seg:CS、DS、SS、ES。

例：MOV　AX,BX；MOV　AL,BL。

注意:源寄存器和目的寄存器的位数必须一致。MOV　AX,BL　是一条错误的指令。

#### 3. 存储器寻址方式

1) 直接寻址方式

在这种寻址方式中，操作数存放在存储单元中，而这个存储单元的有效地址就在指令的操作码之后。隐含的段为数据段 DS，可使用段跨越前缀。比如：MOV　AX，ES：[2000H]。操作数地址可由变量(符号地址)表示，　但要注意变量的属性。

例如： VALUE　DB　10
　　MOV　　AH, VALUE　是对的
　　MOV　　AX, VALUE 是错误的
　　MOV　　AX,　WORD PTR　VALUE 使用了强制类型转换就是对的了。

例： 假设 TABLE 是在数据段定义的一个字节数组的首地址标号(变量名)，其偏移地址为 1000H,则指令

　　MOV　AL,TABLE　　或　MOV　AL,TABLE+2
或　MOV　AL,[TABLE]　或　MOV　AL,[TABLE+2]
或　MOV　AL,[1000H]　或　MOV　AL,[1000H+2]。

2) 寄存器间接寻址方式

在这种寻址方式中,有效地址存放在基址寄存器 BX,BP 中或变址寄存器 SI、DI 中。所使用的寄存器相当于地址指针,当修改其内容后可指向不同的存储单元。书写时用[ ]括住寄存器名,以区别于寄存器寻址。若以 BX、SI、DI 间接寻址,操作数默认在数据段;若以 BP 间接寻址,操作数默认在堆栈段。

例： MOV　AX,[BX]
　　MOV　AX,[SI]。

例： MOV　AX,[BX]。

如果(DS)=3000H,(BX)=1010H,(31010H)=12H,(31011H)=24H,则操作数的 20 位物理地址=30000H+1010H=31010H,操作的示意图如图 4-8 所示。

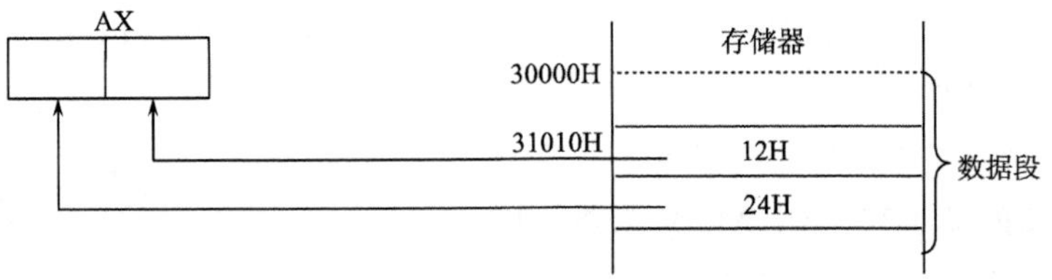


图 4-8　寄存器间接寻址操作图

指令执行完以后,(AX)=2412H。

注意：

① 不允许使用 AX、CX、DX 存放 EA,例如 MOV　AX,[CX]是错误的指令;

② SRC 和 DST 的字长一致,

MOV　DL,[ BX ]; [BX]指示一个字节单元;

MOV　DX,[ BX ];[BX]指示一个字单元;

③ 该寻址方式适于数组、字符串、表格的处理;

④ 可以使用段跨越前缀,例:MOV　AX,ES:[BX]。

3) 寄存器相对寻址

在这种寻址方式中,有效地址是寄存器内容与有符号 8 位或 16 位位移量之和,寄存器可以是 BX、BP 或 SI、DI。段地址对应 BX/SI/DI 寄存器默认是 DS,对应 BP 寄存器默认是 SS;可用段超越前缀改变。该方式不仅可以修改指针,还可以修改位移量,适于数组、字符串、表格的处理。图 4-9 为寄存器相对寻址的有效地址的计算方法。

$$\text{有效地址}=\left\{\begin{array}{l}(BX)\\(BP)\\(SI)\\(DI)\end{array}\right. + \left\{\begin{array}{l}8\text{位}\\16\text{位}\end{array}\right. \quad \text{位移量}$$

图 4-9　寄存器相对寻址的有效地址的计算方法

例:　TABLE 是在数据段定义的一个字节数组的首地址标号(也称变量名),则

MOV　SI,5

MOV　AL,TABLE[SI];可以写为:MOV　AL,[TABLE+SI]

ABC　EQU　5

LEA　SI,TABLE;LEA 是取偏址指令,本句是 TABLE 偏址→SI

MOV　AL,ABC[SI];可以写为:MOV　AL,[ABC+SI]

如:　[BX+6]、[BP−100H]、[SI+OFFSET TABLE]都是寄存器相对寻址方式。

例:　TABLE 是数据段中定义的一个变量,假设它在数据段中的偏移地址为 0100H,有指令:MOV　AX,TABLE[SI]。

例如:　对于指令 MOV　AX,　[COUNT+SI]

假设 (DS)=3000H,(SI)=2000H,COUNT=3000H,

则 PA=35000H。

假设(35000H)=1234H,那么 (AX)=1234H,如图 4-10 所示。

4) 基址变址寻址

在这种寻址方式中,有效地址由基址寄存器(BX 或 BP)的内容加上变址寄存器(SI 或 DI)的内容构成:EA=BX/BP+SI/DI。段地址对应 BX 基址寄存器默认是 DS,对应 BP 基址寄存器默认是 SS;可用跨越段前缀改变。

例:　MOV　AX,[BX] [SI](或写为:MOV　AX,[BX+SI])。

例:　MOV　AX,[BX] [SI](或写为 MOV　AX,[BX+SI])。

若(DS)=2000H,(BX)=0500H,(SI)=0010H,

则偏移地址=0500H+0010H=0510H;

20 位物理地址=20000H+0510H=20510H。

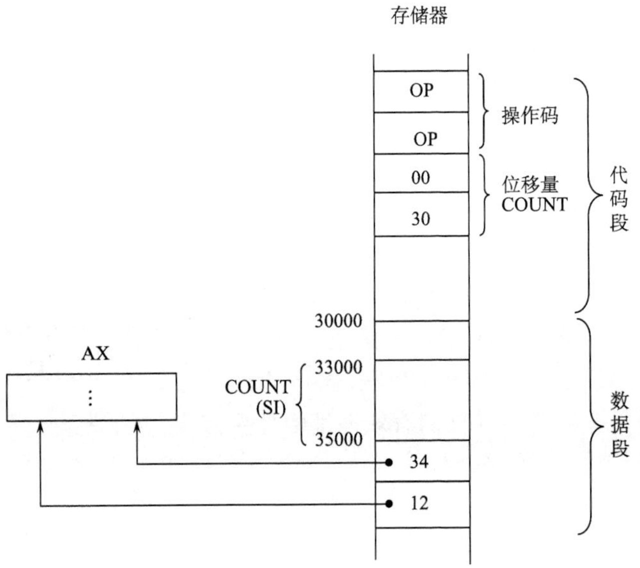


图 4-10　寄存器相对寻址例题示意图

如(20510H)＝12H，(20511H)＝34H，操作的示意图如图 4-11 所示：

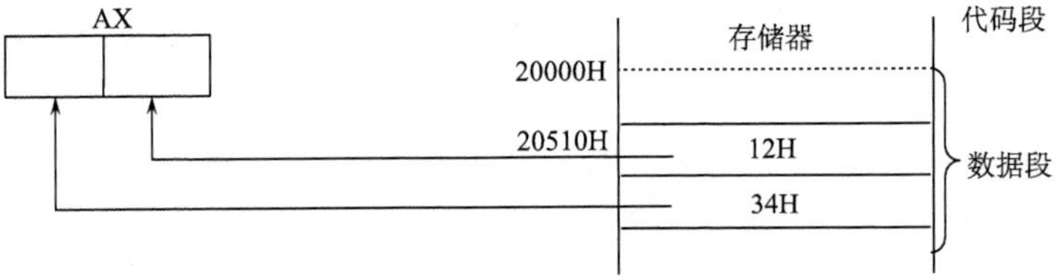


图 4-11　基址变址寻址操作示意图

5）相对基址变址寻址

在这种寻址方式中，有效地址是基址寄存器(BX/BP)、变址寄存器(SI/DI)与一个 8 位或 16 位位移量之和：EA＝BX/BP＋SI/DI＋8/16 位位移量。该方式中，BX/BP 选一，SI/DI 选一段地址对应 BX 基址寄存器默认是 DS，对应 BP 基址寄存器默认是 SS；可用跨越段前缀改变。

例：　MOV　AL，TABLE[BX][SI]。

例：　TABLE 是数据段中定义的一个符号地址，假设它在数据段中的偏移地址是 1000H。

MOV　AX，TABLE[BX][DI]。

若(DS)＝2000H，(BX)＝0100H，(DI)＝0020H，则

偏移地址＝1000H＋0100H＋0020H＝1120H；

20 位物理地址＝20000H＋1120H＝21120H。

如(21120H)＝12H，(21121H)＝34H，操作的示意图如图 4-12 所示。

执行完指令以后，(AX)＝3412H。

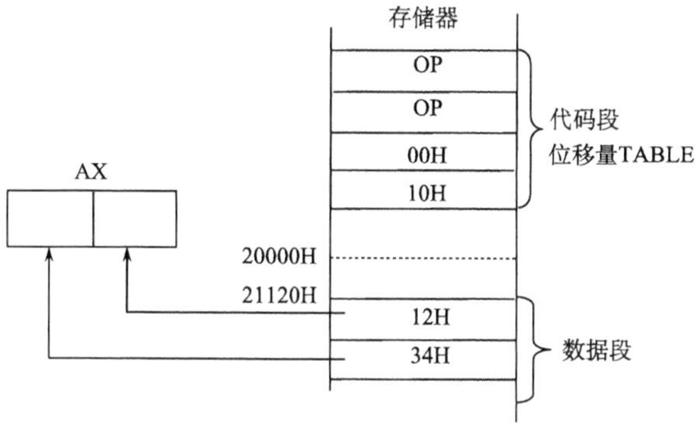


图 4-12　相对基址变址寻址操作示意图

### 4.3.3.2　指令寻址方式

指令寻址方式是指确定下一条要执行指令的地址的方法。这里只介绍有关转移指令及调用指令的指令寻址方式。

**1. 段内直接寻址**

在这种寻址方式中，转向的有效地址＝当前(IP) ＋ 位移量(8bit/16bit)。

这种寻址方式的汇编格式有三种：

① 指令名　SHORT　转移目标地址标号。

② 指令名　转移目标地址标号。

③ 指令名　NEAR　PTR 转移目标地址标号。

**2. 段间直接寻址**

在这种寻址方式中，用指令中提供的转向段地址和偏移地址取代 CS 和 IP。

这种寻址方式的汇编格式有以下两种形式：

① 指令名　FAR　PTR　转移地址标号。

② 指令名　段地址:段内偏移地址。

#### 3. 段内间接寻址

在这种寻址方式中,转向的有效地址是一个寄存器或存储单元的内容。该地址可用除立即数以外的任何一种数据寻址方式得到。

这种寻址方式的汇编格式为

① 指令名 16位寄存器名。

② 指令名 WORD PTR 存储器寻址方式。

#### 4. 段间间接寻址

在这种寻址方式中,用存储器中的两个相继字的内容取代CS和IP。存储单元的地址可用存储器寻址方式得到。

这种寻址方式的汇编格式为

指令名 DWORD PTR 存储器寻址方式。

## 4.4 指令的分类与操作数的类型

### 4.4.1 指令类型

指令的类型主要有传送指令、算术运算指令、逻辑运算指令、程序控制指令、输入/输出指令、字符串处理指令、特权指令和其他指令。

#### 1. 数据传送指令

数据传送指令主要包括取数指令、存数指令、传送指令、成组传送指令、字节交换指令、清累加器指令、堆栈操作指令等。这类指令主要用来实现主存和寄存器之间,或寄存器和寄存器之间的数据传送。

#### 2. 算术运算指令

这类指令包括二进制定点加、减、乘、除指令,浮点加、减、乘、除指令,求反、求补指令,算术移位指令,算术比较指令,十进制加、减运算指令等。这类指令主要用于定点或浮点的算术运算,大型机中有向量运算指令,直接对整个向量或矩阵进行求和、求积运算。

#### 3. 逻辑运算指令

这类指令包括逻辑加、逻辑乘、按位加、逻辑移位等指令,主要用于无符号数的位操作、代码的转换、判断及运算。移位指令用来对寄存器的内容实现左移、右移或循环移位。

**4. 程序控制指令**

程序控制指令也称转移指令。执行程序时，有时机器执行到某条指令时，出现了几种不同结果，这时机器必须执行一条转移指令，根据不同结果进行转移，从而改变程序原来执行的顺序。这种转移指令称为条件转移指令。除各种条件转移指令外，还有无条件转移指令、转子程序指令、返回主程序指令、中断返回指令等。转移指令的转移地址一般采用直接寻址和相对寻址方式来确定。

**5. 输入/输出指令**

输入/输出指令主要用来启动外围设备，检查测试外围设备的工作状态，并实现外部设备和 CPU 之间，或外围设备与外围设备之间的信息传送。

**6. 字符串处理指令**

字符串处理指令是一种非数值处理指令，一般包括字符串传送、字符串转换（把一种编码的字符串转换成另一种编码的字符串）、字符串替换（把某一字符串用另一字符串替换）等。这类指令用于文字编辑中对大量字符串进行处理。

**7. 特权指令**

特权指令是指具有特殊权限的指令。这类指令只用于操作系统或其他系统软件，一般不直接提供给用户使用。在多用户、多任务的计算机系统中特权指令必不可少。它主要用于系统资源的分配和管理。

**8. 其他指令**

除以上各类指令外，还有状态寄存器置位、复位指令、测试指令、暂停指令，空操作指令，以及其他一些系统控制用的特殊指令。

### 4.4.2 操作数类型举例

一般来说，操作数的类型主要有：整数（定点）、浮点、十进制、字符、字符串、向量、堆栈等。对这些操作数类型的表示主要有如下两种方法：

① 操作数的类型可以由操作码的编码指定，这也是最常见的一种方法。

② 数据可以附上由硬件解释的标记，由这些标记指定操作数的类型，从而选择适当的运算。然而有标记数据的机器却非常少见。

对于某种操作数的类型，一般都会给定其大小，大小选择主要有：字节、半字

(16 位)、单字(32 位)和双字(64 位)。

字符可以用 ASCII 码表示,为一个字节大小;整数则几乎都是用二进制补码表示,其大小可以是字节、半字或单字。浮点操作数可以分为单精度浮点(单字大小)和双精度浮点(双字大小)。直到 20 世纪 80 年代初期,大多数计算机厂家都一直采用各自的浮点操作数表示方法,然而在过去几年之内,IEEE754 浮点操作数表示标准已经成为大多数新型计算机系统的共同选择。

### 4.4.3 CISC 与 RISC 指令系统

CISC(Complex Instruction Set Computer)是指复杂指令集计算机;RISC(Reduced Instruction Set Computer)是指精简指令集计算机。

传统的计算机体系结构设计思想一直认为计算机的指令系统越丰富、越复杂,功能越强,处理程序设计语言的能力也越强。在这种指导思想之下设计出的计算机系统越来越复杂和庞大。许多计算机系统都具有 300 条以上的指令,因此可能总共有多达千种以上的不同的指令操作。

20 世纪 70 年代中后期,对各种计算机中的指令使用率进行统计分析得到的结果发现:所使用的 80%的指令只占处理器指令系统的 20%,同时发现,使用最频繁的指令是数据传送、算术运算等最简单的指令。所以,我们将这样设计出的指令系统称为复杂指令系统计算机。这种指令系统是一种大量指令很少使用的指令系统。它不仅带来计算机结构上的复杂性,同时使微程序设计更为复杂,致使出错的概率增加。此外,它还大量使用操作复杂的存储器-存储器操作指令,因而也很难大幅提高计算机的效率。

RISC 结构的最大特点是指令系统简单。其设计原则是使计算机的结构更加简单、更加合理,使系统达到最高的有效速度。为此,首先要简化硬件设计,排除那些实现复杂功能的复杂指令,而保留能提高机器性能并且使用频率最高的指令。精减指令系统计算机开始出现于 20 世纪 80 年代中后期,这是计算机体系结构发展史上又一次重大的变革,是计算机发展的必然趋势。

RISC 技术的特点是:

(1) 采用高效的流水线操作:使指令在流水线中并行地操作,从而提高处理数据和指令的速度。

(2) 指令格式的规格化和简单化:为与流水线结构相适应且提高流水线的效率,指令的格式必须趋于简单和固定的规式。比如指令采用 16 位或 32 位的固定的长度,并且指令中的操作码字段、操作数字段都尽可能具有统一的格式。此外,尽量减少寻址方式,从而使硬件逻辑部件简化且缩短译码时间,同时也提高了机器执行效率和可靠性。

(3) 采用面向寄存器堆的指令：RISC 结构采用大量的寄存器-寄存器操作指令，使指令系统更为精简，控制部件更为简化，指令执行速度大大提高。由于 VLSI(超大规模集成电路)技术的迅速发展，使得在一个芯片上做大量的寄存器成为可能，这也促成了 RISC 结构的实现。

(4) 采用装入/存储指令结构：在 ClSC 结构中，大量设置存储器-存储器操作指令，频繁地访问内存，这将会使执行速度降低。RISC 结构的指令系统中，只有装入/存储指令可以访问内存，而其他指令均在寄存器之间对数据进行处理。用装入指令从内存中将数据取出，送到寄存器；在寄存器之间对数据进行快速处理，并将它暂存在那里，以便再有需要时不必再次访问内存。在适当的时候，再使用一条存储指令将这个数据送回内存。采用这种方法可以提高指令执行的速度。

采用 RISC 技术后，由于指令系统简单，CPU 的控制逻辑大大简化，芯片上可设置更多的通用寄存器，指令系统也可以采用速度较快的硬连线逻辑来实现，且更适合于采用指令流水技术，这些都可以使指令的执行速度进一步提高。指令数量少，固然使编译工作量加大，但由于指令系统中的指令都是精选的，编译时间少，反过来对编译程序的优化又是有利的。

在我们通常使用的单片机中，MCS-51 系列的单片机属于 CISC 的体系结构，而 AVR 系列的单片机则属于 RISC 的体系结构。

随着器件处理速度的不断提高、芯片密度的不断增加，RISC 系统日趋复杂，而 CISC 机也由于采用了部分 RISC 先进技术，其性能有所提高。

## 4.5　8086 指令系统

8086 指令系统是学习汇编语言的基础，因此掌握好 8086 指令系统中的指令很关键。这部分内容的学习要重点关注：①指令的汇编格式；②指令的基本功能；③指令支持的寻址方式；④指令的执行对标志位的影响；⑤指令的特殊要求。

### 4.5.1　数据传送指令

数据传送是计算机中最基本、最重要的一种操作。传送指令也是最常使用的一类指令，其功能是把数据从一个位置传送到另一个位置。这类指令除标志寄存器传送指令外，均不影响标志位。

8086 有 4 类传送指令，分别是：①通用传送指令；②累加器专用传送指令；③地址传送指令；④标志寄存器传送指令。

## 1. 通用传送指令

| 操作码 | MOV | PUSH | POP | PUSHF | POPF | XCHG |
|---|---|---|---|---|---|---|
| 操作功能 | 通用传送 | 入栈 | 出栈 | 标志压栈 | 标志出栈 | 交换 |

1）通用传送指令 MOV

指令格式：　MOV　　DST，　SRC

执行操作：　　(DST)←—(SRC)

MOV 指令具有如下 9 种形式：

① 从寄存器到寄存器。

② 从寄存器到段寄存器。

③ 从寄存器到存储器。

④ 从段寄存器到寄存器。

⑤ 从存储器到寄存器。

⑥ 从段寄存器到存储器。

⑦ 从存储器到段寄存器。

⑧ 从立即数到寄存器。

⑨ 从立即数到存储器。

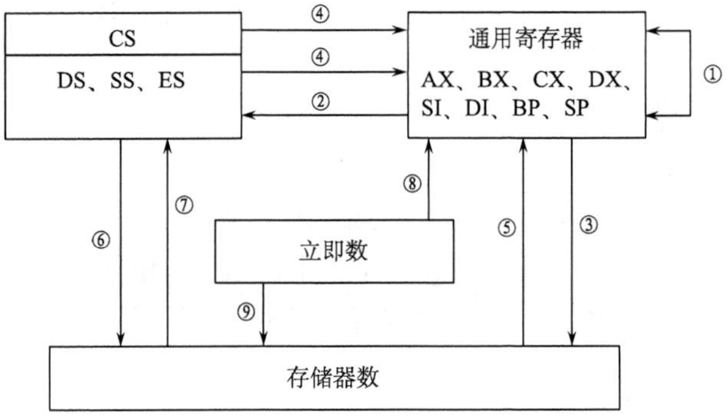


图 4-13　MOV 指令的 9 种形式

对于这类指令应该注意：

① DST、SRC 不能同时为段寄存器，比如，MOV　DS，ES 是错误的。

② 立即数不能直接送段寄存器，比如，MOV　DS，2000H 是错误的。

③ DST 不能是立即数和 CS。

④ DST、SRC 不能同时为存储器寻址。

⑤ 不影响标志位。

**例 4.3**　指出下列指令是正确的还是错误的。

MOV AL,5

MOV AX,BX

MOV BP,DS

MOV DS,AX

MOV [BX],AX

MOV ES:VAR,12

MOV AL,BX　×

MOV DS,1234H　×

MOV CS,AX　×

MOV DS,CS　×

MOV VAR1,VAR2 ×

MOV 12,AL ×

2) 进栈指令 PUSH 及出栈指令 POP

(1) PUSH 指令

指令格式:PUSH　SRC

操作:

16 位指令:(SP)←— (SP)−2

　　((SP)+1,(SP))←— (SRC)

(2) POP 指令

指令格式:POP　DST

操作:

16 位指令:(DST)←—((SP)+1,(SP))

　　(SP)←—(SP)+2

这类指令需要注意:

① 堆栈操作必须以字为单位。

② 不影响标志位。

③ 不能用立即寻址方式,比如 PUSH　1234H 是错误的。

④ DST 不能是 CS;比如 POP　CS 是错误的。

**例 4.4**　MOV　AX,1234H

PUSH　AX　　设执行前(SS)=2000H,(SP)=00FEH,

指令执行过程如图 4-14 所示。执行后(SS)=2000H,(SP)=00FCH。

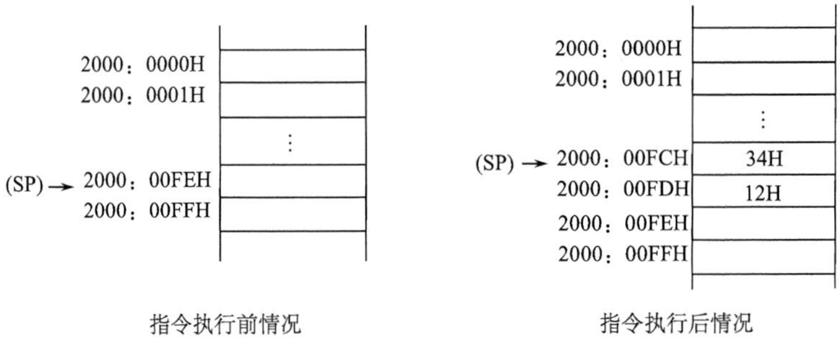


图 4-14　压栈操作示意图

**例 4.5**　POP　BX

指令执行过程如图 4-15 所示：

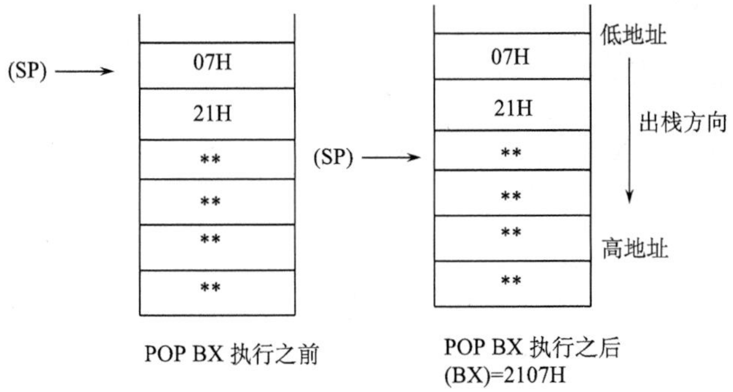


图 4-15　出栈操作示意图

(3) PUSHF

(4) POPF

例：　若想设置 TF=1,程序段如下：

```
PUSHF
POP   AX
OR    AH,01H;修改 TF 位
PUSH  AX
POPF
```

(5) XCHG 指令

指令格式：　XCHG DST,SRC

操作:(DST) ←→ (SRC)

使用交换指令需要注意：

① 不影响标志位。

② 不允许使用段寄存器。

③ 不能在存储器与存储器之间对换数据。

**例 4.6**　(BX)=6F30H，(BP)=0200H，(SI)=0046H，　(SS)=2F00H，(2F246H)=4154H，在指令 XCHG BX，[BP+SI]执行后，相关寄存器和存储器的内容是什么？

分析：源操作数的物理地址=(SS)×16+(BP)+(SI)=2F000H+0200H+0046H=2F246H，

指令的功能：(BX) ←→ (2F246H)，

指令执行结果：(BX)=4154H，(2F246H)=6F30H。

### 2. 累加器专用传送指令

这组指令只限于使用累加器 EAX，AX 或 AL 传送信息。

1) IN(I/O→CPU)输入指令

```
长格式：IN   AL，PORT  (字节)
        IN   AX，PORT  (字)
执行操作：(AL)← (PORT)(字节)
          (AX)←(PORT+1， PORT)(字)
短格式：IN   AL，DX  (字节)
        IN   AX，DX  (字)
执行操作：(AL)←((DX))(字节)
          (AX)←((DX)+1， (DX))(字)
```

2) OUT(CPU→I/O)输出指令

```
长格式：OUT   PORT，AL  (字节)
        OUT   PORT，AX  (字)
执行操作：(PORT) ←(AL)(字节)
          (PORT+1，PORT)←(AX)(字)
短格式：OUT   DX，AL (字节)
        OUT   DX，AX (字)
执行操作：((DX))←(AL)(字节)
          ((DX)+1，(DX))←(AX)(字)
```

对于 IN 和 OUT 指令的使用要注意：

① 不影响标志位。

② 前 256 个端口号 00H～FFH 可直接在指令中指定(长格式)。

③ 如果端口号≥256，端口号 → DX(短格式)。

```
例：  IN       AX，28H
      MOV      DATA_WORD，AX
```

例：MOV　　DX，3FCH

　　IN　　　AX，DX

例：OUT　　5，AL

**例 4.7**　测试某状态寄存器(端口号 27H)的第 2 位是否为 1。

```
IN      AL，27H
TEST    AL，00000100B
JNZ     ERROR;若第 2 位为 1,转 ERROR 处理。
```

3) XLAT　换码指令

指令格式:XLAT　OPR 或 XLAT

操作:16 位指令：(AL)←((BX)+(AL))

32 位指令：(AL)←((EBX)+(AL))

需要注意：

① 不影响标志位。

② 字节表格(长度不超过 256),首地址→(BX)。

③ 需转换的代码位移量→(AL)。

**例 4.8**

```
MOV   BX，OFFSET TABLE; (BX)=0040H
MOV   AL，3
XLAT  TABLE
```

指令执行后 (AL)=33H。

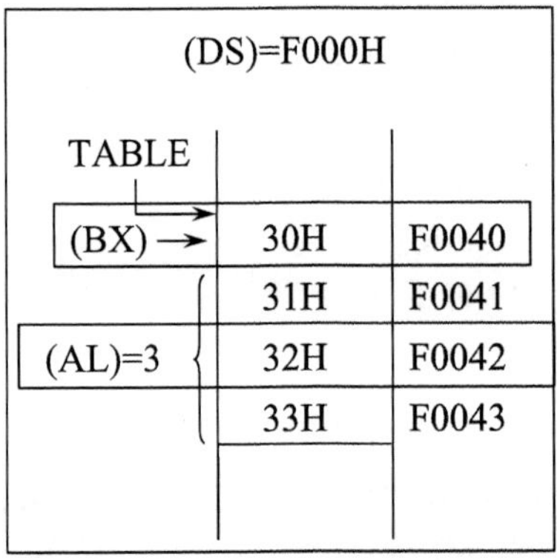


### 3. 地址传送指令

| 操作码 | LEA | LDS | LES |
|---|---|---|---|
| 操作功能 | 取偏址 | 取偏址和数据段值 | 取偏址和附加数据段值 |

1）LEA 有效地址传送指令

格式：LEA　REG，SRC

操作：(REG)←SRC 的有效地址

注意：

① 目标操作数可为 16 位/32 位的寄存器，但不能为段寄存器。

② 源操作数可为除立即数和寄存器外的任何一种寻址方式。

③ 不影响标志位。

2）LDS　指针送寄存器和数据段寄存器

格式：LDS　REG，SRC

操作：(REG)←(SRC)

　　　(DS)←(SRC+2)或(DS)←(SRC+4)

注意：

① 目标寄存器不能为段寄存器。

② 源操作数只能为存储器寻址方式。

③ 不影响标志位。

3）LES　指针送寄存器和 ES

格式：LES　REG，SRC

操作：(REG)←(SRC)

　　　(ES)←(SRC+2)

注意：

① 目标寄存器不能为段寄存器。

② 源操作数只能为存储器寻址方式。

③ 不影响标志位。

**例 4.9**

| | | | |
|---|---|---|---|
| TABLE | | MOV BX,TABLE | ;(BX)=0040H |
| (DS):1000H | 40H | MOV BX,OFFSET TABLE | ;(BX)=1000H |
| | 00H | LEA BX,TABLE | ;(BX)=1000H |
| | 00H | LDS BX,TABLE | ;(BX)=0040H |
| | 30H | | ;(DS)=3000H |
| | | LES BX,TABLE | ;(BX)=0040H |
| | | | ;(ES)=3000H |

**4. 标志寄存器传送指令**

| | | | | | | | | | | | | | | | | |
|---|---|---|---|---|---|---|---|---|---|---|---|---|---|---|---|---|
| FLAGS | | | | | OF | DF | IF | TF | SF | ZF | | AF | | PF | | CF |

| | | | | | | | | |
|---|---|---|---|---|---|---|---|---|
| AH | SF | ZF | | AF | | PF | | CF |

(1) 标志送 AH 指令：LAHF

执行操作：(AH) ←(FLAGS 的低字节)

(2) AH 送标志寄存器指令：SAHF

执行操作：(FLAGS 的低字节) ←(AH)

(3) 标志进栈指令：PUSHF

执行操作：(SP) ←(SP)－2

((SP)－1， (SP))←(FLAGS)

(4) 标志出栈指令：POPF

执行操作：(FLAGS) ←((SP)＋1， (SP))

(SP) ←(SP) ＋ 2

**5. 类型转换指令**

指令格式：CBW

执行操作：AL→AX

若(AL)的最高有效位为 0，则(AH)＝00H

若(AL)的最高有效位为 1，则(AH)＝FFH

指令格式：CWD

执行操作：AX→(DX，AX)

若(AX)的最高有效位为 0，则(DX)＝0000H

若(AX)的最高有效位为 1，则(DX)＝FFFFH

这类指令需要注意：

① 无操作数指令。

② 隐含对 AL 或 AX 进行符号扩展。

③ 不影响条件标志位。

例： (AX)＝0BA45H

CBW ；(AX)＝0045H

CWD ；(DX)＝0FFFFH， (AX)＝0BA45H

### 4.5.2　算术运算指令

四则运算是计算机经常进行的一种操作。算术运算指令实现二进制(和十进制)数据的四则运算。使用这类指令需要注意算术运算类指令对标志的影响。双操作数指令除源操作数为立即数的情况外,必须有一个操作数在寄存器。单操作数不允许使用立即数方式。

**1. 加法指令**

| 操作码 | ADD | ADC | INC |
|---|---|---|---|
| 操作功能 | 加法 | 带进位加法 | 增量 |

加法指令:ADD　DST, SRC

执行操作:(DST)←(SRC) + (DST)

带进位加法指令:ADC　DST, SRC

执行操作:　(DST)←(SRC) + (DST) + CF

加 1 指令: INC　OPR

执行操作:(OPR)←(OPR) + 1

注意:

除 INC 指令不影响 CF 标志外,其余指令均对条件标志位有影响。

加法指令对条件标志位的影响

$SF=\begin{cases}1,\text{结果为负;}\\0,\text{否则。}\end{cases}$　$ZF=\begin{cases}1,\text{结果为 }0\text{;}\\0,\text{否则。}\end{cases}$

$CF=\begin{cases}1,\text{和的最高有效位有向高位的进位;}\\0,\text{否则。}\end{cases}$

$OF=\begin{cases}1,\text{两个操作数符号相同,而结果符号与之相反;}\\0,\text{否则。}\end{cases}$

CF 位表示无符号数相加的溢出;

OF 位表示带符号数相加的溢出。

**例 4.10**　$n=8$ bit,带符号数(−128～127),无符号数(0～255)执行加法运算后对标志位的影响。

**解:**

```
   0000 0100
 + 0000 1011
 -----------
   0000 1111
带：(+4)+(+11)=+15   OF=0
无：4+11=15          CF=0
```

带符号数和无符号数都不溢出

```
    1000 0111
  + 1111 0101
  -----------
   10111 1100
带：(-121)+(-11)=+124 OF=1
无：135+245=124       CF=1
```

带符号数和无符号数都溢出

```
    0000 0111
  + 1111 1011
  -----------
   10000 0010
带：(+7)+(-5)=+2   OF=0
无：7+251=2        CF=1
```

无符号数溢出

```
   0000 1001
 + 0111 1100
 -----------
   1000 0101
带:(+9)+(+124)=-123   OF=1
无:9+124=133          CF=0
```

带符号数溢出

**例 4.11**　实现 2F365H 和 5E024H 的加法运算。

**解：**　指令序列

```
MOV DX,2
MOV AX,0F365H
ADD AX,0E024H
ADC DX,5
```

```
     F365
   + E024
   ------
   1 D389   AX
CF=1, ZF=0, SF=1, OF=0
     0002
     0005
   + 0001
   ------
     0008
CF=0, ZF=0, SF=0, OF=0
```

**2. 减法指令**

| 操作码 | SUB | SBB | DEC | NEG | CMP |
|---|---|---|---|---|---|
| 操作功能 | 减法 | 带借位减法 | 减 1 | 求补 | 比较 |

减法指令:SUB　DST，SRC

执行操作：(DST) ← (DST)－(SRC)

带借位减法指令：SBB　DST，SRC

执行操作：(DST) ← (DST)－(SRC)－CF

减 1 指令：DEC　OPR

执行操作：(OPR) ← (OPR)－1

求补指令：NEG　OPR

执行操作：(OPR) ← －(OPR)

比较指令：CMP　OPR1，OPR2

执行操作：(OPR1)－(OPR2)

注意：

除 DEC 指令不影响 CF 标志外，其余指令均对条件标志位有影响。

减法指令对条件标志位(CF/OF/ZF/SF)的影响。

$$CF=\begin{cases}1,\text{被减数的最高有效位有向高位的借位；}\\0,\text{否则}\end{cases}$$

或

$$CF=\begin{cases}1,\text{减法转换为加法运算时无进位；}\\0,\text{否则。}\end{cases}$$

$$OF=\begin{cases}1,\text{两个操作数符号相反，而结果的符号与减数相同；}\\0,\text{否则。}\end{cases}$$

CF 位表示无符号数减法的溢出；

OF 位表示带符号数减法的溢出。

NEG 指令当操作数为 0 时，CF＝0，其他均为 1；只有－128，－32768，－65536 时，OF＝1，其他均为 0。

**例 4.12**　执行指令 MOV AL，－73；SUB　AL，－87 后，AL 及各标志位的情况。

－73 的补码表示 1011 0111，

－87 的补码表示 1010 1001，

$$1011\ 0111+01010111=(00001110)_2=(14)_{10}。$$

因此，AL＝0EH，

$$CF=0,ZF=0,SF=0,OF=0。$$

**例 4.13**　AL＝13H，执行指令 NEG AL 后 AL 的值。

$$AL=-13H;CF=1,ZF=0,SF=1,OF=0。$$

**例 4.14**　x、y、z 均为双精度数，分别存放在地址为 X、X＋2；Y、Y＋2；Z、Z＋2 的存储单元中，用指令序列实现 x ＋ y ＋ 24－z 送给 w，并用 W，W＋2 单元存放 w。

```
MOV   AX,  X
MOV   DX,  X+2
```

```
ADD  AX,  Y
ADC  DX,  Y+2        ;  x+y
ADD  AX,  24
ADC  DX,  0          ;  x+y+24
SUB  AX,  Z
SBB  DX,  Z+2        ;  x+y+24-z
MOV  W,   AX
MOV  W+2, DX         ;  结果存入 W，W+2 单元
```

### 3. 乘法指令

1) MUL （无符号数乘法指令）

汇编格式:MUL　源操作数

执行的操作:若为字节操作:(AX)←(AL)×源操作数

若为字操作:(DX,AX)←(AX)×源操作数

2) IMUL （有符号数乘法指令）

注意:

① AL (AX) 为隐含的乘数寄存器。

② AX (DX,AX) 为隐含的乘积寄存器。

③ SRC 不能为立即数。

④ 除 CF 和 OF 外,对条件标志位无定义。

对 MUL 指令来说,如果乘积的高一半为 0,则 CF=0,OF=0;否则 CF=1,OF=1。

对 IMUL 指令来说,如果乘积的高一半为低一半的符号扩展,则 CF=0,OF=0;否则 CF=1,OF=1。

**例 4.15**　(AX)=16A5H,(BX)=0611H。

```
(1)     IMUL  BL ;  (AX)←(AL) * (BL)
                 ;  A5 * 11 ~ 5B * 11=060B ~ F9F5
                 ;  (AX)=0F9F5H      CF=OF=1
(2)     MUL   BX ;  (DX, AX)←(AX) * (BX)
                 ;  16A5 * 0611=0089 5EF5
                 ;  (DX)=0089H  (AX)=5EF5H   CF=OF=1
```

### 4. 除法指令

1) DIV （无符号数除法指令）

汇编格式:DIV　源操作数

2) IDIV （有符号数除法指令）

汇编格式:IDIV　源操作数

执行操作:

字节操作　(AL)←(AX) / (SRC) 的商

(AH)←(AX) / (SRC) 的余数

字操作　(AX)←(DX, AX) / (SRC) 的商

(DX)←(DX, AX) / (SRC) 的余数

注意:

① AX (DX,AX) 为隐含的被除数寄存器。

② AL (AX) 为隐含的商寄存器。

③ AH (DX) 为隐含的余数寄存器。

④ SRC 不能为立即数。

⑤ 对所有条件标志位均无定义。

**例 4.16**　x, y, z, v 均为 16 位带符号数,写出计算[v－(x · y＋z－540)]/x 的指令序列。

**解:**

```
MOV   AX, X
IMUL  Y          ;  x * y →(DX,AX)
MOV   CX, AX
MOV   BX, DX
MOV   AX, Z
CWD              ;Z →(DX,AX)
ADD   CX, AX
ADC   BX, DX     2;  x * y+z →(BX,CX)
SUB   CX, 540
SBB   BX, 0      ;  x * y+z-540
MOV   AX, V
CWD              ;V →(DX,AX)
SUB   AX, CX
SBB   DX, BX     ;  v-(x * y+z-540)
IDIV  X          ;  (v-(x * y+z-540))/x→(AX)
                    余数→(DX)
```

### 5. 十进制调整指令

十进制数调整指令对二进制运算的结果进行十进制调整,以得到十进制的运

算结果,分成压缩 BCD 码和非压缩 BCD 码调整。BCD 码是指用二进制编码的十进制数,又称二-十进制数。压缩的 BCD 码是指用 4 位二进制数表示 1 位十进制数。非压缩的 BCD 码是指用 8 位二进制数表示 1 位十进制数。

压缩 BCD 码例如:$(59)_{10}=(0101\ 1001)_{BCD}$;

非压缩 BCD 码例如:$(59)_{10}=(0000\ 0101\quad 0000\ 1001)_{BCD}$。

1) 压缩的 BCD 码调整指令

① DAA 加法的十进制调整指令。

② DAS 减法的十进制调整指令。

2) 非压缩的 BCD 码调整指令

① AAA 加法的 ASCII 码调整指令。

② AAS 减法的 ASCII 码调整指令。

## 4.5.3 逻辑运算指令

(逻辑)位操作类指令以二进制位为基本单位进行数据的操作,包括逻辑运算指令、位测试指令、位扫描指令、移位指令。

| 操作码 | AND | OR | NOT | XOR | TEST |
|---|---|---|---|---|---|
| 操作功能 | 与 | 或 | 非 | 异或 | 测试 |

**表 4-3 逻辑运算指令对标志位的影响**

| 指令 | OF | CF | SF | PF | ZF | AF |
|---|---|---|---|---|---|---|
| AND | =0 | =0 | 0 或 1 | 0 或 1 | 0 或 1 | 无定义 |
| OR | =0 | =0 | 0 或 1 | 0 或 1 | 0 或 1 | 无定义 |
| XOR | =0 | =0 | 0 或 1 | 0 或 1 | 0 或 1 | 无定义 |
| TEST | =0 | =0 | 0 或 1 | 0 或 1 | 0 或 1 | 无定义 |
| NOT | 不影响 | 不影响 | 不影响 | 不影响 | 不影响 | 不影响 |

### 1. 逻辑运算指令

格式: AND DST,SRC

操作:(DST)←(DST) ∧ (SRC)

格式:OR DST,SRC

操作:(DST)←(DST) ∨ (SRC)

格式:XOR DST,SRC

操作：(DST)←(DST)∀(SRC)

格式：NOT　DST

操作：(DST)←$\overline{(DST)}$

格式：TEST　OPR1,OPR2

操作：(OPR1)∧(OPR2)

注意：

NOT 不影响标志位。

**例 4.17**　(1) 屏蔽 AL 的第 0、1 两位：

AND　AL，0FCH

(2) 置 AL 的第 5 位为 1：

OR　AL，20H

(3) 使 AL 的第 0、1 位变反：

XOR　AL，3

(4) 测试某些位是 0 还是 1：

TEST　AL，1

JZ　　EVEN

### 2. 移位指令

1) 逻辑移位指令

格式：SHL OPR,CNT

　　SHR OPR,CNT

操作：将 OPR 按 CNT 指定的次数左/右移位，移出的位→CF，空出的位补 0，结果→DST。

受影响标志：OF (CNT=1 时)，CF,ZF,SF,PF

说明：① OPR 可以是 R、M。

② CNT 为 1 或 CL。

③ 该指令可用于无符号数乘 2 或除 2 的操作。

2) 算术移位指令

格式：SAL OPR,CNT

　　SAR OPR,CNT

操作：　SAL 与 SHL 完全相同

SAR 每右移 1 位，最低位→CF，最高位保持不变(用于带符号数的除法)，结果→OPR。

受影响标志：OF (CNT=1 时)，CF,ZF,SF,PF

说明：DST 可以是 R、M；

CNT 为 1 或 CL。

3）循环移位指令

ROL（Rotate Left）

ROR（Rotate Right）

RCL（Rotate Left through Carry）

RCR（Rotate Right through Carry）

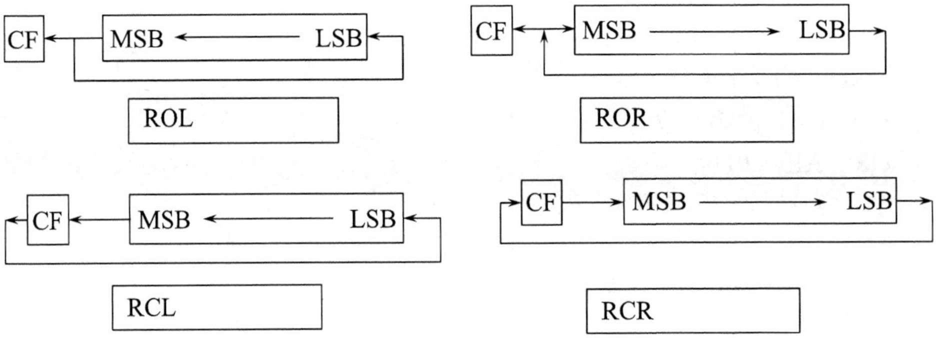


对于移位指令需要注意：

① OPR 可用除立即数以外的任何寻址方式。

② CNT=1，SHL　OPR，1

CNT>1，MOV　CL，　CNT

SHL　OPR，CL　　；以 SHL 为例。

③ 条件标志位：

CF=移入的数值

$$OF=\begin{cases}1, & CNT=1\text{ 时，最高有效位的值发生变化；}\\0, & CNT=1\text{ 时，最高有效位的值不变。}\end{cases}$$

移位指令：

SF、ZF、PF 根据移位结果设置，AF 无定义。

循环移位指令：

不影响 SF、ZF、PF、AF。

**例 4.18**　(AX)=0012H，(BX)=0034H，把它们装配成(AX)=1234H。

```
MOV   CL, 8
ROL   AX, CL
ADD   AX, BX
```

**例 4.19**　(BX)=84F0H。

(1) (BX) 为无符号数，求 (BX) / 2。

```
SHR   BX, 1        ; (BX)=4278H
```

(2) (BX) 为带符号数,求 (BX) ×2。

```
SAL  BX, 1        ; (BX)=09E0H, OF=1
```

(3) (BX) 为带符号数,求 (BX)/4。

```
MOV  CL,  2
SAR  BX, CL       ; (BX)=0E13CH
```

### 4.5.4　字符串处理指令

串操作指令是 8086 指令系统中比较独特的一类指令,采用比较特殊的数据串寻址方式,常用于操作主存连续区域的数据。串操作指令的操作数是主存中连续存放的数据(String)——即在连续的主存区域中的字节或字的序列。串操作指令的操作对象是以双字或字(W)为单位的字串,或是以字节(B)为单位的字节串。

有关串操作的指令有 5 条,分别为:①MOVS;②LODS;③STOS;④CMPS;⑤SCAS。REP 是串重复前缀,与 REP 相配合工作的指令有:MOVS,STOS,LODS,INS 和 OUTS 指令。与 REPE / REPZ、REPNE / REPNZ 相配合工作的指令有:CMPS 和 SCAS 指令。首先介绍串重复前缀的格式和使用方法。

(1) 指令格式:REP

执行操作:

① 如 (CX)=0,则退出 REP,否则转②。

② (CX)←(CX) −1。

③ 执行 MOVS / STOS / LODS。

④ 重复①~③。

(2) 指令格式:REPE / REPZ

REPNE / REPNZ

执行操作:

① 如 (CX)=0 或 ZF=0 (ZF=1),则退出串操作;否则转②。

② (CX)←(CX) −1。

③ 执行 CMPS / SCAS。

④ 重复①~③。

下面分别介绍这些指令。

#### 1. MOVS(串传送指令)

```
MOVS     DST, SRC
MOVSB  (字节)
MOVSW   (字)
```

例： MOVS ES：BYTE PTR [DI],DS：[SI]

执行操作：

(1) ((DI)) ← ((SI))；

(2) 字节操作：(SI)←(SI)±1,(DI)←(DI)±1；

字操作：(SI)←(SI)±2,(DI)←(DI)±2；

方向标志 DF=0 时用“+”,DF=1 时用“−”。

REP MOVS：将数据段中的整串数据传送到附加段中。

源串(数据段)→ 目的串(附加段)

执行 REP MOVS 之前,应先做好：

① 源串首地址(末地址)→ SI；

② 目的串首地址(末地址)→ DI；

③ 串长度 → CX；

④ 建立方向标志(CLD 使 DF=0,STD 使 DF=1)。

**例 4.20** 编写程序将字符串“personal_computer”由数据段传送到附加段。

```
data  segment
      mess1  db  'personal_computer'
data  ends
extra segment
      mess2  db  17 dup (?)
extra ends
code  segment
mov   ax, data
mov   ds,ax
mov  ax, extra
mov  es, ax
lea  si, mess1
lea  di, mess2
mov  cx, 17
cld
rep  movsb
…
code   ends
```

可以将上面的正向传送指令序列改为负向传送指令序列：

```
lea  si, mess1 + 16
lea  di, mess2 + 16
```

```
mov  cx, 17
std
rep  movsb
```

### 2. STOS(存入串指令)

STOS　　DST
STOSB　(字节)
STOSW　(字)
执行操作:
字节操作:((DI))←(AL),　(DI)←(DI)±1
字操作:((DI))←(AX),　(DI)←(DI)±2

**例 4.21**　把附加段中的 10 个字节缓冲区置为 20H。

```
lea  di, mess2
mov  al, 20H
mov  cx, 10
cld
rep  stosb
```

### 3. LODS (从串取指令)

LODS　　SRC
LODSB　(字节)
LODSW　(字)
执行操作:
字节操作:(AL)←((SI)),　(SI)←(SI)±1
字操作:(AX)←((SI)),　(SI)←(SI)±2
注意:

① LODS 指令一般不与 REP 联用。

② 源串一般在数据段中(允许使用段跨越前缀来修改),目的串必须在附加段中;

③ 不影响条件标志位。

### 4. CMPS(串比较指令)

格式: CMPS　　SRC, DST
　　　CMPSB　　　(字节)
　　　CMPSW　　　(字)

执行操作：

① ((SI))－((DI))，根据比较结果置条件标志位：如果相等，ZF＝1；否则ZF＝0。

② 字节操作：(SI)←(SI)±1， (DI)←(DI)±1；

字操作：(SI)←(SI)±2， (DI)←(DI)±2。

**5. SCAS（串扫描指令）**

格式：SCAS DST

SCASB （字节）

SCASW （字）

执行操作：

字节操作：(AL)－((DI))， (DI)←(DI)±1

字操作：(AX)－((DI))， (DI)←(DI)±2

**例 4.22** 编写程序：

① 用 STOS 指令将 0AAH 存入 100 个存储器字节。

② 利用 LODS 指令测试这些存储器单元的内容是否为 0AAH，如果不是则显示“bad memory”。

```
DTSEG   SEGMENT
          DATAM   DB 100 DUP(?)
          MESG    DB 'bad memory', '$'
  DTSEG   ENDS
CDSEG   SEGMENT
          ASSUME  CS:CDSEG,DS:DTSEG,ES:DTSEG
  START: MOV   AX,DTSEG
          MOV   DS,AX
          MOV   ES,AX
          CLD
          MOV   CX,50
          MOV   DI,OFFSET DATAM
          MOV   AX,0AAAAH
          REP   STOSW
          MOV   SI,OFFSET DATAM
          MOV   CX,100
  AGAIN: LODSB
            XOR   AL,0AAH
```

```
        JNZ   OVER
        LOOP  AGAIN
        JMP   EXIT
OVER:   MOV   AH,09
        MOV   DX,OFFSET MESG
        INT   21H
EXIT:   MOV   AX,4C00H
        INT   21H
CDSEG   ENDS
        END   START
```

**例 4.23**　从一个字符串中查找一个指定的字符。

```
mess  db  'COMPUTER'
lea   di, mess
mov   al, 'T'
mov   cx, 8
cld
repne scasb
```

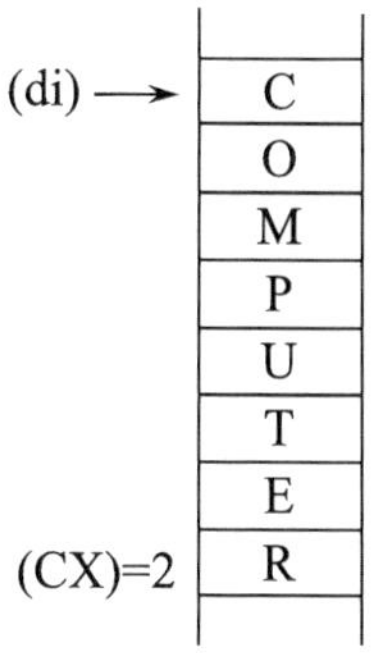


(di):相匹配字符的下一个地址;

(cx):剩下还未比较的字符个数。

## 4.5.5　程序控制类指令

### 1. 无条件转移指令(JMP)

段内直接短转移:JMP　SHORT　OPR

执行操作:(IP) ← (IP)+8 位位移量

段内直接近转移:JMP　NEAR PTR　OPR

执行操作:(IP) ← (IP)+16 位位移量

段内间接转移： JMP　WORD PTR　OPR

执行操作：(IP) ← (EA)

段间直接远转移：JMP　FAR PTR　OPR

执行操作：(IP) ← OPR 的段内偏移地址

(CS) ← OPR 所在段的段地址

段间间接转移： JMP　DWORD PTR　OPR

执行操作： (IP) ← (EA)

(CS) ← (EA+2)

## 2. 条件转移指令(表 4-4～表 4-6)

**表 4-4　简单条件转移指令表**

| 汇编语言指令名 | 测试条件 | 操作 |
|---|---|---|
| JZ(或 JE) | ZF=1 | 结果为零(或相等)则转移 |
| JNZ(或 JNE) | ZF=0 | 结果不为零(或不相等)则转移 |
| JS | SF=1 | 结果为负则转移 |
| JNS | SF=0 | 结果为正则转移 |
| JO | OF=1 | 结果溢出则转移 |
| JNO | OF=0 | 结果无溢出则转移 |
| JP(或 JPE) | PF=1 | 奇偶位为 1 则转移 |
| JNP(或 JPO) | PF=0 | 奇偶位为 0 则转移 |
| JC(或 JNAE 或 JB) | CF=1 | 有进位则转移 |
| JNC(或 JAE 或 JNB) | CF=0 | 无进位则转移 |

**表 4-5　无符号数比较条件转移指令表**

| 汇编语言指令名 | 测试条件 | 操作 |
|---|---|---|
| JB(或 JNAE 或 JC) | CF=1 | 低于，即不高于或等于，或进位位为 1 则转移 |
| JNB(或 JAE 或 JNC) | CF=0 | 不低于，即高于或等于，或进位位为 0 则转移 |
| JA(或 JNBE) | CF∨ZF=0 | 高于，即不低于或等于则转移 |
| JNA(或 JBE) | CF∨ZF=1 | 不高于，即低于或等于则转移 |

**表 4-6　有符号数比较条件转移指令**

| 汇编语言指令名 | 测试条件 | 操作 |
|---|---|---|
| JL(或 JNGE) | SF∨OF=1 | 小于，即不大于或等于则转移 |
| JNL(或 JGE) | SF∨OF=0 | 不小于，即大于或等于则转移 |
| JG(或 JNLE) | (SF∨OF)∨ZF=0 | 大于，即不小于或等于则转移 |
| JNG(或 JLE) | (SF∨OF)∨ZF=1 | 不大于，即小于或等于则转移 |

**例 4.24**　编写指令序列,如果 X>50,转到 TOO_HIGH;计算 X−Y,如果溢出,转到 OVERFLOW;否则 $|X-Y| \rightarrow RESULT$ 。

**解:**

```
MOV  AX, X
CMP  AX, 50
 JG  TOO_HIGH
 SUB  AX, Y
 JO  OVERFLOW
 JNS  NONNEG
 NEG  AX
NONNEG:
          MOV  RESULT, AX
TOO_HIGH:
          ......
OVERFLOW:
          ......
```

### 3. 子程序调用和返回指令

1) CALL 调用指令

段内直接近调用:CALL　DST

执行操作: (SP) ← (SP)−2

((SP)+1,(SP)) ← (IP)

(IP) ← (IP)+16 位位移量

段内间接近调用:CALL　DST

执行操作: (SP) ← (SP)−2

((SP)+1,(SP)) ← (IP)

(IP) ← (EA)

段间直接远调用:CALL　DST

执行操作: (SP) ← (SP)−2

((SP)+1,(SP)) ← (CS)

(SP) ← (SP)−2

((SP)+1,(SP)) ← (IP)

(IP) ← 偏移地址

(CS) ← 段地址

段间间接远调用:CALL　DST

执行操作：(SP) ← (SP)－2

((SP)＋1,(SP)) ← (CS)

(SP) ← (SP)－2

((SP)＋1,(SP)) ← (IP)

(IP) ← (EA)

(CS) ← (EA＋2)

2) RET 返回指令(表 4-7)

**表 4-7 各种 RET 返回指令**

| 返回指令 | 段内返回 | 段间返回 | 段内带立即数返回 | 段间带立即数返回 |
|---|---|---|---|---|
| 汇编格式 | RET | RET | RET 表达式 | RET 表达式 |
| 执行操作 | (IP)←((SP)＋1,(SP))<br>(SP)←(SP)＋2 | (IP)←((SP)＋1,(SP))<br>(SP)←(SP)＋2<br>(CS)←((SP)＋1,(SP))<br>(SP)←(SP)＋2 | (IP)←((SP)＋1,(SP))<br>(SP)←(SP)＋2<br>(SP)←(SP)＋16 位表达式 | (IP)←((SP)＋1,(SP))<br>(SP)←(SP)＋2<br>(CS)←((SP)＋1,(SP))<br>(SP)←(SP)＋2<br>(SP)←(SP)＋16 位表达式 |

图 4-16 显示了段间和段内调用的两种情况。

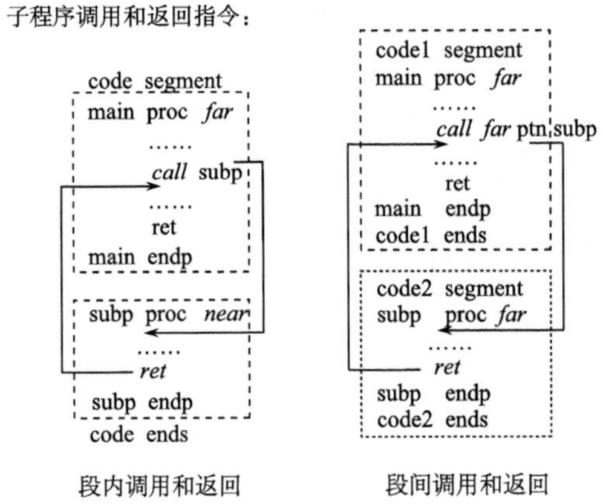


图 4-16 段间和段内调用的两种情况

**4. 循环指令(表 4-8)**

(1) 循环指令共有 3 条：LOOP、LOOPZ/LOOPE、LOOPNZ/LOOPNE；

表 4-8　循环指令测试条件

| 指令名 | 测试条件 | 功能 |
|---|---|---|
| LOOP | (CX)≠0 | 无条件循环 |
| LOOPZ/LOOPE | (CX)≠0 且 ZF=1 | 当为零或相等时循环 |
| LOOPNZ | (CX)≠0 且 ZF=0 | 当不为零或不相等时循环 |

(2) 汇编格式:指令名　循环入口的地址标号

(3) 执行的操作:

① (CX)←(CX)－1;

② 判断测试条件,若条件成立,则

(IP)←(IP)＋8 位位移量。

**例 4.25**　求首地址为 ARRAY 的 M 个字之和,结果存入 TOTAL。

```
MOV   CX,    M
MOV   AX,    0
MOV   SI,    AX
AGAIN:
ADD   AX,    ARRAY[SI]
ADD   SI,    2
LOOP  AGAIN
MOV   TOTAL, AX
```

### 5. 中断指令和中断返回指令(表 4-9)

表 4-9　中断指令

| 指令 | 中断 INT | 溢出中断 INTO | 从中断返回 IRET |
|---|---|---|---|
| 汇编格式 | INT $n$ | INTO | IRET |
| 执行操作 | (SP)←(SP)－2<br>((SP)＋1,(SP))←(PSW)<br>IF=0,TF=0<br>(SP)←(SP)－2<br>((SP)＋1,(SP))←(CS)<br>(SP)←(SP)－2<br>((SP)＋1,(SP))←(IP)<br>(IP)←($n$×4)<br>(CS)←($n$×4＋2) | 若 OF=1 则:<br>(SP)←(SP)－2<br>((SP)＋1,(SP))←(PSW)<br>IF=0,TF=0<br>(SP)←(SP)－2<br>((SP)＋1,(SP))←(CS)<br>(SP)←(SP)－2<br>((SP)＋1,(SP))←(IP)<br>(IP)←(0010H)<br>(CS)←(0012H) | (IP)←((SP)＋1,(SP))<br>(SP)←(SP)＋2<br>(CS)←((SP)＋1,(SP))<br>(SP)←(SP)＋2<br>(PSW)←((SP)＋1,(SP))<br>(SP)←(SP)＋2 |
| 说　明 | 本条指令除把 IF 和 TF 位置 0 外,不影响其余的标志位。 | 本条指令除把 IF 和 TF 位置 0 外,不影响其余的标志位。 | IRET 指令执行完,标志位由堆栈中取出的值确定 |

### 4.5.6 输入/输出类指令

#### 1. IN(输入指令)

#### 2. OUT(输出指令)

### 4.5.7 系统控制类指令与其他指令

#### 1. 标志设置指令(表 4-10)

表 4-10 标志设置指令

| 指令格式 | 指令功能 | 执行的操作 |
|---|---|---|
| CLC | 进位位置 0 指令 | CF←0 |
| STC | 进位位置 1 指令 | CF←1 |
| CMC | 进位位求反指令 | $CF \leftarrow \overline{CF}$ |
| CLD | 方向标志位置 0 指令 | DF←0 |
| STD | 方向标志位置 1 指令 | DF←1 |
| CLI | 中断标志位置 0 指令 | IF←0 |
| STI | 中断标志位置 1 指令 | IF←1 |

#### 2. 其他处理机控制指令

(1) NOP(无操作指令):机器码占一个字节。

(2) HLT(停机指令):等待一次外中断,之后继续执行程序。

(3) WAIT(等待指令):等待外中断,之后仍继续等待。

(4) LOCK(总线封锁指令):维持总线的锁存信号,直到其后的指令执行完。

(5) ESC(交权指令):引起一次异常处理。

## 习 题

1. 若机器字长 36 位,采用三地址格式访存指令,共完成 54 种操作,操作数可在 1K 地址范围内寻找,画出该机器的指令格式。

2. 在寄存器-寄存器型,寄存器-存储器型和存储器-存储器型三类指令中,哪类指令的执行时间最长? 哪类指令的执行时间最短? 为什么?

3. 指令格式结构如下所示,试分析指令格式特点。

| 15　　12 | 11　　9 | 8　　6 | 5　　3 | 2　　0 |
|---|---|---|---|---|
| OP | 寻址方式 | 寄存器 | 寻址方式 | 寄存器 |
| | ← 源地址 | → | ← 目标地址 | → |

4. 一个较完整的指令系统应包括哪些指令？

5. 指令格式如下所示，OP 为操作码字段，试分析指令格式的特点。

| 31　　26 | 　　22 | 　　18 | 17　　16 | 15　　0 |
|---|---|---|---|---|
| OP | ———— | 源寄存器 | 变址寄存器 | 偏移量 |

6. 某计算机字长为 32 位，主存容量为 64M 字，采用单字长单地址指令，共有 40 条指令。试采用直接、立即、变址、相对四种寻址方式设计指令格式。

7. 试根据以下要求写出相应的汇编语言指令：

(1) 把 BX 寄存器和 DX 寄存器的内容相加，结果存入 DX 寄存器中。

(2) 用寄存器 BX 和 SI 的基址变址寻址方式把存储器中的一个字节与 AL 寄存器的内容相加，并把结果送到 AL 寄存器中。

(3) 用寄存器 BX 和位移量 0B2H 的寄存器相对寻址方式把存储器中的一个字和(CX)相加，并把结果送回存储器中。

(4) 用位移量为 0524H 的直接寻址方式把存储器中的一个字与数 2A59H 相加，并把结果送回存储单元中。

(5) 把数 0B5H 与(AL)相加，并把结果送回 AL 中。

8. 写出把首地址为 BLOCK 的字数组的第 6 个字送到 DX 寄存器的指令，要求使用以下几种寻址方式：

(1) 寄存器间接寻址。

(2) 寄存器相对寻址。

(3) 基址变址寻址。

9. 现有(DS)＝2000H，(BX)＝0100H，(SI)＝0002H，(20100H)＝12H，(20101H)＝34H，(20102H)＝56H，(20103H)＝78H，(21200H)＝2AH，(21201H)＝4CH，(21202H)＝B7H，(21203H)＝65H，试说明下列各条指令执行完后 AX 寄存器的内容：

(1) MOV　AX, 1200H;

(2) MOV　AX, BX;

(3) MOV　AX, [1200H];

(4) MOV　AX, [BX];

(5) MOV　AX, 1100[BX];

(6) MOV　AX, [BX][SI];

(7) MOV　AX, 1100[BX][SI]。

10. 设当前数据段寄存器的内容为 1B00H，在数据段的偏移地址 2000H 单元内，含有一个内容为 0FF10H 和 8000H 的指针，它们是一个 16 位变量的偏移地址和段地址。试写出把该变量装入 AX 的指令序列，并画图表示出来。

11. 如 TABLE 为数据段中 0032H 单元的符号名，其中存放的内容为 1234H，试问以下两条指令有什么区别？指令执行完后 AX 寄存器的内容是什么？

```
MOV  AX, TABLE;
LEA  AX, TABLE。
```

12. 已知堆栈段寄存器 SS 的内容是 0FFA0H，堆栈指针寄存器 SP 的内容是 00B0H。先执行两条把 8057H 和 0F79H 分别进栈的 PUSH 指令，再执行一条 POP 指令。试画出堆栈区和 SP 的内容变化过程示意图(标出存储单元的物理地址)。

13. 已知程序段如下：

```
MOV  AX, 1234H
MOV  CL, 4
ROL  AX, CL
DEC  AX
MOV  CX, 4
MUL  CX
INT  20H
```

试问：

(1) 每条指令执行完后，AX 寄存器的内容是什么？

(2) 每条指令执行完后，进位、符号和零标志的值是什么？

(3) 程序结束时，AX 和 DX 的内容是什么？

14. 下列程序段中的每条指令执行完后，AX 寄存器及 CF、SF、ZF 和 OF 的内容是什么？

```
MOV  AX, 0
DEC  AX
ADD  AX, 7FFFH
ADD  AX, 2
NOT  AX
SUB  AX, 0FFFFH
ADD  AX, 8000H
SUB  AX, 1
AND  AX, 58D1H
SAL  AX, 1
SAR  AX, 1
NEG  AX
ROR  AX, 1
```

15. 试写出执行下列指令序列后 BX 寄存器的内容，执行前(BX)＝6D16H：

```
MOV  CL, 7
SHR  BX, CL
```

16. 下列程序段执行完后，BX 寄存器的内容是什么？

```
MOV  CL, 3
MOV  BX, 0B7H
ROL  BX,1
ROR  BX, CL
```

# 第 5 章　控制器部件的组成及其设计

中央处理器是控制计算机自动完成取出指令和执行指令任务的部件。它是计算机的核心部件，通常简称为 CPU(Central Processing Unit)。而控制器是为计算机提供控制信号的部件，类似于人的大脑，是计算机的重要部件。本章主要讲述控制器的功能和组成，以及指令如何在计算机中有序工作的。并且，介绍了产生控制信号的两种办法，即通过硬连线控制器和微程序控制器；分别讲述了它们的组成和工作原理。

## 5.1　控制器的功能、组成与指令的执行

当代主流计算机所遵循的仍然是冯·诺依曼的“存储程序、程序控制”思想。程序告诉计算机：应该逐步执行什么操作；在什么地方找到用来操作的数据；结果存到何处等。这一系列的工作是靠 CPU 完成的。因此 CPU 具有以下的功能：

(1) 指令控制：保证机器按程序规定的顺序取出指令执行。

(2) 操作控制：CPU 产生每条指令所对应的操作信号，并把各种操作信号送往相应的部件，从而控制这些部件按指令的要求进行动作。

(3) 时间控制：对各种操作的实施时间进行定时。

(4) 数据加工：对数据进行算术运算和逻辑运算处理。

### 5.1.1　控制器部件的功能及基本组成

在了解控制器的基本组成和功能之前，我们先介绍一下 CPU 的组成部件。图 5-1 给出了 CPU 的具体模型。

因此，CPU 中的主要寄存器为

(1) 指令寄存器(IR)：用来保存当前正在执行的一条指令。

(2) 程序计数器(PC)：用来确定下一条指令的地址。

(3) 地址寄存器(AR)：用来保存当前 CPU 所访问的内存单元的地址。

(4) 缓冲寄存器(DR)：① 作为 CPU 和内存、外围设备之间信息传送的中转站；② 补偿 CPU 和内存、外围设备之间在操作速度上的差别；③ 在单累加器结构的运算器中，缓冲寄存器还可兼作为操作数寄存器。

(5) 通用寄存器(AC)：当运算器的算术逻辑单元(ALU)执行全部算术和逻辑

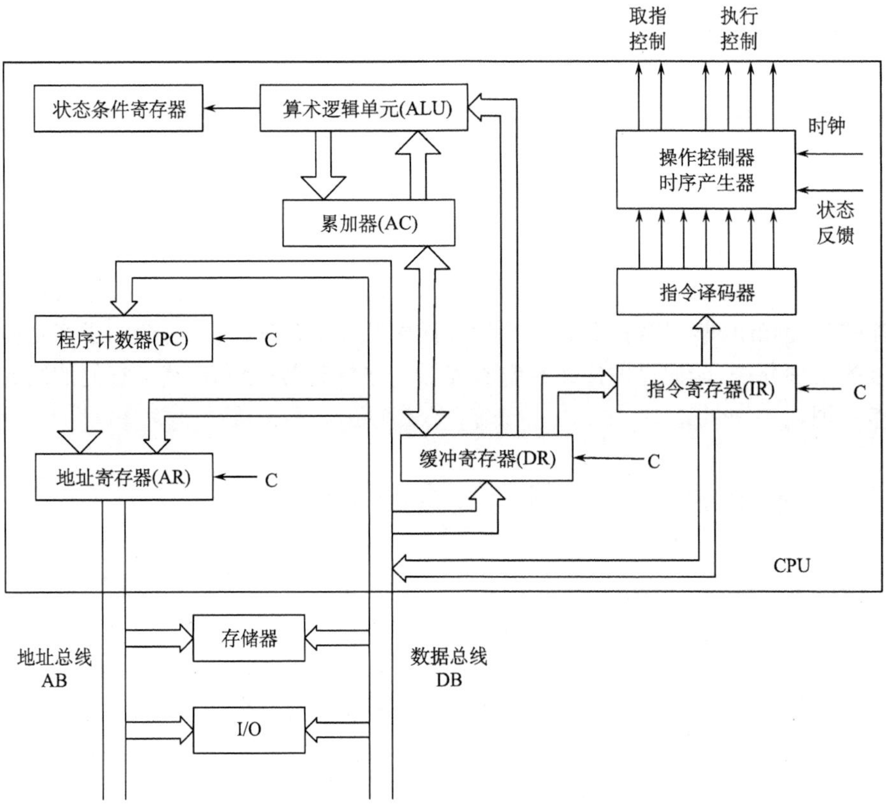


图 5-1　CPU 的具体模型

运算时，为 ALU 提供一个工作区。

(6) 状态字寄存器：保存由算术指令和逻辑指令运行或测试的结果建立的各种条件码内容；除此之外，还保存中断和系统工作状态等信息，以便 CPU 和系统能及时了解机器运行状态及程序运行状态。

### 1. 控制器部件的功能

计算机的功能是执行程序，程序是依次排列起来的指令代码。冯·诺依曼结构的计算机即存储程序的计算机，设置内存，在程序运行之前存入程序和数据。

执行程序的一般过程：①从程序首地址开始执行；②正确分步执行每一条指令，并形成下条待执行指令的地址；③正确并自动地连续执行指令，直到程序的最后一条指令。因此，控制器必须正确且自动地连续执行指令，正确地分步完成每一条指令规定的功能，也就是向计算机各功能部件发出协调运行每一步所需要的控制信号。下面就是控制器的整个工作过程：

① 控制器从内存中取出一条指令，并指出下一条指令在内存中的位置。

② 对指令进行译码，并产生相应的操作控制信号，送往相应的部件，启动规定的动作。

③ 指挥并控制 CPU、内存与输入/输出(I/O)设备之间数据流动的方向。

**2. 控制器的基本组成**

(1) 程序计数器 PC：存放指令地址，有+1 或接收转移地址的功能。

(2) 指令寄存器 IR：存放指令内容，即操作码与操作数地址。

(3) 脉冲源、启停控制逻辑及指令执行步骤标记线路：按需要给出主脉冲信号指明每条指令的执行步骤的相对次序关系。

(4) 全部时序控制信号的产生部件：给出计算机各功能部件协同运行所需要的控制信号。

## 5.1.2　指令的执行步骤

一般指令的执行步骤如下，

(1) 读取指令：指令地址送入主存地址寄存器，读主存，将读出内容送入指令寄存器 IR。

(2) 分析指令：对指令进行译码和分析，产生规定的微控制信号。

(3) 执行指令：在主脉冲信号作用下，按微控制信号执行指令规定的不同操作，不同指令的操作步骤和具体操作内容差异很大。

(4) 取下一条指令地址：如果没有中断请求，则转入下一条指令的读取。

在执行指令的过程中涉及以下三个部件的读写控制：

(1) 运算器中的读写控制：累加器中的内容可以是操作数、操作数的地址、指令的地址，还要完成寻址计算的有关内容。读写累加器通常通过运算器中的 ALU 才能完成。

(2) 内存储器的存储单元的读写控制：读写某一存储单元的内容，一般需要两个执行步骤：

① 把存储单元的地址送到地址总线上。

② 向存储器发出读写命令。

(3) 输入/输出设备接口的寄存器的读写控制：输入/输出通常是在 CPU 与相应设备的接口卡的某一寄存器之间完成，需两个执行步骤：

① 先把输入/输出设备接口的寄存器地址送到地址总线上。

② 向接口卡发出读写命令：为读操作(输入)，要把输入的内容保存到相关的寄存器中；为写操作(输出)，要把准备写到接口卡的寄存器中的数据送到数据总线

上,用以向接口卡提供写入的数据。

### 5.1.3　指令周期的基本概念

计算机之所以能自动地工作是因为 CPU 能从存放程序的内存里取出一条指令并执行这条指令;紧接着又是取指令、执行指令,……,如此周而复始,构成了一个封闭的循环。除非遇到停机指令,否则这个循环将一直继续下去。

指令周期是 CPU 从内存取出一条指令并执行完这条指令的时间总和。而 CPU 周期又称机器周期。CPU 访问一次内存所花的时间较长,因此用从内存读取一条指令字的最短时间来定义。

时钟周期通常称为节拍脉冲或 T 周期。一个 CPU 周期包含若干个时钟周期。图 5-2 示出了采用定长 CPU 周期的指令周期示意图。

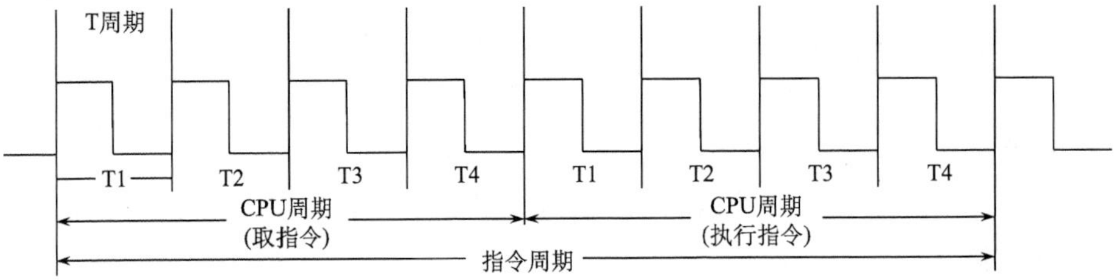


图 5-2　定长 CPU 周期的指令周期

### 5.1.4　指令周期举例

任何指令的取指周期都是相同的步骤,不同的是执行周期。下面将列举 ADD 和 STO(STA)指令(分别为:加法指令和存数指令)的指令周期。

#### 1. 加法指令的指令周期

若 ADD 指令是一个 RS 型指令,则 ADD 指令的指令周期由三个 CPU 周期组成,取指令需要一个周期,执行需要两个周期。ADD 指令的指令周期如图 5-3 所示,具体取指和执行的模型图如图 5-4 所示。

ADD 指令的取指周期需要完成三件事:从内存中取出指令;对程序计数器的内容加 1,以便取下一条指令;对指令的操作码译码和测试,确定执行什么操作。

ADD 指令的执行周期需要两个 CPU 周期。

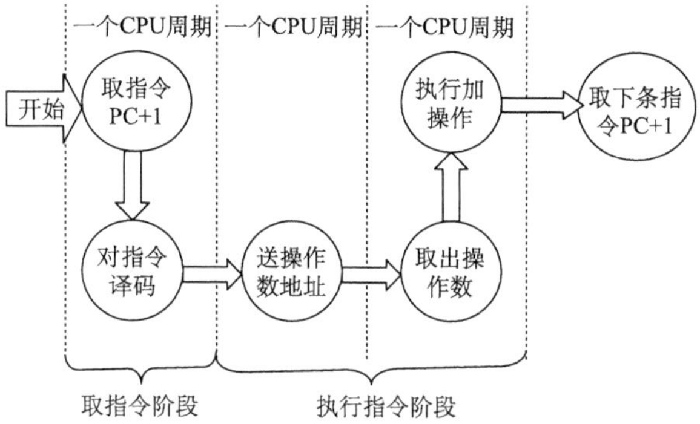


图 5-3　ADD 指令的指令周期图

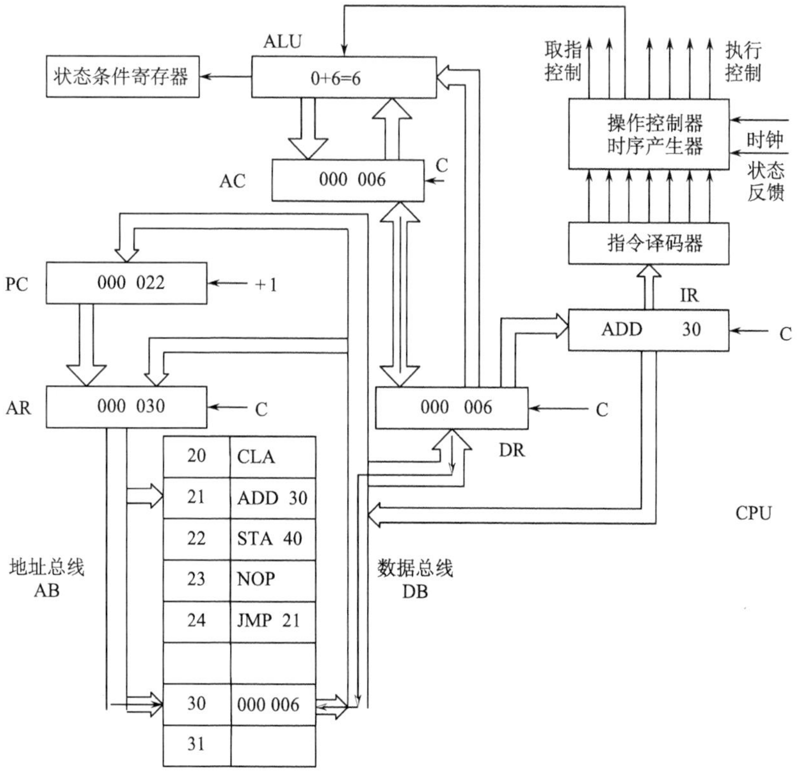


图 5-4　ADD 取指和执行的模型图

1）送操作数地址

第二个 CPU 周期主要完成送操作数地址。在此阶段，CPU 的动作只有一个，那就是把指令寄存器中的地址码部分装入地址寄存器。

2）两操作数相加

第三个 CPU 周期主要完成取操作数并执行加法操作中。在此阶段，CPU 完成如下动作：

① 把地址寄存器中的操作数的地址发送到地址总线上。

② 从存储器单元中读出操作数，并经过数据总线传送到缓冲寄存器。

③ 执行加操作：由数据缓冲寄存器来的操作数可送往 ALU 的一个输入端，已等候在累加器内的另一个操作数送往 ALU 的另一输入端，于是 ALU 将两数相加，产生运算结果。这个结果放回累加器，替换了累加器中原先的数。

## 2. 存数指令的指令周期

STO(STA)指令的指令周期由三个 CPU 周期组成，具体如图 5-5 所示。

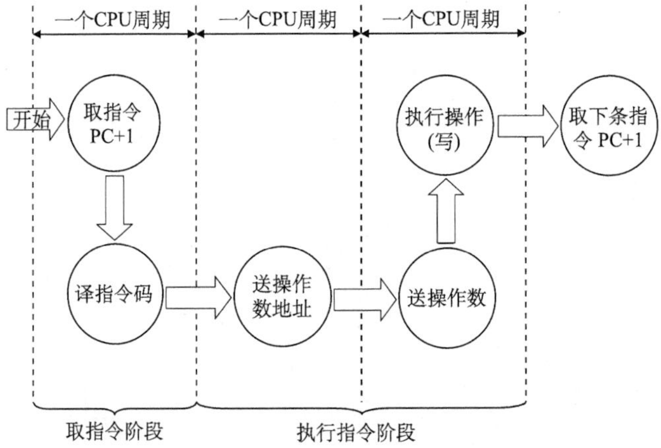


图 5-5　存数指令的指令周期图

存数指令的取指周期和 ADD 指令是一样的，下面主要说明它的执行周期。具体取指和执行的模型图如图 5-6 所示。

1）送操作数地址

在执行阶段的第一个 CPU 周期中，CPU 完成的动作是把指令寄存器中地址码部分的形式地址装到地址寄存器中。

2）存储和数

执行阶段的第二个 CPU 周期中，累加寄存器的内容传送到缓冲寄存器，然后

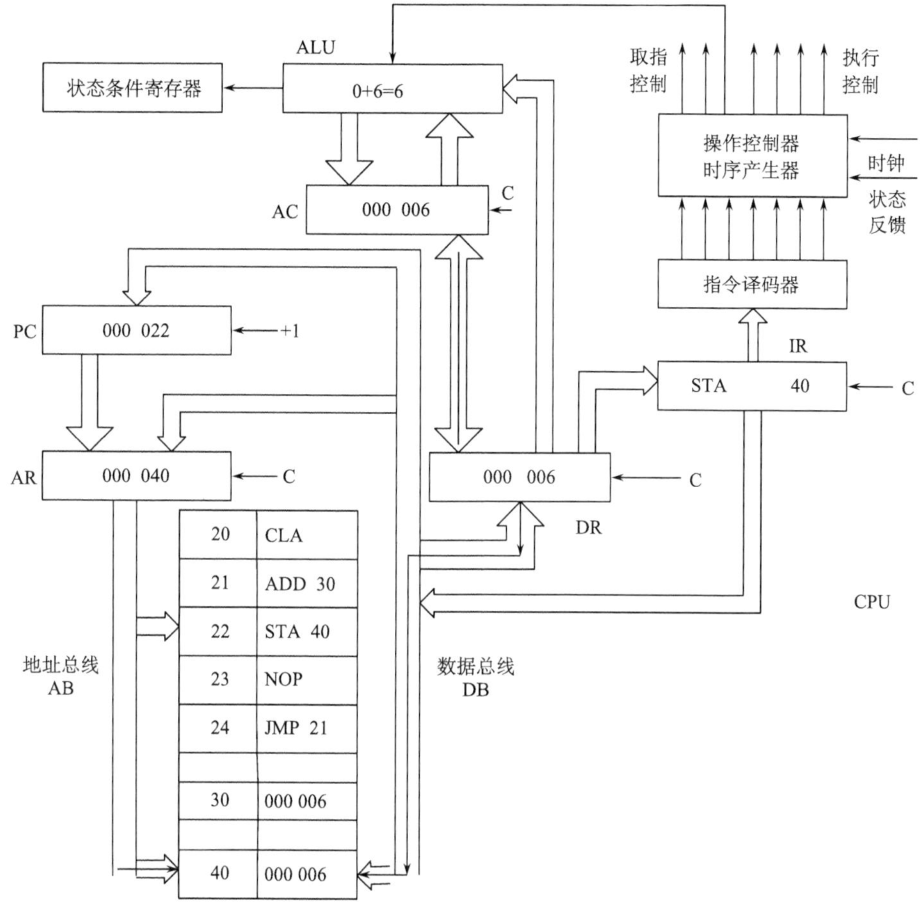


图 5-6　STA 指令的取指和执行过程模型图

再存入到所选定的存储单元中。CPU 完成如下动作：

① 累加器的内容被传送到数据缓冲寄存器 DR。

② 把地址寄存器的内容发送到地址总线上。

③ 把缓冲寄存器的内容发送到数据总线上。

④ 数据总线上的数写入到所选中的存储器单元中。

### 5.1.5　方框图语言

为了说明指令的取指和执行过程的周期，上面使用模型图进行了详细的举例，但是在进行计算机系统设计时，如果每次都画出模型图会很复杂，也没有必要。所以,计算机的工作者设计了方框图语言来表述整个取指和执行的过程。表 5-1 说明了方框图语言的使用方法。

**表 5-1　方框图语言的使用方法**

| 元素 | 说明 |
| --- | --- |
|  | 代表一个CPU周期，方框中的内容表示数据通路的操作或某种控制操作 |
|  | 表示判别或测试，不过时间上它依附于前一个方框的CPU周期，而不单独占用一个CPU周期 |
|  | 公操作符号，在公操作期间，CPU可以响应外部请求，如中断或者通道请求 |
|  | 线条，表示顺序 |

常常出现的公操作有下列情况,

(1) 停机:当现行指令执行完由 CPU 控制停机。

(2) DMA:现行指令执行中,在当前一个 CPU 周期结束后,就冻结指令执行,CPU 转让总线控制权,挪用一个存储器周期给这类高速外设进行数传处理。

(3) 掉电:通常是当现行指令执行完成后,进行掉电事务处理。

(4) 故障:视其紧迫程度,或分别在当前 CPU 周期结束或现行指令执行完进行故障或错误处理。

(5) 程序中断:对一般性外部设备的数传请求,通常安排在 CPU 每个机器周期状态开始时进行采样扫描接收;在现行指令执行完后,CPU 视其请求的优先等级进行事务处理。

一个机器周期状态结束,下一个机器周期状态开始的转接瞬间是查询有无各种事务处理要求的时刻。

以下列 5 条指令为例,使用方框图语言描述指令周期,如图 5-7。

```
CLA      ;累加器清 0
ADD 30   ;(AC)+(30)→AC
STA 40   ;(AC)→(40)
NOP      ; 空操作
JMP 21   ; 21 → PC
```

进一步地,若要将具体的每一节拍的动作都给出用方框图语言描述的指令周期图,请见图 5-8 所示。

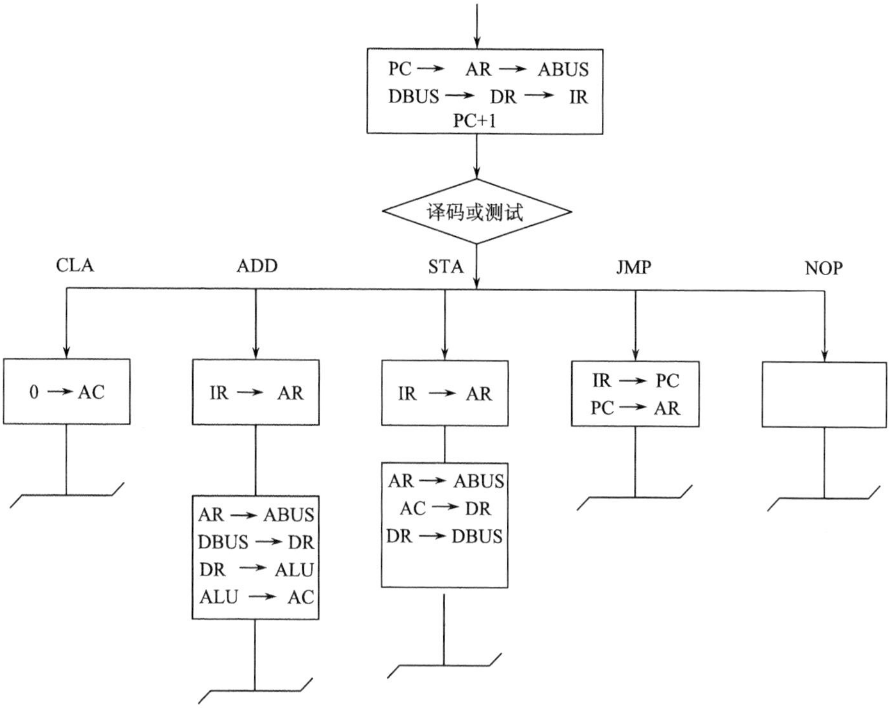


图 5-7　方框图语言描述的指令周期

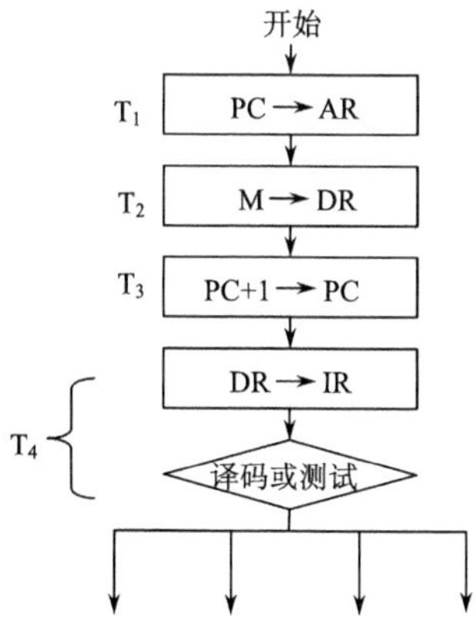


(a) 方框图显示的取指周期

图 5-8　方框图显示的取指周期与执行周期

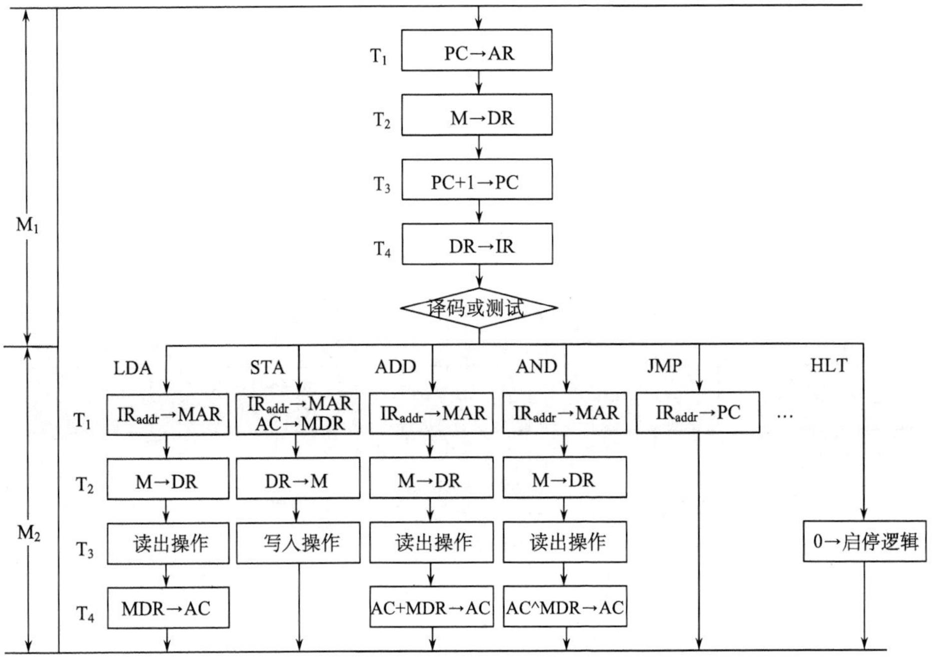


(b) 方框图显示的执行周期

图 5-8(续)　方框图显示的取指周期与执行周期

## 5.2　时序产生器和控制方式

### 5.2.1　时序产生器

用二进制码表示的指令和数据都放在内存里,那么 CPU 是怎样识别出它们是数据还是指令呢?

从时间上来说:取指令事件发生在指令周期的第一个 CPU 周期中,即发生在“取指令”阶段;而取数据事件发生在指令周期的后面几个 CPU 周期中,即发生在“执行指令”阶段。

从空间上来说:如果取出的代码是指令,那么一定经 DR 送往指令寄存器 IR;如果取出的代码是数据,那么一定送往运算器。

因此,时间控制对计算机来说是非常重要的!计算机的运作必须由时序来控制。计算机的协调动作需要时间标志,而且需要采用多级时序体制,而时间标志则用时序信号来体现。对于两种不同的控制器,时序也是不同的。在硬连线控制器中，时序信号往往采用主状态周期-节拍电位-节拍脉冲三级体制。主状态周期(又称指令周期)是指包含若干个节拍电位的周期，可以用一个触发器的状态持续时间来表示。同时，主状态周期是在一个控制阶段内均持续起作用的信号。指令周期可分为取指周期、分析周期、执行周期。把一个机器周期分成若干个相等的时间段，每一个时间段对应一个电位信号，称之为(机器周期)节拍电位。一般都以能保证 ALU 进行一次运算操作作为一拍电位的时间宽度。表示一个 CPU 周期的时间包含若干个节拍脉冲。节拍脉冲(或称时钟周期)表示较小的时间单位，节拍脉冲的宽度一般为节拍电位宽度的 $1/N$，只要能保证所有的触发器都能可靠地、稳定地翻转即可。

图 5-9 表示了三级时序体制。三级控制时序信号的宽度均成正整数倍的同步关系。周期状态之间、节拍电位之间、时钟脉冲之间既不容许有重叠交叉，也不容许有空白间隙，应该是能一个接一个地准确连接，一个降落另一个升起而准确切换的同步信号。

在微程序控制器中，时序信号则一般采用节拍电位-节拍脉冲二级体制。二级体制是指数据准备好后，以电位的方式送触发器。控制信号来到后，用一个脉冲信号把数据装入触发器。图 5-10 表示了二级体制。

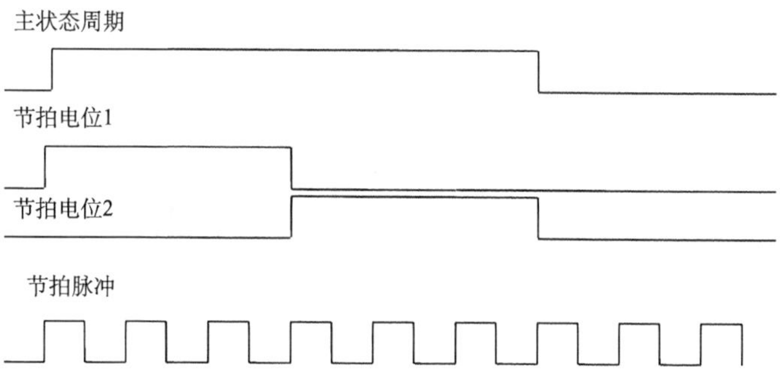


图 5-9　三级时序体制

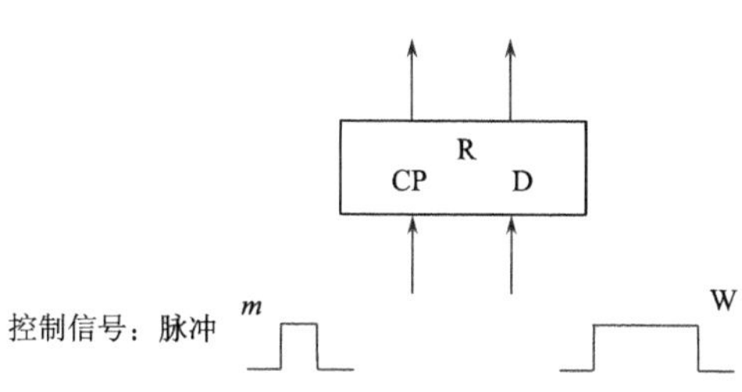


图 5-10　二级时序体制

时序产生器由时钟源、环形脉冲发生器、节拍脉冲和读写时序译码逻辑、启停控制逻辑等部分组成。

**1. 时钟源**

时钟源用来为环形脉冲发生器提供频率稳定且电平匹配的方波时钟脉冲信号。它通常由石英晶体振荡器及与非门组成的正反馈振荡电路构成，其输出送至环形脉冲发生器。

**2. 环形脉冲发生器与时序信号译码**

环形脉冲发生器的作用是产生一组间隔相等或不等的有序的脉冲序列，以便通过译码电路来产生最后所需的节拍脉冲。为使节拍脉冲上不带干扰毛刺，环形脉冲发生器通常采用循环移位寄存器的形式。

### 5.2.2　控制方式

控制方式是指形成控制不同微操作序列的时序控制信号的方法。常用的有同步控制、异步控制、联合控制三种方式，其实质反映了时序信号的定时方式。

**1. 同步控制方式**

在任何情况下，已经确定的指令在执行时所需的机器周期数和时钟周期数都固定不变，又称为固定时序控制方式或无应答控制方式。任何指令的执行或指令中每个微操作的执行都受事先安排好的时序信号的控制。同步控制方式的特点是每个周期状态中产生统一数目的节拍电位及时钟工作脉冲。设计时以最复杂指令的实现需要为基准。同步控制方式的优点是设计简单、操作控制容易实现，缺点是执行效率低。

根据不同情况，同步控制方式可选取如下方案：

① 采用完全统一的机器周期执行各种不同的指令，图 5-11 给出了完全同步控制方式下的指令周期图。

② 采用不定长机器周期。

③ 中央控制与局部控制结合。

**2. 异步控制方式**

又称为可变时序控制方式或应答控制方式。执行一条指令需要多少节拍并不作统一的规定，而是根据每条指令的具体情况而定。需要多少，控制器就产生多少时钟信号。

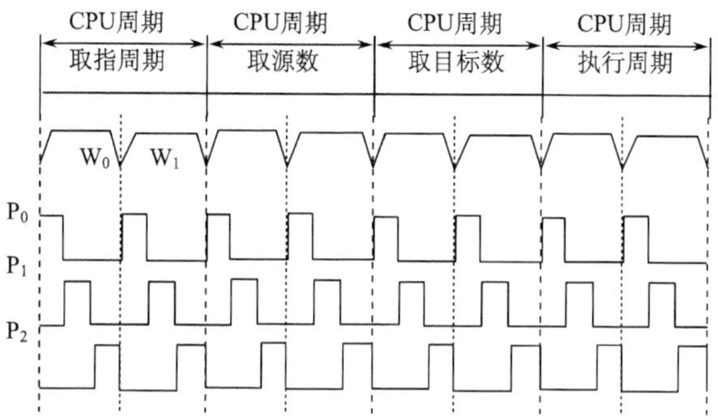


图 5-11　完全同步控制方式下的指令周期图

其特点是：每条指令、每个操作控制信号需要多少时间就占用多少时间。这意味着每条指令的指令周期可由个数不等的机器周期组成；也可以是当控制器发出某一操作控制信号后，等待执行部件完成操作后发“回答”信号，再开始新的操作。显然，用这种方式形成的操作控制序列没有固定的 CPU 周期数或严格的时钟周期与之同步。

异步控制方式一般采用两条定时控制线来实现。把这两条线称为“请求”线和“回答”线。当系统中两个部件 A 和 B 进行数据交换时，若 A 发出“请求”信号，则必须有 B 的“回答”信号进行应答，这次操作才是有效的，否则无效。图 5-12 给出了异步控制方式的应答图。

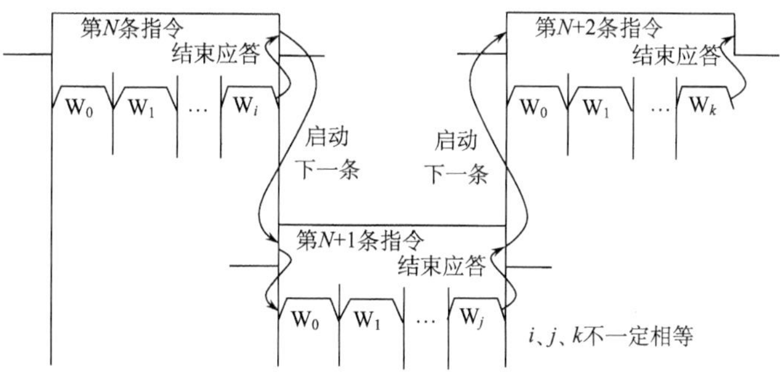


图 5-12　异步控制方式的应答图

异步控制方式的优点是指令的运行效率高，缺点是控制线路比较复杂。

### 3. 联合控制方式

此为同步控制和异步控制相结合的方式。

情况 1:大部分操作序列安排在固定的机器周期中,对某些时间难以确定的操作则以执行部件的“回答”信号作为本次操作的结束;

情况 2:机器周期的节拍脉冲数固定,但是各条指令周期的机器周期数不固定。

一般的设计思想是:在功能部件内部采用同步式,而在功能部件之间采用异步式,并且在硬件实现允许的情况下,尽可能多地采用异步控制。

# 5.3 微程序控制器的组成与设计

## 5.3.1 微程序控制器的工作原理和基本组成

微程序控制方法由于规整性好、灵活方便、通用性强,因此在包括计算机在内的各种复杂数字系统控制器的设计中得到了广泛应用,成为控制器的主流设计方法之一。

程序控制的基本思想,就是仿照通常的解题程序的方法,把所有的控制命令信号汇集在一起编码成所谓的微指令,存放在一个 EPROM 里。系统运行时,一条又一条地读出这些微指令,从而产生执行部件所需要的各种控制信号,以控制各逻辑部件执行所规定的操作。它是利用软件方法(微程序设计技术)来设计硬件的。

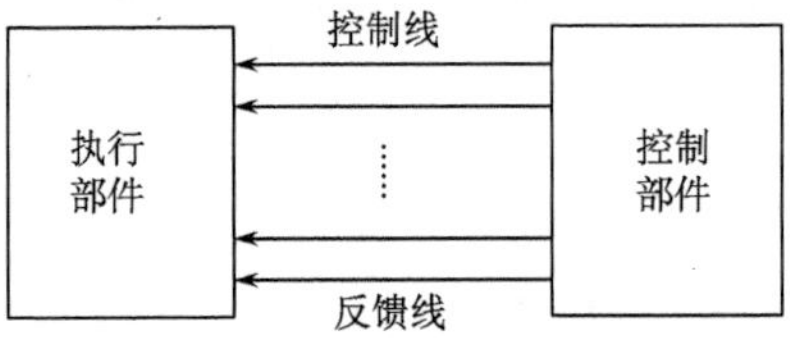

图 5-13　数字系统两大部分

一个数字系统基本上可以划分成两大部分——控制部件和执行部件,如图 5-13 所示。

控制器就是控制部件,而相对控制器来讲,ALU、寄存器组、存储器 RAM 等就是执行部件。那么两者之间是如何进行联系的呢?

控制部件与执行部件的联系之一,是通过控制线。控制部件通过控制线向执行部件发出各种控制命令,我们把这种控制命令称为微命令,而执行部件接受微命令所执行的操作叫做微操作。微操作在执行部件中是最基本的操作,具有相容与相斥两种操作。微指令是指实现一定操作功能的一组微命令。微程序是指实现一条机器指令功能的微指令序列。因此,指令系统=所有指令,指令=微程序,微程序=若干微指令,微指令=一组微命令,微命令产生微操作。这一组关系可以通过图 5-14 来显示。

控制部件与执行部件之间的另一联系是反馈信息。例如由于运算处理中正在处理的数据因其结果特征(正、负、进位、溢出等)而影响下一个操作的执行,

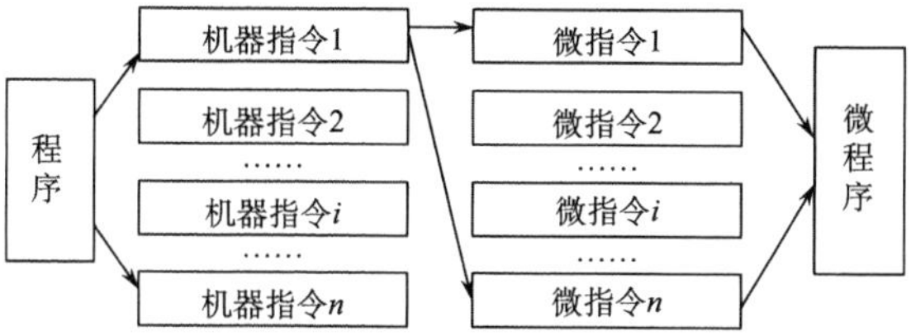


图 5-14　机器指令与微指令

因此就需要规定条件测试或状态测试。执行部件通过反馈线向控制部件反映当前操作的结果情况，以便使控制部件根据执行部件的“状态”标志下达新的微命令。

在系统的一个基本周期(又称机器周期，一般由几个时钟周期组成)中，一组实现一定操作功能的微命令的组合构成一条微指令。这里要强调两点：

① 一条微指令的有效持续时间为一个系统的基本周期，它表示从 ROM 中读出微指令与执行这条微指令的时间总和。当从 ROM 中读出下一条微指令后，当前的这条微指令即失效。

② 一条微指令中包含若干个微命令，它们分头并行地控制执行部件进行相应的微操作。

微指令除给出微命令信息外，还应给出测试判别信息。一旦出现此信息，执行这条微指令时要对系统的有关“状态标志”进行测试，从而实现控制算法流程图的条件分支。微指令中还包含一个下址字段，该字段将指明 ROM 中下一条微指令的地址。

图 5-15 表示的是微指令的典型结构，长条框内的符号×表示一个二进制位(bit)。其中微命令字段给出执行部件的控制信号：×编码为 1，表示有微命令；×

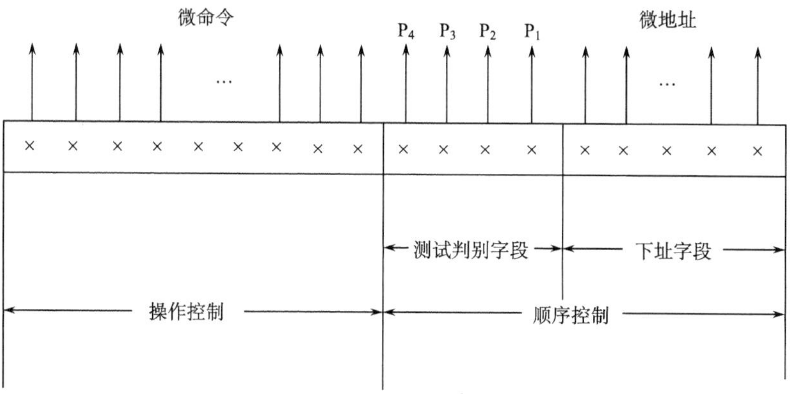


图 5-15　微指令的典型结构

编码为 0，表示无微命令。测试判别字段和下一地址字段一起实现顺序控制：当测试判别字段无效时（×编码为 0），下址字段信息即是下条微指令的地址；当判别测试字段有效时（其中一个×编码为 1），根据执行部件反馈线上的标志信息对下址字段信息进行修改，修改好的地址即为下条微指令的地址。

微程序是由若干条微指令组成的序列。在计算机中，一条机器指令的功能可由若干条微指令组成的序列来解释和执行。因此机器执行一条指令的过程，也就是执行一个相应的微程序的过程。就一般的数字系统而言，微程序实质上就是将控制算法流程图用 EPROM 等来实现。

微程序概念的引入使大型复杂数字系统控制器的设计发生了革命性的变化。因为微程序技术可代替硬连线的控制技术，即由门电路和触发器等组成的硬件网络可被存有控制代码的 EPROM 存储器所取代。

图 5-16 给出了微程序控制器的基本方案，图 5-17 给出了对应图 5-16 数据通路的微指令格式。

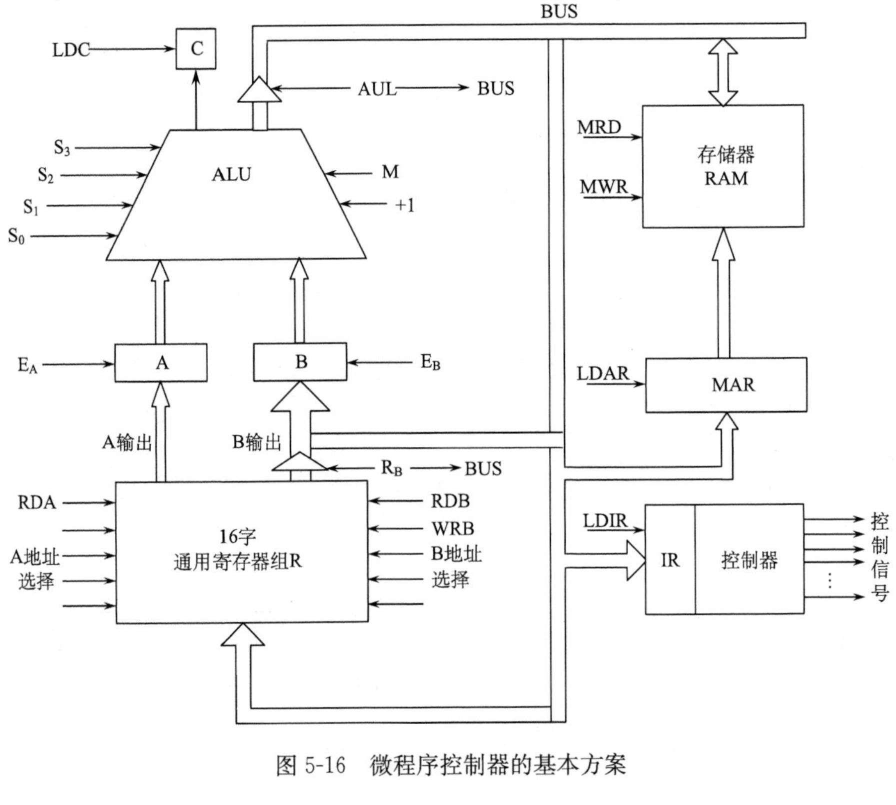


图 5-16　微程序控制器的基本方案

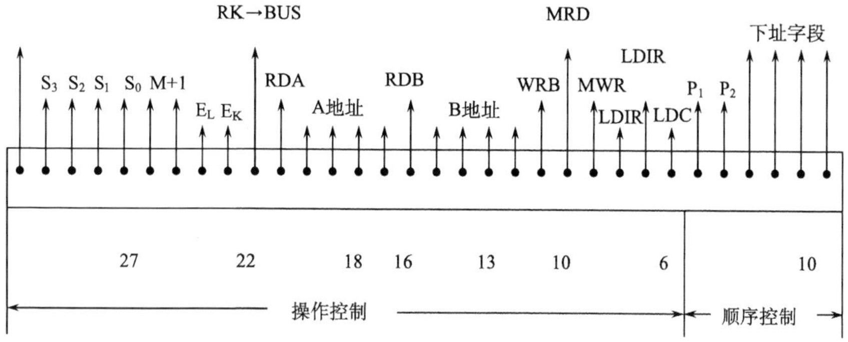


图 5-17　对应图 5-16 数据通路的微指令格式

**表 5-2　微程序代码**

| 当前微地址 | 微指令二进制代码 | | |
|---|---|---|---|
| | 微命令 | 判别 | 下地址 |
| 0000 | 100 | 0 | 0100 |
| 0100 | 010 | 0 | 0101 |
| 0101 | 100 | 0 | 1000 |
| 1000 | 001 | 1 | 0100 |

微程序控制器的结构与微指令的格式密切相关。为简单起见，我们画出与图 5-17微指令相对应的微程序控制器结构框图，如图 5-18 所示。

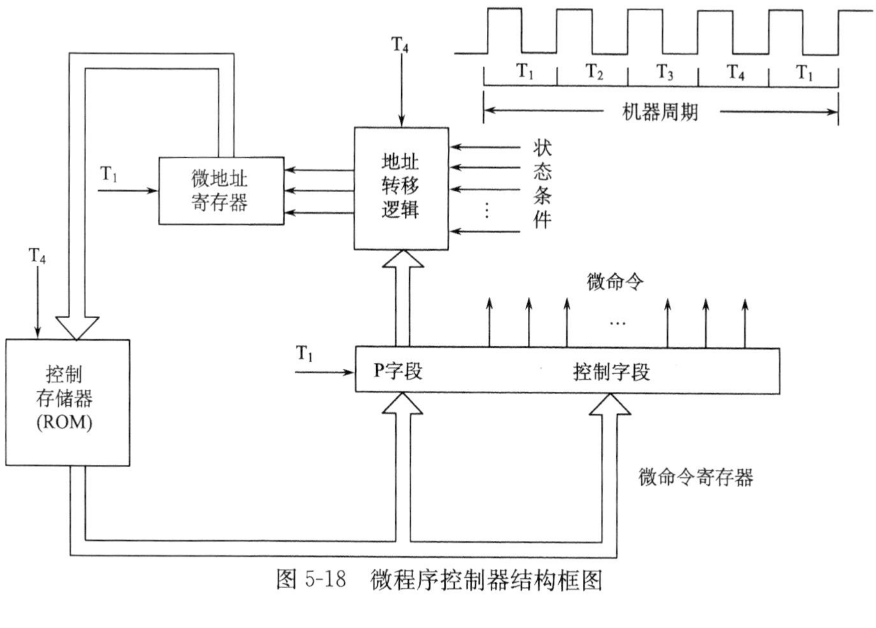


图 5-18　微程序控制器结构框图

它主要由控制存储器、微地址寄存器、微命令寄存器和地址转移逻辑等部分组成。微地址寄存器和微命令寄存器两者的总长度即为一条微指令的长度，所以两者合在一起称为微指令寄存器。为便于说明形成下一条微指令的地址，我们特意将微指令的下址字段独立出来，称为微地址寄存器。

**1. 控制存储器**

控制存储器是一个 ROM 中，其中存放微程序，也就是全部的微指令。ROM 的容量取决于微指令的总数。假如控制器需要 128 条微指令，则微地址寄存器长度为 7 位。假如有 64 条微指令，则微地址寄存器 6 位就够了。ROM 的字长取决于微指令长度，如果微指令为 32 位，则 ROM 的字长就是 32 位。ROM 可使用 EPROM 或 $E^2$PROM、EAROM，以便用户自己可以写入微程序，如果发现错误可进行修正设计，只要擦除原来的内容而重新写入即可。

**2. 微命令寄存器**

用来暂存由控存读出的当前微指令的控制信息，包括微指令字段和测试字段，可由 8 位寄存器组成。

**3. 微地址寄存器**

存放下条微指令的地址，它可以由带 R 端和 S 端的 D 触发器组成，其中 R 端用来清除寄存器，S 端用来强置 1，后者可用来修改寄存器的内容。也可以不用强置端修改，由打入端分时打入修改内容。

微地址寄存器暂存由控制存储器读出的当前微指令的下址字段信息。它由带 RD、SD 强置端的 D 触发器组成，其中时钟端和 D 端配合用作 ROM 的读出打入，用 SD 进行下址修改。

**4. 地址转移逻辑**

微指令由 ROM 读出后直接给出下一条微指令的地址，这个地址就放在微地址寄存器中。如果当前微指令的测试字段 $P_i$ 标明要测试判别时，意味着微程序出现分支，即出现条件转移。此时，通过测试标志 $P_i$ 和执行部件反馈的“状态条件”信号所组成的地址转移逻辑电路去修改微地址寄存器的内容，并按修改好的微地址读出下一条微指令。注意：在微程序控制器中，地址转移逻辑部分仍然采用硬连线方法进行设计，不过方法很规整，且有专门的片子可供选用。图 5-18 中还标明了一个基本机器周期中的控制时序信号，它们用来读出 ROM、打入微指令寄存器和修改微地址寄存器中的内容。例如用上一机器周期的 $T_4$ 时钟前沿修改微地址寄存器内容并读 ROM，经一段时间延迟后 ROM 中的信息被读出，用下一机器周

期的 $T_1$ 时钟前沿将微指令打入到微指令寄存器中。$T_2$，$T_3$ 时间用来控制处理；$T_4$ 时间再读下一条微指令。

## 5.3.2　微程序设计技术

微程序控制器设计的主要任务有两个：一是硬件设计；另一个是微程序设计。

微程序设计，首先要确定微程序流程图，也就是控制算法流程图。由于控制存储器有足够的容量，同时在控制存储器中从一个地址转移到另一个地址是随意的，因此所谓的"最佳状态分配"就失去了原有的意义。只要通过 $E^2$PROM 中存储单元的信息就可修改程序，诸如增加新的控制状态、删除旧的状态等。总之，以微指令结构为基础，就可以编制功能所要求的微程序，可长可短，灵活自如，且能实现多路并行分支。

设计微程序，就是确定微程序流程图，也就是控制算法流程图。微程序流程图中的一条微指令，相当于流程图中的一个状态。

由于控制存储器有足够的容量，状态分配和状态化简这两种传统技术在微程序设计中已失去意义。控制存储器中一个地址转移到下一个地址是随意的、灵活的，因此增加微指令或减少微指令不必改动硬件。总之，以微指令结构为基础，就可以设计任何功能所要求的微程序，可长可短，且能实现多路并行转移，而不受"状态分配"的限制。

## 5.3.3　微指令的格式

微指令的编译方法是决定微指令格式的主要因素。

微指令的格式大体分成两类：水平型微指令和垂直型微指令。

### 1. 水平型微指令

一次能定义并执行多个并行操作微命令的微指令，叫做水平型微指令。其一般格式如下：

| 控制字段 | 判别测试字段 | 下地址字段 |
|---|---|---|

按照控制字段的编码方法不同，水平型微指令又分为三种：全水平型(不译法)微指令、字段译码法水平型微指令，以及直接和译码相混合的水平型微指令。

### 2. 垂直型微指令

微指令中设置微操作码字段，采用微操作码编译法，由微操作码规定微指令的功能，称为垂直型微指令。

其结构类似于机器指令的结构。它有操作码，在一条微指令中只有1～2个微操作命令，每条微指令的功能简单，因此，实现一条机器指令的微程序要比水平型微指令编写的微程序长得多。它是采用较长的微程序结构去换取较短的微指令结构。

下面举4条垂直型微指令的格式加以说明。设微指令字长为16位，微操作码3位。

1）寄存器-寄存器传送型微指令

| 15　13 | 12　　8 | 7　　3 | 2　　0 |
|---|---|---|---|
| 000 | 源寄存器编址 | 目标寄存器编址 | 其他 |

其功能是把源寄存器数据送目标寄存器。13～15位为微操作码（下同），源寄存器和目标寄存器编址各5位，可指定31个寄存器。

2）运算控制型微指令

| 15　13 | 12　　8 | 7　　3 | 2　　0 |
|---|---|---|---|
| 000 | 源寄存器编址 | 目标寄存器编址 | 其他 |

其功能是选择ALU的左、右两输入源信息，按ALU字段所指定的运算功能（8种操作）进行处理，并将结果送入暂存器中。左、右输入源编址可指定31种信息源之一。

3）访问主存微指令

| 15　13 | 12　　8 | 7　　3 | 2　1 | 0 |
|---|---|---|---|---|
| 010 | 寄存器编址 | 存储器编址 | 读写 | 其他 |

其功能是将主存中一个单元的信息送入寄存器或者将寄存器的数据送往主存。存储器编址是指按规定的寻址方式进行编址。第1、2位指定读操作或写操作（取其一）。

4）条件转移微指令

| 15　13 | 12　　4 | 3　　0 |
|---|---|---|
| 001 | D | 测试条件 |

其功能是根据测试对象的状态决定是转移到D所指定的微地址单元，还是顺序执

行下一条微指令。9 位 D 字段不足以表示一个完整的微地址，但可以用来替代现行 μPC(微程序计数器)的低位地址。测试条件字段有 4 位，可规定 16 种测试条件。

**3. 水平型微指令与垂直型微指令的比较**

① 水平型微指令并行操作能力强、效率高、灵活性强，垂直型微指令则较差。

② 水平型微指令执行一条指令的时间短，垂直型微指令执行时间长。

③ 由水平型微指令解释指令的微程序，有微指令字较长而微程序短的特点，垂直型微指令则相反。

④ 用户难以掌握水平型微指令，而垂直型微指令与指令比较相似，相对来说，比较容易掌握。

## 5.3.4　微指令操作码与地址码的编译方法

### 5.3.4.1　微指令操作码的编译方法

微指令操作码的编译方法是对微指令中的操作控制字段采用的表示方法。通常有以下三种方法：

**1. 直接表示法**

其特点是操作控制字段中的每一位代表一个微命令。这种方法的优点是简单直观，其输出直接用于控制；缺点是微指令字较长，因而使控制存储器容量较大。

**2. 编码表示法(字段编码法)**

编码表示法是把一组相斥性的微命令信号组成一个小组(即一个字段)，然后通过小组(字段)译码器对每一个微命令信号进行译码，译码输出作为操作控制信号，其微指令结构如图 5-19 所示。

采用字段译码的编码方法，可以用较小的二进制信息位表示较多的微命令信号。例如 3 位二进制位译码后可表示 7 个微命令，4 位二进制位译码后可表示 15 个微命令。与直接控制法相比，字段译码控制法可使微指令字大大缩短，但由于增加译码电路，微程序的执行速度稍稍减慢。目前在微程序控制器设计中，字段直接译码法使用得较普遍。

**3. 混合表示法**

这种方法是把直接表示法与字段编码法混合使用，以便能综合考虑指令字长、

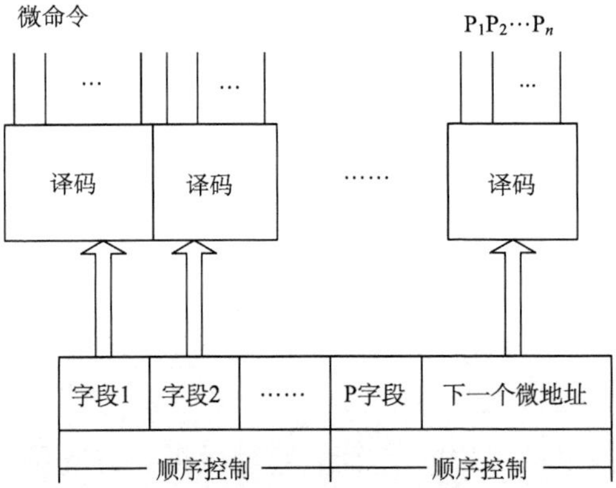


图 5-19　字段直接译码法

灵活性、执行微程序的速度等方面的要求。

另外在微指令中还可附设一个常数字段。该常数可作为操作数送入 ALU 运算，也可作为计数器初值用来控制微程序的循环次数。

### 5.3.4.2　微地址码的编译方法

微指令执行的顺序控制问题，实际上是如何确定下一条微指令的地址问题。通常，产生后继微地址有以下两种方法：

#### 1. 计数器方式

这种方法同用程序器计数来产生机器指令地址的方法相似。在顺序执行微指令时，后继微地址通过现行微地址加上一个增量来产生；在非顺序执行微指令时，必须通过转移方式，使现行微指令执行后，转去执行指定后继微地址的下一条微指令。在这种方法中，微地址寄存器通常改为计数器。为此，顺序执行的微指令序列就必须安排在控制存储器的连续单元中。

计数器方式的基本特点是：微指令的顺序控制字段较短，微地址产生机构简单，但是多路并行转移功能较弱、速度较慢、灵活性较差。

#### 2. 多路转移方式

一条微指令具有多个转移分支的能力称为多路转移。在多路转移方式中，当微程序不产生分支时，后继微地址直接由微指令的顺序控制字段给出；当微程序出现分支时，有若干“候选”微地址可供选择——即按顺序控制字段的“判别测试”标志和“状态条件”信息来选择其中一个微地址。“状态条件”有 $n$ 位标志，可实现微程序 2 的 $n$ 次方路转移，涉及微地址寄存器的 $n$ 位。

多路转移方式的特点是：能以较短的顺序控制字段配合，实现多路并行转移，灵活性好、速度较快，但转移地址逻辑需要用硬连线方法设计。

**例 5.1**　微地址寄存器有 6 位（$\mu A_5$—$\mu A_0$），当需要修改其内容时，可通过某一位触发器的强置端 S 将其置“1”。现有三种情况：

① 执行“取指”微指令后，微程序按 IR 的 OP 字段（$IR_3$—$IR_0$）进行 16 路分支。

② 执行条件转移指令微程序时，按进位标志 C 的状态进行 2 路分支。

③ 执行控制台指令微程序时，按 $IR_4$，$IR_5$ 的状态进行 4 路分支。

请按多路转移方法设计微地址转移逻辑。

**解：**　按所给设计条件，微程序有三种判别测试，分别为 $P_1$，$P_2$，$P_3$。由于修改 $\mu A_5$—$\mu A_0$ 的内容具有很大的灵活性，现分配如下：

① 用 $P_1$ 和 $IR_3$—$IR_0$ 修改 $\mu A_3$—$\mu A_0$。

② 用 $P_2$ 和 C 修改 $\mu A_0$。

③ 用 $P_3$ 和 $IR_5$，$IR_4$ 修改 $\mu A_5$，$\mu A_4$。

另外还要考虑时间因素 $T_4$（假设 CPU 周期最后一个节拍脉冲），故转移逻辑表达式如下：

$$\mu A_5 = P_3 \cdot IR_5 \cdot T_4,$$
$$\mu A_4 = P_3 \cdot IR_4 \cdot T_4,$$
$$\mu A_3 = P_1 \cdot IR_3 \cdot T_4,$$
$$\mu A_2 = P_1 \cdot IR_2 \cdot T_4,$$
$$\mu A_1 = P_1 \cdot IR_1 \cdot T_4,$$
$$\mu A_0 = P_1 \cdot IR_0 \cdot T_4 + P_2 \cdot C \cdot T_4。$$

由于从触发器强置端修改，故前 5 个表达式可用“与非”门实现，最后一个用“与或非”门实现。

## 5.4　硬连线控制器的组成与设计

### 5.4.1　硬连线控制器的基本原理、基本组成和运行过程

#### 1. 硬连线控制方式的基本原理

硬连线控制方式的基本原理是根据指令系统的微操作时序图，用硬连线线路产生微命令序列。这种纯硬件构成的控制器就是硬连线控制器。硬连线控制器把控制部件看成产生专门固定时序控制信号的逻辑电路，以使用最少元件和取得最

高操作速度为设计目标。硬连线控制器的优点是执行速度较快，缺点是不容易修改和添加新功能。

**2. 硬连线控制方式的基本组成**

一般地，硬连线控制器是由 4 个主要部件组成的，如图 5-20 所示。

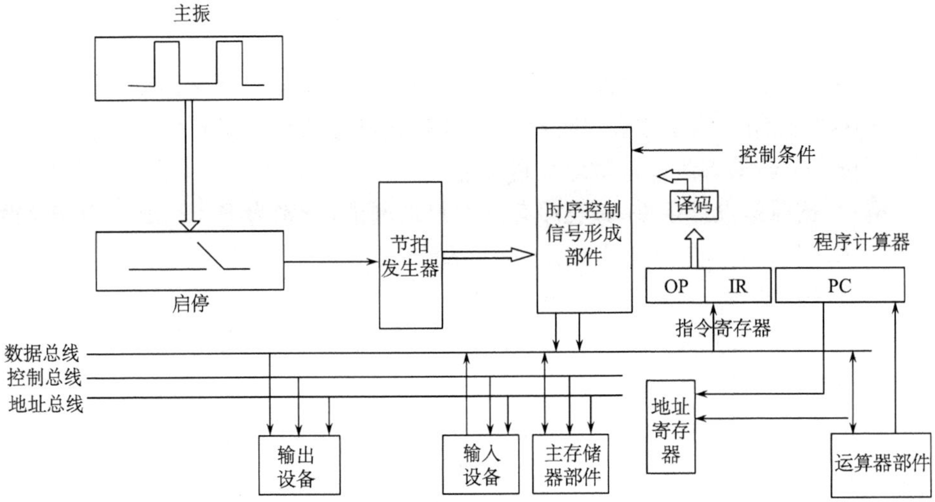


图 5-20　硬连线控制器的组成结构图

(1) 程序计数器 PC：它保存一条指令在内存中的地址，服务于读取指令，通常有自行增量功能，并可以接收下条要执行指令的地址。

(2) 指令寄存器 IR：保存从内存读来的指令内容，以便提供执行指令过程中要用到的指令本身的主要信息。

(3) 脉冲源、启停控制逻辑与节拍发生器：脉冲源和启停控制电路用于向计算机各部件提供连续(单个)的主振脉冲；节拍发生器用于标记出每条指令的各执行步骤的相对次序关系。

(4) 控制信号的产生部件：它依据指令的操作码、指令的执行步骤(时刻)等作为输入，使用硬连线门电路形成并提供计算机各部件在当前时刻所要用到的控制信号。

**3. 硬连线控制器的运行过程**

① 在主存中的某个程序开始运行之前，由系统程序自动将第一条指令地址置入程序计数器 PC 中。

② 机器一旦启动后，立即开始产生时序信号并送给时序控制信号产生部件。

该部件发出的第一批微操作命令序列就是将程序计数器 PC 中的地址码送往主存中的地址寄存器，并向主存发出"读命令"，读出该地址单元的指令代码；再将该指令代码经主存的数据寄存器、总线送到指令寄存器 IR，同时程序计数器 PC 加 1。

③ 指令译码器对指令寄存器 IR 中的指令代码进行译码，得到必要的控制信号，将其送到时序控制信号产生部件，产生第二批与该指令相应的微操作命令序列。

如果是算术或逻辑运算类指令，且需要从主存中读取运算数据时，则将指令代码中的地址码送往操作数地址形成电路，以便形成操作数的有效地址，从主存中取出运算所需要的数据。如果是间接寻址，从主存中取出的是参与运算的操作数的地址，应该将这个数据再次送往主存地址寄存器，以便读取新的数据，……直到取得真正参与运算的操作数并将它送到运算器为止，为指令的执行做好准备。

④ 根据指令寄存器 IR 的操作码的译码信号，操作数地址形成电路产生第三批与操作码相对应的微操作命令序列。如果是运算类指令，则该微操作命令序列控制运算器执行相应的运算操作，并将运算结果写入主存或通用寄存器。如果是转移控制类指令，则将地址形成部件产生的有效地址作为下一条指令的地址送入程序计数器 PC 中，这就完成了控制器对指令执行的控制；然后再根据程序计数器 PC 中的内容取下一指令，重复上述过程，直到程序的最后一条指令执行完成。

### 5.4.2　硬连线控制器设计步骤

设计控制器部件，无论是硬连线控制器还是微程序控制器，都要经过以下几个设计阶段：

① 划分每一条指令的执行步骤，设计每一条指令的每一个执行步骤的具体操作功能。

② 确定在实现这些操作功能时，相关计算机各功能部件要求使用哪些控制信号。

③ 需要选用什么具体逻辑线路，采用什么处理方案，来分步骤地形成并向计算机各功能部件提供这些控制信号。

具体到硬连线控制器的设计时，需要进行如下的步骤：

① 根据给定的 CPU 数据通路和指令功能，排列出每条指令的操作控制步序列（微操作序列）。

② 确定机器的状态周期、节拍与工作脉冲。根据指令的功能和器件的速度，确定指令执行过程中的周期及节拍的基本时间。

③ 列出每个操作控制信号的逻辑表达式：

(i) 确定了每条指令在每一状态周期中各个节拍内所完成的操作，也就得出了相应操作控制信号的表达式。

(ii) 该表达式由指令操作码、时序状态(周期、节拍和工作脉冲)以及状态条件信息(允许有空缺)等因子组成。

(iii) 只需节拍电位控制的信号,不用考虑脉冲。

## 5.5 典型 CPU 举例

### 1. M6800 CPU

M6800 CPU 是摩托罗拉公司生产的一款经典的 8 位微处理器,采用单一的 5V 电源,主频为 1MHz,由外面加入 CPU。

M6800 CPU 的逻辑原理如图 5-21 所示。

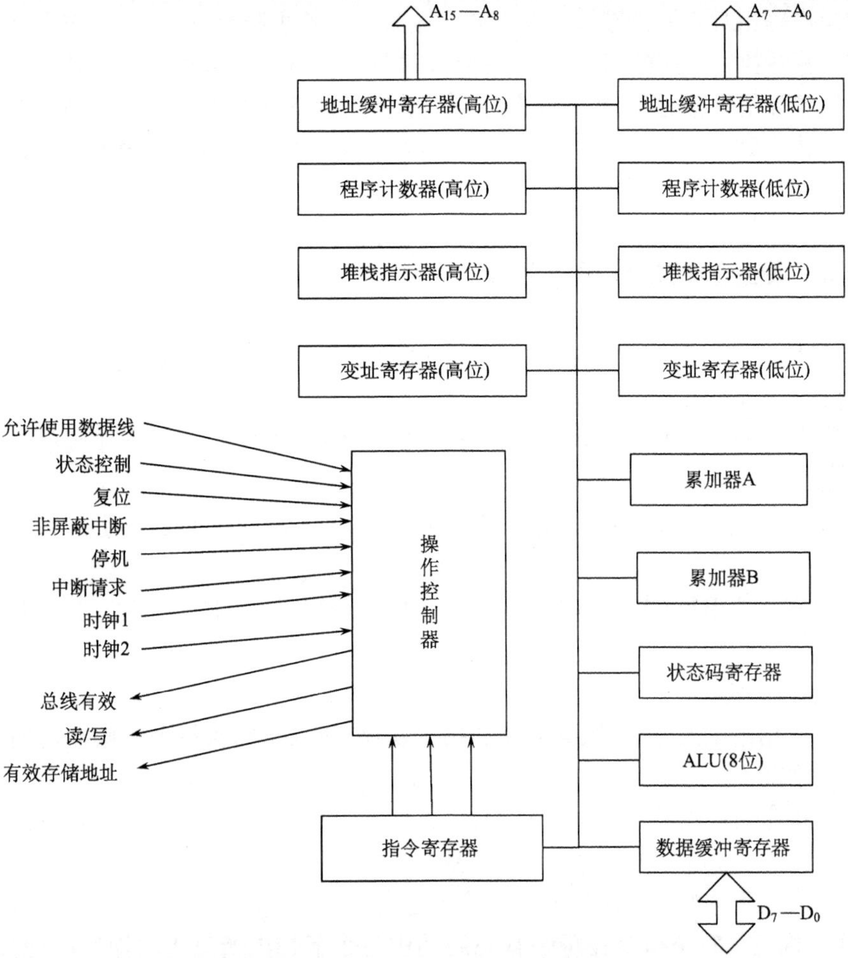


图 5-21　M6800 CPU 的逻辑框图

M6800 CPU 是一个比较典型的单总线结构的微理器，它通过内部的一条总线将微处理器内部的各个逻辑部件连接起来，而外部总线将 CPU 与外面的部件连接起来。这样，它描述了内部总线和外部总线，也描述了本章中讨论的算术逻辑运算部件 ALU、各类寄存器和控制部件的关系。

M6800 的 CPU 主要包括 8 位的 ALU，16 位的程序计数器、16 位的堆栈指示器和 16 位的变址寄存器，两个 8 位的累加器和一个 8 位的状态条件码寄存器，一个 8 位的指令寄存器以及指令译码与控制部件（即操作控制器）。此外还有一个 8 位的数据缓冲寄存器和一个 16 位的地址缓冲寄存器。

ALU 部件执行算术运算和逻辑操作，它们包括逻辑“与”、逻辑“或”、逻辑“异或”、求补、比较、加法、减法、十进制调整等。

堆栈指示器可以指出主存储器中的任何位置。这意味着在主存中的任何位置，都可设置先进后出的堆栈。变址寄存器可以用来存储数据，或者用来存储 16 位地址，以便在变址寻址时使用。状态码寄存器用来指出在 ALU 中操作的结果，以便在条件转移时使用。这些标志有负数（N）、零（Z）、溢出（V）、进位（C）和半进位（H）。

为了与外界交换数据，CPU 通过数据缓冲寄存器与双向数据总线 $D_0$—$D_7$ 相连。而地址则是过地址缓冲寄存器送到 16 位地址总线 $A_{15}$—$A_0$ 上。由于数据总线、地址总线与 CPU 相连的缓冲寄存器都是三态的，以后我们将会知道，这种逻辑结构对直接内存访问来说是方便的。其次，在 M6800 中，主存地址和外设地址是统一编址的，因此，在 65536 个地址中有一部分是为外围设备使用的。

**2. Intel 8088 CPU**

Intel 8088 是一种通用的准 16 位微处理器，其内部结构为 16 位，与外部交换的数据为 8 位。它可以处理 16 位数据（具有 16 位运算指令，包括乘除法指令），也可以处理 8 位数据。由于它有 20 条地址线，因此直接寻址能力达到 1M 字节。它采用 40 条引线封装、单相时钟，电源为 5V。

Intel 8088 CPU 的内部结构如图 5-22 所示。

CPU 从功能上来说分成两大部分：

① 总线接口单元 BIU 负责与存储器和外围设备接口；

② 执行单元 EU 负责指令的执行。

寄存器能处理 16 位数据，所以最上面四个寄存器是 16 位数据寄存器，用以暂存 16 位的操作数。其中 AH＋AL 为累加器，其他三个 16 位寄存器用以存放操作数。

当处理 8 位数时，四个 16 位数据寄存器可变作八个 8 位寄存器使用。

堆栈指针 SP 用来指示堆栈操作时栈顶在主存的位置，但是 SP 必须与堆栈段

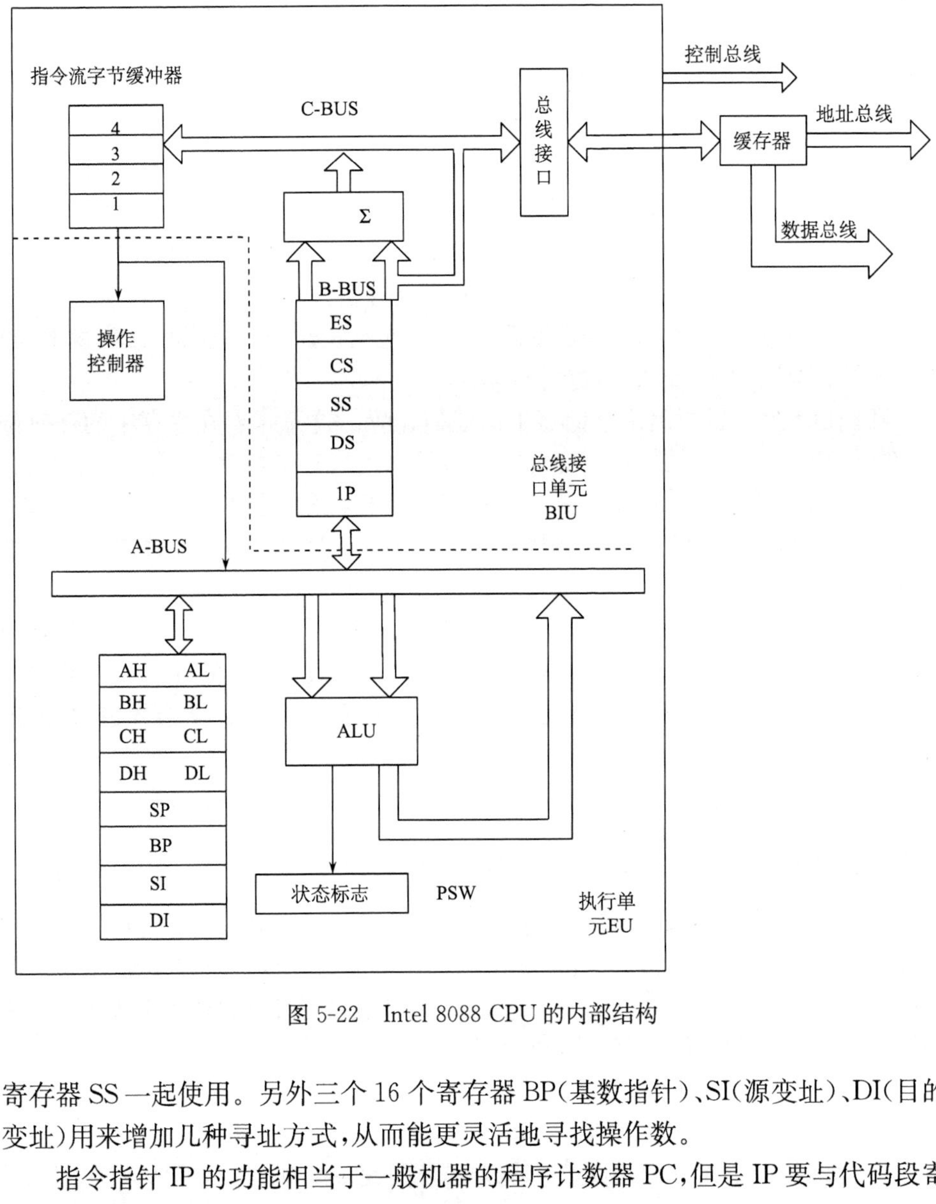


图 5-22　Intel 8088 CPU 的内部结构

寄存器 SS 一起使用。另外三个 16 个寄存器 BP(基数指针)、SI(源变址)、DI(目的变址)用来增加几种寻址方式,从而能更灵活地寻找操作数。

指令指针 IP 的功能相当于一般机器的程序计数器 PC,但是 IP 要与代码段寄存器 CS 相配合才能形成真正的物理地址。

状态寄存器 PSW 由 9 个标志位组成,以反映操作结果的某些状态或机器运行状态。

四个 16 位的段寄存器,用来存放主存段地址(代码段 CS、数据段 DS、堆栈段 SS、附加段 ES)。通过把某个段寄存器左移 4 位低位补零后与 16 位偏移地址相加的方法可形成 20 位长度的实际地址,从而可使主存具有 1MB($1M=2^{20}$)的寻址能力。

取指令时，CPU 自动选择代码段寄存器 CS，再加上由 IP 所决定的 16 位位移量，便得到所取指令的 20 位主存物理地址。

进行堆栈操作时，CPU 自动选择堆栈分段寄存器 SS，再加上 SP 所决定的 16 位偏移量，便得到堆栈操作所需要的 20 位物理地址。

涉及一个操作数时，CPU 自动选择数据段寄存器 DS 或附加段寄存器 ES，再加上 16 位偏移量，便得到操作数的 20 位物理地址。此处的 16 位偏移量，可以是包含在指令中的直接地址，也可以是某一个 16 位地址寄存器的值，又可以是指令中的偏移量加上 16 位地址寄存器的值等，这要取决于指令的寻址方式。

在不改变段寄存器值的情况下，寻址的最大范围是 64KB。

### 3. IBM 370 CPU

IBM 370 系列机中使用的 CPU 结构，字长 32 位，如图 5-23 所示。

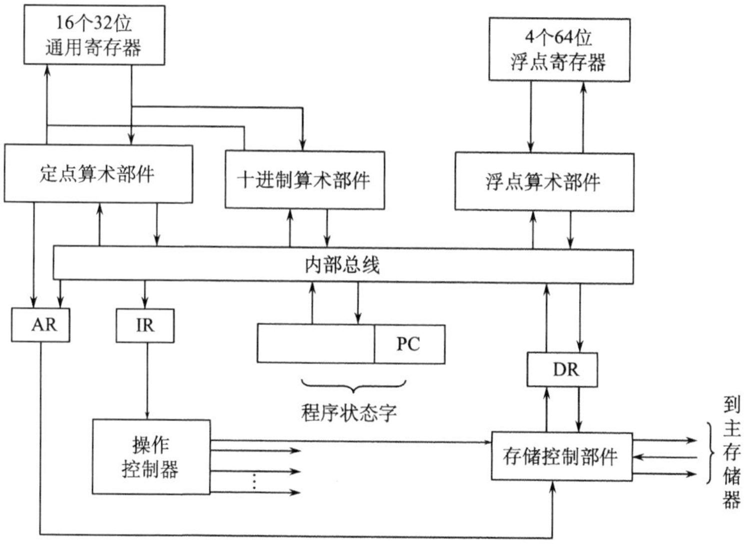


图 5-23　IBM 370 系列计算机的 CPU 结构

ALU 部件按功能不同分为如下三个子部件，

(1) 定点运算：包括整数计算和有效地址的计算；

(2) 浮点运算；

(3) 可变长运算：包括十进制算术运算和字符串操作。

为了存放地址和数据，使用了两组独立的可编址寄存器，16 个通用寄存器用来存放操作数和运算结果，并且也可用作变址寄存器。4 个浮点寄存器用于浮点运算。数据寄存器 DR、地址寄存器 AR、指令寄存器 IR 都是标准化的。

程序状态字 PSW(实际上为两个字)存放在专用寄存器中,它指明程序运行的状态,可用于 CPU 响应的中断情况及指明下一条执行指令的地址。PSW 主要是为处理中断而使用的。CPU 通过将现行的 PSW 存入主存储器,并取出新的 PSW 的方式来响应中断。新的 PSW 指出为处理中断而应执行的程序。一旦该程序执行完毕,CPU 可从主存储器取回旧的 PSW,再继续执行原来被中断了的程序。

在 370 系统中,CPU 在任何时刻都只能处于几种控制状态中的一种。当它在执行操作系统的一段程序时,操作系统明确地控制着 CPU,这时我们说 CPU 处于管理状态(简称管态)。某些指令只允许在这个状态下执行。当 CPU 在执行用户程序时,则认为它处于正常的解题状态(简称目态)。CPU 在任何时刻的状态都是由它的 PSW 来说明的。

为了进行存储保护,PSW 寄存器还包含一个存储键。主存储器按每 2KB 分成若干块,每块都配置一个存储键。存储键规定了可允许存取的类别,如只读、可读可写、不可读写等。对每块中的信息,只有当该块的存储键与 PSW 寄存器中的现行键相符时,才可以进行存取操作。

#### 4. Intel 80486 CPU

1) 486 CPU 的特点

Intel 80486 是 32 位的 CPU,其主要特点如下:

① 通过采用流水技术,以及微程序控制和硬连线逻辑控制相结合的方式,进一步缩短可变长指令的译码时间,以实现基本指令可以在一个时钟周期内完成。

② 486 芯片内部包含一个 8KB 的数据和指令混合性 cache,为频繁访问的指令和数据提供快速的内部存储,从而使系统总线有更多的时间用于其他控制。

③ 486 芯片内部包含了增强型 80387 协处理器,称为浮点运算部件(FPU)。由于 FPU 功能扩充,且放在 CPU 内部,使引线缩短,故速度比 80387 提高了 3~5 倍。

④ 486 CPU 的内部数据总线宽度为 64 位,这也是它缩短指令周期的一个原因。而外部数据总线的宽度也可以自动转换。

⑤ 地址信号线扩充到 32 位,可以处理 4GB 的物理存储空间。如果利用虚拟存储器,其存储空间达 64TB。

⑥ 486 CPU 采用单倍的时钟频率,而在 CLK 端加入的时钟频率,就是它内部 CPU 的时钟频率,因此大大增加了电路的稳定性。

2) 486 CPU 的内部结构

486 的内部结构包含如下九个功能部件:

总线接口部件、小容量 cache、指令预取部件、指令译码器、段管理部件、页管理部件、定点运算部件 ALU、浮点运算部件 FPU 及操作控制部件。

总线接口部件主要用来产生访问外部存储器和 I/O 口所需要的地址、数据、命令信号。

段管理部件用来把指令指定的逻辑地址(程序中指定的虚拟地址)变成线性地址。

页管理部件的功能是把线性地址换算成物理地址。

指令预取部件中包含了 32 字节的预取队列寄存器,可以存放多条指令,因而是一种流水线结构。

ALU 中包含了通用寄存器组以及各种算术逻辑运算操作。

FPU 则完成浮点数运算、二进制整数运算、十进制数串运算等。

操作控制部件采用微程序控制和硬连线控制相结合的方式,因而较好地发挥了效率。

### 5. Pentium CPU

1) Pentium 的技术性能

Pentium 是 Intel 公司生产的超标量流水处理器,早期使用 5V 工作电压,后期使用 3.3V 工作电压。CPU 的主频是片外主总线时钟频率(60MHz 或 66MHz)的倍频,有 120MHz、166MHz、200MHz 等多种。

CPU 内部的主要寄存器宽度为 32 位,故认为它是一个 32 位微处理器。但它通向存储器的外部总线数为 64 位,即总线宽度为 64 位。因此,每次总线操作可以同时传输 8 个字节。以主总线(存储器总线)时钟频率 66MHz 计算,64 位数据总线可使 CPU 与主存的数据交换速率达到 528MB/s。CPU 支持多种类型的总线周期,其中一种称猝发模式,在此模式下,可在一个总线周期内读出或写入 256 位(32 字节)的数据。

CPU 外部地址总线宽度是 36 位,但一般使用 32 位,故物理地址空间为 4096MB(4GB)。虚拟地址空间为 64TB,分页模式除支持 4KB 页面外(与 486 相同),还支持 2MB 和 4MB 页面。其中 2MB 页面的分页模式必须使用 36 位地址总线。

CPU 内部分别设置指令 cache 和数据 cache,外部还可接 L2cache。CPU 采用 U,V 两条指令流水线,能在一个时钟周期内发射两条简单的整数指令,也可发射一条浮点指令。操作控制器采用硬连线控制和微程序控制相结合的方式。大多数简单指令用硬连线控制实现,在一个时钟周期内执行完毕。对微程序实现的指令,也在 2～3 个时钟周期内执行完毕。

Pentium 具有非固定长度的指令格式,9 种寻址方式、191 条指令,但是在每个时钟周期又能执行两条指令。因此它具有 CISC 和 RISC 两者的特性,不过具有的

CISC 特性更多一些，因此被看成为一个 CISC 结构的处理器。以 CISC 结构实现超标量流水线，并有 BTB 方式的转移预测能力，堪称当代 CISC 机器的经典之作。

2) Pentium CPU 的结构框图（图 5-24）

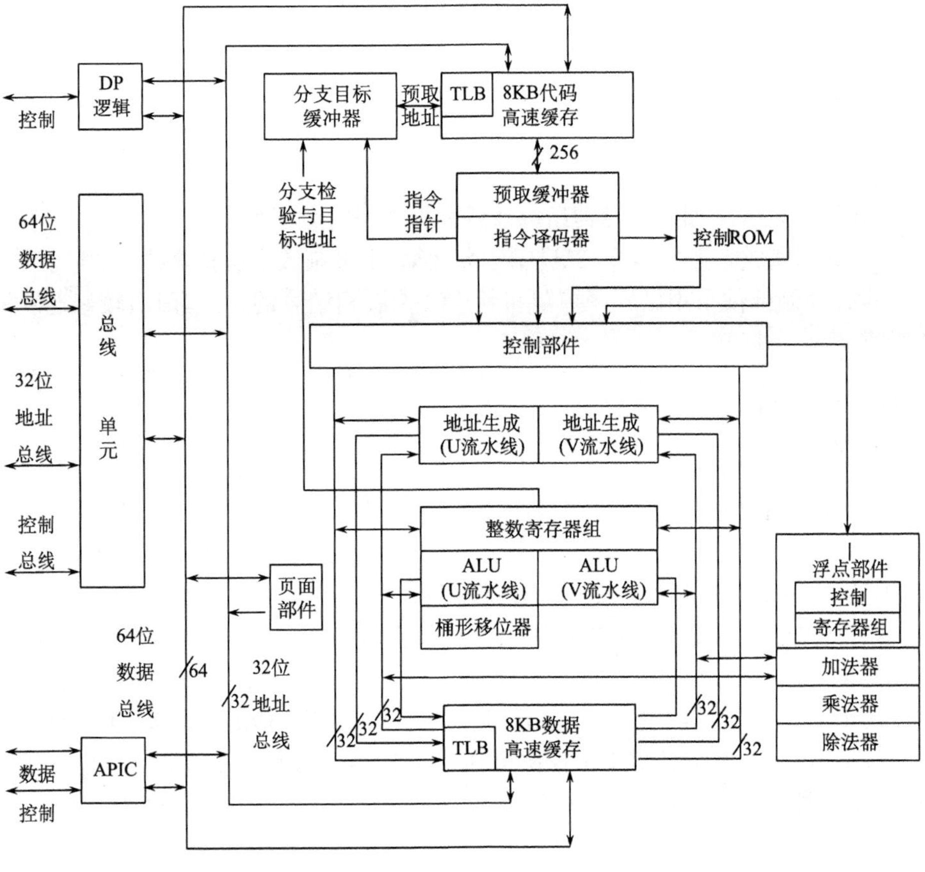


图 5-24　Pentium 微处理器的内部结构

(1) 超标量流水线：超标量流水线它是 pentium 系统结构的核心。它由 U 和 V 两条指令流水线构成，每条流水线都有自已的 ALU、地址生成电路、与数据 cache 的接口。两个指令预取缓冲器，每个都是 32 字节，负责由指令 cache 或主存取指令并放入其中。

指令译码器除完成译码指令外，还要完成指令配对检查。两条连续的指令 $I_1$，$I_2$ 前后被译码，然后判断是否将这一对指令并行发射出去。发射一对指令必须满足如下条件：①两条指令是简单指令；②两条指令不发生数据相关；③每条指令都不同时含有立即数和偏移量；④只有 $I_1$ 允许带有指令前缀。CPU 对 U，V 两条流水线的调度采用按序发射、按序完成策略。检查合格的一对指令同时被发射到 U，

V 流水线的下一段。如果不满足配对条件，只允许 $I_1$ 指令发射到 U 流水线的下一段。在指令配对条件下，流水线在每个时钟周期内执行两条简单的整数指令，但一般只能执行一条浮点数指令。原因是，浮点数指令流水线是 8 段，而前 5 段与 U，V 流水线(共 5 段)共享，而且某些浮点操作数是 64 位，所以浮点数指令不能与整数指令同时执行。

控制 ROM 属于微程序控制器，其中存放一组解释指令操作顺序的微指令代码。

两个地址生成器用于计算存储器操作数地址。各种模式下的逻辑地址最终要转换成物理地址来访问数据 cache，并用转换后援缓冲器 TLB 来加速这种地址转换过程。寄存器堆有 8 个 32 位整数寄存器，用于地址计算、保存 ALU 的源操作数和目的操作数。

(2) 指令 cache 和数据 cache：80486 CPU 中有 8KB 的指令和数据共用的 cache；而 Pentium CPU 则分设指令 cache 和数据 cache，各 8KB。指令 cache 是只读的，以单端口 256 位(32B)向指令预取缓冲器提供超长指令字代码；数据 cache 是可读可写的，双端口，每个端口 32 位，与 U，V 两条流水线交换整数数据，或组合成一个 64 位端口与浮点运算部件交换浮点数据。两个 cache 与 64 位数据、32 位地址的 CPU 内部总线相连接。

两个 cache 都是两路组相联结构，每个 32 字节。数据 cache 可设置成行写回或全写法方式，并靠 MESI 协议来维护 $L_1$ cache，$L_2$ cache 的一致性。

两个 cache 都使用物理地址。每个 cache 都有一个后援缓冲器 TLB，负责将 TLB 命中的线性地址转换成 32 位物理地址。

指令 cache 与数据 cache 的独立设置是对标量流水线的有力支持，它不仅使指令预取和数据读写能无冲突地同时完成，而且可同时与 U，V 两条流水线分别交换数据。

(3) 浮点运算部件：Pentium CPU 内部包含了一个 8 段的流水浮点运算器。前 4 段为指令预取(PF)、指令译码(D1)、地址生成(D2)、取操作数(EX)，在 U，V 流水线中完成；后 4 段为执行 1(X1)、执行 2(X2)、结果写回寄存器堆(WF)、错误报告(ER)，在浮点运算部件中完成。一般只能由 U 流水线完成一条浮点数操作指令。

浮点部件支持 IEEE754 标准的单、双精度格式的浮点数，另外还使用一种称为临时实数的 80 位浮点数。其中有浮点专用加法器、乘法器和除法器，有 8 个 80 位寄存器组成的寄存器堆，内部的数据总线为 80 位宽。对于浮点数的常用指令如 LOAD、ADD、MUL 等采用了新的算法，用硬件来实现，其执行速度是 80486 的 10 倍多。

(4) 动态转移预测技术：执行转移指令时为了不使流水线断流，Pentium 采用了动态转移预测技术。转移目标缓冲器 BTB 是一个小容量的 cache。当一条指令导致程序转移时，BTB 便记录这条指令及其转移目标地址。以后遇到这条转移指令时，BTB 会依据前后转移发生的历史来预测该指令这次是转移取还是顺序取。若预测为转移取，则将 BTB 记录的转移目标地址立即送出可用。

两个指令预取缓冲器，每个容量为 32 字节，当前总是使用其中一个（假设为缓冲器 1）。当在指令译码（$D_1$）段译出一条转移指令时立即检索 BTB。若预测为“顺序取”，则继续从缓冲器 1 取指令；若预测为“转移取”，则立即冻结缓冲器 1，启动另一个缓冲器 2，由给出的转移目标地址处开始取分支程序的指令序列。这样一来，就保证了流水线的指令预取步骤永远不会空置。并且当预测转移取错误时，正确路径的指令已经在另一个缓冲器中，使流水线的性能损失降至最低。

## 5.6　指令流水与并行技术

流水线实际上是把一个功能部件分解成多个独立的子功能部件（一个任务也就分成了几个子任务，每个子任务由一个子功能部件完成），并依靠多个子功能部件并行工作来缩短所有任务的执行时间。流水线有助于提高整个程序（所有任务）的吞吐率，但并没有减少每个指令（任务）的执行时间。流水线各个功能段所需时间应尽量相等，否则，时间长的功能段将成为流水线的“瓶颈”，会造成流水线的“阻塞（Stall）”。流水线开始需要的时间称为“通过时间”（Fill），最后需要的时间称为“排空时间（Drain）”。流水线只有处理连续不断的任务才能发挥其效率。流水线可以分为如下三种，

(1) 指令流水线：指令步骤的并行。将指令流的处理过程划分为取指令、译码、取操作数、执行、写回等几个并行处理的过程段。

(2) 算术流水线：指运算操作步骤的并行。

(3) 处理机流水线：又称为宏流水线，指程序步骤的并行。

### 5.6.1　指令流水的基本概念

指令流水是指为提高处理器执行指令的效率，把一条指令的操作分成多个微步骤，每个步骤由专门的电路完成。例如，一条指令的执行要经过 3 个阶段：取指令、译码、执行，每个阶段都要花费一个时钟周期。如果没有采用流水线技术，那么这条指令的执行需要 3 个时钟周期；如果采用了指令流水线技术，那么当这条指令完成“取指”后进入“译码”的同时，下一条指令就可以进行“取指”了，这样就提高了指令的执行效率。

如果计算机的指令执行过程被划分为取指令、译码、计算操作数地址、取操作

数、执行指令、写操作数等几个步骤，那么这就是六级指令流水线。

流水线中存在一些相关（或称冲突、冒险 Hazard、依赖 Dependence、竞争 Competition）的情况，它使得下一条指令无法在设计的时钟周期内执行。这些相关将降低流水线性能。主要有三种类型的相关（冲突）。

结构相关（资源冲突）：当指令重叠执行过程中，硬件资源满足不了指令重叠执行的要求，多条指令进入流水线后，在同一机器时钟周期内争用同一个功能部件发生冲突；数据相关（数据冲突）：在同时执行的多条指令中，一条指令依赖前一条指令的执行结果（数据）却无法得到；控制相关（控制冲突）：流水线遇到分支指令或其他改变 PC 值的指令，执行转移指令时，依据转移条件产生的结果可能为顺序取下条指令，也可能转移到新的目标地址取指令，地址不定，流水线需要暂停，发生断流。

指令流水线是 Intel 首次在 486 芯片中开始使用的。在 CPU 中由 5～6 个不同功能的电路单元组成一条指令处理流水线，然后将一条 x86 指令分成 5～6 步后再由这些电路单元分别执行，这样就能实现在一个 CPU 时钟周期完成一条指令，从而提高了 CPU 的运算速度。

目前，几乎所有的高性能计算机 CPU 都采用了指令流水线。

进一步改进指令流水线，实现一个时钟周期发射或流出（Issue）多条指令。这样的处理器有下列三种，

（1）超标量（Super Scalar）处理器：每个时钟周期发射多条（1～8 条）指令。

（2）超长指令字（VLIW：Very Long Instruction Word）：通过编译器调度无关的多条（4～16 条）指令形成一条长指令，每个时钟周期发射一条长指令。

（3）超级流水线（Super Pipeline）：将每个功能部件进一步流水化，使得一个功能部件在一个时钟周期中可以处理多条指令（可以简单地理解为很长的流水线）。

### 5.6.2　RISC 的指令系统和流水线

CISC 是指复杂指令集计算机（Complex Instruction Set Computer），RISC 是指精简指令集计算机（Reduced Instruction Set Computer）。

传统计算机时代，体系结构设计者一直认为计算机的指令系统越丰富、越复杂，功能越强，计算机处理程序设计语言的能力也越强。在这种指导思想之下设计出的计算机指令系统越来越复杂和庞大。许多计算机系统都具有 300 条以上的指令，因此可能总共有千种以上的不同的指令操作。我们将带有这样的指令系统的计算机称为 CISC 复杂指令系统计算机。

20 世纪 70 年代中后期，对各种计算机中的指令使用率进行统计分析的结果发现，所使用的 80%的指令只占处理器指令系统的 20%，同时发现使用最频繁的

指令是数据传送、算术运算等最简单的指令。这种 CISC 的指令系统是一种大量指令很少使用的指令系统。它不仅带来计算机结构上的复杂性，同时使微程序设计更为复杂，致使出错的概率增加。此外，大量使用操作复杂的存储器操作指令，因而也很难大幅度提高计算机的效率。

精简指令系统计算机 RISC 开始出现于 20 世纪 80 年代中、后期。这是计算机体系结构发展史又一次重大的变革，是计算机发展的必然趋势。RISC 结构的最大特点是指令系统简单，其设计原则是使计算机的结构更加简单、更加合理，使系统达到最高的有效速度。为此，首先简化硬件设计，排除那些实现复杂功能的复杂指令，而保留能提高机器性能并且使用频率最高的指令。

RISC 技术的特点是：①采用高效的流水线操作：使指令在流水线中并行地操作，从而提高处理数据和指令的速度。②指令格式的规格化和简单化：为与流水线结构相适应且提高流水线的效率，指令的格式必须趋于简单和固定的规式。比如指令采用 16 位或 32 位的固定的长度，并且指令中的操作码字段、操作数字段都尽可能具有统一的格式。此外，尽量减少寻址方式，从而使硬件逻辑部件简化且缩短译码时间，同时也提高了机器执行效率和可靠性。③采用面向寄存器堆的指令：RISC 结构采用大量的寄存器操作指令，使指令系统更为精简，控制部件更为简化，指令执行速度大大提高。由于 VLSl 技术的迅速发展，使得在一个芯片上做大量的寄存器成为可能，这也促成了 RISC 结构的实现。④ 采用装入/存储指令结构：在 ClSC 结构中，大量设置存储器操作指令，频繁地访问内存。将会使执行速度降低。RISC 结构的指令系统中，只有装入/存储指令可以访问内存，而其他指令均在寄存器之间对数据进行处理。用装入指令从内存中将数据取出，送到寄存器；在寄存器之间对数据进行快速处理，并将它暂存在那里，以便再有需要时，不必再次访问内存。在适当的时候，使用一条存储指令再将这个数据送回内存。采用这种方法可以提高指令执行的速度。

### 5.6.3 并行处理技术

并行处理技术中的并行性包含两种含义——同时性和并发性；同时性指两个以上事件在同一时刻发生；并发性指两个以上事件在同一时间间隔内发生。其概括起来主要有以下三种形式：

#### 1. 时间并行

时间并行是指时间重叠，在并行性概念中引入时间因素，让多个处理过程在时间上相互错开，轮流重叠地使用同一套硬件设备的各个部分，以加快硬件周转而赢得速度。

时间并行性概念的实现方式就是采用流水处理部件。这是一种非常经济而实用的并行技术，能保证计算机系统具有较高的性能价格比。目前的高性能微型机几乎无一例外地使用了流水技术。

**2. 空间并行**

空间并行是指资源重复，在并行性概念中引入空间因素，以"数量取胜"为原则来大幅度提高计算机的处理速度。大规模和超大规模集成电路的迅速发展为空间并行技术带来了巨大生机，因而也成为目前实现并行处理的一个主要途径。空间并行技术主要体现在多处理器系统和多计算机系统，但是在单处理器系统中也得到了广泛应用。

**3. 时间并行+空间并行**

这是指时间重叠和资源重复的综合应用，既采用时间并行性又采用空间并行性。显然，第三种并行技术带来的高速效益是最好的。

# 习　题

1. 请说明何为指令周期、机器周期、时钟周期，以及三者之间的关系。

2. 简述 CPU 的主要功能。

3. 流水线中的相关有哪些?

4. 微程序控制器与硬连线控制器的主要区别是什么? 分别叙述它们的工作原理。

5. 指令和数据均存放在内存中，计算机如何从时间和空间上区分它们是指令还是数据?

6. 比较水平型微指令和垂直型微指令的优缺点。

7. 简述什么是 CISC? 什么是 RISC? RISC 指令系统的特点是什么?

8. 某计算机有如下部件：ALU、移位器、主存、主存数据寄存器 MDR、主存地址寄存器 MAR、指令寄存器 IR、通用寄存器 $R_0$～$R_3$、暂存器 C 和 D，

(1) 请将各逻辑部件组成一个数据通路，并注明数据流动方向；

(2) 画出"ADD $R_1$，$R_2$"指令的指令周期流程图。

9. CPU 结构如图所示，其中一个累加寄存器 AC，一个状态条件寄存器和其他四个寄存器，各部分之间的连线表示数据通路，箭头表示信息传送方向。

(1) 标明图中四个寄存器的名称；

(2) 简述指令从主存取到控制器的数据通路；

(3) 数据在运算器和主存之间进行存/取访问的数据通路。

10. 参见下图的数据通路，画出数据指令"STA、$R_1$、($R_2$)"的指令周期流程图，指令含义是将寄存器 $R_1$ 的内容传送至($R_2$)为地址的存储单元中。标出各微操作信号序列。

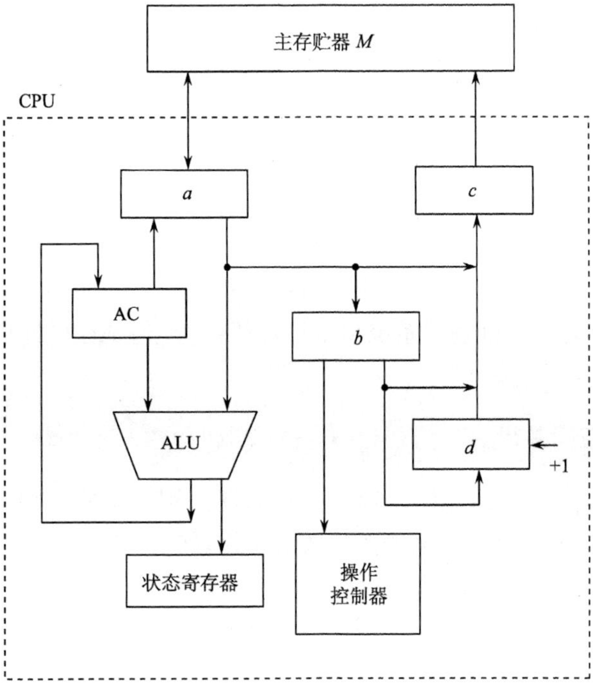
主存贮器 M
CPU
a
c
AC
b
ALU
d
+1
状态寄存器
操作
控制器

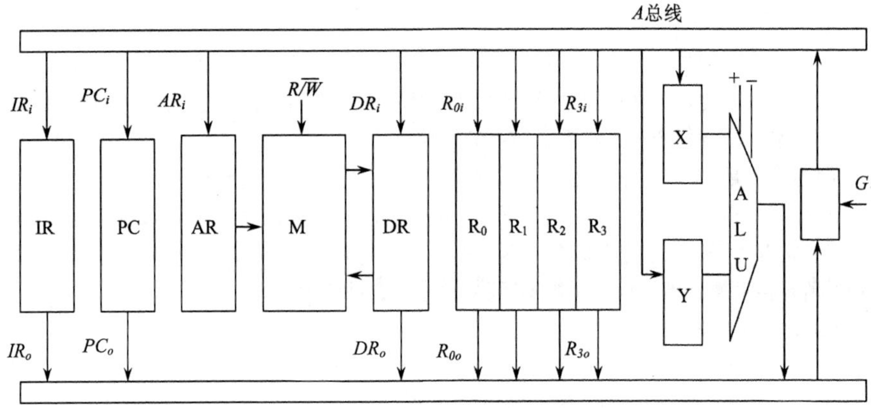
A总线
IR_i
PC_i
AR_i
R/W
DR_i
R_0i
R_3i
+
–
X
G
IR
PC
AR
M
DR
R0
R1
R2
R3
A
L
U
Y
IR_o
PC_o
DR_o
R_0o
R_3o
B总线

# 第 6 章　存储器系统

存储器是计算机中具有记忆功能的部件，用来存放程序和数据。本章主要讲述存储器的分类、主存储器和外存储器的存储原理、高速缓冲存储器和虚拟存储器的工作原理。

## 6.1　存储器概述

存储器是计算机系统中的记忆设备，用来存放程序和数据。构成存储器的存储介质，目前主要采用半导体器件和磁性材料。

目前在计算机系统中，通常采用三级存储器结构，即快速缓冲存储器、主存储器和外存储器。

### 6.1.1　存储器分类

存储器是计算机系统中的记忆设备，用来存放程序和数据。构成存储器的存储介质，目前主要采用半导体器件和磁性材料。一个双稳态半导体电路或磁性材料的存储元，均可以存储一位二进制代码。这个二进制代码位是存储器中最小的存储单位，称为一个存储位或存储元。由若干个存储元组成一个存储单元，然后再由许多存储单元组成一个存储器。

根据存储元件的性能及使用方法不同，存储器有各种不同的分类方法。

#### 1. 按存储介质分类

作为存储介质的基本要求，必须具备能够显示两个有明显区别的物理状态的性能，分别用来表示二进制的代码 0 和 1。另一方面，存储器的存取速度又取决于这种物理状态的改变速度。目前按存储介质分类的存储器主要是半导体存储器和磁表面存储器，以及光介质存储器。

1）半导体存储器

用半导体器件组成的存储器称为半导体存储器，它的工作原理是利用双稳态触发器来存储信息 0 和 1。它的特点是速度快，属于非破坏性读出，不需要重写，信息易失，常作为主存和高速缓存。

2）磁表面存储器

用磁性材料做成的存储器称为磁表面存储器，例如磁盘存储器和磁带存储器。它的工作原理是利用磁层上不同方向的磁化区域来表示信息 0 和 1。它的特点是容量大，属于非破坏性读出，长期保存信息，速度慢，常作为外存。

3）光介质存储器

利用激光照射原理形成的存储器称为光介质存储器。它的工作原理是利用激光照射产生光斑的有无来存储信息 0 和 1。它的特点是容量更大，非破坏性读出，长期保存信息，速度慢，常作外存。

**2. 按存取方式分类**

如果存储器中任何存储单元的内容都能被随机存取，且存取时间和存储单元的物理位置无关，这种存储器称为随机存储器 RAM。这类存储器的特点是 CPU 或 I/O 设备在任一时刻都可按地址访问其任一个存储单元，而且访问时间与地址无关，都是一个存取周期。半导体存储器和磁芯存储器都是随机存储器。

如果存储器只能按某种顺序来存取，也就是说存取时间和存储单元的物理位置无关，这种存储器称为顺序存储器 SAM。这类存储器的特点是信息顺序存放或读出，其存取时间取决于信息存放位置。它不按字单元编址，而以记录块为单位编址。例如，磁带存储器就是顺序存储器，它的最大优点是存储容量大，缺点则是存取速度慢。

存储器的存取方式介于 RAM 和 SAM 之间，先选取需要存取信息所在的区域，然后用顺序方式存取，这种存取方式叫直接存取存储器 DAM。磁盘存储器就是先寻找信息所在的扇区，然后再顺序存取信息，此类存储器的容量也比较大，速度则介于 SAM 和 RAM 之间，主要用作辅存。

**3. 按存储器的读写功能分类**

有些半导体存储器存储的内容是固定不变的，即只能读出而不能写入，因此这种半导体存储器称为只读存储器（ROM）；既能读出又能写入的半导体存储器，称为随机存储器（RAM）。只读存储器又可以分为：①固存，用户不能编程；②PROM，用户可一次编程；③EPROM，用户可多次编程（紫外线擦除）；④EEPROM，用户可多次编程（电擦除）；⑤Flash Memory，用户可多次编程（电擦除、联机读写）。

**4. 按信息的可保存性分类**

断电后信息即消失的存储器，称为非永久记忆的存储器。断电后仍能保存信息的存储器，称为永久性记忆的存储器。磁性材料做成的存储器 ROM 是永久性存储器,半导体读写存储器 RAM 是非永久性存储器。

**5. 按串、并行存取方式分类**

目前使用的半导体存储器大多为并行存取方式,但也有以串行存取方式工作的存储器,如电耦合器件 (CCD)、串行移位寄存器和镍延迟线构成的存储器等。

**6. 按在计算机系统中的作用分类**

根据存储器在计算机系统中所起的作用,可分为主存储器、辅助存储器、缓冲存储器、控制存储器等。

(1) 高速缓冲存储器(cache):目前由双极型半导体组成,构成计算机系统中的一个高速小容量存储器。其存取速度能接近 CPU 的工作速度,用来临时存放指令和数据。

(2) 主存储器:主存储器是计算机系统中的重要部件,用来存放计算机运行时的大量程序和数据,主存储器目前一般用 MOS 半导体存储器构成。

(3) 辅助存储器:辅助存储器又称外存储器。外存储器主要由磁表面存储器组成,而光介质存储器应用也很广泛,渐渐成为一种重要的辅助存储器。外存储器的内容需要调入主存后才能被 CPU 访问。外存储器的特点是容量大,所以可存放大量的程序和数据。

### 6.1.2　存储器系统的设计目标

存储器系统是多种存储器所构成的一个有机整体。它的性能是一台计算机性能充分发挥的重要前提之一。一般来说,存储器系统的设计目标是解决速度、容量和价格三者之间的矛盾。本章将主要介绍两种存储系统:一种是由 cache 和主存储器构成的 cache 存储系统;另一种是由主存储器和外存储器构成的虚拟存储系统。cache 存储系统的主要目标是提高存储器系统的速度,虚拟存储系统的主要目标是增加存储系统的存储容量。

### 6.1.3　存储器的分级结构

人们对存储器的要求是容量大、速度快、成本低,但是在一个存储器中要求同时兼顾这三方面是困难的。为了解决这方面的矛盾,目前在计算机系统中,通常采用三级存储器结构,即使用快速缓冲存储器、主存储器和外存储器。中央处理器能直接访问的存储器称为内存储器,包括快速缓冲存储器和主存储器。中央处理器不能直接访问外存储器,外存储器的信息必须调入内存储器后才能为中央处理器处理。存储器的三级结构如图 6-1 所示。

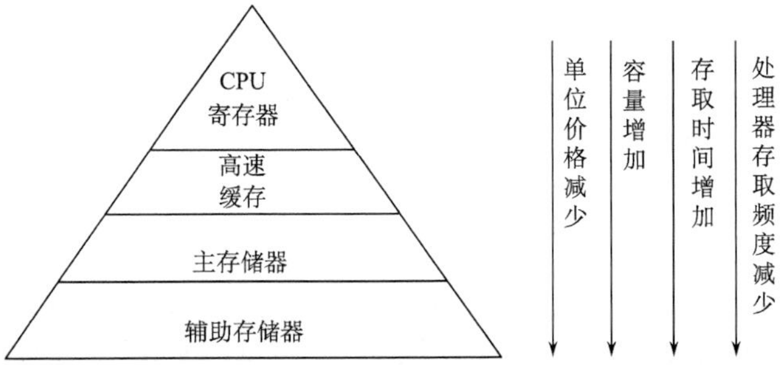


图 6-1　存储器的三级结构

**1. 快速缓冲存储器**

快速缓冲存储器简称快存,它是计算机系统中的一个高速、小容量的存储器。在中高档计算机中,为了提高计算机的处理速度,快存被用来临时存放指令和数据。目前快存主要由双极型半导体存储器组成,和主存储器相比,存取速度快,但存储容量小。

**2. 主存储器**

主存储器是计算机系统的主要存储器,用来存放计算机运行期间的大量程序和数据。它和快速缓冲存储器交换数据和指令,而快速缓冲存储器再与中央处理器打交道。主存储器目前一般由 MOS 半导体存储器组成。

当内存储器中只有主存储器而没有快速缓冲存储器时,内存储器就是主存储器,所以内存储器也泛称为主存储器。通常,内存储器简称内存,主存储器简称主存。

**3. 外存储器**

外存储器也称为辅助存储器,简称外存,由磁表面存储器构成。目前主要使用磁盘存储器和磁带存储器。外存的特点是存储容量大,通常用来存放系统程序和大型数据文件及数据库。

上述三种类型的存储器形成计算机的三级存储器结构,各级存储器承担的职能各不相同:其中快速缓冲存储器主要强调快速存取,以便使存取速度和中央处理器的运算速度相匹配;外存储器主要强调大的存储容量,以满足计算机的大容量存储要求;主存储器介于快存与外存之间,要求选取适当的存储容量和存取周期,使其能容纳系统的核心软件和较多的用户程序。

# 6.2　主存储器

## 6.2.1　主存储器概述

主存储器设在主机内部，用来存放当前正在运行的程序和数据。计算机要解决的问题越复杂，它所要求的主存容量越大，而且，指令的执行速度在很大程度上依赖主存储器的读写速度。因此，设计高速、大容量的主存储器一直是计算机发展中的一个重要课题。

一般地，衡量主存储器性能的指标主要有存储容量、存取时间和存储周期。

## 6.2.2　动态存储器的存储原理和读写

### 1. 四管动态存储元

在六管静态存储元电路中，信息暂存于 $T_1$，$T_2$ 管的栅极，这是因为管子总是存在着一定的电容。负载管 $T_3$，$T_4$ 是为了给这些存储元补充电荷用的。由于 MOS 的栅极电阻很高，故泄漏电流很小，在一定的时间内这些信息电荷可以维持住。为了减少管子以提高集成度，把负载管 $T_3$，$T_4$ 去掉，这样就变成了四管的动态存储电路，如图 6-2(a)所示。

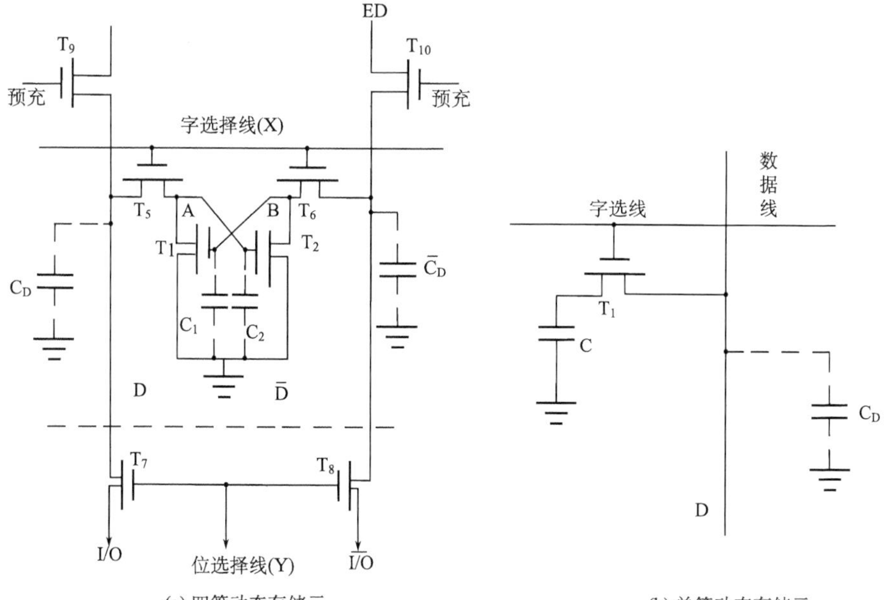


(a) 四管动态存储元　　(b) 单管动态存储元

图 6-2　动态 MOS 存储元电路

$T_5$,$T_6$ 仍为控制管,由字选择线(X 线)控制。当选择线为高电平时,$T_5$,$T_6$ 导通,则存储电路的 A,B 点与位线 D,D 分别相连,再通过 $T_7$,$T_8$ 管与外部数据线 $\overline{I/O}$与 I/O 相通。同时在一列的位线上接有两个公共的预充管 $T_9$,$T_{10}$。

写入操作:当写入时,I/O 与$\overline{I/O}$仍加相反的电平(例如写入"1"时 I/O="1",$\overline{I/O}$="0"),字选择线的高电平打开 $T_5$,$T_6$ 管,因而所存的信息送至 A,B 端,将信息存储在 $T_1$,$T_2$ 管的栅极电容上。当 $T_5$,$T_6$ 截止时,靠 $T_1$,$T_2$ 管栅极电容的存储作用,在一定时间内(2ms)可以保留所写入信息。

读出操作:当读出时,先给出预充信号,使 $T_9$,$T_{10}$ 管导通,于是电源就向位线 D 和 $\bar{D}$ 上的电容充电,使它们达到电源电压。当字选择线使 $T_5$,$T_6$ 管导通时,存储的信息通过 A,B 端位线输出。若原存信息为"1",则电容 $C_2$ 上存有电荷,$T_2$ 管导通,而 $T_1$ 管截止,因此 D 上的预充电荷经 $T_2$ 管泄漏,故在 D= "0",而 D 仍为"1",信号通过 I/O 和$\overline{I/O}$线输出。与此同时,D 上的电荷可以通过 A 点向 $C_2$ 补充。故读出过程也是刷新的过程。

再生操作:由于存储的信息电荷终究是有泄漏的,电荷数又不能像六管电路那样由电源经负载管来不断补充,时间一长,就会丢失信息。为此,必须设法同外界按一定规律不断给栅极进行充电,按需要补足栅极的信息电荷,这就是所谓"再生"或"刷新"。

四管存储元的刷新过程并不复杂,在字选择线上加一个脉冲就能自动刷新正确的存储信息。设原存信息为"1",$T_2$ 管导通,$T_1$ 管截止。若经过一段时间,$T_2$ 管栅极上漏失了一部分信息电荷,使 A 端的电压稍小于存"1"时的满值电压。当字选择线上加脉冲使 $T_5$,$T_6$ 管开启后,A 端与位线 D 相接,就被充电到满值电压,从而刷新了原存的"1"信息。显然,只要定时给全部存储元电路执行一遍读操作,而信息不向外输出,那么就可实现信息再生或刷新。

**2. 单管动态存储元**

为了进一步缩小存储器的体积,提高它们的集成度,人们又设计了单管动态存储元电路。

单管动态存储元电路如图 6-2(b)所示,它由一个管子 $T_1$ 和一个电容 C 构成。写入时,字选择线为"1",$T_1$ 管导通,写入信息由位线(数据线)存入电容 C 中;读出时,字选择线为"1",存储在电容 C 上的电荷通过 $T_1$ 输出到数据线上,通过读出放大器即可得到存储信息。

为了节省面积,这种单管存储元电路的电容 $C$ 不可能做得很大,一般都比数据线上的分布电容 CD 小。因此每次读出后,存储内容就被破坏。为此,必须采取恢复措施,以便再生原存的信息。

比较四管和单管存储元电路,它们各有优缺点。四管电路的缺点是管子多,占用的芯片面积大；它的优点是外围电路比较简单，读出过程就是刷新过程，故在刷新时不需要另加外部逻辑。单管电路的元件数量少，集成度高，但因读“1”和“0”时，数据线上的电平差别很小，需要有高鉴别能力的读出放大器配合工作，外围电路比较复杂。

### 3. DRAM 的刷新

动态 MOS 存储器采用“读出”方式进行刷新。因为在读出过程中恢复了存储单元的 MOS 栅极电容电荷，并保持原单元的内容，所以读出过程就是再生过程。通常，在再生过程中只改变行选择线地址，每次再生一行。依次对存储器的每一行进行读出，就可完成对整个 DRAM 的刷新。从上一次对整个存储器刷新结束到下一次对整个存储器全部刷新一遍为止，这一段时间间隔叫刷新周期，一般为 2ms，4ms 或 8ms。

常用的刷新方式有三种：一种是集中式，另一种是分散式，第三种是异步式。

集中式刷新方式在整个刷新间隔内，前一段时间重复进行读/写周期或维持周期（在维持周期内，不进行读写，存储单元保持原有存储内容），等到需要进行刷新操作时，便暂停读/写周期或维持周期，而逐步进行刷新。例如对 128×128 矩阵存储器进行刷新操作时，刷新的时间相当于 128 个读周期。在这种情况下，假如读/写周期为 0.5μs，刷新周期为 2ms，那么总共有 4000 个周期，其中 3872 个周期(共 1936μs)用来读/写或维持信息；当第 3871 个周期结束，便开始进行 64μs 的刷新操作。由于在这 64μs 时间内不能进行读写操作，故称其为死时间。

在这种方式下，整个存储器的平均读/写周期，与单个存储器的读/写工作所需的周期相差不多，所以这种刷新方式较适用于高速存储器。

分散式刷新方式的时间分配把一个存储系统周期 $t_C$ 分为两半，周期前半段时间 $t_M$ 用来读/写操作或维持信息，周期后半段时间 $t_R$ 作为刷新操作时间。这样，每经过 128 个系统周期时间，整个存储器便全部刷新一遍。假如存储器片的读/写周期为 0.5μs，则存储器系统周期为 1μs。由此可见，整个系统的速度降低了。在这种情况下，只需 128μs 就可将全部存储单元刷新一遍，这比允许的间隔 2ms 要短得多。当然，在分散式刷新方式下，不存在有停止读/写操作的死时间。

异步式刷新方式是前两种方式的结合，即 2ms 内分散地把 128 行刷新一遍。

**例 6.1**　对于 1M×1 位的 DRAM 片子，刷新周期定为 8ms。如果选择一个地址进行刷新，刷新地址为 $A_0$—$A_8$（忽略行地址最高位 $A_9$），因此这一行上的 2048 个存储单元同时进行刷新，即在 8ms 内进行 512 个周期的刷新。按照这个周期数，512 × 2048＝1048567，即对 1M 位的存储元全部进行刷新。刷新方式可采用：在 8ms 中进行 512 次刷新操作的集中刷新方式，或按 8ms÷512＝15.6μs 刷新一次的异步刷新方式。

标准的刷新操作通常有两种：

(1) 只有 RAS 信号的刷新：在这种刷新操作中，基本上只用 RAS 信号来控制刷新，CAS 信号不动作。这种方法消耗的电流小，但是需要外部刷新地址计数器。

(2) CAS 和 RAS 之前的刷新：在这种新操作中利用 CAS 信号比 RAS 信号提前动作来实现刷新。这是因为在 DRAM 器件内部具有刷新地址计数器，每一个刷新周期后这个地址计数器将自动加 1，故不需要外加的刷新地址计数器。目前 256K 位以上的 DRAM 片子通常都具有这种刷新功能。

#### 4. 存储器控制电路

动态 MOS 存储器的刷新需要有硬件电路的支持，包括刷新计数器、刷新/访存裁决、刷新控制逻辑等。这些控制线路可以集中在一个半导体芯片上，形成 DRAM 控制器。它是 CPU 和 DRAM 片子之间的接口电路，即将 CPU 的信号变换成适合 DRAM 片子的信号。借助 DRAM 控制器，可把 DRAM 看作像 SRAM 一样使用，这为系统设计带来了很大方便。

DRAM 控制器的逻辑结构由如下部分组成，

(1) 地址多路开关：由于要向 DRAM 片子分时送出行地址和列地址，所以必须具有多路开关，把来自 CPU 的地址转换行地址和列地址分两次送出。

(2) 刷新定时器：目前使用最多的 1M 位 DRAM 片子，要求 8ms 内刷新 512 次，即提供 512 个刷新地址。定时电路用来提供刷新请求。

(3) 地址计数器：只用 RAS 信号的刷新操作，需要提供刷新地址计数器。对于 1M 位的 DRAM 片子，需要 512 个地址，故要求刷新地址计数器 9 位。但是目前 256M 位以上的 DRAM 片子多数在内部具有刷新地址计数器，可采用 CAS 和 RAS 之前的刷新方式。此时 DRAM 控制器中的刷新地址计数器就无必要。

(4) 仲裁电路：来自 CPU 的访问存储器的请求和来自刷新定时器的刷新请求同时产生，要由仲裁电路对二者的优先进行裁定。

(5) 定时发生器：提供行地址选通信号 RAS 和写信号 WE，以满足存储器进行访问和对 DRAM 片子进行刷新的要求。

### 6.2.3 静态存储器的存储原理及其与 CPU 的连接

半导体存储器分双极型半导体存储器和 MOS 半导体存储器两种。在 MOS 半导体存储器中，根据存储信息机构的原理不同，又分静态 MOS 存储器和动态 MOS 存储器。半导体存储器的主要优点是存取速度快、存储体积小、可靠性高、价格低廉；主要缺点是断电时读写存储器不能保存信息。按信息存储方式分，半导体存储器分为读写存储器和只读存储器，本节只介绍 MOS 工艺的半导体读写存储器。

### 1. 基本存储元

基本存储元是组成存储器的基础和核心，它用来存储一位二进制信息 0 或 1。图 6-3 示出了六管静态 MOS 存储元的电路图，它是由两个 MOS 反相器交叉耦合而成的触发器。一个存储元存储一位二进制代码。如果一个存储单元为 $n$ 位，则需 $n$ 个存储元才能组成一个存储单元。

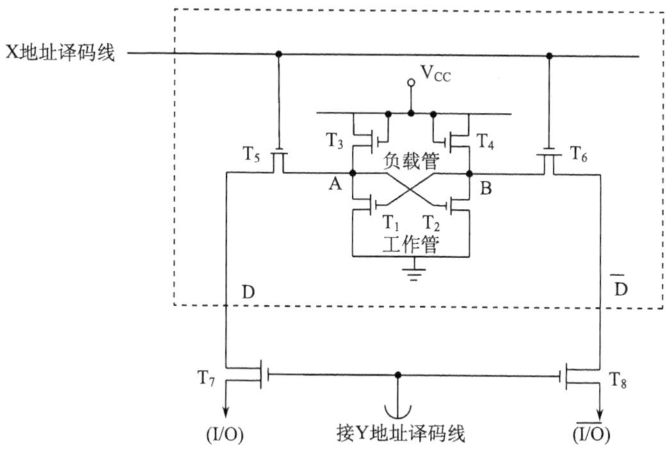


图 6-3　六管静态存储元电路

1）写操作

写操作时，如果要写入“1”，则在 I/O 线上输入高电位，而在 $\overline{I/O}$ 线上输入低电位，并通过开启 $T_5$，$T_6$，$T_7$，$T_8$ 四个晶体管，把高、低电位分别加在 A、B 点，从而使 $T_1$ 管截止，$T_2$ 管导通。当输入信号及地址选择信号消失之后，$T_5$，$T_6$，$T_7$，$T_8$ 管都截止，$T_1$ 和 $T_2$ 管就保持被强迫写入的状态不变，从而将“1”写入存储元。当 $T_5$，$T_6$，$T_7$，$T_8$ 四个管子关闭（截止）后，各种干扰信号就不能进入 $T_1$ 和 $T_2$ 管。

写“0”的情况完全类似，在 I/O 线上输入低电位，在 $\overline{I/O}$ 线上输入高电位，打开 $T_5$，$T_6$，$T_7$，$T_8$ 四个开门管，把低、高电位分别加在 A，B 点，从而使 $T_1$ 管导通，$T_2$ 管截止，于是“0”信息写入了存储元。

注意，要同时打开 $T_5$，$T_6$，$T_7$，$T_8$ 这四个管子，必须把 X 地址译码线和 Y 地址译码线同时输入高电位。如果 X 地址译码线和 Y 地址译码线任一为低电位或同时为低电位时，该存储元就没有被选中。

2）读操作

读操作时，若某个存储元被选中，则该存储元的 $T_5$，$T_6$，$T_7$，$T_8$ 管均导通，于是

A,B 两点与位线 D 与 $\overline{D}$ 相连,存储元的信息被送到 I/O 与$\overline{I/O}$线上。I/O 与$\overline{I/O}$线接着一个差动读出放大器,从其电流方向,可以判知所存信息是"1"还是"0"。也可以只有一个输出端接到外部,看其有无电流通过,就可判知所存信息是"1"还是"0"。

### 2. 静态 MOS 存储器的组成

一个静态 MOS 存储器由存储体、读写电路、地址译码电路和控制电路等组成。

1) 存储体

存储体是存储单元的集合。在较大容量的存储器中,往往把各个字的同一位组织在一个集成片中。例如 4096×1 位是指 4096 个字的同一位。由这样的 16 个片子则可组成 4096×16 的存储器。同一位的这些字通常排成矩阵的形式,如 64×64= 4096。由 X 选择线——行线和 Y 选择线——列线的交叉来选择所需要的单元。

2) 地址译码器

地址译码器的输入信息来自 CPU 的地址寄存器。地址寄存器用来存放所要访问(写入或读出)的存储单元的地址。中央处理器要选择某一存储单元,就在地址总线 $A_0$—$A_{11}$输出此单元的地址信号给地址译码器。地址译码器把用二进制代码表示的地址转换成输出端的高电位,用来驱动相应的读写电路,以便选择所要访问的存储单元。

地址译码有两种方式:一种是单译码方式,适用于小容量存储器;另一种是双译码方式,适用于大容量存储器。

单译码结构也称字结构。在这种方式中,地址译码器只有一个,译码器的输出称为字选线,而字选线选择某个字(某存储单元)的所有位。例如,地址输入线 $n=4$,经地址译码器译码,可译出 $2^4=16$ 个状态,分别对应 16 个字地址。关于单译码方式的存储器结构,我们在后面还将作进一步介绍。

存储器中通常采用双译码结构,可以减少选择线的数目。在这种译码方式中,地址译码器分成 X 向和 Y 向两个译码器。若每一个有 $n/2$ 个输入端,它可以译出 $2^{n/2}$个输出状态,那么两个译码器交叉译码的结果,共可译出 $2^{n/2}\times2^{n/2}=2^n$ 个输出状态,其中 $n$ 为地址输入量的二进制位数。但此时译码输出线却只有 $2\times2^{n/2}$ 根。例如 $n=12$,双译码输出状态为 $2^{12}=4096$ 个,而译码线仅只有 $2\times2^6=128$ 根。

采用双译码结构的 4096×1 的存储单元矩阵如图 6-4 所示。4096 个字排成 64×64 的矩阵,它需要 12 根地址线 $A_0$—$A_{11}$,其中 $A_0$—$A_5$ 输入至 X 地址译码器,它输出 64 条选择线,分别选择 1—64 行;$A_6$—$A_{11}$输入至 Y 地址译码器,它也输出 64 条选择线,分别选择 1—64 列,控制各行的位线控制门。例如,输入地址为

000000000000，X 方向由 $A_0$—$A_5$ 输入，译码选中了第一行，则 $X_1$ 为高电平，因而其控制的 64 个存储元分别与各自的位线相连，但能否与输出线接通，还要受各列的位线控制门控制。在 $A_6$—$A_{11}$ 全为 0 时，$Y_1$ 为高电平，从而选中第一列，第一列的位线控制门打开。故最后译码的结果选中了左上角的(1,1)这个存储单元。

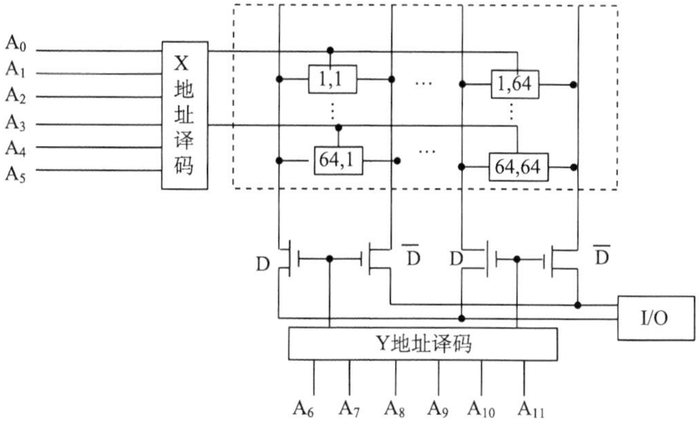


图 6-4　双译码存储器结构

3) 驱动器

由于在双译码结构中，一条 X 方向选择线要控制所有存储元电路，例如 4096×1 中要控制 64 个电路，故其所带的电容负载很大。为此，需要在译码器输出后加驱动器，由驱动器驱动挂在各条 X 方向选择线上的所有存储元电路。

4) I/O 电路

它处于数据总线和被选用的单元之间，用以控制被选中的单元读出或写入，并具有放大信息的作用。

5) 片选与读/写控制电路

前面提到的存储芯片的存储容量终究还是有限的，所以需要一定数量的片子按一定方式进行连接后才能组成一个完整的存储器。在地址选择时，首先要选片。通常用地址译码器的输出和一些控制信号(如读写命令)来形成片选信号。只有当片选信号有效时，才能选中某一片，此片所连的地址线才有效，这样才能对这一片上的存储元进行读操作或写操作。至于是读还是写，取决于中央处理器所给的命令是读命令还是写命令。

6) 输出驱动电路

为了扩展存储器的容量，常需要将几个集成片的数据线并联使用；另外，存储器的读出数据或写入数据都放在双向的数据总线上。这就用到三状态输出缓冲器。

### 3. 静态 MOS 存储器片实例

图 6-5 示出了 Intel 2114 静态 MOS 存储器片的逻辑结构。2114 是一个 1K×4 位静态 RAM，片上共有 4096 个六管存储元电路，排成 64×64 的矩阵。地址线 10 位（$A_0$—$A_9$），其中 6 根（$A_3$—$A_8$）用于行译码，产生 64 根行选择线；4 根（$A_0$，$A_1$，$A_2$，$A_9$）用于列译码，以产生 64/4 条选择线（即 16 条列选择线，每条线同时接至四位）。

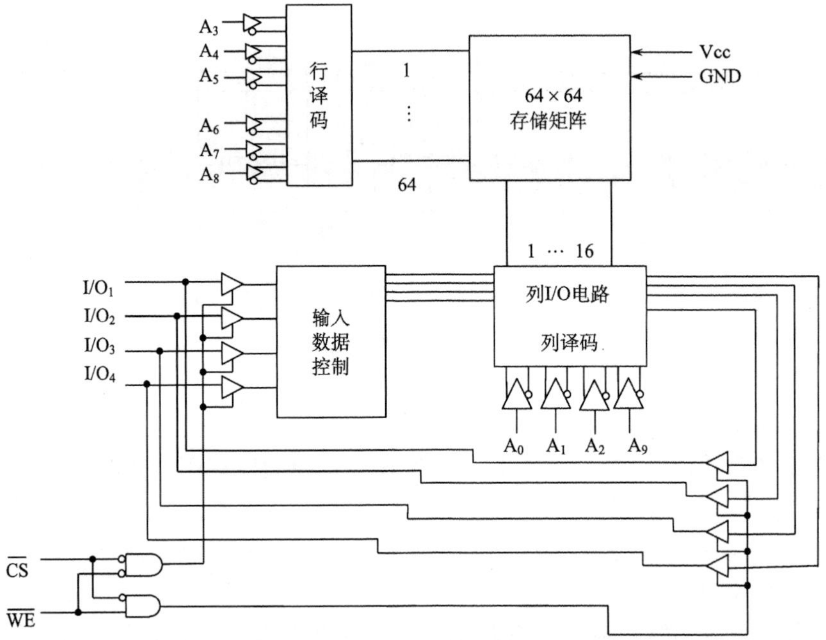


图 6-5 Intel 2114 静态 MOS 存储器片的逻辑结构框图

存储器的内部数据通过 I/O 电路以及输入三态门和输出三态门同数据总线 $I/O_1$—$I/O_4$ 相连。由片选信号 CS 和写允许信号 WE 一起控制这些三态门。在片选信号 CS 有效（低电平）的情况下，如果写命令 WE 有效（低电平），则输入三态门打开，数据总线上的数据信息便写入存储器；如果写命令 WE 无效（高电平），则意味着从存储器读出数据，此时输出三态门打开，数据从存储器读出，送至数据总线上。注意，读操作与写操作是分时进行的，读时不写，写时不读，因此，输入三态门与输出三态门是互锁的，因而数据总线上的信息不至于造成混乱。

### 4. 存储器与中央处理器连接

中央处理器对存储器进行读/写操作，首先由地址总线给出地址信号，然后要发出有关进行读操作或写操作的控制信号，最后在数据总线上进行信息交流。因此，存储器同中央处理器连接时，要完成下面这三步：①地址线的连接；②数据线的连接；③ 控制线的连接。

扩展前生产的存储器芯片的容量是有限的，它在字数或字长方面与实际存储器的要求都有很大差距，所以需要在字向和位向两方面进行扩展才能满足实际存储器的容量要求。

1）位扩展法

假定使用 8K×1 的 RAM 存储器芯片，那么组成 8K×8 位的存储器，可采用图 6-6 所示的位扩展法。此时只加大字长，而存储器的字数与存储器芯片字数一致。图中，每一片 RAM 是 8192×1，故其地址线为 13 条（$A_0$—$A_{12}$），可满足整个存储体容量的要求。每一片对应于数据的 1 位（只有 1 条数据线），故只需将它们分别接到数据总线上的相应位即可。在这种方式中，对片子没有选片要求，就是说片子按已被选中来考虑。如果片子有选片输入端（CS），可将它们直接接地。在这种连接时，每一条地址总线接有 8 个负载，每一条数据线接有一个负载。

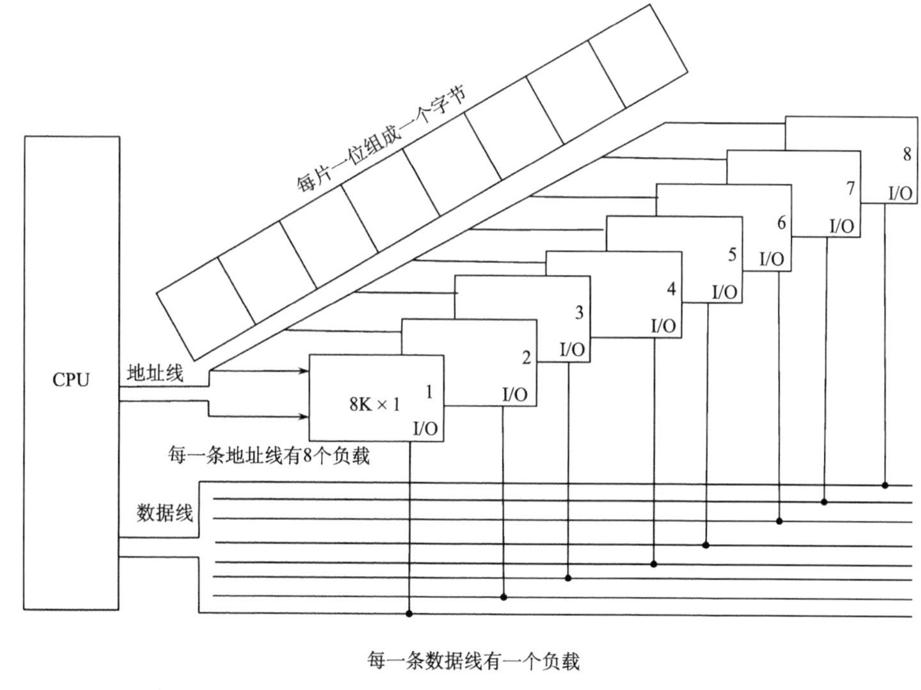


图 6-6　位扩展法组成 8K RAM

2）字扩展法

字扩展是仅在字向扩充，而位数不变，因此将芯片的地址线、数据线、读/写控制线并联，而由片选信号来区分各片地址，故片选信号端连接到选片译码器的输出端。图 6-7 示出用 16K×8 位的芯片采用字扩展法组成 64K×8 位的存储器连接图。图中 4 个芯片的数据端与数据总线 $D_0$—$D_7$ 相连，地址总线低位地址 $A_0$—$A_{13}$ 与各芯片的 14 位地址端相连，而两位高位地址 $A_{14}$、$A_{15}$ 经译码器和 4 个片选端相连。

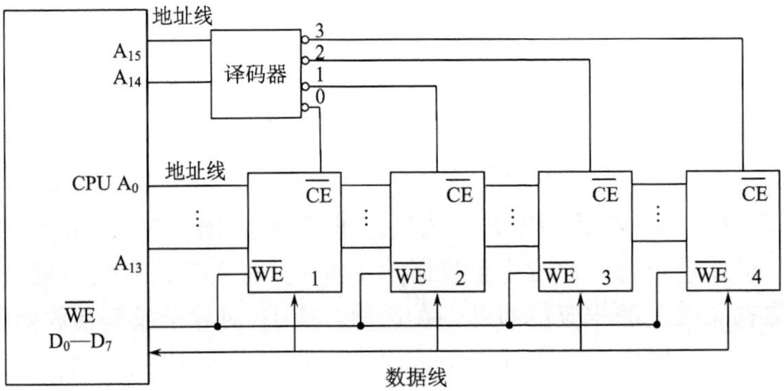


图 6-7 字扩展法组成 64K RAM

3）字位同时扩展法

一个存储器的容量假定为 M×N 位，若使用 1× k 位的芯片（l<M，k<N），需要在字向和位向同时进行扩展。此时共需要（M/l）×（N/k）个存储器芯片。

**例 6.2** 用 16K×8 位的 SRAM 芯片构成 64K×16 位的存储器，要求画出该存储器的组成逻辑框图。

**解：** 存储器容量为 64K×16 位，其地址线为 16 位（$A_{15}$—$A_0$），数据线也是 16 位（$D_{15}$—$D_0$），SRAM 芯片容量为 16K×8 位，其地址线为 14 位（$A_{13}$—$A_0$），数据线为 8 位（$D_7$—$D_0$），因此组成存储器时须字位同时扩展。

芯片数＝（64K×16）/（16K×8）＝4×2。

$A_{15}A_{14}A_{13}\cdots A_0$

0 0 0…0
0 0…
0 0 1…1

0 1 0…0
0 1…
0 1 1…1

1 0 0…0
1 0…
1 0 1…1

1 1 0…0
1 1…
1 1 1…1

$D_{15}\cdots D_8$ ×…× 高8位

$D_7\cdots D_0$ ×…× 低8位

译码方案

| $A_{15}A_{14}$ | |
|---|---|
| 0 0 | 片1 |
| 0 1 | 片2 |
| 1 0 | 片3 |
| 1 1 | 片4 |

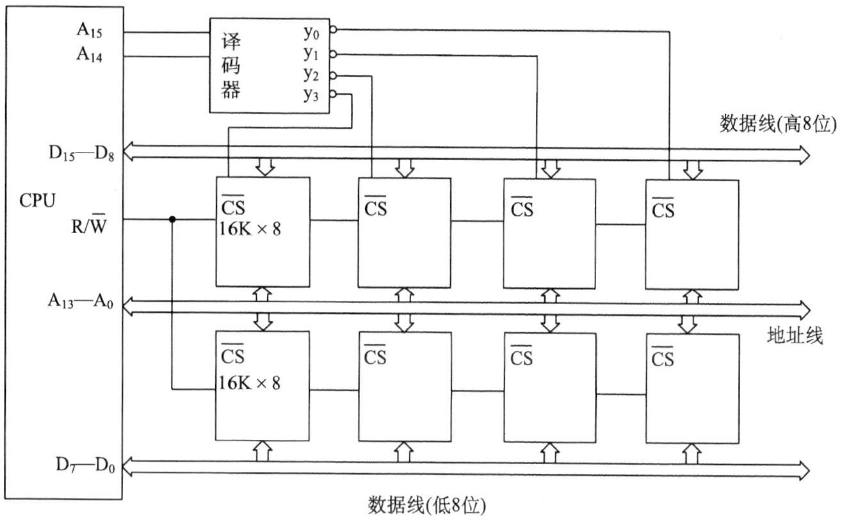


图 6-8　例 6.2 的存储器组成逻辑框图

### 6.2.4　存储器的设计

本小节以 DRAM 控制器 W4006AF 为例，说明 80386 中主存储器的构成方法。图 6-9 是采用 W4006AF 构成的 80386 主存储器简图。

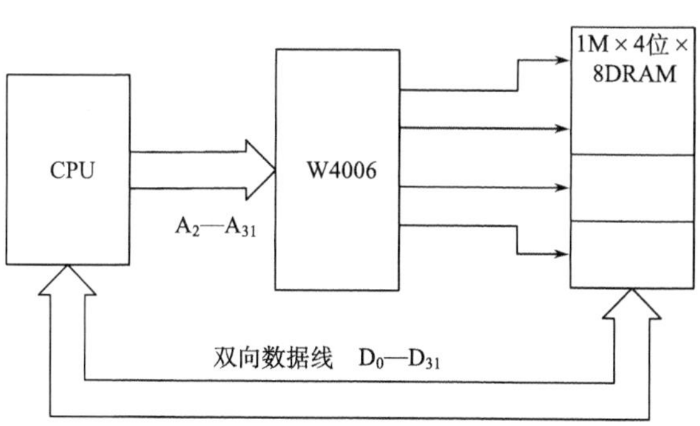


图 6-9　采用 W4006AF 构成的 80386 主存储器

1）W4006AF 的外特性

① 可以控制两个存储体交叉访问。

② 可以对 256KB～16MB 的 DRAM 片子进行访问。

③ 最多可控制 128 个 DRAM 片子。

④ 采用 CAS 在 RAS 之前的刷新方式。

具体的引脚功能请读者参看芯片产品资料。

2) 主存储器组成

图 6-9 右半部所示为 80386 主存储器的基本构成，有 4 个存储模块，每个模块存储容量为 1M×32 位。在用 W4006AF 控制器构成存储器时，几乎不需要外加电路，直接把 W4006AF 同 CPU 和 DRAM 双方进行连接即可。要对主存容量进行扩充，只需扩充 DRAM 芯片数量或更换存储容量更大的 DRAM 芯片即可。

# 6.3　外存储器

## 6.3.1　外存储器概述

外存储器是 CPU 不能直接访问的存储器，它需要经过内存储器与 CPU 及 I/O 设备交换信息，用于长久地存放大量的包括暂不使用的程序和数据。外存储器有三种基本的存储类型：磁存储器、光存储器和闪存。

磁存储器的代表是大多数 PC 系统里使用的硬盘和软盘，另外还有磁带、ZIP、Click! 以及 Microdrive 等，它们都将数据记录在磁性介质上。其中，硬盘是 PC 系统中最重要的外存储器，和其他外存储器相比，硬盘的容量大、速度快。

光存储器的读和写是通过光能实现的，而不是磁性。绝大多数磁存储器都可以多次地重复读写，但许多光存储器只能写一次却可多次读。光存储器的代表是 CD 和 DVD。

通常使用的 Disk 指磁存储器，而 Disc 指光存储器。不管是磁存储器还是光存储器，都需要通过相应的驱动器才能读出存储在上面的数据。例如，软盘需要使用软盘驱动器，磁带需要使用磁带机，DVD 需要使用 DVD 驱动器等。但硬盘有点例外，它被直接密封在硬盘驱动器中，所以硬盘和硬盘驱动器的称呼通常是混用的。

有一些外存储器结合了磁和光的技术，或者使用一个光向导系统(称为激光伺服)来定位读写磁头，如 LS-120 或 SuperDisk 软驱；或者使用激光器来加热数据盘，使它可以磁写入，从而使数据区域发生偏振，这些区域可以被较低能量的激光读出，如 MO 驱动器。

闪存是一种非易失性存储器，它的存储介质是闪存芯片。现在闪存已经广泛地应用于各类数码设备，同时也可以作为 PC 系统中方便携带的外存储器。

外存储器通过各种不同的接口和 PC 系统相连，通常磁存储器和光存储器使用 IDE、SATA、软驱和 SCSI 等接口，也可以使用适配器设备来提供 USB、IEEE-1394、并口、PCMCIA、eSATA 等接口。例如，IDE/ATA 接口的硬盘可以使用外置硬盘盒和系统的USB或IEEE-1394接口，甚至是并口相连。闪存盘通常采用USB接口；各种闪存卡一般都采用专用接口，需要通过适配器才能在PC机上使用。

### 6.3.2　磁盘与磁盘阵列

对许多用户来讲，硬盘是计算机系统最重要，也是最神秘的一部分。它是一个密封的部件，用于PC的数据存储(参见图6-10)。因为硬盘在用户有意擦除数据前能够一直保留所存储的数据，PC机一般用它来存储最关键的程序和数据，因此当硬盘发生故障时，产生的后果一般都是非常严重的。为了正确地维护、服务以及扩展PC系统，必须清楚硬盘是如何工作的。

硬盘包括一组刚性的、圆盘状的盘片，与软盘不同的是，这些盘片不能弯曲或折叠，因此被称为硬盘。大多数硬盘是无法拆卸盘片的，因此有时也把它们叫做固定磁盘存储器。

图6-10　硬盘

硬盘在PC系统里得以普及使用的近20年时间内，它们自身也发生了很大的变化。为了更清晰地了解从那时起至今硬盘的发展情况，以下概括了PC硬盘的一些主要的变化：

① 最大存储容量从1982年的5MB、10MB发展到500GB、2TB，甚至更大，盘片尺寸也从最初的5.25英寸发展到了如今的3.5英寸、2.5英寸、1.8英寸、1英寸，甚至更小。

② 硬盘的持续传输速率从1983年最初IBM XT机的85-102KB/s提高到如今一些驱动器的60MB/s以上。

③ 平均寻道时间从1983年10MB XT硬盘的大于85 ms(毫秒)减小到如今一些驱动器的小于4.2 ms。

④ 1982年,一个10MB硬盘的价格是1500美元以上(每兆字节150美元),今天硬盘的价格已下降到每兆字节0.5分人民币或更少。

硬盘中的盘片互相堆叠,一致地旋转。盘片少则1片,多则2或3个盘片;盘片的两面都可供驱动器存储数据,因此有2面、4面或6面之说。每个盘片上面有很多同心圆,这些就叫做磁道(Track),磁道又分成许多段,叫做扇区(Sector),每个扇区通常存储512个字节。每一面上位置相同的磁道共同构成一个柱面(Cylinder)。通常在每个盘面上都有一个磁头(Head),所有的磁头都安装在一个公共的支架或承载设备上。因为磁头装在同一个架子上,所以它们在磁盘上作一致地径向移进或移出,而不能单独地移动(参见图6-11)。

图 6-11　硬盘的基本概念

### 1. 硬盘的基本部件

市场上有许多硬盘,但几乎所有产品都包含同样的基本物理部件。用于制造这些部件的材料的质量以及这些部件的实现方法可能存在着差别,但大多数硬盘的操作特征是相似的。一个典型硬盘(参见图6-12)的基本部件包括以下部分:

- 磁盘片(Disk Platter)。
- 逻辑板(Logic Board)。
- 读写磁头(Read/write Head)。
- 连接器(Connector)。
- 磁头驱动装置(Head Actuator Mechanism)。
- 配置项目(如跳线或开关)。
- 转轴电机(Spindle Motor)。

盘片、转轴电机、磁头和磁头驱动装置通常包含在一个称为磁头盘片组(Head

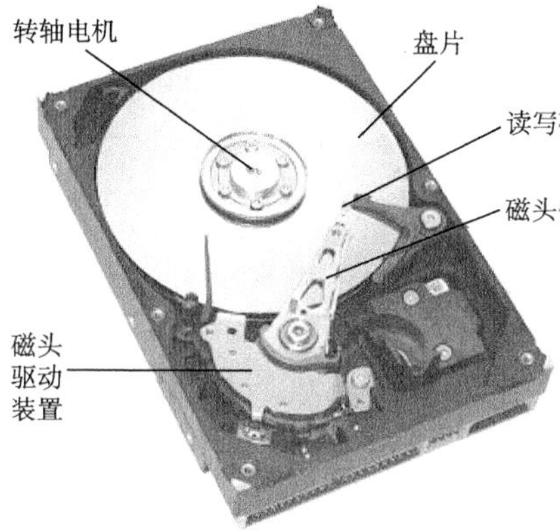


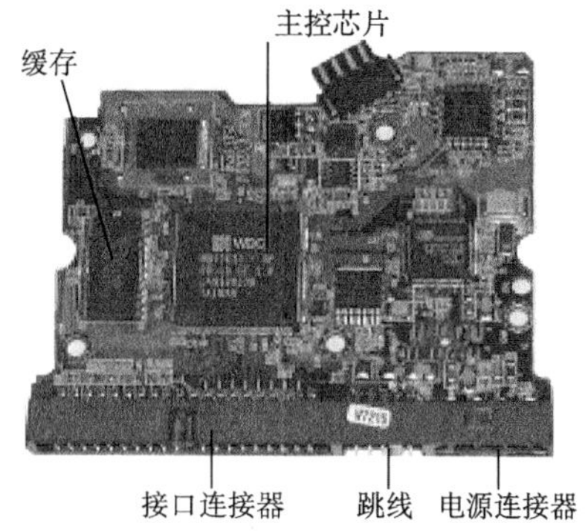


图 6-12　硬盘的部件

Disk Assembly，HDA）的密封腔里。HDA 一般被当作一个部件，它很少被打开，如果要打开也需要在绝对纯净的条件下进行。HDA 之外的部分，如逻辑板、挡板以及其他配置或装配硬件，都可以从硬盘上卸下来。

1）*硬盘盘片*

一个典型的硬盘有一个或多个盘片，它们通常由铝或玻璃制成，硬盘的物理尺寸用盘片尺寸来表示。以下是常见的 PC 硬盘盘片尺寸：

- 5.25 英寸（实际为 130mm，或 5.12 英寸）。
- 3.5 英寸（实际为 95mm，或 3.74 英寸）。
- 2.5 英寸（实际为 65mm，或 2.56 英寸）。
- 1 英寸（实际为 34mm，或 1.33 英寸）。

2）*记录介质*

不管使用哪一种基片，盘片都要覆盖一薄层磁性滞留物质，称为介质，其上存储磁性信息。在硬盘上有两种流行的磁性介质：① 氧化介质（Oxide Medium）；② 薄膜介质（Thin-film Medium）。

3）*读写磁头*

硬盘通常在每个盘片表面都有一个读写磁头（每个盘片有两组读写磁头——一个用于盘片上方，另一个用于盘片下方）。这些磁头连接或排列到一个活动机械装置上，因此所有的磁头是一致地在盘面上移动。

从机械上来说，读写磁头很简单。每个磁头都固定在一个磁头臂上，磁头臂通过弹簧使磁头与盘面接触。很少有人发觉到每个盘片实际被它的上下磁头所挤住。如果安全地打开一块硬盘，用手指抬起盘片上方的磁头，放手时会发现磁头迅速落回到盘面上；如果将盘片下方的磁头往下拉，松手时弹簧的弹力会把磁头提起靠到盘面上。

硬盘不工作时，磁头由于弹力与盘面直接接触，停留在硬盘最内侧的着陆区(Landz)；当硬盘的盘片全速旋转时，磁头下面产生的空气压力将磁头托离盘面。在现代的硬盘里，磁头和盘面的距离从0.1～0.3μm不等。

4) 磁头驱动装置

可能比磁头本身更重要的是移动它们的机械系统——磁头驱动装置。这个装置移动磁头，并把它们精确地定位在所期望的柱面上。有许多种磁头驱动装置在使用，但它们都属于以下两种基本类型之一：① 步进电机驱动装置；② 音圈电机驱动装置。

不同的驱动装置对硬盘的性能和可靠性有重要的影响。这个影响不仅限于速度，还包括精度、对温度的敏感性、定位、振动以及整体的可靠性。

5) 转轴电机

驱动盘片旋转的电机被称为转轴电机(Spindle Motor)，因为它连到一个转轴上，盘片都围绕着该轴旋转。硬盘里的电机总是直接连接的，没有螺丝或齿轮。电机必须没有噪声和振动，否则它会影响盘片，破坏读写操作。

转轴电机的速度必须是精确控制的。硬盘中的盘片旋转速度从3600～15000rpm(即60～250rps)或更高，电机有一个带反馈循环的控制电路来精确地监测和控制速度。一些诊断程序声称可以测出硬盘旋转速度，但这些程序所做的全部工作是根据扇区通过磁头的定时来估计旋转速度。如果某个诊断程序发现硬盘的旋转速度不正确也不要惊恐，这很可能是程序而不是硬盘的错误。

6) 逻辑板

所有的硬盘都装有一块或多块逻辑板，它包括控制硬盘转轴和磁头驱动系统的电路，并以某种约定的形式把数据送给控制器。在ATA、SATA硬盘里，逻辑板包括控制器本身。

7) 连接器

大多数硬盘驱动器至少有以下两种连接器：① 接口连接器；② 电源连接器。其中，接口连接器在系统和硬盘之间传递数据和命令信号。大多数硬盘使用+5V和+12V电源，而一些用于便携式系统的小型硬盘只使用+5V电源。大多数情况下，+12V电源用来运行转轴电机和磁头驱动机构，+5V电源运行电路。

8) 配置项目

要配置硬盘安装在系统里，通常必须正确地设置几个跳线(可能还有中止电阻)，这些部件随接口不同而变化，经常也随驱动器而变化。

## 2. 硬盘的性能参数

1) 单碟容量

由于硬盘包含有一个或几个盘片，所以单碟容量(Storage Per Disk)就是指包括正反两面在内的每个盘片的总容量。单碟容量的提高所带来的好处不仅是使硬盘容量得以增加，而且还会带来硬盘性能的相应提升。因为单碟容量的提高就是盘片磁道密度(每英寸的磁道数)的提高，磁道密度的提高不但意味着提高了盘片的磁道数量，而且磁道上的扇区数量也得到了提高。所以盘片转动一周，就会有更多的扇区经过磁头被读出来，这也是硬盘在相同转速下单碟容量越大，内部数据传输率就越快的一个重要原因。此外单碟容量的提高使线性密度(每英寸磁道上的位数)也得以提高，有利于硬盘寻道时间的缩短。

2) 转速

转速(Rotational Speed)就是硬盘转轴电机主轴的转速，以每分钟硬盘盘片的旋转圈数来表示，单位是 rpm。目前常见的硬盘转速有 5400rpm、7200rpm 和 10000rpm 等。理论上转速越高，硬盘性能就相对越好。因为高转速能缩短硬盘的平均等待时间，并提高硬盘的内部传输速度，但是转速越快的硬盘发热量和噪音也相对越大。为了解决这一系列的负面影响，应用在精密机械工业上的液态轴承马达便被引入到硬盘技术中。液态轴承马达使用的是黏膜液油轴承，以油膜代替滚珠。这样可以避免金属面的直接摩擦，将噪声和温度减至最低；同时油膜可有效吸收震动，使抗震能力得到提高；此外这还能减少磨损，提高硬盘寿命。

3) 平均寻道时间

平均寻道时间(Average Seek Time)是指将磁头从一个柱面移到另一个随机距离远的柱面所需的平均时间，单位为 ms。测量该参数的一种方法是运行多次随机寻道操作，然后将花费的时间除以执行的寻找次数，这种方法提供了单次寻找的平均时间。

许多硬盘厂商测量平均寻道时间的标准方法是测量磁头移过全部柱面的三分之一所需的时间。平均寻道时间与硬盘采用的接口或控制器的类型没有什么关系，它是对磁头驱动机构能力的一个评判。

当单碟容量增大时，磁头的寻道动作和移动距离减少，从而使平均寻道时间减少，加快硬盘速度。目前主流硬盘的平均寻道时间一般在 9ms 左右。

**注意：** 要谨慎对待声称可以测量硬盘寻道性能的基准程序(Benchmark)。大多数硬盘使用称作扇区翻译(Sector Translation)的一种机制，因为硬盘收到的将磁头移到特定柱面的任何命令可能实际不会产生预想的物理运动，这种情况使得一些基准测试程序对于这些类型的硬盘毫无意义。

4) 平均潜伏时间

平均潜伏时间(Average Latency Time)是指当磁头移动到数据所在的磁道后,等待指定的数据扇区转动到磁头下方的时间,单位为 ms。平均潜伏时间是越小越好;潜伏时间短表示硬盘在读取数据时的等待时间更短。转速越快的硬盘具有越低的平均潜伏时间,而与单碟容量关系不大。一般来说,5400rpm 硬盘的平均潜伏时间为 5.6ms,而 7200rpm 硬盘的平均潜伏时间为 4.2ms。

5) 平均访问时间

平均访问时间(Average Access Time)是指磁头从起始位置到达目标磁道位置,并且从目标磁道上找到指定的数据扇区所需的时间,单位为 ms。平均访问时间最能够代表硬盘找到某一数据所用的时间,越短的平均访问时间越好,一般在 11～18ms 之间。平均访问时间体现了硬盘的读写速度,它包括了硬盘的平均寻道时间和平均潜伏时间,即:平均访问时间=平均寻道时间+平均潜伏时间。

6) 缓存

缓存(Buffer/Cache)指的是硬盘的高速缓冲存储器,是硬盘与外部总线交换数据的场所。缓存的作用是相当重要的,缓存的大小与速度是直接关系到硬盘的传输速度的重要因素。目前,主流硬盘的缓存大小是 2～8MB。

7) 数据传输率

计算机通过接口从硬盘的缓存中将数据读出交给相应控制器的速度与硬盘将数据从盘片上读取出交给硬盘上的缓存的速度相比,前者要比后者快得多,——前者是外部数据传输率(External Transfer Rate),而后者是内部数据传输率(Internal Transfer Rate),两者之间用缓存作为桥梁来缓解速度的差距。

外部数据传输率通常称为突发数据传输率(Burst Data Transfer Rate),指的是 PC 通过数据总线从硬盘缓存中所读取数据的最高速率。理论上,ATA-6 标准的硬盘外部数据传输率已经达到 100MB/s,Ultra-ATA/133 标准的硬盘外部数据传输率可达到 133MB/s, SATA-300 标准的硬盘外部数据传输率更是高达 300MB/s。

内部数据传输率也被称作硬盘的持续传输率(Sustained Transfer Rate),指的是磁头至硬盘缓存间的数据传输率。由于内部数据传输率才是系统真正的瓶颈,有效地提高硬盘的内部数据传输率才能对硬盘的性能有最直接、最明显的提升。目前,各硬盘生产厂商努力提高硬盘的内部数据传输率,除了改进信号处理技术、提高转速以外,最主要的就是不断地提高单碟容量,以提高线性密度。

8) 连续无故障时间

连续无故障时间(MTBF)是衡量一个产品(尤其是电器产品)的可靠性指标,单位为“小时”。它反映了产品的时间质量,是体现产品在规定时间内保持功能的一种能力。具体来说,连续无故障时间是指相邻两次故障之间的平均工作时间,也称为平均故障间隔。硬盘的连续无故障时间是指硬盘从开始运行到出现故障的最长时间，单位为小时。硬盘的 MTBF 值通常从 300 000 小时到 800 000 小时或更高。再次强调的是，MTBF 是针对一类硬盘，而不是单块硬盘。这意味着如果硬盘的 MTBF 是 500 000 小时，可以认为这类硬盘在 500 000 小时的总运行时间里会出现一次故障。如果这种型号的硬盘有 1 000 000 块在工作之中，而且所有的 1 000 000块硬盘都同时运行，则用户可认为每隔半小时所有的这些硬盘中就发生一次故障。MTBF 参数对于预测任何单块硬盘或少数硬盘的故障是没有用的。

9) *硬盘表面温度*

硬盘表面温度指硬盘工作时产生的温度使硬盘密封壳温度上升的情况。硬盘工作时产生的温度过高将影响磁头的数据读取灵敏度，因此硬盘工作表面温度较低的硬盘有更好的数据读写稳定性。

### 3. 硬盘的容量

在标称磁盘(包括软盘)容量时有四个常用的数值：

① 未格式化容量，以百万字节为单位；

② 格式化容量，以百万字节为单位；

③ 未格式化容量，以兆字节为单位；

④ 格式化容量，以兆字节为单位。

我们遇到的最常见问题也许就是“丢失的”磁盘容量。考虑下面的例子：用户刚在系统上安装了一个新的硬盘，它声称容量为 30.6GB。当使用 FDISK 分区时，FDISK 报告的容量只有 28.5GB！其他的 2.1GB 跑哪儿去了？

其实，只需要先查询磁盘的总扇区数，再通过几步的计算就可得到如下结果：

总扇区数：59777640，

每扇区字节数：512，

总字节数(十进制兆字节)：30606，

总字节数(十进制吉字节)：30.6，

总字节数(二进制兆字节)：29188，

总字节数(二进制吉字节)：28.5，

FDISK 报告：29188。

上述所有的数都是正确的。硬盘厂商通常以十进制兆字节(百万字节)报告硬盘的容量，而 BIOS 和 FDISK 等分区软件以二进制兆字节报告容量。一个十进制兆字节等于 100 万个字节，而一个二进制兆字节等于 1048576 个字节(或 1024KB，每个 KB 为 1024 字节)。因此，由于百万字节和兆字节经常使用相同的缩写 MB，所以这个 30.6GB 硬盘的真实容量也就是 28.5GB。

**4. 硬盘格式化**

用户将数据写入磁盘之前需要进行两个格式化过程：

① 物理的、或低级格式化。

② 逻辑的、或高级格式化。

硬盘需要将上述两步格式化操作分开进行，而且硬盘在这两个格式化过程之间还需要另一个步骤，即将分区信息写到硬盘上。硬盘被设计为用于多个操作系统，所以分区是必需的。分区使一块硬盘可运行多种操作系统，或者允许一个操作系统将硬盘用作多个卷标或逻辑驱动器。因此，硬盘存储数据之前包括三个步骤：

1) 低级格式化

早期，用户可以对硬盘进行物理意义上的低级格式化。在低级格式化过程里，格式化程序将硬盘的磁道划分成特定数目的扇区，创建扇区之间和磁道之间的间隔，并记录扇区头部和尾部信息。它还用一个空字节值或一个测试值的模式来填充每个扇区的数据域。

现代硬盘的磁道和扇区已经由工厂的写伺服系统划分好，用户对硬盘根本没有办法做到物理意义上的低级格式化了。目前，低级格式化的软件其实就是在调用硬盘的一个叫做“格式化磁道”的指令。这个指令是标准指令，硬盘在执行这个指令时，是将每个磁道检验一遍，并将有问题的扇区标记为坏扇区，再将一个标记为未使用的扇区的标记改成那个坏扇区的标记，这个操作其实就是用一个好扇区替代一个坏扇区。

2) 分区

在硬盘上创建分区可以允许硬盘支持多个独立的文件系统，每个系统都位于自己的分区里。从而每个系统可以使用自己的方式在称为簇(Cluster)或分配单元的逻辑空间里分配文件空间。通常，每块硬盘必须至少有 1 个分区，最多有 4 个分区。每个分区可以支持相同的或不同类型的文件系统。目前，PC 操作系统通常使用三种文件系统。

(1) FAT(File Allocation Table，文件分配表)：DOS、Windows 9x 和 Windows NT 支持的标准文件系统。FAT 分区在 DOS 下支持最长 11 个字符的文件名(8+3 字符扩展)，在 Windows 9x 或 Windows NT(或以后的版本)下最长为 255 个字符。标准 FAT 文件系统使用 12 或 16 位数字来标识簇，因此分区最大容量为 2GB。

通过 FDISK 程序，用户只能创建 2 个物理 FAT 分区——主分区和扩展分区，但可将扩展分区进一步划分为最多 25 个逻辑分区。其他的分区程序，如 Partition Magic 可以创建最多 4 个主分区，或 3 个主分区加 1 个扩展分区。

(2) FAT32(File Allocation Table 32-bit，32 位文件分配表)：一种可选的文

件系统。被 Windows 95 OSR2(OEM Service Release 2)、Windows 98、Windows Me、Windows 2000 和 Windows XP 支持。

FAT32 使用 32 位数来标识簇,这样最大单卷尺寸会达到 2TB 或 2048GB。

(3) NTFS(Windows NT File System,Windows NT 文件系统):Windows NT 特有的文件系统支持最多 256 个字符长度的文件名,理论上最大支持 16EB (exabyte,1EB=1000PB=1 000 000TB)的分区。NTFS 还提供了 FAT 文件系统没有的扩展属性和安全特征。

在这三种文件系统里,FAT 文件系统的兼容性最好,可以被几乎所有操作系统访问;FAT32 和 NTFS 提供了其他特性,但不能被所有的操作系统所访问。

在 DOS 和 Windows 9x 中分区程序是 FDISK,其他 Windows 操作系统除了提供分区程序以外,在安装过程中也提供了分区的功能。这些分区工具允许用户指定硬盘每个分区的空间大小,从 1M 字节或硬盘容量的百分之一直到硬盘的整个容量,或特定文件系统所允许的最大值。

切记:这些分区工具不能用于改变分区的大小,而只能进行分区的删除和创建。删除分区会删除分区上的数据,创建分区会删除部分位于该分区的数据。如果不想破坏数据,可以尝试使用第三方工具程序。

硬盘一旦被分区之后,每个分区必须被将要使用它的操作系统执行高级格式化。

3) 高级格式化

在高级格式化过程中,操作系统创建管理磁盘上文件和数据所必需的结构。例如,FAT 分区有一个磁盘卷引导扇区(VBS,Volume Boot Sector)和文件分区表 FAT 的两个副本,在每个格式化后的逻辑驱动器上还有一个根目录(Root)。这些数据结构使操作系统能够管理磁盘上的空间,记录文件踪迹,甚至管理有缺陷的区域,使它们不引起故障。

**5. 磁盘阵列**

RAID 是独立(或廉价)磁盘阵列(Redundant Array of Independent/Inexpensive Disks)的简写,用于提高计算机存储系统的容错和性能。RAID 最初由加州大学 Berkeley 分校于 1987 年开发,通过使用专用的硬件和软件将一些小的、廉价的磁盘互联起来,这样,在系统看来它们像是一块单独的大容量磁盘。因此,通过将多个磁盘看作一个磁盘,增加容错能力和提高性能是可以实现的。

最初,RAID 只是被简单地构想成为将几块单独的硬盘以阵列形式组合在一起,形成容量为各硬盘容量之和的大硬盘。然而,这样做实际上降低了可靠性,对性能也没有多少提高。例如,如果将 4 块硬盘以阵列形式组合成一个大硬盘,其访问失败的机会将是单块硬盘访问失败机会的 4 倍。为了增加可靠性、提高性能,

Berkeley 的科学家们将 RAID 分为 6 级(按照不同的方法)。这些不同的级别是根据容错(可靠性)、存储能力、性能,或者三者的结合等角度来划分的。

1992 年 7 月,一个称为 RAID 咨询委员会(RAID Advisory Board, RAB)的机构成立了,该机构旨在标准化、分类以及培训有关 RAID 的内容,这些内容可以在 http://www.raid-advisory.com 网站上获取。RAB 已经发布了有关 RAID 的规范,还有一个关于各 RAID 级别的鉴别程序以及 RAID 硬件的分类程序。

到目前为止,RAB 定义了 7 种标准的 RAID 级别,分别是 RAID 0 到 RAID 6。还有一些其他的 RAID 级别,不过它们不被 RAB 支持,但也有公司实现了它们。注意:级别号高并不意味着性能和容错功能更好,RAID 级别的序号是很武断地定义的。

目前最常用的 RAID 级别是:RAID 0、RAID 1 和 RAID 5。

(1) RAID 0——条带(Striping):文件数据条带分割后,将各段数据按照顺序分别写入多块硬盘中,就好像写入一块单独的硬盘一样。RAID 0 性能比较好,但牺牲了可靠性(一块硬盘发生故障,所有的数据将全部丢失)。对于 RAID 0 来说,性能随着阵列中硬盘数目的增多而增大,但并不是说,如果使用了四块硬盘就会得到单块硬盘 4 倍的性能,因为在控制器进行数据条带化时还要有一定的开销,而且还存在一些延时问题,不过,如果数据传输平稳的话,实际性能还是很接近这个值的。RAID 0 的实现最少需两块硬盘。图 6-13 展示了 RAID 0 工作原理。

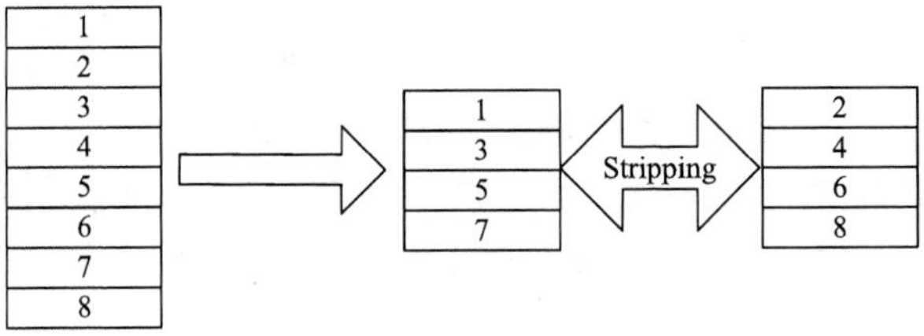


图 6-13　RAID 0 工作原理

(2) RAID 1——镜像(Mirroring):写入到一块硬盘的数据是另一块硬盘的副本。RAID 1 可靠性很高,所有写到一块硬盘的数据同时也要写到另一块硬盘,如果一块硬盘发生故障,另一块硬盘会保证系统继续运行。这种方式可以提高系统的读性能,但丝毫没有提高写性能。并且 RAID 1 只能使用硬盘总容量的一半,也就是说,安装两块硬盘,但实际上只使用一块(另一块是镜像)。RAID 1 的实现最少需两块硬盘。图 6-14 展示了 RAID 1 的工作原理。

(3) RAID 5——分布式奇偶校验:文件数据条带分割后,将各段数据和通过运算产生的奇偶校验数据分别写入多块硬盘。其中,奇偶校验数据分布于各块硬盘上。

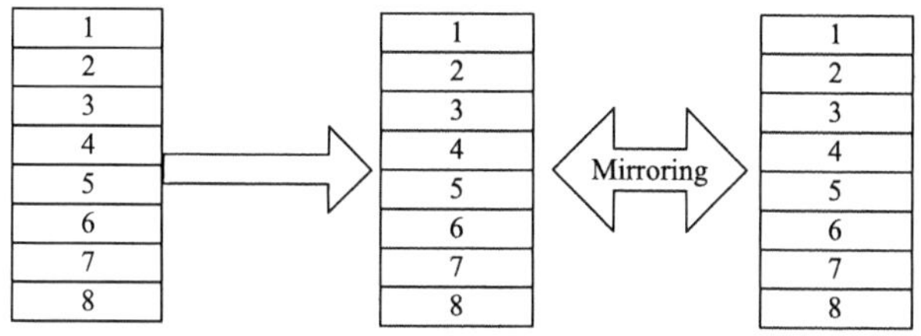


图 6-14 RAID 1 工作原理

为了同时获得性能和可靠性,可以使用 RAID 5。如果一块硬盘读写失败,系统可以继续使用,不会发生数据的丢失。实现了 RAID 5 的控制器通常价格较昂贵,RAID 5 的实现最少需 3 块硬盘。图 6-15 展示了 RAID 5 的工作原理。

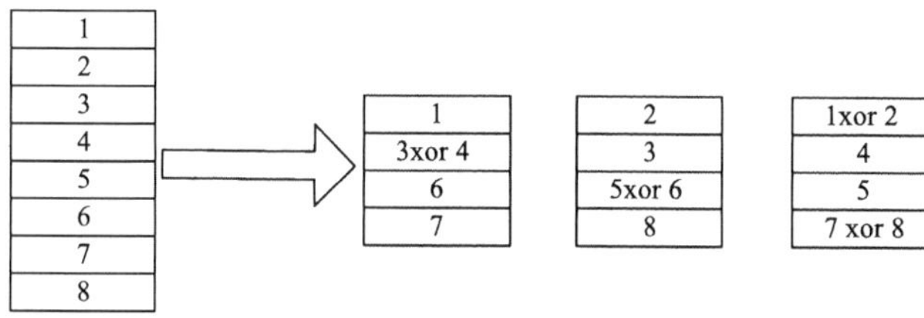


图 6-15 RAID 5 工作原理

许多 RAID 控制器将几种 RAID 级别结合起来以提高性能和可靠性,例如,将 RAID 0 和 RAID 1 结合在一起形成 RAID 10。这通常需要 4 块硬盘,其中两块使用 RAID 0 进行数据条带化;然后再以 RAID 1 的方式冗余备份到另外两块硬盘中,如果基本数据硬盘发生故障,备份数据硬盘会保证系统继续运作。图 6-16 展示了 RAID 10 的工作原理。

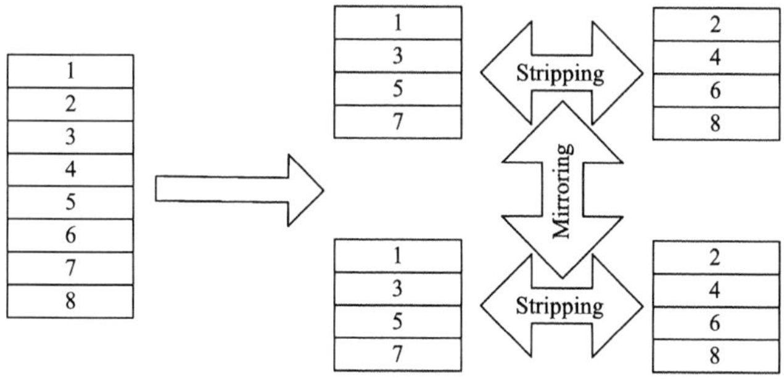


图 6-16 RAID 10 工作原理

尽管完全可以只用软件就实现以上级别的 RAID,但与使用 RAID 控制器相比性能较差,所以经常接触到的 RAID 一般是由 RAID 控制器实现的。最初,所有的 RAID 控制器都是基于 SCSI 的,即它们都使用 SCSI 硬盘。从专业的角度来讲,SCSI 与 RAID 是注定要结合到一起的,因为 SCSI 正是为支持多驱动器而设计的。不过,现在已经有 ATA/SATA RAID 控制器问世,有些主板将 ATA/SATA RAID 控制器集成在主板上,甚至很多主板芯片组直接提供 RAID 支持,这种实现方式成本更低。ATA/SATA RAID 控制器一般用于单用户系统中,主要目的是提高性能,而不是为了获得很高的可靠性。

### 6.3.3 光盘设备与技术

最常见的光盘设备就是光驱,是计算机用来读写光盘内容的机器,是微型计算机比较常见的一个配件。随着多媒体的应用越来越广泛,光驱在微型计算机中已经成为了标准配置。

#### 1. 工作原理

激光头是光驱的心脏,也是最精密的部分。它主要负责数据的读取工作,因此在清理光驱内部的时候要格外小心。激光头主要包括:激光发生器、半反光棱镜、物镜、透镜和光电二极管这几部分。当激光头读取盘片上的数据时,从激光发生器发出的激光透过半反射棱镜,汇聚在物镜上,物镜将激光聚焦成为极其细小的光点并打到光盘上。此时,光盘上的反射物质就会将照射过来的光线反射回去,透过物镜,再照射到半反射棱镜上。此时,由于棱镜是半反射结构,因此不会让光束完全穿透它并回到激光发生器上,而是经过反射,穿过透镜,到达了光电二极管上面。由于光盘表面是以突起不平的点来记录数据,所以反射回来的光线就会射向不同的方向。人们将射向不同方向的信号定义为“0”或者“1”,发光二极管接收到的是那些以“0”,“1”排列的数据,并最终将它们解析成为我们所需要的数据。在激光头读取数据的整个过程中,寻迹和聚焦直接影响到光驱的纠错能力以及稳定性。寻迹就是保持激光头能够始终正确地对准记录数据的轨道。当激光束正好与轨道重合时,寻迹误差信号就为 0,否则寻迹信号就可能为正数或者负数;激光头会根据寻迹信号对磁头进行适当的调整。如果光驱的寻迹性能很差,在读盘的时候就会出现读取数据错误的现象,最典型的就是在读音轨的时候出现的跳音现象。所谓聚焦,就是指激光头能够精确地将光束打到盘片上并收到最强的信号。当激光束从盘片上反射回来时会同时打到 4 个光电二极管上。它们将信号叠加并最终形成聚焦信号。只有当聚焦准确时,这个信号才为 0;否则,它就会发出信号,矫正激光头的位置。聚焦和寻道是激光头工作时最重要的两项性能,我们所说的读盘好的光驱都是在这两方面性能优秀的产品。

**2. 读取速度**

光驱读取速度的提升发展非常快，前几年 48x 产品还是主流，如今 52x 光驱也已经逐步普及了。光驱的速度都是标称的最快速度，这个数值是指光驱在读取盘片最外圈时的最快速度，而读内圈时的速度要低于标称值，大约在 24x 的水平。

**3. 容错能力**

相对于读取速度而言，光驱的容错性显得更加重要。或者说，稳定的读盘性能是追求读盘速度的前提。由于光盘是移动存储设备，并且盘片的表面没有任何保护，因此难免会出现划伤或沾染上杂质的情况，这些小毛病都会影响数据的读取。为了提高光驱的读盘能力，光驱生产商推出“人工智能纠错(AIEC)”技术，目前它是一项比较成熟的技术。AIEC 通过对上万张光盘的采样测试，“记录”下适合它们的读盘策略，并保存在光驱 BIOS 芯片中，以方便光驱针对偏心盘、低反射盘、划伤盘进行读盘策略的自动选择。

**4. 发展历史**

1) 第一代光驱：标准型

由于第一代光驱制定了很多光驱的标准，并且沿用至今，所以被称为标准型。第一代光驱出现之后，其作为软驱与硬盘交换数据的替代品，增大了容量、提高了速度、极大地提高了效率。

2) 第二代光驱：提速型

第二代主要是指光驱从 4 速发展到 32 速这一时间段。因为之后从 32 速再往高速光驱发展的过程中，虽然速度也在提高，但更多的技术发展目标已不在速度上，因此它被划入下一代。

3) 第三代光驱：发展型

光驱速度再往上提高，传输速度慢的问题已得到很好的解决，但速度提高后所带来的问题却渐渐显现出来。高速度的旋转会产生震动、噪音和热能：震动会使激光头难以定位、寻道时间加长，并容易与激光头发生碰撞，刮花激光头；产生的噪音会令人情绪不稳定，并且容易疲劳；产生的热能会影响光盘上的化学介质，影响激光头的准确定位，延长寻道时间。针对这些问题，各大厂商纷纷推出新技术，使光驱读盘更稳定，发热量更低，工作起来更安静、寿命更长。国内厂商也迅速地发展起来，逐渐成为市场主流。

4) 第四代光驱：完美型

又经过几年的发展，光驱的技术已经趋于成熟，各家厂商的产品虽然可能采用的技术略有不同,但产品品质却都臻于完善,甚至说完美,这表现在纠错率更强,传输速度更快,工作起来更稳定、更安静、发热量更低。

### 6.3.4　优盘设备与技术

优盘设备即是闪存的通俗说法,它的英文名称是 Flash Memory,一般简称为 Flash。闪存与常见的 DDR、SDRAM 或者 RDRAM 等内存有根本性的差异:后者只要停止电流供应,芯片中的数据便无法保持,而闪存在没有电流供应的条件下也能够长久地保持数据。

闪存的数据存储方式和操作机理并不复杂,闪存以单晶体管作为二进制信号的存储单元,它的结构与普通的半导体晶体管(场效应管)非常类似,区别在于闪存的晶体管加入了"浮动栅(Floating Gate)"和"控制栅(Control Gate)",其中,前者用于贮存电子,表面被一层硅氧化物绝缘体所包覆,并通过电容与控制栅相耦合。当负电子在控制栅的作用下被注入到浮动栅中时,该单晶体管的存储状态就由 1 变成 0。相对来说,当负电子从浮动栅中移走后,存储状态就由 0 变成 1;而包覆在浮动栅表面的绝缘体的作用就是将内部的电子"困住",以达到保存数据的目的。如果要写入数据,就必须将浮动栅中的负电子全部移走,令目标存储区域都处于 1 状态,这样只有遇到数据 0 时才发生写入动作——但这个过程需要耗费不短的时间,所以闪存的写入速度总是慢于读取的速度。图 6-17 展示了闪存的基本工作原理。

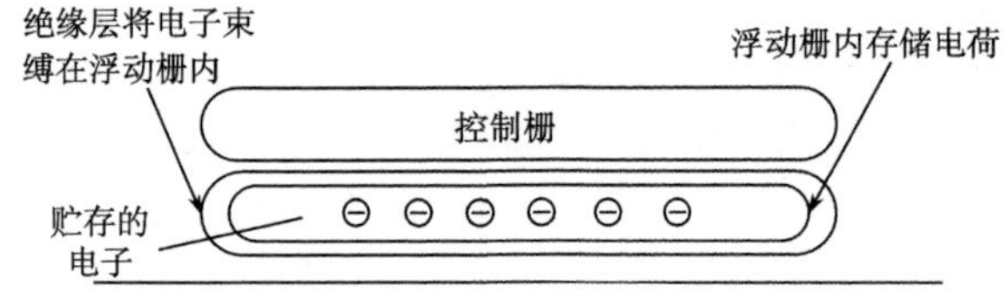


图 6-17　闪存的基本工作原理

虽然基本原理相同,但闪存可以有不同的电荷生成与存储方案,据此,闪存可以分为 NAND 和 NOR 两种类型,前者可提供更大的容量,但不支持代码本地执行;而 NOR 型闪存支持代码本地运行,主要缺点在于很难实现较高的存储密度。不同的特性让二者分别属于不同的市场:NAND 广泛用于数据存储相关的领域,而 NOR 主要用于手机、掌上电脑等需要直接运行代码的场合。

常见的使用闪存的外存储器设备有闪存盘和闪存卡。

### 6.3.4.1 闪存盘

闪存盘通常又被称为 U 盘或优盘(参见图 6-18)，是目前 PC 系统最主要的移动存储设备，一般采用 USB 接口与 PC 机连接。它的特点有：

① 体积小、重量轻，由 USB 接口直接供电，不用驱动器，可热拔插、即插即用，使用非常方便。

② 存储容量大(16MB～　)，读写速度快(USB 1.1/2.0)，保存时间长(达 10 年之久)，可重复擦写 100 万次以上。

③ 耐高低温、不怕潮、不怕摔、经久耐用。

④ 外观造型变化多端。

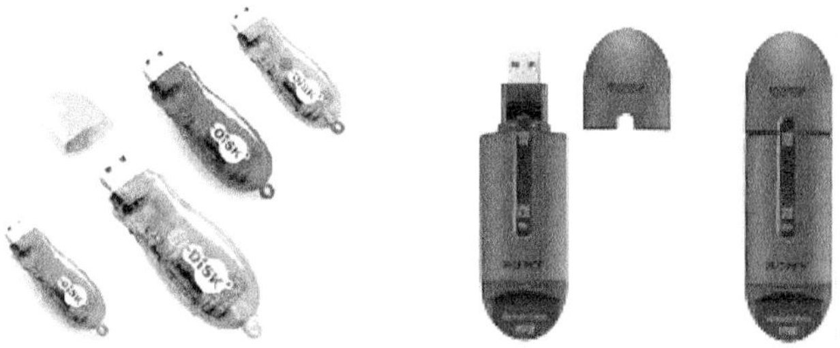

图 6-18　闪存盘

闪存盘的组成非常简单，包括闪存芯片、USB I/O 控制芯片及接口连接器三大部分。另外，根据应用方面的特性可以分为很多种类，常见的有

(1) 无驱动型：在 Windows Me/2000/XP 下不需驱动程序，但在 Windows 98/97 以及其他操作系统下，需要手动安装驱动程序。

(2) 启动型：从闪存盘启动系统，需要使用专用软件在闪存盘上制作启动信息，并在 BIOS 中正确设置启动设备的类型。

(3)加密型：控制访问闪存盘的权限和对数据加密。

### 6.3.4.2 闪存卡

闪存卡通常使用于各种数码设备，它主要有以下几种类型：

- CF(Compact Flash)。
- SM(Smart Media)。
- MMC(MultiMedia Card)。
- 记忆棒(Memory Stick)。

• SD(Secure Digital)。
• xD(eXtreme Digital)。

## 1. CF

CF 是由 SanDisk 公司在 1994 年发明的。它采用了 ATA 体系结构，不仅仅是一个存储器件，而且内置了控制器。无论采用多大容量的闪存芯片组，其外部接口都是标准的 ATA 接口(50 针)；CF 设备连接 PC 机之后，系统会像对其他驱动器一样，给它分配一个盘符。

CF 原来的尺寸是Ⅰ型(3. 3mm 厚)的，Ⅱ型(5mm 厚)是为了适应大容量的设备。两种 CF 卡都是 36mm 宽，43mm 长，支持 CF Ⅰ型卡的设备无法使用 CF Ⅱ型卡，但是使用 CF Ⅱ型卡的设备则可以向下兼容 CF Ⅰ型卡。CF 卡技术的发展很快，尤其在容量与速度方面。

## 2. MMC

MMC 由西门子和 Sandisk 在 1997 年推出，尺寸只有 32mm×24mm×1. 4mm。MMC 把存储器和控制器集成在一起，有很好的兼容性。MMC 有 7 针接口，采用低压闪存芯片。

RS-MMC(Reduced Size MultiMedia Card，更小尺寸的多媒体卡)在 MMC 本来就很小的基础上再进行缩减，尺寸变为 18mm×24mm×1. 4mm，通过适配器可以用作 MMC。

MMCplus 和 MMCmobile 是两种新型的高速存储标准，外形分别与 MMC、RS-MMC 相当。新的标准允许更大的总线宽度，也适度增加了时钟频率，从而使最高数据传输率有了很大的提高。另外，MMCplus 和 MMCmobile 标准率先支持双电压功能。MMCplus 和 MMC mobile 采用 13 针的接口，但还是能够兼容 MMC 和 RS-MMC。

MMCmicro 在 MMC 系列中是外形最小的，其尺寸只有 12mm×14mm×1. 1mm，但存取速度和性能却完全能够和主流的闪存卡相提并论，主要用于对体积要求非常苛刻的数码设备。

### 3. SD

1999年8月，松下、东芝和SanDisk联合推出SD，它是从MMC发展而来。SD卡的尺寸为32mm×24mm×2.1mm，与MMC相比稍厚，因此可容纳更大的存储单元。SD卡还在MMC原有的7针接口两侧增加了2针作为数据线，并且把控制器集成在卡内，带有物理保护开关、安全保密技术。SD标准中保留了设备对MMC的兼容，但因为闪存卡厚度和接口针脚数的原因，使用MMC的设备不一定可以使用SD卡，但使用SD卡的设备却可以使用MMC。

miniSD卡是SD卡的缩小版本，在外形上更加小巧，尺寸只有21.5mm×20mm×1.4mm，使用适配器可以兼容原先的那些使用普通SD卡的设备。

microSD卡的外形更小，尺寸仅为11mm×15mm×1mm。microSD的前身是T-Flash(TransFlash)，因此，microSD卡除了可与大量的SD卡和miniSD卡兼容之外，也与T-Flash卡兼容。支持microSD的设备可以使用T-Flash卡，但支持T-Flash卡的设备却不一定能使用microSD卡。

### 4. 记忆棒

记忆棒(Memory Stick)是由SONY公司开发研制的，尺寸为50mm×21.5mm×2.8mm，部分产品支持MagicGate的版权保护技术。和很多闪存卡不同，记忆棒规范是非公开的，没有什么标准化组织。记忆棒内部包括了控制器，采用10针接口。

Memory Stick Duo在记忆棒家族中体积比较小巧，尺寸为31mm×20mm×1.6mm，拥有和记忆棒完全兼容的电气特性，通过适配器可以用作普通记忆棒。

Memory Stick Pro、Memory Stick Pro Duo是记忆棒增强版本，外形尺寸分别与普通记忆棒以及Memory Stick Duo相同，但性能和容量均提高到了原来的数倍。

增强记忆棒没有提供向下兼容。也就是说，支持增强记忆棒的设备可以使用增强记忆棒和普通记忆棒，但是支持普通记忆棒的设备却不能使用增强记忆棒。

Memory Stick Micro (M2)是一款体积只有Memory Stick Pro Duo的四分之

一的产品，尺寸为 15mm×12mm×1.2mm。它设有弹出式控键，可有效避免记忆棒弹出时丢失。Memory Stick Micro 记忆棒适用于两种电压：1.8V 和 3.3V。1.8V 是目前移动电话普遍采用的运行电压，而 3.3V 则能与 Memory Stick Pro 兼容产品相匹配，通过适配器能在对应产品间进行数据交换。

**5. xD**

xD 卡全称 xD-Picture Card，是日本富士胶片公司和奥林巴斯公司共同开发的新一代存储卡，被人们视为 SM 卡的换代产品。体积小巧、速度快是它的主要特点。xD 卡的尺寸为 20mm×25mm×1.7mm，采用单面 18 针接口。需要注意的是，xD 卡本身不集成控制器，只是基本的存储单元，它的读写速度完全取决于所使用的设备所能提供的接口速度。当然，使用的闪存芯片性能也是瓶颈，就像木桶原理一样，最终速度取决于最慢的一项。

**6. SM**

SM 以前的名字是 SSFDC，是 Solid State Floppy Disk Card（固态软盘卡）的缩写。SM 是最简单的闪存设备，它只是一块包含闪存芯片的卡，上面没有任何控制电路。SM 卡的尺寸为 45mm×37mm×0.76mm，厚度很薄（是目前最薄产品）。因为 SM 卡没有包含控制器，所以为了兼容不同的 SM 闪存卡，生产商必须不断升级 SM 使用的设备。目前 SM 卡已经不流行了。

### 6.3.4.3　闪存的速度和容量

闪存的容量从早年的 8MB、32MB、64MB 发展至现今的 8GB、16GB，而且还在朝着更大的方向飞速发展，小容量的闪存几乎已经停产。

闪存盘的接口通常是 USB 1.1 或 USB 2.0，其中采用 USB 2.0 接口的速度达到了 10MB/s 左右。闪存卡的速度除了采用 MB/s 表示以外，还会像 CD-ROM 驱动器一样采用 xx 速来表示，其中基准速率也是 150KB/s。达到 40 速（即 6MB/s）的存储卡往往被称为高速卡。随着技术的发展，60x、80x 乃至 160x 的记忆卡不断涌现，逐渐成为市场的主流。不过需要注意的是，这些速度只是代表闪存性能的一个参考，受到诸多影响，实测的速度往往达不到厂家的标称值，并且写入速度要低于读取速度，而对于使用者而言，写入速度更重要，更能反映闪存的性能。

#### 6.3.4.4　适配器设备

用于将各种专有接口的闪存卡接连到 PC 机的适配器设备有很多种，它们提供的接口丰富多样，图 6-19 展示了主要的几种适配器设备，分别可以提供 PCMCIA、IDE、USB 接口。图 6-20 展示了一款 USB 接口的 23 合 1 读卡器以及它所支持的闪存卡类型。

图 6-19　PCMCIA、IDE、USB 接口适配器

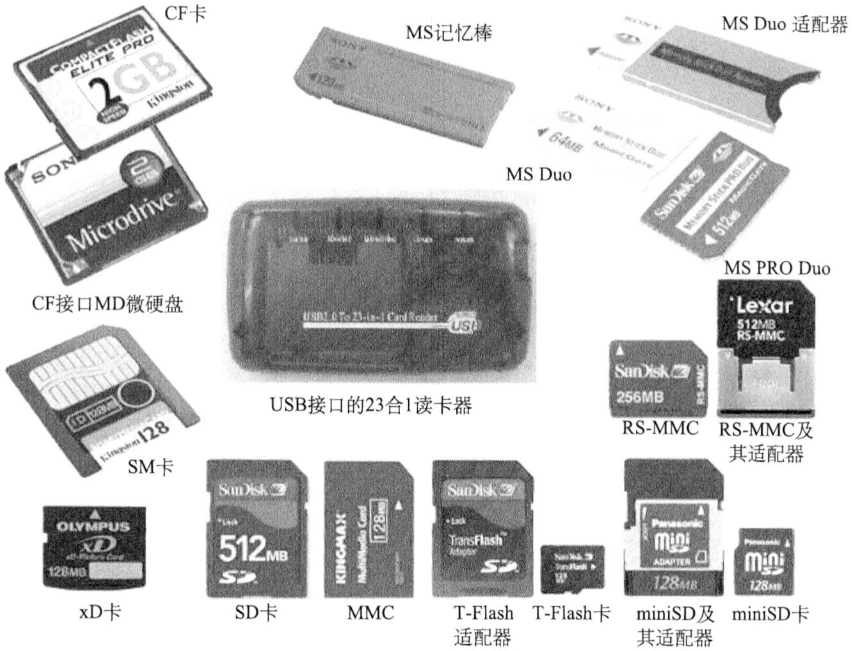


图 6-20　一款 USB 接口的 23 合 1 读卡器以及它所支持的闪存卡类型

# 6.4　高速缓冲存储器

高速缓冲存储器(Cache)简称快存,是为了解决 CPU 和主存之间速度匹配问题而设置的。如图 6-21 所示,它是介于 CPU 与主存 $M_2$ 之间的小容量存储器,但存取速度比主存快。有了快存,就能高速地向 CPU 提供指令和数据,从而加快了程序执行的速度。目前,由于能够提供廉价的半导体存储器,快存不仅在大中型计算机中使用,而且也进入微型计算机的存储系统。快存可以看作为主存的缓冲存储器,它通常由高速的双极型半导体存储器或 SRAM 组成,即快存的功能全部由硬件实现,并对程序员透明。

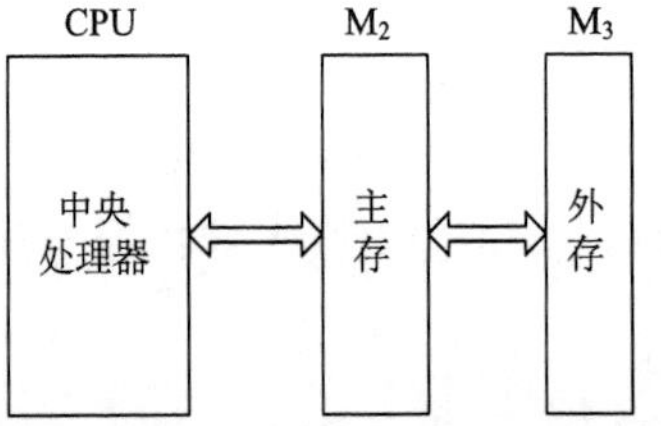


图 6-21　CPU 与存储器系统的关系

## 6.4.1　cache 的工作原理

CPU 与 cache 之间的数据交换是以字为单位,而 cache 与主存之间的数据交换是以块为单位。一个块由若干定长字组成的。当 CPU 读取主存中一个字时,便发出此字的内存地址到 cache 和主存;此时 cache 控制逻辑依据地址判断此字当前是否在 cache 中,若是,此字立即传送给 CPU,若非,则用主存读周期把此字从主存读出送到 CPU,与此同时,把含有这个字的整个数据块从主存读出送到 cache 中。由管理 cache 使用情况的硬件逻辑电路来实现 LRU 替换算法,其原理如图 6-22 所示。

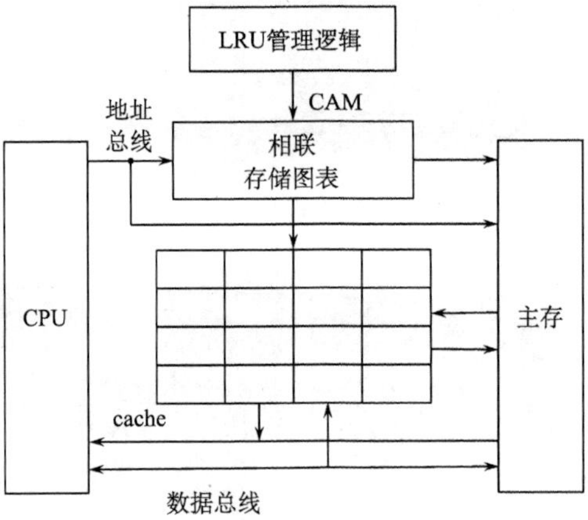


图 6-22　cache 原理

## 6.4.2　cache与主存的地址映射

为了把信息放到cache存储器中，必须应用某种函数把主存地址映象到cache中定位，称作地址映象。这些函数通常称作映象函数。在信息按这种映象关系装入cache后，执行程序时，应将主存地址变换成cache地址，这个变换过程叫做地址变换。地址的映象和地址变换是密切相关的。地址映象方式有直接映象、全相联映象和组相联映象。

选取何种映射方法，取决于在给定地址映射和变换的硬件条件下，能否达到高速度，以及能否使块冲突的概率小。块冲突是指要调一个主存块到cache中，而该主存块要进入的cache块已被其他主存块占据。

### 1. 直接映象法

映象规则：主存储器中一块只能映象到cache的一个特定的块中，如图6-23所示。

假设主存空间被分为 $2m$ 个页（页号分别为 $0,1,\cdots,i,\cdots,2^m-1$），每页的大小为2个字；cache存储空间被分为 $2^c$ 个页（页号为 $0,1,\cdots,j,\cdots,2^c-1$），每页大小同样为2个字。

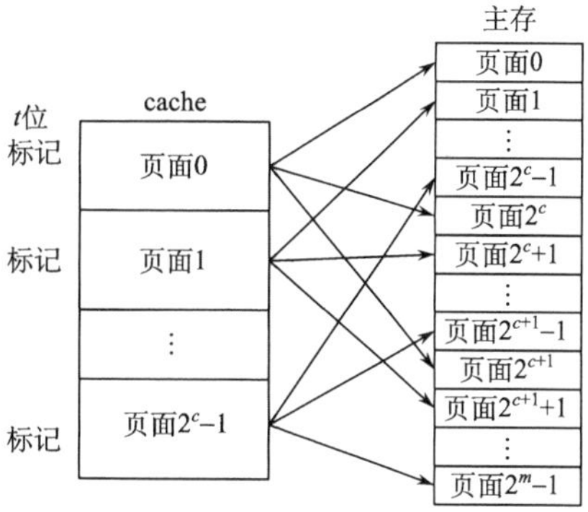


图6-23　直接映象方式

在直接映象方式中，主存和cache中页面号的对应关系如图6-23所示，直接映象函数可定义为

$$i=j \bmod 2^c,$$

其中，$j$ 是cache的页面号，$i$ 是主存的页面号。

直接映象函数的优点是实现简单，只需利用主存地址按某些字段直接判断，就可确定所需页面号是否已在cache中，如图6-23所示，主存地址中最后 $b$ 位是页内地址（假设为字地址）；中间 $c$ 位是cache的页面地址；高 $t(=m-c)$ 位是主存的页面标记，它标明主存 $2^t$ 个页面中究竟是哪个页面已在cache中。地址变换部件在收到CPU送来的主存地址后，只需根据中间 $c$ 位字段找到cache存储器的页面号，然后检查标记是否与主存地址高 $t$ 位符合：如果符合称为命中，则可根据页面地址和低 $b$ 位地址访问cache存储器；如果不符合则称为不命中或失靶，就要从主存读入新的页面来替换旧的页面，同时修改cache标记。主存和cache的读出过程如图6-24所示。

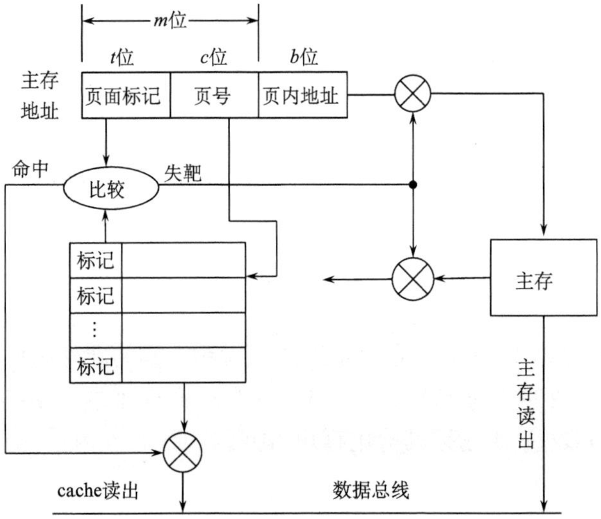


图 6-24　直接映象方式下主存和 cache 的读出过程

**2. 全相联映象**

全相联映象的映象规则是主存的任意一块可以映象到 cache 中的任意一块。如图 6-25 所示。

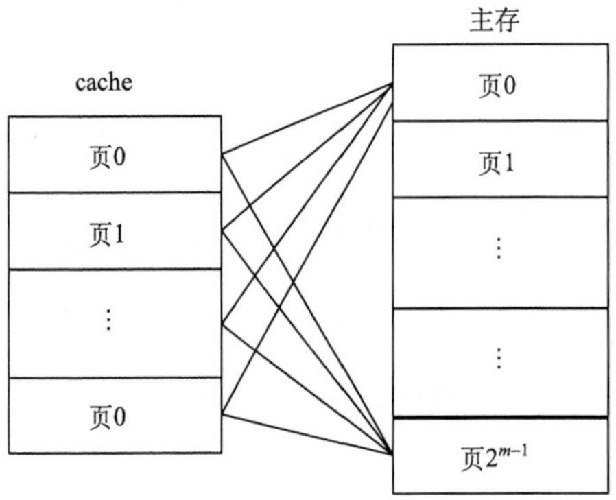


图 6-25　全相联映象方式

让主存页号与目录表中各项的页号作相联比较；如有相同的，则将对应行的 cache 页号取出，拼接上页内地址就形成了 cache 地址。如相联表中无相同的页号，表示主存页未装入 cache，失靶，去主存读。全相联映象的优点是块冲突概率最低，但查表速度难以提高。几乎没有单纯采用全相联映象法。全相联映象方式地址变换如图 6-26 所示。

**3. 组相联映象**

组相联映象规则：主存和 cache 按同样大小划分成块和组。主存和 cache 的组之间采用直接映象方式。在两个对应的组内部采用全相联映象方式。如图 6-27 所示。将 cache 空间分成组，每组 $2^s$ 页(称为 $2^s$ 路相联)，cache 有 $2^q$ 组。主存分成 $2^m$ 个区，每区共有 $2^q$ 页。主存某区的页允许映射到固定组内的任意页。

图 6-27 中，$q=7$，则 cache 有 128 组；$s=1$，每组 2 页(称为 2 路相联)，每页 32

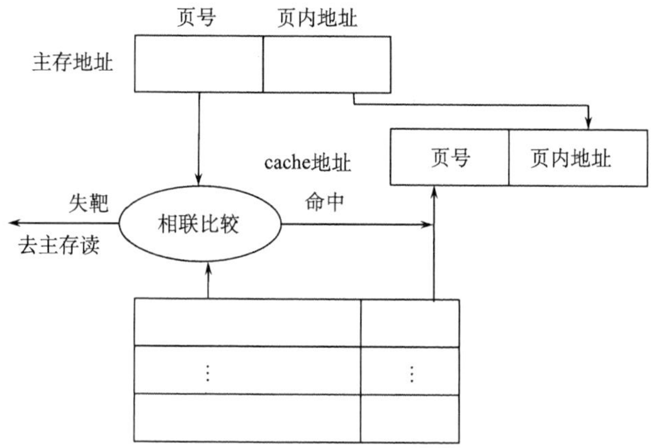


图 6-26　全相联映象方式地址变换

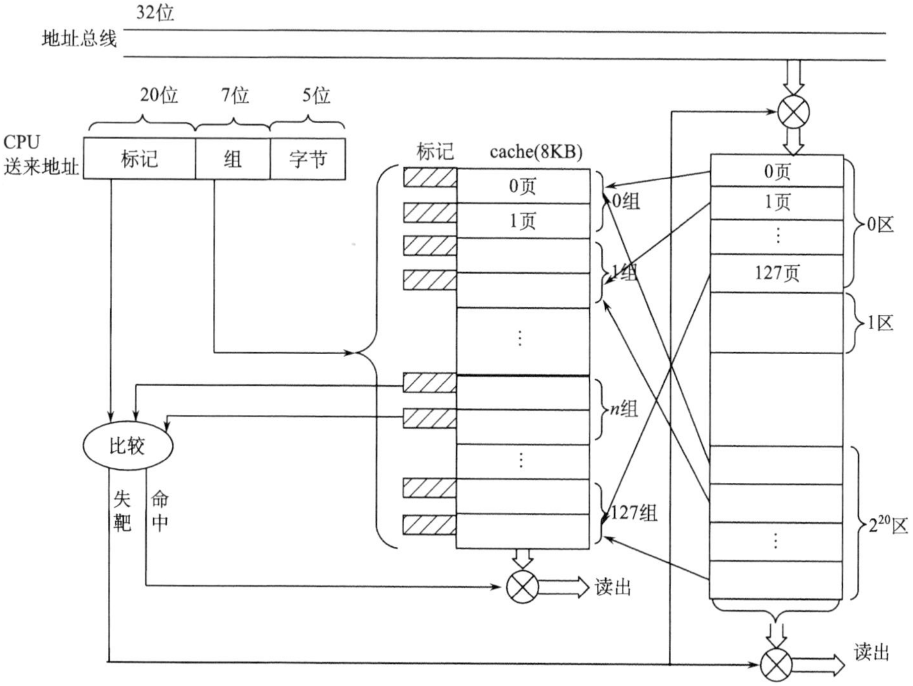


图 6-27　组相联映象方式

字节，cache 容量共为 8KB。主存地址 32 位，$m=20$，最大可分成 $2^{20}$ 个区；每区 128 ($2^q$)页，每页 32 个字节。访问存储器时，根据 CPU 给出地址的中间 7 位去 cache 中选择某一组。拿组中每一页的标记逐一与 CPU 给出地址中的标记(20 位)送比较器进行比较。若有一致者,则“命中”,再根据字地址从 cache 中读出内容;若无一致者,则“失靶”,再根据 CPU 地址去主存中读出。

直接映象方式的缺点是实现简单,因为主存的 $2^t$ 个页面只能对应唯一的 cache 存储器页面,即使 cache 其他许多地址空着也不能占用,因而使 cache 存储空间得不到充分利用。全相联映象方式允许主存中的每一个页面映象到 cache 的任何一个页面位置上,也允许采用任何替换算法从已占满的 cache 中替换出任何一个旧页面,虽然这种映象方式非常灵活,但由于速度太慢且成本太高而不具有实用性。组相联映象是直接映象与全相联映象的折中方案。它把 cache 存储器分为若干个组,每组包含若干个页面,组间采用直接映象,而组内的页面为全相联映象。在组相联映射法中,某区的第 $i$ 页可以调入 $i$ 组中的任意一页,这比直接映射法灵活。S 的选取决定了页冲突的概率和地址映射的复杂性。S 字段越大, cache 页冲突越低,相联映射表也越大。

### 6.4.3　cache 替换算法及其实现

当 CPU 要用到的数据或指令不在 cache 时,产生页面失效(缺页),此时要求从主存调进包含有这条指令或数据的页面。假如 cache 页面全部占满,那么用什么规则来替换 cache 的哪一页以接纳要调进的页面呢? 常用的方法有 FIFO 和 LRU 法,且常用命中率(Hit Ratio)来衡量 cache 存储器的效率,即指 CPU 要访问的信息已在 cache 中的比率。

设程序执行期间,$N_c$ 表示 cache 完成存取的总次数,$N_m$ 表示主存完成存取的总次数,命中率 $h=\dfrac{N_c}{N_c+N_m}$。

cache/主存系统的平均访问时间 $t_a=ht_c+(1-h)t_m$,其中 $t_c$ 表示命中时的 cache 访问时间,$t_m$ 表示未命中时的主存访问时间。

cache 的访问效率:$e=\dfrac{t_c}{t_a}=\dfrac{1}{h+(1-h)r}=\dfrac{1}{r+(1-r)h}$。

($r=t_m/t_c$ 表示主存慢于 cache 的倍率)

**例 6.3**　CPU 执行一段程序时,cache 完成存取的次数为 3800 次,主存完成存取的次数为 200 次,已知 cache 存取周期为 50ns,主存为 250ns,求 cache/主存系统的效率和平均访问时间。

**解:**　命中率 $H=N_e/(N_C+N_m)=3800/(3800+200)=0.95$;

主存慢于 cache 的倍率 :$r=t_m/t_c=250\text{ns}/50\text{ns}=5$;

访问效率 :$e=1/[r+(1-r)H]=1/[5+(1-5)\times0.95]=83.3\%$;

平均访问时间:$t_a=t_c/e=50\text{ns}/0.833=60\text{ns}$。

下面分别介绍两种算法，并进行比较。在计算机系统中，替换算法是通过硬件来实现的。

### 1. “先进先出”算法(FIFO)

这种算法是选择最早装入的 cache 页为被替换的页，采用这种算法，有可能产生较大的页失效率。

### 2. “近期最少使用”算法(LRU)

这种算法是选择近期最少使用和访问的 cache 页为调出页，这种算法能比较正确地反映程序的局部性。

图 6-28 给出了两种替换算法的替换过程和命中率。

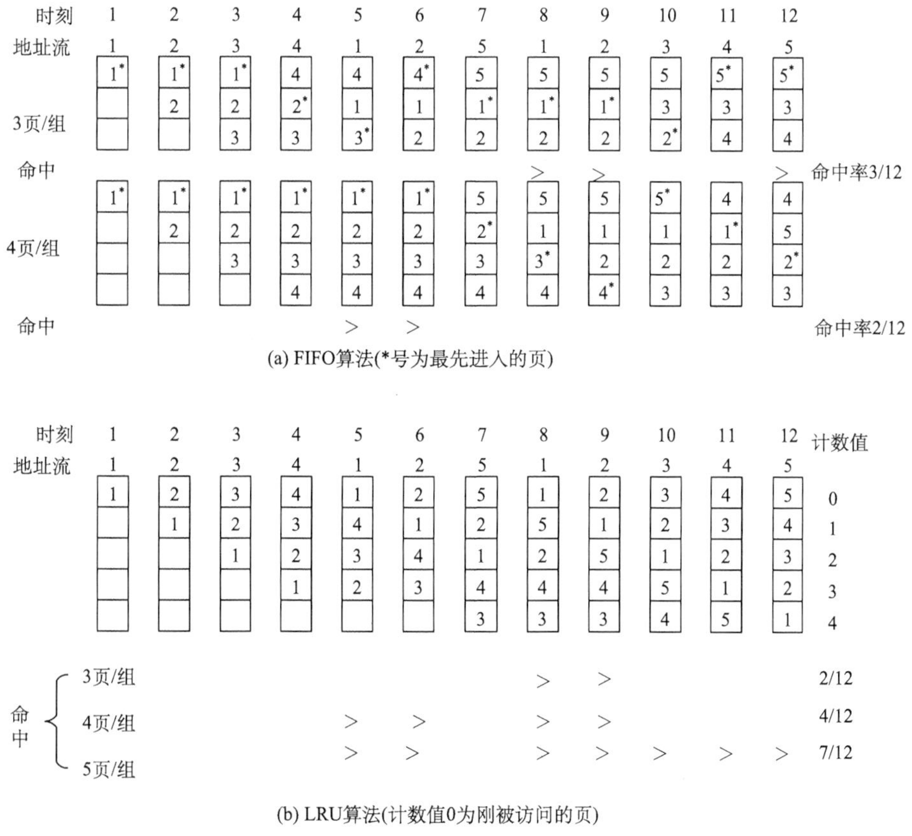


图 6-28　两种替换算法的替换过程和命中率

替换策略的选取要根据实现的难易，以及是否能获得高的命中率两方面因素来决定。LRU 算法的平均命中率比 FIFO 算法高，而且随着分组容量的加大，LRU 算法的命中率必定提高。从图 6-28 可以看出“先进先出”算法也不是分组容量越大越好，因为组内采用全相联映射法，随着组内容量的增大，其实现的复杂性也相应增加。

### 6.4.4 cache 的一致性问题

现代并行机中，为了提高处理器的速度，处理器往往带有 cache。一个数据在整个系统内可能有多份拷贝，这就引发了 cache 一致性问题。例如图 6-29 中的两个处理器和共享内存构成的系统。初始时刻，处理机 $P_1$ 和 $P_2$ 都将变量 X 从共享内存装入了私有 cache。这时，两个 cache 中和共享内存中的变量 X 的值是一样的。在程序运行的某一时刻，处理机 $P_1$ 把 X 的值修改为 $X'$，并更新了私有 cache 中的值。此时无论 $P_1$ 采用写直达(Write-through)，还是写回(Write-back)策略，都不会修改 $P_2$ 私有 cache 中 X 的值。这时如果 $P_2$ 需要读取 X，则它得到的是过时的值。

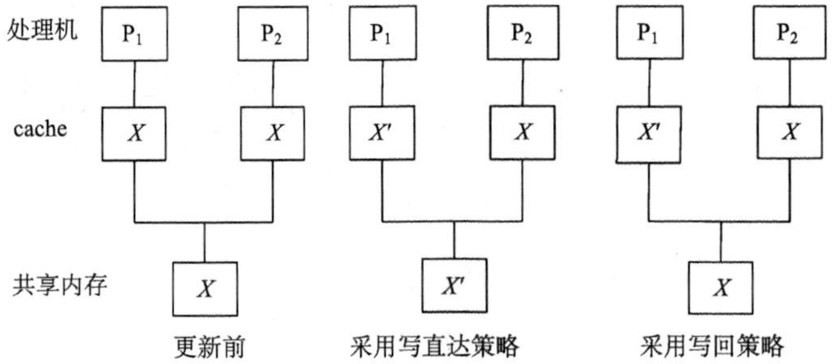


图 6-29　cache 与处理机

cache 一致性问题是指在含有多个 cache 的并行系统中，数据的多个副本由于没有同步更新而造成的不一致问题。以上的例子是由于多个处理器共享一个可写变量造成的 cache 不一致。还有其他原因也会造成 cache 一致性问题，比如进程迁移和某些 I/O 操作等。

#### 1. 写回法(Write back)

处理机执行写操作时，信息只写入 cache，当 cache 页被替换时，将该页内容写回主存后，再调入新页。写回法的开销是在页替换时的回写时间。

#### 2. 写直达法(又称存直达法)

处理机进行写操作时，利用“cache—主存”层次中存在于处理机和主存之间的通路将信息也写回主存。在页替换时，就不必将被替换的 cache 页内容写回，可以直接调入新页。写直达则在每次写入时，都要附加一个比写 cache 长得多的写主存时间；写直达法的开销大一些，但其一致性的保持要好一些。

### 6.4.5　cache 结构举例

奔腾 PC 机采用两级 cache 结构，如图 6-30 所示。

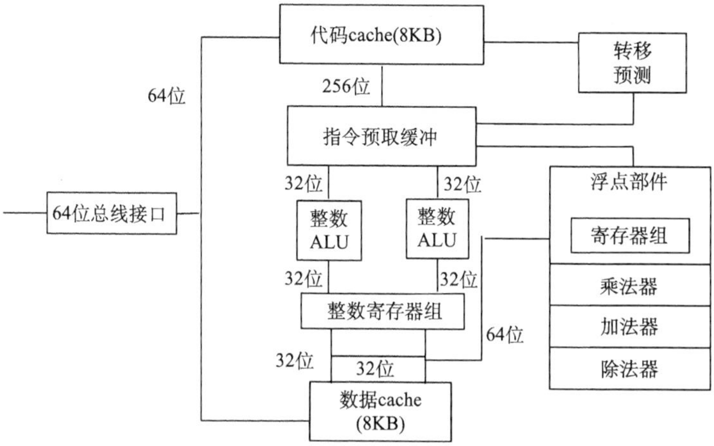


图 6-30　奔腾 PC 机的两级 cache 结构

安装在主板上的 2 级 cache($L_2$)采用 2 路组相联映射方式，集成在 CPU 内的 1 级 cache($L_1$)也采用 2 路组相联映射方式，$L_1$ 又是 $L_2$ 的子集，从而使 $L_1$ 未命中处理时间大大缩短。CPU 中的 $L_1$ 分设成各 8KB 的指令 cache 和数据 cache，有利于 CPU 高速执行程序。

数据 cache 采用 2 路组相联结构，采用 LRU 替换算法，一组两行共用一个 LRU 二进制位。数据 cache 的工作方式受 CPU 控制寄存器 $CR_0$ 中 CD 和 NW 位组合状态控制，如表 6-1 所示。

**表 6-1　奔腾 CPU 片内数据 cache 工作方式**

| CD | NW | 新行填入 | 全写法 | 使无效 |
|---|---|---|---|---|
| 0 | 0 | 允许 | 允许 | 允许 |
| 1 | 0 | 禁止 | 允许 | 允许 |
| 1 | 1 | 禁止 | 禁止 | 禁止 |

其中 CD=1,NW=1 时复位后状态,而 CD=0,NW=0 时最佳使用状态。

CPU 与外部数据交换时,存储器读写总线周期主要有两类:

一类是 256 位猝发式传送,用于 $L_1$ 的行填入和行写出,一次完成整行的填入或写出。

另一类是不经 $L_1$ 的 64 位传送,此时 CHACE 仅为高电平,称为非超高速缓存式传送。

$L_2$ 级 cache 采用的是写回法,$L_1$ 级数据 cache 采用的是写一次法。为了维护 cache 的一致性,$L_1$ 和 $L_2$ 均采用 MESI 协议,即要求每个 cache 行有两个状态位,用以描述该行当前是处于修改态、专有态、共享态或者无效态中的哪种状态,从而决定对它的读/写操作行为。

总之,$L_2$ 级 cache 的内容是主存的子集,而 $L_1$ 级 cache 又是 $L_2$ 级 cache 的子集。$L_2$ 负责整个系统的 cache/主存一致性,$L_1$ 负责响应 $L_2$,与 $L_2$ 一起维护 $L_1$/$L_2$ 两个 cache 的一致性,保证三级存储系统的一致性。

# 6.5 虚拟存储器

## 6.5.1 虚拟存储器的概念与功能

虚拟存储器只是一个容量非常大的存储器的逻辑模型,不是任何实际的物理存储器。它借助于磁盘等辅助存储器来扩大主存容量,使之为更大或更多的程序所使用。

虚拟存储器不仅是解决主存容量和存取速度之间矛盾的一种方法,而且也是管理存储设备的有效方法。有了虚拟存储器,用户无需考虑所编程序在主存中是否放得下或所放位置等问题。

虚拟存储器指的是主存-外存层次。它以透明的方式给用户提供了比实际主存空间大得多的程序地址空间。此时程序的逻辑地址称为虚拟地址(虚地址),程序的逻辑地址空间称为虚拟地址空间。

物理地址(实地址)由 CPU 地址引脚送出,它是用于访问主存的地址。设 CPU 地址总线的宽度为 $m$ 位,那么物理地址空间的大小用 $2^m$ 来表示。

虚拟地址是由编译程序生成的。工作在虚拟地址模式下的 CPU 理解这些虚拟地址,并将它们转成物理地址。设虚拟地址字长为 $n$ 位,则虚拟地址空间的大小可用 $2^n$ 来表示,但因虚拟存储器的内容要保存在磁盘上,故虚拟地址空间的大小实际上受到辅助存储器容量的限制。

从原理上看,主存-外存层次和 cache-主存层次有很多相似之处,它们采用的地址变换及映射方法和策略,从原理上看是相同的,且都基于程序局部性原理。它们遵循的原则又是：

① 把程序中最近常用的部分驻留在高速的存储器中。

② 一旦这部分变得不常用了，把它们送回到低速的存储器中。

③ 这种换入换出是由硬件或操作系统完成的，对用户是透明的。

④ 力图使存储系统在性能上接近高速存储器，在价格上接近低速存储器。

然而，由于两种存储系统中的设备性能有所不同，管理方案的实施细节也有差异，所以虚拟存储系统中不能直接照搬 cache 中的技术。两种存储系统的主要区别在于：主存的存取时间是 cache 中存取时间的 5～10 倍，磁盘的存取时间是主存取时间的上千倍，因而未命中时系统的相对性能损失有很大的不同。具体说来，在虚拟存储器中未命中的性能损失要远大于 cache 系统中未命中的损失。

### 6.5.2 虚拟存储器的基本管理方法

内存在计算机中的作用很大，计算机所有运行的程序都需要进入内存再执行，如果执行的程序很大，内存就无法加载这些要执行的程序。为了解决这个问题，人们提出虚拟存储器技术，即拿出一部分硬盘空间来充当内存使用，当内存占用完时，计算机就会自动分配一部分硬盘来充当内存，以缓解内存的紧张。下面将介绍虚拟存储器的管理办法：

#### 1. 页式虚拟存储器

页式虚拟存储系统中，虚拟空间分成页，称为逻辑页；主存空间也分成同样大小的页，称为物理页。虚存地址分为两个字段：高字段为逻辑页号，低字段为页内行地址；实存地址也分两个字段：高字段为物理页号，低字段为页内行地址。两者的页面大小一样，页内地址是相等的。图 6-31 给出了页式管理的地址变换。

页表中每一个虚存逻辑页号有一个表目，表目内容包含该逻辑页所在的主存页面地址（物理页号），用它作为实存地址的高字段，与虚存地址的页内行地址字段相拼接，产生完整的实主存地址，据此来访问主存。装入位为“1”，表示该逻辑页已从外存调入内存；反之，则表示对应的逻辑页未调入内存，从辅存中读出新的页到主存中来。

为了避免页表已保存或已调入主存储器时对主存访问次数的增多，把页表最活跃的部分存放在高速存储器中组成快表。快表与慢表实现内部地址变换，如图 6-32 所示。

快表由硬件组成，比页表小得多。查表时，由逻辑页号同时去查快表和慢表，当在快表中有此逻辑页号时，能很快地找到对应的物理页号送入实存地址寄存器，并使慢表的查找作废；如果在快表中查不到，要花费一个访主存时间查慢表，从中

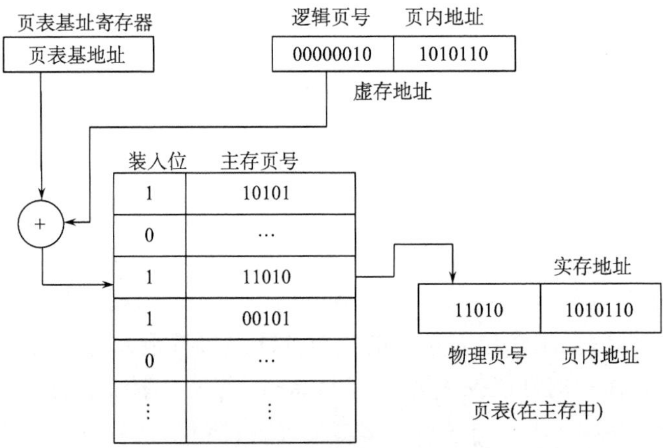


图 6-31　页式管理的地址变换

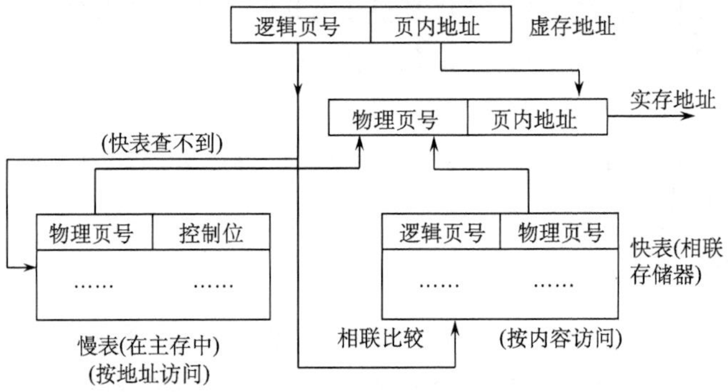


图 6-32　快表与慢表实现内部地址访问

查到物理页号送入实存地址寄存器，并将此逻辑页号和对应的物理页号送入快表，替换快表中应该移掉的内容。

**2. 段式虚拟存储器**

在段式虚拟存储器中，段是按照程序的逻辑结构所划分的多个相对独立的部分(过程、子程序、数据表、阵列)，各个段的长度因程序而异。虚拟地址由段号和段内地址组成。为了把虚拟地址变换成主存地址，需要一个段表，用段表来指明各段在主存中的位置；每段都有它的名称(用户名或数据结构名或段号)、段起点、段长等。在访问某段时，如果段内地址值超过段的长度，则发生地址越界中断。段表也是一个段，可以存在外存中，需要时再调入主存。便一般是驻留有主存中。段表格式如图 6-33 所示。段式虚拟存储器地址变换如图 6-34 所示。

图 6-33　段表格式

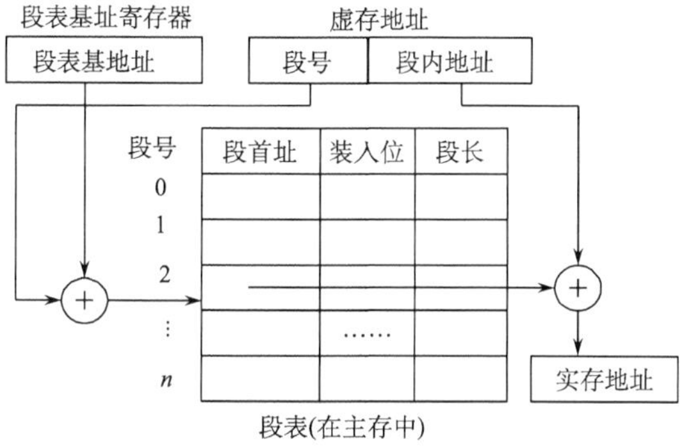


图 6-34　段式虚拟存储器地址变换

段的分界与程序的自然分界相对应；段的逻辑独立性使它易于编译、管理、修改和保护，也便于多道程序共享；某些类型的段(堆栈、队列)具有动态可变长度，允许自由调度以便有效利用主存空间。由于段的长度各不相同，段的起点和终点不定，这给主存空间分配带来麻烦，且容易在实存中留下许多空白的零碎存储空间不好利用，造成浪费。

页式管理系统与段式管理系统相比，段外空间的浪费要小得多，然而另一方面，由于页不是逻辑上独立的实体，所以处理、保护和共享都不及段式来得方便。我们可采用分段和分页结合的段页式存储管理系统，程序按模块分段，段内再分页，进入主存仍以页为基本信息传送单位，用段表和页表(每段一个页表)进行两级定位管理。

## 6.5.3　虚拟存储器的替换算法

当 CPU 要用到的数据或指令不在主存时，产生页面失效(缺页)，此时要求从外存调进包含有这条指令或数据的页面。假如主存页面全部占满，那么用什么规则来替换主存的哪一页以接纳要调进的页面呢?

虚拟存储器中的页面替换策略与 cache 存储器的替换策略有很多相似之处,但有三点显著不同:①缺页至少要涉及前一次磁盘存取,以读取所缺的页面,因此缺页使系统蒙受的损失要比 cache 未命中大得多;②页面替换是由操作系统软件实现的;③页面替换的选择余地很大,属于一个进程的页面都可替换。为了以较多的 CPU 时间和硬件为代价来换取更高的命中率,虚拟存储器中的替换一般采用 LRU 算法、LFU 算法、FIFO(先进先出)算法,或将两种算法结合起来使用。

对于将被替换出去的页面是否要进行某些处理呢? 由于在主存中的每一页在外存中留有副本,假如该页调入主存后没有被修改(即写入)那么就不必进行处理,否则就应将该页重新写入外存,以保证外存中数据的正确性。为此在页表的每一行可设置一修改位,当该页刚调入主存时此位为“0”,当对该页内任一地址进行写入时,就把该位修改“1”。在该页被替换时,检查其修改位,如为“1”,则先将该页内容从主存写入外存,然后再从外存接收新的一页。

### 6.5.4 存储保护

当多个用户共享主存时,就有多个用户和系统软件存于主存中。为使系统能正常工作,应防止由于一个用户程序出错而破坏其他用户的程序和系统软件,还要防止一个用户程序不合法的访问不是分配给它的主存区域。为此,系统应提供存储保护。通常采用的方法是:存储区域保护和访问方式保护。

对于不是虚拟存储器的主存系统可采用界限寄存器方式。由系统软件经特效指令设置上、下界寄存器,为每个程序划定存储区域,禁止越界访问。在虚拟存储系统中,由于一个用户程序的每页离散地分布于主存中,通常采用页表保护、段表保护和键式保护等方法。

#### 6.5.4.1 页表保护和段表保护

每个程序都有自己的页表和段表,段表和页表本身都有自己的保护功能。每个程序的虚页号是固定的,经过虚地址向实地址变换后的实页号也就固定了。那么不论虚地址如何出错,也只能影响到相对的几个主存页面。

段表和页表的保护功能相同,但段表中除包括段表起点外,还包括段长。段长通常由该段所包含的页数表示,当进行地址变换时,将段表中的段长和虚地址中的页号相比较,若出现页号大于段长时,说明此页号为非法地址,则可发出越界中断;否则为正确页号,继续进行地址变换,访问内存。段表保护原理如图 6-35 所示。

这种段表、页表保护是在未形成主存地址前的保护。但若在地址变换过程中

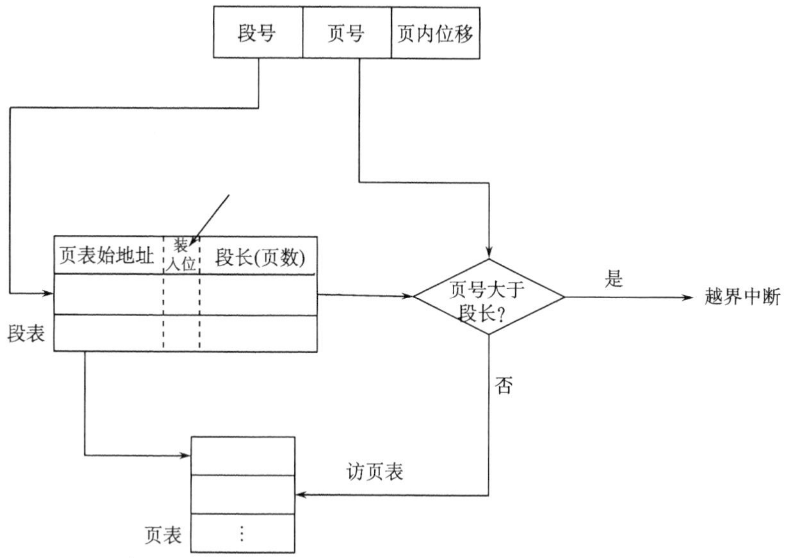


图 6-35　段表保护方式

出现错误,形成了错误的主存地址,那么这种保护是无效的。因此,还需要其他保护方式。键保护方式就是一种成功的方式。

### 6.5.4.2　键保护方式

键保护方式的基本思想是为主存的每一页配一个键,成为存储键,它相当于一把“锁”。它是由操作系统赋予的。每个用户的实存页面的键都相同。为了打开这个锁,必须有钥匙,成为访问键。访问键赋予每道程序,并保存在该道程序的状态寄存器中。当数据要写入主存的某一页时,访问键要与存储键相比较,若两键相符,则允许访问该页,否则拒绝访问。键保护原理如图 6-36 所示。

### 6.5.4.3　环保护方式

环保护方式是按系统程序和用户程序的重要性及对整个系统正常运行的影响程度进行分层的,每一层叫做一个环。环号大小表示保护的级别,环号越大,等级越低。例如虚拟存储空间分成 8 段,每段 512M 字节,构成 8 层嵌入式结构;每层设一个保护环,保护环的环号和段的编号相同,并规定 0～3 段用于操作系统,4～7 段用于用户程序,每个用户最多可用 4 段。环保护原理如图 6-37 所示。

在现行程序运行前,先由操作系统定好程序每页的环号,并置入页表中;然

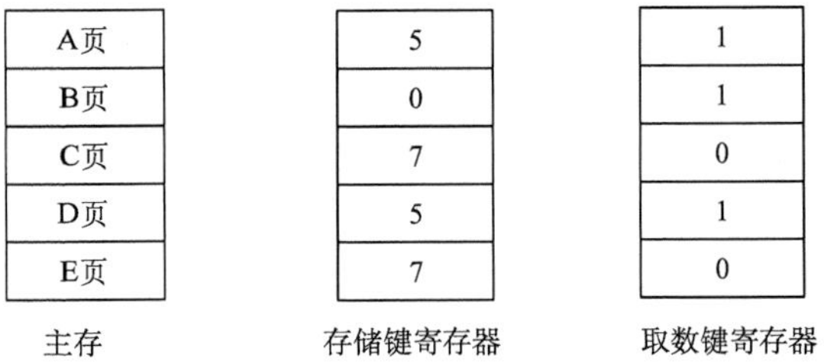


图 6-36　键保护方式

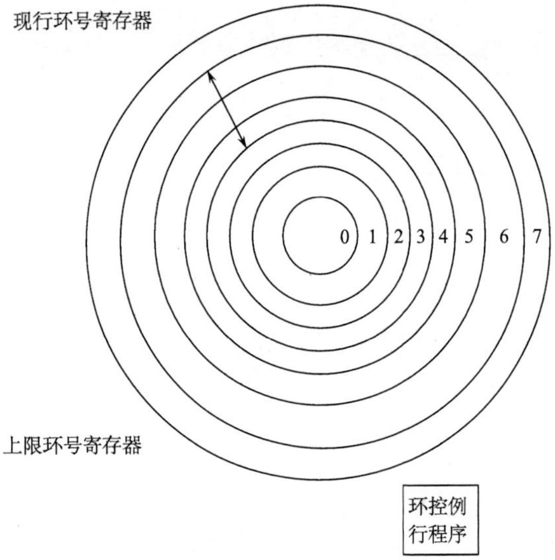


图 6-37　环保护方式

后把该道程序的开始环号送入 CPU 的现行环号寄存器，并把操作系统为其规定的上限环号也置入相应寄存器。如果某个程序需要跨层访问，它可以访问任何外层(环号大于现行环号)空间；如果程序企图访问内层(环号小于现行环号)空间，则需由操作系统的环控制例行程序判断这个向内访问是否合法——如果合法才允许访问，否则按出错进行保护处理。但肯定现行程序不能访问低于上限环号的存储区域。当允许现行程序访问其他层时，要相应地改变现行环号及存储器的内容。

#### 6.5.4.4　访问方式保护

对主存信息的使用可以有三种方式：读(R)、写(W)和执行(E)，“执行”是指作为指令来使用。相应的访问方式保护就有 R，W，E 三种方式形成的逻辑组合，这些访问方式保护通常作为程序状态寄存器的保护位，并且和上述区域保护组合起来实现，比如在界限寄存器中加一位访问方式位；键方式的取数保护键；环式保护和页面保护通常将访问方式位放在页表和段表中，使得同一环内或同一段内的各页可以有不同的访问方式，从而增加保护的灵活性。

## 6.6　并行存储器

并行存储器主要用于减少内存与 CPU 之间速度差异，一般有以下几种途径：

① 在 CPU 内部设置多个通用寄存器；

② 采用并行操作的存储器；

③ 在 CPU 和主存之间插入 cache；

④ 采用更高速的存储芯片。

### 6.6.1　双端口存储器

由于 CPU 和主存储器在速度上不匹配，而且在一个 CPU 周期中可能需要用几个存储器字，这便限制了高速计算。为了使 CPU 不至于因为等待存储器读写操作的完成而无事可做，可以采取一些加速 CPU 和存储器之间有效传输的特殊措施，如采用更高速的主存或加长存储器字长、采用 cache、采用并行操作的双端口存储器或交叉存储器等。

**1. 双端口存储器的逻辑结构**

双端口存储器是指同一个存储器具有两组相互独立的读写控制线路，提供了两个相互独立的端口，都可以对存储器中任何位置上的数据进行独立的存取操作。它采用的是空间并行技术。图 6-38 是某双端口存储器的工作原理图。

它提供了两个相互独立的端口，即左端口和右端口。它们分别具有各自的地址线、数据线和控制线，可以对存储器中任何位置上的数据进行独立的存取操作。

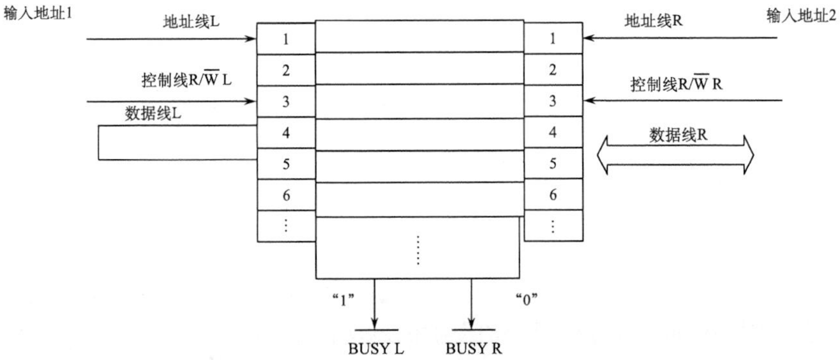


图 6-38　双端口存储器工作原理

## 2. 无冲突读写控制(表 6-2)

当两个端口的地址不相同时,在两个端口上进行读写操作,一定不会发生冲突。当任一端口被选中驱动时,就可对整个存储器进行存取。每一个端口都有自己的片选控制和输出驱动控制。

**表 6-2　无冲突读写控制**

| 左端口或右端口 | | | | | | 功　能 |
|---|---|---|---|---|---|---|
| R/Wlb | R/Wub | CE | OE | I/O 0—7 | I/O 8—15 | |
| × | × | 1 | 1 | Z | Z | 端口不用 |
| 0 | 0 | 0 | × | 数据入 | 数据入 | 低位和高位字节数据写入存储器 |
| 0 | 1 | 0 | 0 | 数据入 | 数据出 | 低位字节数据写入存储器,存储器中数据输出至高位字节 |
| 1 | 0 | 0 | 0 | 数据出 | 数据入 | 存储器中数据输出至低位字节,高位字节数据写入存储器 |
| 0 | 1 | 0 | 1 | 数据入 | Z | 低位字节写入存储器 |
| 1 | 0 | 0 | 1 | Z | 数据入 | 高位字节写入存储器 |
| 1 | 1 | 0 | 0 | 数据出 | 数据出 | 存储器中数据输出至低位字节号高位字节 |
| 1 | 1 | 0 | 1 | Z | Z | 高阻抗输出 |

## 3. 有冲突的读写控制

当两个端口同时存取存储器同一存储单元时,便发生读写冲突。为解决此问题,特设置了 BUSY 标志。由片上的判断逻辑决定优先对哪个端口进行读写操作,而暂时关闭另一个被延迟的端口。

(1) CE 判断：如果地址匹配且在 CE 之前有效，片上的控制逻辑在 CEL 和 CER 之间进行判断来选择端口。

(2) 地址有效判断：如果 CE 在地址匹配之前变低，片上的控制逻辑在左、右地址间进行判断来选择端口。

**表 6-3　左、右端口读写操作的功能判断**

| 左端口 | | 右端口 | | 标志 | | 功能 | 说明 |
|---|---|---|---|---|---|---|---|
| CEL | (A$_0$—A$_{10}$)L | CER | (A$_0$—A$_{10}$)R | BUSYL | BUSYR | | |
| 1 | × | 1 | × | 1 | 1 | 无冲突 | |
| 0 | Any | 1 | × | 1 | 1 | 无冲突 | |
| 1 | × | 0 | Any | 1 | 1 | 无冲突 | |
| 0 | ≠(A$_0$—A$_{10}$)R | 0 | ≠(A$_0$—A$_{10}$)R | 1 | 1 | 无冲突 | |
| 0 | LV5R | 0 | LV5R | 1 | 0 | 左端口取胜 | CE 在地址匹配之前变低的地址判断 |
| 0 | RV5L | 0 | RV5L | 0 | 1 | 右端口取胜 | |
| 0 | Same | 0 | Same | 1 | 0 | 消除判断 | |
| 0 | Same | 0 | Same | 0 | 1 | 消除判断 | |
| RL5R | =(A$_0$—A$_{10}$)R | LL5R | =(A$_0$—A$_{10}$)L | 1 | 0 | 左端口取胜 | 地址匹配在 CE 之前的 CE 判断 |
| RL5L | =(A$_0$—A$_{10}$)R | RL5L | =(A$_0$—A$_{10}$)L | 0 | 1 | 右端口取胜 | |
| LW5R | =(A$_0$—A$_{10}$)R | LW5R | =(A$_0$—A$_{10}$)L | 1 | 0 | 消除判断 | |
| LW5R | =(A$_0$—A$_{10}$)R | LW5R | =(A$_0$—A$_{10}$)L | 0 | 1 | 消除判断 | |

## 6.6.2　多模块交叉存储器

### 1. 存储器的模块化组织

一个由若干个模块组成的主存储器是线性编址的。这些地址在各模块有两种安排方式：一种是顺序方式，一种是交叉方式。

顺序方式：某个模块进行存取时，其他模块不工作；某一模块出现故障时，其他模块可以照常工作，通过增添模块来扩充存储器容量比较方便。但各模块串行工作，存储器的带宽受到了限制。

交叉方式：地址码的低位字段经过译码选择不同的模块，而高位字段指向相应模块内的存储字。连续地址分布在相邻的不同模块内，同一个模块内的地址都是不连续的。对连续字的成块传送可实现多模块流水式并行存取，大大提高了存储器的带宽。

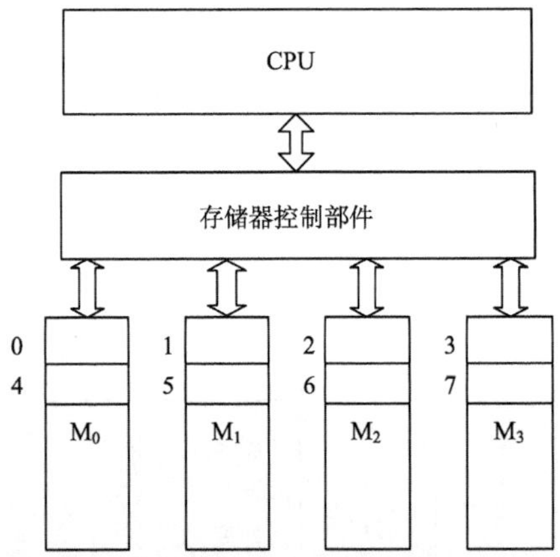


图 6-39 四模块交叉存储器结构框图

### 2. 多模块交叉存储器的基本结构

如图 6-39 所示，四模块交叉存储器中每个模块各自以等同的方式与 CPU 传送信息。CPU 同时访问四个模块，由存储器控制部件控制它们分时使用数据总线进行信息传递，这是一种并行存储器结构。下面做定量分析：

我们认为模块字长等于数据总线宽度，模块存取一个字的存储周期为 T，总线传送周期为 $\tau$，存储器的交叉模块数为 $m$，为了实现流水线方式存取，应当满足：

$\mathrm{T}=m\tau$ ($m=\mathrm{T}/\tau$ 称为交叉存取度)。

交叉存储器要求其模块数必须大于或等于 $m$，以保证启动某模块后经 $m\tau$ 时间再次启动该模块时，它的上次存取操作已经完成。这样，连续读取 $m$ 个字所需的时间为

$$t_1=\mathrm{T}+(m-1)\tau,$$

而顺序方式存储器连续读取 $m$ 个字所需时间为 $t_2=m\mathrm{T}$。可见，交叉存储器的带宽确实大大提高了。

$m=4$ 的流水线方式存取示意图如图 6-40 所示。

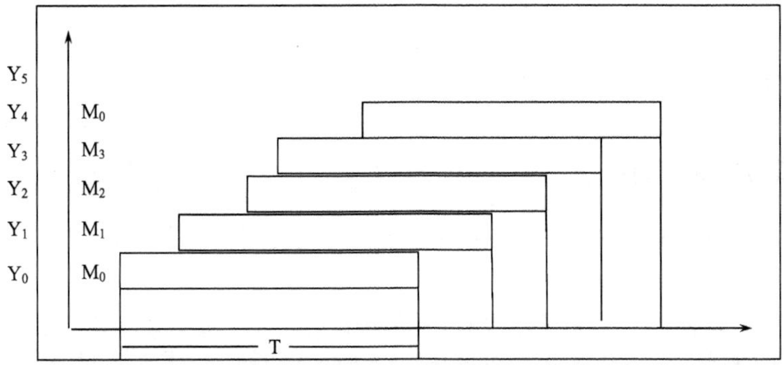


图 6-40 流水线方式存取示意图

**例 6.4** 设存储器容量为 32 字，字长 64 位，模块数 $m=4$，分别用顺序方式和交叉方式进行组织。存储周期 T＝200ns，数据总线宽度为 64 位，总线传送周期 $\tau$＝50ns。问顺序存储器和交叉存储器的带宽各是多少？

**解：** 顺序存储器和交叉存储器连续读出 $m=4$ 个字的信息总量都是：

$$q=64\text{位}\times 4=256\text{位}。$$

顺序存储器和交叉存储器连续读出 4 个字所需的时间分别是：

$$t_2=m\mathrm{T}=4\times 200\mathrm{ns}=800\mathrm{ns}=8\times 10^{-7}\mathrm{s}。$$

$$t_1=\mathrm{T}+(m-1)=200\mathrm{ns}+30\mathrm{ns}=350\mathrm{ns}=35\times 10^{-7}\mathrm{s}。$$

顺序存储器和交叉存储器的带宽分别是：

$$W_2=q/t_2=256\div(8\times 10^{-7})=32\times 10^7[\text{位/s}]$$

$$W_1=q/t_1=256\div(35\times 10^{-7})=73\times 10^7[\text{位/s}]$$

### 3. 二模块交叉存储器举例

图 6-41 示出了二模块交叉存储器方框图。DRAM 存储器读/写周期时，在行选通信号$\overline{\mathrm{RAS}}$有效时输入行地址，在列选通信号$\overline{\mathrm{CAS}}$有效时输入列地址。如果是读周期，此位组内容被读出；如果是写周期，将总线上数据写入此位组。刷新周期是在 RAS 有效下输入刷新地址，此地址指示的一行所有存储元全部被再生。

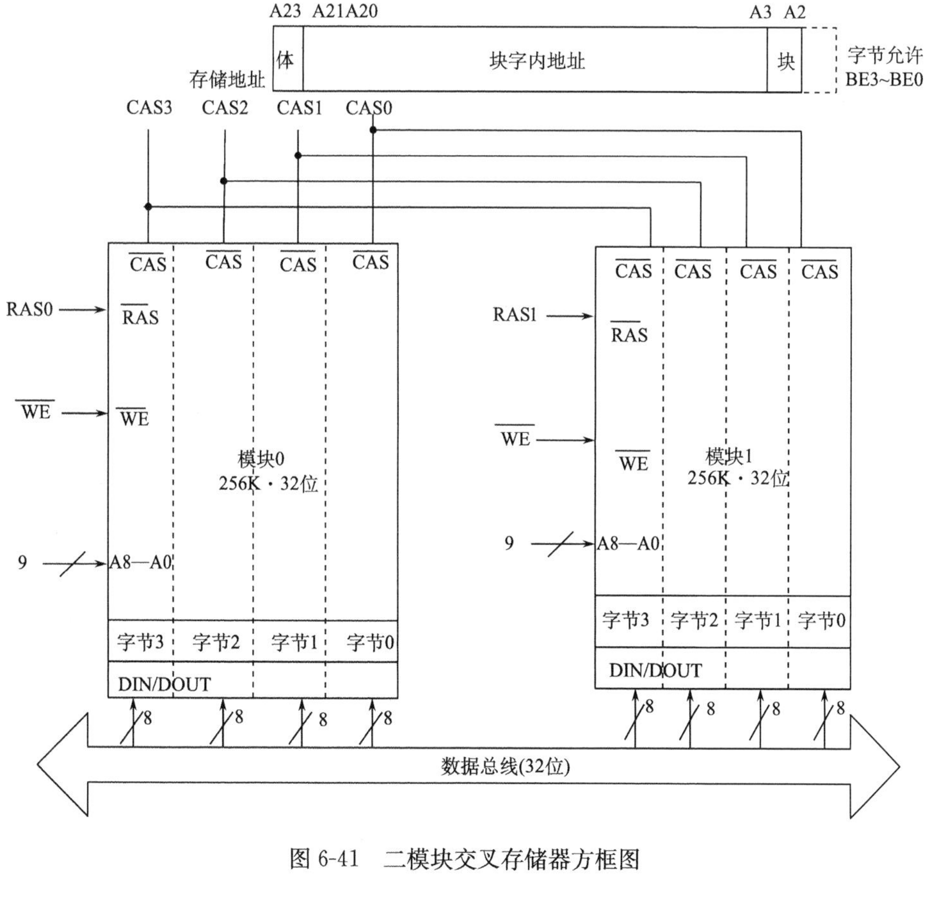


图 6-41　二模块交叉存储器方框图

$A_{20}$—$A_3$ 的 18 位地址用于模块中 256K 个存储字的选择。$A_2$ 用模块选择，连续的存储字交错分布在两个模块上，偶地址在模块 0，奇地址在模块 1。

DRAM 存储器需要逐行定时刷新，并且，DRAM 芯片的读出是一种破坏性读出，因此在读取之后要立即按读出信息予以充电再生。这样，若 CPU 先后两次读取的存储字使用同一 RAS 选通信号的话，CPU 在接收到第一个存储字之后必须插入等待状态，直至前一存储字再生完毕才开始第二个存储字的读取。

由于采用 $m=2$ 的交叉存取度的成块传送，两个连续地址字的读取之间不必插入等待状态(零等待存取)。图 6-42 是无等待状态成块存取示意图。

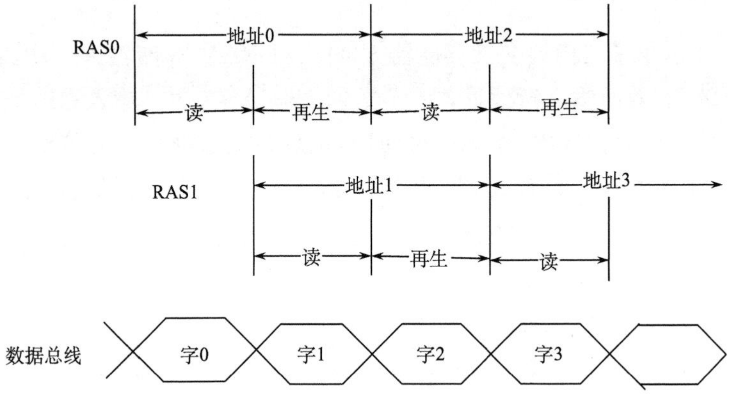


图 6-42　无等待状态成块存取示意图

# 习　题

1. 简述存储器的分类。

2. 主存储器的性能指标有哪些？含义是什么？

3. 提高存储器速度可采用哪些措施？请说出至少五种措施。

4. 用 16K×16 位的 SRAM 芯片构成 64K×16 位的存储器。要求画出该存储器的组成逻辑框图。

5. 用 16K×8 位的 SRAM 芯片构成 64K×16 位的存储器，要求画出该存储器的组成逻辑框图。

6. 请说明 SRAM 的组成结构。与 SRAM 相比，DRAM 在电路组成上有什么不同之处？已知某 8 位机的主存采用半导体存储器，地址码为 18 位，采用 4K×4 位的 SRAM 芯片组成该机所允许的最大主存空间，并选用模块条形式，问：

(1) 若每个模块条为 32K×8 位，共需几个模块条？

(2) 每个模块条内有多少片 RAM 芯片？

(3) 主存共需多少 RAM 芯片？CPU 需使用几根地址线来选择各模块？使用何种译码器？

7. 设有一个具有 20 位地址和 32 位字长的存储器，问：

(1) 该存储器能存储多少个字节的信息?

(2) 如果存储器由 512K×8 位的 SRAM 芯片组成,需多少片?

(3) 需多少位地址作芯片选择?

8. 某双面磁盘每面有 220 道,内层磁道周长 70cm,位密度 400 位/cm,转速 3000 转/分,问:

(1) 磁盘存储容量是多少?

(2) 数据传输率是多少?

9. 某刷新存储器所需的带宽为 160MB/s。实际工作时,显示适配器的几个功能部件要争用刷存的带宽。假定总带宽的 50%用于刷新屏幕,保留 50%带宽用于其他非刷新功能。问刷存总带宽应为多少? 为达到这样的刷存带宽,应采取何种技术措施?

10. 有一个 1024K×32 位的存储器,由 128K×8 位的 DRAM 构成。问:

(1) 总共需要多少 DRAM 芯片?

(2) 采用异步刷新,如果单元刷新间隔不超过 8ms,则刷新信号周期是多少?

11. CPU 执行一段程序时,cache 完成存取的次数为 1900 次,主存完成存取的次数为 100 次,已知 cache 存取周期为 50ns,主存存取周期为 250ns,求 cache/主存系统的效率和平均访问时间。

12. 已知 cache/主存系统效率为 85%,平均访问时间为 60ns,cache 比主存快 4 倍,求主存储器周期是多少? cache 命中率是多少?

13. 有一个 16K×16 位存储器,由 1K×4 位的 DRAM 芯片构成(芯片是 64×64 结构)。问:

(1) 共需要多少 RAM 芯片?

(2) 存储体的组成框图。

(3) 采用异步刷新方式,如单元刷新间隔不超过 2ms,则刷新信号周期是多少?

(4) 如采用集中刷新方式,存储器刷新一遍最少用多少读/写周期? 死时间率是多少?

14. 简述高速缓冲存储器的工作原理以及地址映射规则,并用示意图来表示。

15. 简述虚拟存储器的工作原理以及地址映射规则,并用示意图来表示。

16. 简述并行存储器技术有哪些?

# 第 7 章　输入/输出设备及输入/输出系统

输入/输出设备是人机交互的设备。本章主要讲述各种输入/输出设备以及输入/输出系统中的各种输入/输出方式,并简单介绍了总线的相关知识。

## 7.1　输入/输出设备

### 7.1.1　输入/输出设备概述

输入/输出设备是实现人和计算机、设备和计算机、计算机和计算机联系的重要设备。

输入设备是向计算机输入数据和信息的设备,是计算机与用户或其他设备通信的桥梁。输入设备是用户和计算机系统之间进行信息交换的主要装置之一。键盘、鼠标、摄像头、扫描仪、光笔、手写输入板、游戏杆和语音输入装置等都属于输入设备(Input Device),它们属于人或外部与计算机进行交互的一种装置,用于把原始数据和处理这些数据的程序输入到计算机中。现在的计算机能够接收各种各样的数据,既可以是数值型的数据,也可以是各种非数值型的数据,如图形、图像、声音等都可以通过不同类型的输入设备输入到计算机中,进行存储、处理和输出。计算机的输入设备按功能可分为下列几类,

(1) 字符输入设备:键盘。

(2) 光学阅读设备:光学标记阅读机、光学字符阅读机。

(3) 图形输入设备:鼠标器、操纵杆、光笔。

(4) 图像输入设备:摄像机、扫描仪、传真机。

(5) 模拟输入设备:语言模数转换识别系统。

像光电纸带输入器、卡片输入器、光学字符读取器、磁带输入装备、汉字输入装备、鼠标等输入设备将数据、程序和控制信息送入计算机内。

输出设备(Output Device)也是人与计算机交互的一种部件,用于数据的输出。它把各种计算结果数据或信息以数字、字符、图像、声音等形式表示出来。常见的有显示器、打印机、绘图仪、影像输出系统、语音输出系统、磁记录设备等。

输出设备将计算机中的数据或信息输出给用户,如显示器、打印机等;行式打印机、卡片输出机、静电印刷机、绘图机、声音回答装置等把计算机的计算结果或中间结果以各种方式输出。

现在有些智能设备既可作输入设备，也可作输出设备。

### 7.1.2 输入/输出设备的分类

按信息的传输方向来分，输入/输出设备可以分为输入、输出与输入/输出三类设备。

(1) 输入设备：有键盘、鼠标、光笔、触屏、跟踪球、控制杆、数字化仪、扫描仪、语言输入、手写汉字识别，以及纸带输入机、卡片输入机、光学字符阅读机(OCR)等。采用媒体输入设备如纸带输入机、卡片输入机、光学字符阅读机等，这些设备把记录在各种媒体上的信息送入计算机；一般成批输入，输入过程中使用者不作干预。交互式设备有键盘、鼠标、触屏、光屏、跟踪对球等。这些设备由使用者通过操作直接输入信息，不借助于记录信息的媒体。输入信息可立即显示在屏幕上，操作员可以即时进行删除、修改、移动等操作。

(2) 输出设备：有显示器、打印机、绘图仪、语音输出设备，以及卡片、穿孔机、纸带穿孔机等。将计算机输出的数字信息转换成模拟信息，送往自动控制系统进行过程控制，这种数模转换设备也视为一类输出设备。

(3) 输入/输出设备：有磁盘机、磁带、可读/写光盘、CRT 终端、通信设备等。这类设备既可以输入信息，又可以输出信息。

输入/输出设备按功能可以分成以下三类：

(1) 用于人机接口：如键盘、鼠标、显示器、打印机等。这类设备用于人机交互信息，且操作员往往可以直接加以控制。这类设备又可以称为字符型设备，即输入/输出设备与主机交换信息以字符为单位，这时主机对外设的控制方法往往不同于其他类型设备。

(2) 用于存储信息：如磁盘、光盘、磁带机等。这类设备用于存储大容量数据，作为计算机的外存储器使用。这类设备又可以称为面向信息块的设备，即主机与外设交换信息时不以字符为单位，而以由几十或几百个字节组成的信息块为单位，这时主机对外设的控制也不同于字符型设备。

(3) 机-机联系：如通信设备(包括调制解调器)、数/模、模/数转换设备，主要用于机-机通信。

输入/输出设备如果按所处理信息的形态来分，又可以分成处理数字和文字的设备、处理图形与图像的设备，以及处理声音与视频的设备等。按输入/输出传送方式可分为字符型设备和块设备；按资源特点可分为独享设备、共享设备和虚拟设备。

## 7.2 输入设备

常用的计算机输入设备可分为图形输入、图像输入、声音输入等。

### 1. 图形输入设备

图形输入方法较多，特别是交互式图形系统要求具有人-机对话功能：计算机将结果显示给人，人根据看到的显示决定下一步操作，并通过输入设备告诉计算机。如此反复多次，直到显示结果满意为止。为此必须具有方便灵活的输入手段，才能体现“交互式”的优越性。

1）键盘输入

键盘是字符和数字的输入装置，无论是字符输入还是图形输入，键盘是一种最基本的常用设备。当需要输入坐标数据建立显示文件时，要利用键盘。另外，利用键盘上指定的字符与屏幕上的光标结合，可用来移动光标、拾取图形坐标、指定绘图命令等。

2）光笔输入

光笔的外形与钢笔相似，头部装有一个透镜系统，能把进入的光聚为一个光点。在光笔头部附有一开关，当按下开关时，进行光的检测，光笔就可拾取 CRT 屏幕上的坐标。光笔与屏幕上的光标配合，可使光标跟踪光笔移动，在屏幕上画出图形或修改图形，其过程与人用钢笔画图的过程类似。

3）图形板和游动标输入

图形板和游动标结合构成二维坐标的输入系统，主要用于输入工程图等。将图纸贴到图形板上，游动标沿着图纸上的图形移动，读取图形坐标，即可输入工程图。这种二维的输入方式比光笔与屏幕相结合的方式有许多优点，因此得到了广泛应用。

游动标是一个手持的方形坐标读出器，上面有一块透明玻璃，玻璃上刻有十字标记。十字标记的中心就是游动标的中心。使用时将十字标中心对准在图形的坐标点上即可。

图形板是一种二维的 A/D 变换器，因此它又称作数字化板。坐标测量的方法有电阻式、电容式、电磁感应式、超声波式几种。

4）鼠标器输入

光笔和图形板这两种输入方式都可以输入某一点的绝对坐标，而鼠标器只要输入相对坐标。

鼠标器是一种手持的坐标定位部件，有两种类型：一种是机械式的，另一种是光电式的。

**2. 图像输入设备**

最理想的图像输入设备是数字摄像机。它可以摄取任何地点、任何环境的自然景物和物体,直接将数字图像存入磁盘。

当图像已经记录到某种介质上时,我们需要利用读出装置读出图像。例如,记录在录像带上的图像要用录像机读出,再将视频信号经图像板量化后输入计算机;记录在数字磁带上的遥感图像可以直接在磁带机上输入;如果想把纸上的图像输入计算机,一种方法是用摄像机对着纸上的图像摄像输入,另一种方法是利用装有CCD(电荷耦合器件)的图文扫描仪或图文传真机;还有一种叫"光机扫描鼓"的专用设备,可以直接将纸上的图像转换成数字图像。

由于一帧数字图像要占很大的存储空间,图像数据的传输与存储问题将是一个十分重要的研究课题,目前普遍采用的方法是压缩-恢复技术。

**3. 语音输入设备**

利用人的自然语音实现人-机对话是新一代多媒体计算机的重要标志之一。图 7-1 为一种语音输入/输出设备的原理方框图。

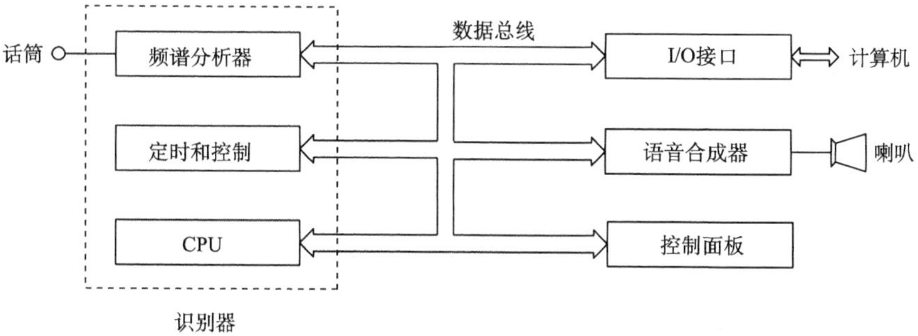


图 7-1　语音输入/输出原理框图

语音识别器作为输入设备,可以将人的语言声音转换成计算机能够识别的信息,并将这些信息送入计算机。而计算机处理的结果又可以通过语音合成器变成声音输出,以实现真正的"人机对话"。通常把语音识别器与语言合成器放在一起做成语音输入/输出设备。

### 7.2.1　键盘的分类与工作原理

随着 IBM PC 机的发展,键盘也分为 XT、AT、PS/2 键盘,乃至于后来的 USB

键盘。PC 系列机使用的键盘有 83 键、84 键、101 键、102 键和 104 键等多种。XT 和 AT 机的标准键盘分别为 83 键和 84 键，而 286 机以上微机的键盘则普遍使用 101 键、102 键或 104 键。83 键键盘是最早使用的一种 PC 机键盘，其键号与扫描码是一致的，这个扫描码被直接发送到主机箱并转换为 ASCII 码。随着高档 PC 机的出现，键盘功能和按键数目得到了扩充，键盘排列也发生了变化，产生的扫描码与 83 键键盘的扫描码不同。为了保持 PC 系列微机的向上兼容性，需将 84/101/102/104 键键盘的扫描码转换为 83 键键盘的扫描码，一般将前者叫做行列位置扫描码，而将后者称为系统扫描码。显然，对于 83 键键盘，这两种扫描码是相同的。

键盘是由一组排列成矩阵方式的按键开关组成的，通常有编码键盘和非编码键盘两种类型，IBM 系列个人微型计算机的键盘属于非编码类型。微机键盘主要由单片机、译码器和键开关矩阵三大部分组成。其中单片机采用了 Intel 8048 单片微处理器控制，这是一个 40 引脚的芯片，内部集成了 8 位 CPU、1024×8 位的 ROM、64×8 位的 RAM、8 位的定时器/计数器等器件。由于键盘排列成矩阵格式，被按键的识别和行列位置扫描码的产生，是由键盘内部的单片机通过译码器来实现的。单片机在周期性扫描行、列的同时，读回扫描信号线结果，判断是否有键按下，并计算按键的位置以获得扫描码。当有键按下时，键盘分两次将位置扫描码发送到键盘接口；按下一次，叫接通扫描码；释放时再发一次，叫断开扫描码。因此可以用硬件或软件的方法对键盘的行、列分别进行扫视，去查找按下的键，输出扫描位置码，通过查表转换为 ASCII 码返回。

键盘是与主机箱分开的一个独立装置，通过一根 5 芯电缆与主机箱连接；系统主板上的键盘接口按照键盘代码串行传送的应答约定来接收键盘发送来的扫描码；键盘在扫描过程中，7 位计数器循环计数。当高 5 位($D_6$—$D_2$)状态为全“0”时，经译码器在 O 列线上输出一个“0”，其余均为“1”；而计数器的低两位 ($D_1D_0$)通过 4 选 1 多路选择器控制 0～3 行的扫描。计数器计一个数则扫描一行，计 4 个数全部行线扫描一遍，同时由计数器内部向 $D_2$ 进位，使另一列线 1 变低，行线再扫描一遍。只要没有键按下，多路选择器就一直输出高电平，则时钟一直使计数器循环计数，对键盘轮番扫描。当有一个键被按下时，若扫描到该键所 在的行和列时，多路选择器就会输出一个低电平，去封锁时钟门，使计数器停止计数。这时计数器输出的数据就是被按键的位置码(即扫描码)。8048 利用程序读取这个键码后，在最高位添上一个“O”，组成一个字节的数据，然后从 $P_{22}$ 引脚以串行方式输出。在 8048 检测到键按下后，还要继续对键盘扫描检测，以发现该键是否释放。当检测到释放时，8048 在刚才读出的 7 位位置码的前面(最高位)加上一个“1”，作为“释放扫描码”，也从 $P_{22}$ 引脚串行送出去，以便和“按下扫描码”相区别。送出“释放扫描码”的目的是为识别组合键和上、下档键提供条件。

同时，主机还向键盘发送控制信号，主机 CPU 响应键盘中断请求时，通过外围接口芯片 8255A-5 的 PA 口读取键盘扫描码并进行相应转换处理和暂存；通过 PB 口的 $PB_6$ 和 $PB_7$ 来控制键盘接口工作。

从用途上看，键盘可分为台式机键盘、笔记本电脑键盘和工控机键盘三大类。其中，台式机键盘从按键结构上又可分为两类，即机械键盘和电容键盘（又称有触点键盘和无触点键盘）。机械键盘存在着开关容易损坏、易污染、易老化的缺点，现已基本淘汰。电容键盘在可靠性上比前者有质的飞跃，使用寿命较长，目前大多为电容键盘。

早期的键盘是由美国 IBM 公司推出的，当时采用的计算机键盘为 83 键键盘。不久 IBM 又推出了 84 键的键盘设计标准，将键盘分为三个区，即功能区、打字键区及负责光标控制和编辑的副键盘区，这种键盘主要区域的划分标准一直沿用至今。随着微软 Windows 视窗操作系统的广泛应用，IBM 公司于 1986 年首次推出了 101 键的标准键盘，除添加了 F11、F12 两个功能键之外，还在键盘的中部多加了一组专用的光标控制和编辑的键，使键盘功能得到了进一步扩充，成为当时业界的标准键盘。后来，为与微软的 Win95 操作系统相配合，IBM 又推出了 104 键键盘，新增了 3 个功能键（亦称 Windows 快捷键或热键 <HotKey>），使以前需要打开好几个窗口才能完成的某些功能，通过快捷键的设定直接启动菜单完成，而不必再点击鼠标，这样就使计算机的操作更加简易。目前，这种 104 键的键盘（亦称 Win95 键盘）的设计已成为业界和市场上最为普遍、最为流行的一种标准，业界统称为标准键盘。实际上，所谓的“标准键盘”并没有标准，只因其应用较为广泛而被业界统称为标准键盘。由于软件的不断升级更新，为配合软件的需要，所谓的标准键盘的键数也随之扩增，并因其又被业界所普遍采纳而又被统称为标准键盘。

### 7.2.2　鼠标的分类与工作原理

#### 1. 机械鼠标工作原理

机械鼠标主要由滚球、辊柱和光栅信号传感器组成，是通过移动鼠标来带动胶球，胶球滚动又摩擦鼠标内分管水平和垂直两个方向的栅轮滚轴，驱动栅轮转动。栅轮轮沿为格栅状。紧靠栅轮格栅两侧，一侧是一红外发光管，另一侧是红外接收组件。红外接收组件为一三端器件，其中包含甲乙两个红外接收管。在水平和垂直栅轮夹角正对方向有一压紧轮，它使胶球无论向何方向滚动都始终压紧在两个栅轮轴上。机械鼠标内部结构如图 7-2 所示。

机械鼠标通过 ps/2 口或串口与主机相连。接口使用四根线，分别为电源、地、时钟和数据。正常工作时，鼠标的移动转换为水平和垂直栅轮不同方向和转速的转动。栅轮转动时，栅轮的轮齿周期性遮挡红外发光管发出的红外线照射到接收

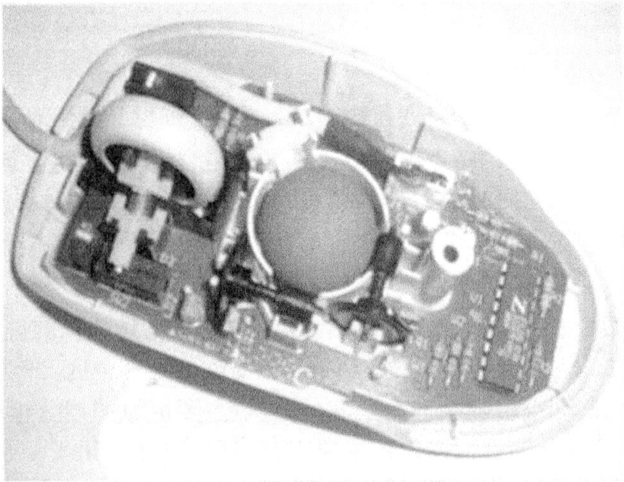

图 7-2　机械鼠标内部构造

组件中的甲管和乙管，从而甲和乙输出端输出电脉冲至鼠标内控制芯片。由于红外接收组件中甲乙两管垂直排列，栅轮轮齿夹在红外发射与接收中间的部分的移动方向为上下方向，而甲乙接收管与红外发射管的夹角不为零，于是甲乙管输出的电脉冲有一个相位差。

鼠标内控制芯片通过此脉冲相位差判知水平或垂直栅轮的转动方向，通过此脉冲的频率判知栅轮的转动速度，并不断通过数据线向主机传送鼠标移动信息，主机通过处理使屏幕上的光标同鼠标同步移动。显而易见，这种机械鼠标的精度受到了桌面光洁度、采样精度等多方面因素的制约，因此并不适合在高速移动或者大型游戏中使用。不过，由于这种第一代机械鼠标出现时，大部分 PC 的系统软件和操作软件都只是刚刚开始使用 GUI，因此这个矛盾并不突出。

机械鼠标由于鼠标内的滚球很容易脏，滚球脏后，导致鼠标丢帧，因此需要经常清理，并且鼠标的 DPI 较低而且是固定的，很不便于用户使用。

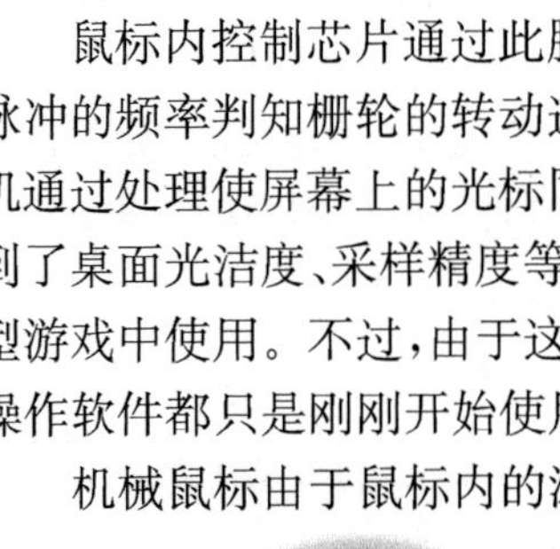

图 7-3　微软经典光电鼠标 IE 3.0

**2. 光电鼠标工作原理**

机械鼠标的推出使得众多电脑外设发明家将鼠标的研究作为重点工程，而机械鼠标在发展到一定时期，其诸多缺陷使得专家们开始寻求突破点。1999 年，微软生产出世界上第一个光学鼠标产品 IE 3.0，如图 7-3 所示。光学鼠标的诞生也成为自

20世纪60年代鼠标诞生以来，在鼠标技术上取得的最大进步。

光电鼠标的工作原理如图7-4所示。在光电鼠标内部有一个发光二极管，通过该发光二极管发出的光线，照亮光电鼠标底部表面。然后将光电鼠标底部表面反射回的一部分光线，经过一组光学透镜，传输到一个光感应器件内成像。这样，当光电鼠标移动时，其移动轨迹便会被记录为一组高速拍摄的连贯图像。最后利用光电鼠标内部的一块DSP专用图像分析芯片对移动轨迹上摄取的一系列图像进行分析处理，通过对这些图像上特征点位置的变化进行分析，来判断鼠标的移动方向和移动距离，从而完成光标的定位。

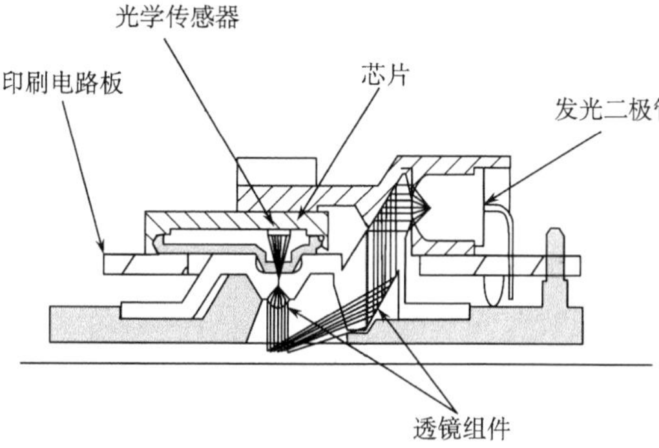


图7-4　光电鼠标的工作原理图

光电鼠标可以说是鼠标发展历程中的最重要的一部分，但是光电鼠标的兼容性不高，适应性远远不如激光鼠标。

光电鼠标必须依赖反射板，它的位置数据完全依据反射板中的网格信息来生成，倘若反射板有些弄脏或者磨损，光电鼠标便无法判断光标的位置所在。倘若反射板不慎被严重损坏或遗失，那么整个鼠标便就此报废。

# 7.3　输出设备

## 7.3.1　打印机的分类与工作原理

### 1. 喷墨打印机

所谓喷墨打印机，就是通过将墨滴喷射到打印介质上来形成文字或图像。早期的喷墨打印机以及大幅面的喷墨打印机都是采用连续式喷墨技术，而市面流行的喷墨打印机都普遍采用随机喷墨技术。这两种喷墨技术在原理上是有很大差别的。

喷墨打印机根据产品的主要用途可以分为三类:普通型喷墨打印机、数码照片型喷墨打印机和便携式喷墨打印机。

普通型喷墨打印机是目前最为常见的打印机,它的用途广泛,可以用来打印文稿、打印图形图像,也可以使用照片纸打印照片。数码照片型喷墨打印机在用途上和普通型喷墨打印机实际上是基本相似的,无论是普通的文稿还是照片都能够进行打印。但是它之所以被划分为数码照片型产品,就在于和普通型产品相比,它具有数码读卡器,——在内置软件的支持下,它可以直接接驳数码照相机的数码存储卡和直接连接数码相机,可以在没有电脑支持的情况下直接进行数码照片的打印。部分数码照片型打印机还配有液晶屏,通过液晶屏,用户可以对数码存储卡中的照片进行一定的编辑和设置,从而使打印任务能够更加出色地完成。便携式喷墨打印机指的是那些体积小巧、一般重量在 1000 克以下、可以比较方便携带,并且可以使用电池供电,在没有外接交流电的情况下也能够使用的产品。这类产品一般多与笔记本电脑配合使用。不过目前在便携式喷墨打印机中还有一种便携式的数码照片型喷墨打印机。它具有了两种打印机的特点,即体积小巧、便于携带,可以在没有电脑的情况下直接接驳数码相机进行打印。

### 2. 激光打印机

激光打印机是 20 世纪 60 年代末 Xerox 公司发明的,采用的是电子照相技术。该技术利用激光束扫描光鼓,通过控制激光束的开与关使传感光鼓吸与不吸墨粉,光鼓再把吸附的墨粉转印到纸上而形成打印结果。激光打印机的整个打印过程可以分为控制器处理阶段、墨影及转印阶段。

### 3. 针式打印机

针式打印机是利用直径 0.2～0.3mm 的打印针通过打印头中的电磁铁吸合或释放来驱动打印针向前击打色带,将墨点印在打印纸上而完成打印动作的。通过对色点排列形式的组合控制,可实现对规定字符、汉字和图形的打印。所以,针式打印机实际上是一个机电一体化系统。它由两大部分组成:机械部分和电气控制部分。机械部分主要完成打印头横向左右移动、打印纸纵向移动以及打印色带循环移动等任务;电气控制部分主要完成从计算机接收传送来的打印数据和控制信息,将计算机传送来的 ASCⅡ码形式的数据转换成打印数据,控制打印针动作,并按照打印格式的要求控制字车步进电机和输纸步进电机动作,对打印机的工作状态进行实时检测等。

针式打印机也称撞击式打印机,其基本工作原理类似于用复写纸复写资料一样,通过打印针对色带的机械撞击,在打印介质上产生小点,最终由小点组成所需打印的对象。针式打印机根据其打印头的不同还可以分为拍合式和储能式两种。

(1) 拍合式:拍合式打印头由铁芯和线圈组成电磁铁,当线圈通电时,电磁铁磁化,产生电磁力,衔铁在被吸合瞬间拍击打印针出针,打印针通过色带和纸撞击到打印辊上,于是在纸上就打印出一个点;线圈断电时,铁芯失去电磁力,衔铁在衔铁弹簧的作用下返回原始位置,打印针亦在针复位弹簧和打印辊的反弹力作用力下收回。

这种打印头出针频率可达 2000Hz 以上。打印针可以集中排列,无需弯曲,打印针的长度可短至 10～50mm,因而打印头的体积小。

(2) 储能式:储能式打印头用永磁铁作用于衔铁弹簧片,线圈通电时,由铁芯和线圈所组成的电磁铁建立起一个与永磁铁相反的磁场,使永磁铁的吸力减小,衔铁簧片上的机械能量释放,推动衔铁使打印针飞出,撞击到色带、打印纸和打印辊上而印字。线圈断电后,衔铁及簧片又被永磁铁吸会原来位置,打印针收回。

这种打印头与拍合式打印头相比,其衔铁簧片释放的电磁力较小、仅为永磁吸力与弹簧片之差值,故线圈上激磁电流较小,功耗低;通电持续时间也较短,出针频率可高达 3000Hz;它具有明显的高速性、稳定性、经济性、低噪声和小型化的优点。

针式打印机按具体功能上的不同,可以分为通用针式打印机、存折针式打印机、行式针式打印机和高速针式打印机四种,其中最常用的是通用针式打印机。

#### 4. 微型打印机

微型打印机,简称微打,是针对通用打印机而言的,具有处理票据较窄、整机体积较小、操作电压较低的特点。它是广大打印机家族中一个细小而特别的种类,在通常的 IT 刊物、其他各类杂志及市场调查报告中,微型打印机均鲜有提及,甚至被忽略不计,以致一般人虽然在生活中经常见到,然而对其缺乏必要的认识和了解。但作为特种打印机系列一个重要的组成部分,微打的市场需求日渐扩大,应用也越来越广泛,越来越多的通用打印机厂商也开始涉及微打领域。

#### 5. 照片打印机

近年来,随着数码影像产品市场的日益繁荣,照片打印机市场也因此得到了快速的成长。照片打印机一经推出,便受到了市场的广泛关注,生产厂商蜂拥而至,纷纷推出相关产品。但随着时间推移,由于大陆个人消费市场还不够成熟,部分厂商退出,市场进行了重新洗牌。厂商逐步转变了销售策略,明确了该产品的主要目标市场,将与 PC 的捆绑销售作为主要销售模式。厂商力求先在市场上普及该产品,进而通过耗材的销售最终实现整体利润。

#### 6. 条形码打印机

顾名思义,条形码打印机当然是打印条形码的打印机了。普通条形码打印机主要是在商场使用。它通过打印头把碳带上的墨印在条形码打印纸上。虽然可以当作普通打印机使用，但绝大多数情况下还是被应用在打印商品条形码上。

**7. 平板打印机**

平板打印机最早的祖师爷应该是做高温瓷像的高温制像机。当时，高温制像机只是被开发出来打印瓷砖，偶尔能打印下树叶、木板，但是厚度仅限于普通瓷砖的厚度。高温瓷像机如果属于第一代万能打印机的话，那时的万能打印机就属于滚轴传动。

## 7.3.2　显示器的分类与工作原理

显示器按照工作原理可分为 CRT 显示器、LCD 显示器和等离子显示器等。下面重点介绍 CRT 和 LCD 显示器的工作原理和特点。

**1. CRT 显示器**

CRT(阴极射线管)显示器的核心部件是 CRT 显像管(参见图 7-5)，其工作原理和我们家中电视机的显像管基本一样。经典的 CRT 显像管使用电子枪发射高速电子，经过垂直和水平的偏转线圈控制高速电子的偏转角度，最后高速电子击打屏幕上的磷光物质使其发光。通过电压来调节电子束的功率，就会在屏幕上形成明暗不同的光点形成各种图案和文字。

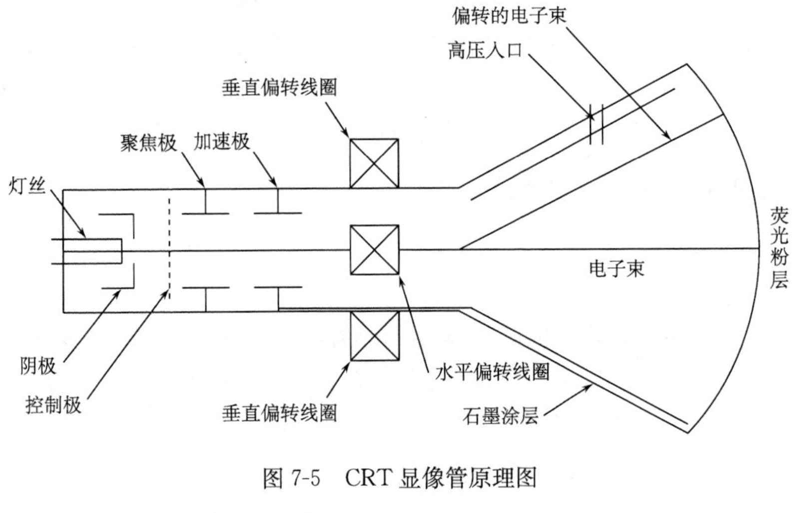


图 7-5　CRT 显像管原理图

彩色显像管屏幕上的每一个像素点都由红、绿、蓝三种涂料组合而成，由三束电子束分别激活这三种颜色的磷光涂料，以不同强度的电子束调节三种颜色。对于普通用户常用的CRT显示器来说，其常用的术语可分为三大部分：一是表示显示器性能的技术指标术语；二是国际上的各有关机构对显示器综合性能的认证标准所派生的一些常用术语；三是所采用的显像管类型。

**2. 液晶显示器**

随着技术的发展和人们要求的不断提高，传统的阴极射线管（CRT）显示器因其体积大、重量大和功耗大的缺点越来越难以满足人们的需要。特别是在便携式、小型化和低功耗的应用中，人们期望着体积小、重量轻和功耗小的平板显示器的出现。在这种需求的推动下，液晶平板显示器（LCD）首先应运而生。由于液晶显示器（LCD）具有轻薄短小、低耗电量、无辐射，平面直角显示以及影像稳定不闪烁等多方面的优势，在近年来价格不断下跌的吸引下，占领了相当大的市场，逐渐取代了CRT的主流地位。

液晶显示器（LCD，Liquid Crystal Display）的显像原理，是将液晶置于两片导电玻璃之间，靠两个电极间电场的驱动引起液晶分子扭曲向列的电场效应，以控制光源透射或遮蔽功能，在电源关开之间产生明暗而将影像显示出来。若加上彩色滤光片，则可显示彩色影像。

液晶于1888年由奥地利植物学者Reinitzer发现，是一种介于固体与液体之间，具有规则性分子排列的有机化合物，一般最常用的为向列（Nematic）液晶，分子形状为细长棒形，长宽约1～10nm，在不同电流电场作用下，液晶分子会作规则旋转90°排列，产生透光度的差别，如此在电源ON/OFF下产生明暗的区别，依此原理控制每个像素，便可构成所需图像。

(1) 液晶显示原理：在两片玻璃基板上装有配向膜，所以液晶会沿着沟槽配向，由于玻璃基板配向膜沟槽偏离90°，所以液晶分子成为扭转型。当玻璃基板没有加入电场时，光线透过偏光板跟着液晶做90°扭转，通过下方偏光板，液晶面板显示白色；当玻璃基板加入电场时，液晶分子产生配列变化，光线通过液晶分子空隙维持原方向，被下方偏光板遮蔽，光线被吸收无法透出，液晶面板显示黑色。液晶显示器便是根据此电压的有无，使面板达到显示效果。

(2) LCD面板结构：LCD的面板厚度不到1厘米，十分轻薄短小，它由二十多种材料及元件所构成。不同类型的LCD所需材料不尽相同，基本上LCD结构如同三明治般，一个液晶盒包括玻璃基板、彩色滤光片、偏光板、配向膜等材料；当灌入液晶材料（液晶空间不到$5\times10^{-6}$m）后，一个液晶盒就形成了。

(3) LCD产品种类：根据液晶驱动方式分类，可将目前LCD产品分为扭曲向列（TN/Twisted Nematic）型、超扭曲向列（STN/Super Twisted Nematic）型及薄膜晶体管(TFT/Thin Film Transistor)三大类。

下面,我们就分别介绍一下 TN 液晶显示器和 TFT 型液晶显示器的工作原理。

(1) TN 液晶显示器的原理:TN 液晶显示器是在一对平行放置的偏光板间填充了液晶。这一对偏光板的偏振光方向是相互垂直的。液晶分子在偏光板之间排列成多层。

在同一层内,液晶分子的位置虽不规则,但长轴取向都是平行于偏光板的。正是由于分子按这种方式排列,所以被称为向列型液晶。

另一方面,在不同层之间,液晶分子的长轴沿偏光板平行平面连续扭转 90°。其中,邻接偏光板的两层液晶分子长轴的取向与其邻接的偏光板的偏振光方向一致。也正是因为液晶分子呈现的这种扭曲排列,而被称为扭曲向列型液晶显示器。一旦通过电极给液晶分子加电之后,由于受到外界电压的影响,它们不再按照正常的方式排列,而变成竖立的状态。而液晶显示器的夹层贴附了两块偏光板,这两块偏光板的排列和透光角度与上下夹层的沟槽排列相同。在正常情况下,当光线从上向下照射时,通常只有一个角度的光线能够穿透下来,通过上偏光板导入上部夹层的沟槽中,再通过液晶分子扭转排列的通路从下偏光板穿出,形成一个完整的光线穿透路径。当液晶分子竖立时光线就无法通过,结果在显示屏上出现黑色。这样便形成了透光时为白、不透光时为黑的现象,于是,字符就可以显示在屏幕上了。

(2) TFT 型液晶显示器的原理:TFT 型液晶显示器也采用了两夹层间填充液晶分子的设计。只不过是把 TN 上部夹层的电极改为了 FET 晶体管,而下层改为了共通电极。在光源设计上,TFT 的显示采用“背透式”照射方式,即假想的光源路径不是像 TN 液晶那样地从上至下,而是从下向上,这样的做法是在液晶的背部设置了类似日光灯的光管。光源照射时先通过下偏光板向上透出,借助液晶分子来传导光线。由于上下夹层的电极改成 FET 电极和共通电极,在 FET 电极导通时,液晶分子的表现如 TN 液晶的排列状态一样会发生改变,也通过遮光和透光来达到显示的目的。但不同的是,由于 FET 晶体管具有电容效应,能够保持电位状态,先前透光的液晶分子会一直保持这种状态,直到 FET 电极下一次再加电改变其排列方式为止。

相对而言,TN 就没有这个特性,液晶分子一旦没有施压,立刻就返回原始状态,——这是 TFT 液晶和 TN 液晶在显示原理上的最大不同。

液晶显示器发展到现在,其技术还在不断更新,所以就目前市场上的产品来讲并不推崇购买,毕竟家用不大在乎其体积上的优势。那么和传统的 CRT 显示器来比较,它到底有哪些优缺点呢?

首先是从侧面观看屏幕的时候,液晶屏的亮度和色彩度都有很大的失真,早期的可视偏转角度只有 90°的液晶显示器尤为明显。

其次是刷新率的不足。在视频回放和游戏中，足够的刷新频率才能保证画面的连贯，这对液晶显示器来说也是一个难以克服的问题。刷新率的不足会在显示时出现"余辉"的现象，在操作模拟驾驶类动作游戏时的效果最有代表性。

值得欣慰的是经过生产厂商的不断努力，技术上的困难不断被克服。采用了更多新技术的液晶显示器比起以前的产品在性能上有了很大的提高。下面我们就简单地介绍几种新的液晶显示器技术。

液晶显示器使用了"液晶(Liquid Crystal)"为显示材料。所谓液晶，是一种介于固态和液态之间的具有规则性分子排列的有机化合物。液晶在受热到一定温度时会呈现透明状的液体状态，而冷却后则会出现结晶颗粒的混浊固体状态，因为物理上具有液体与晶体的特性，故称之为"液晶"。

液晶按照分子结构排列的不同分为三种：晶体颗粒黏土状的称为 Smectic 液晶、类似细火柴棒的称为 Nematic 液晶、类似胆固醇状的称为 Cholestic 液晶。这三种液晶的物理特性都不尽相同，用于液晶显示器的是第二类 Nematic 液晶，采用此类液晶制造的液晶显示器也就称为 LCD(Liquid Crystal Display)。

TN-LCD、STN-LCD 和 DSYN-LCD 是三种比较常见的液晶显示器，基本原理也差不多。其中 TN 技术是应用最为广泛的。

TN-LCD 包括玻璃基板、ITO 膜、配向膜、偏光板等制成的夹板，共有两层，形成夹层；上下夹层中的是液晶分子，在接近上部夹层的液晶分子按照上部沟槽的方向来排列，而下部夹层的液晶分子按照下部沟槽的方向排列。在生产过程中，上下沟槽呈十字交错，即上层的液晶分子的排列是横向的，下层的液晶分子排列是纵向的，而位于上下之间的液晶分子接近上层的就呈横向排列，接近下层的则呈纵向排列。整体看起来，液晶分子的排列就像螺旋形的扭转排列。

在 TN 技术的基础上又很快发展出了 TN ＋FILM 技术，也就是我们所称的 TFT-LCD，两者的结构亦基本上相同，同样采用两夹层间填充液晶分子的设计，只不过后者把 TN 上部夹层的电极改为 FET 晶体管，而下层改为共同电极。

和 TN 技术有所不同的是，TFT 的显示采用"背透式"照射方式。新型的 TFT-LCD 可以实现 140°的可视偏转角度，但是刷新率低，低对比度的问题依然没有得到解决，所以虽然 TFT 现在因为性价比的优势得到最广泛的应用，甚至被认为就等同于 LCD，但是从技术的角度来说并没有什么优势。

无论是 CRT 显示器还是 LCD 显示器，都会有一系列技术参数来反映它们的实际性能，由于 LCD 有着与 CRT 不同的特殊性，因此好好了解 LCD 显示器的技术参数将会有助于我们对显示器的挑选。那么下面我们就为大家说明一些重要的技术指标，以利于读者对进一步了解 LCD 显示器并方便看懂我们的评测结果。

1) 分辨率

LCD 是通过液晶像素实现显示的，但由于液晶像素的数目和位置都是固定不变的，所以液晶只有在标准分辨率下才能实现最佳显示效果，而在非标准的分辨率下则是由 LCD 内部的 ic(集成电路)通过插值算法计算而得，因此画面会变得模糊不清。然而 LCD 显示器的真实分辨率根据 LCD 的面板尺寸而定，15 英寸的真实分辨率为 1024×768，17 英寸为 1280×1024。大家在购买的时候一定要在标准分辨率下试用机器。

2) 响应时间

响应时间是 LCD 显示器的一个重要指标，它是指各像素点对输入讯号反应的速度，即像素由暗转亮或由亮转暗的速度，单位是毫秒(ms)。响应时间越小越好。如果响应时间过长，在显示动态影像(特别是在看 DVD、玩游戏)时，就会产生较严重的"拖尾"现象。目前大多数 LCD 显示器的响应速度都在 25ms 左右，而明基、三星等一些高端产品的反应速度已达到 16ms，甚至现在出现了 12ms 的液晶。

3) 可视角度

可视角度也是 LCD 显示器非常重要的一个参数。它是指用户可以从不同的方向清晰地观察屏幕上所有内容的角度。由于提供 LCD 显示器显示的光源经折射和反射后输出时已有一定的方向性，在超出这一范围观看就会产生色彩失真现象，通俗地说就是：你坐在 LCD 前面，向左和向右两个方面看，都可以在 70°的范围内清晰地看到图像，那么这个显示器水平可视角度就为 140°，垂直的可视角度是同样道理测。目前市场上出售的 LCD 显示器的可视角度都是左右对称的，但上下就不一定对称，常常是上下角度小于左右角度。但是随着现在 LCD 技术的不断提高，现在不少液晶都具备 160°的可视角度，按这样的发展趋势，这一指标将失去意义。

4) 亮度、对比度

亮度是以每平方米烛光($cd/m^2$)为测量单位，通常在液晶显示器规格中都会标示亮度，而亮度的标示就是背光光源所能产生的最大亮度。一般 LCD 显示器都有显示 $200cd/m^2$ 亮度的能力，更高的甚至达 $300cd/m^2$ 以上。亮度越高，适应的使用环境也就越广泛。目前提高亮度的方法有两种：一种是提高 LCD 面板的光通过率；另一种就是增加背景灯光的亮度，即增加灯管数量。这里需要注意的是，较亮的产品不见得就是较好的产品，亮度是否均匀才是关键，而这在产品规格说明书里是找不到的。亮度均匀与否和光源及反光镜的数量与配置方式息息相关，离光源远的地方，其亮度必然较暗。

而对比度是指屏幕的纯白色亮度与纯黑色亮度的比值，对比度越高，图像越清晰。但是当对比度达到某一程度后，颜色的纯正就会出现问题。大多数 LCD 显示器的对比度一般都是 250：1 左右，更好的达到了 300：1 或者更高。

只有亮度与对比度搭配得恰到好处，才能够呈现完美的画质。一般来说，品质较佳的 LCD 显示器具有智慧的调节功能，能够自动调节图像，使亮度和对比度达到最佳。

5) 信号输入接口

这次测试的 LCD 显示器一般都使用了两种信号输入方式：传统模拟 VGA 的 15 针状 D 型接口(15 pin D-sub)和 DVI 输入接口。我们知道 LCD 显示器是采用数字式的工作原理。为了适合主流的带模拟接口的显示卡，大多数的 LCD 显示器均提供模拟接口，然后在显示器内部将来自显示卡的模拟信号转换为数字信号。由于在信号进行数模转换的过程中，会有若干信息损失，因而显示出来的画面字体可能有模糊、抖动、色偏等现象发生；而使用数字讯号来传输则完全没有这些缺点。因此，在一些中高端 LCD 显示器中就提供了 15 pin D-sub 和 DVI 双接口，而且现在拥有 DVI 和 VGA 接口的显卡比比皆是，价格也回落了不少，建议条件允许的朋友最好用 DVI 接口。

## 7.4　输入/输出系统的概述

输入/输出系统(Input-Output System)是信息处理系统中完成输入和输出过程的子系统。输入过程是从信息处理系统外部将待处理的信息经必要转换，以系统能够接受的形式送入系统。输出过程把经过信息处理系统处理过的信息以人能识别或其他系统能接受的形式输出。

根据上述内容，外设具有下列特点，

(1) 种类多：有常规的输入/输出设备，如键盘、显示器、打印机；有辅助存储的外存储器驱动器；有用于通讯的调制解调器；有控制系统常用的数字/模拟转换器和模拟/数字转换器，……

(2) 工作原理各不相同：有电子式、电动式、光电式、机械式及其他形式。

(3) 要求的信号各不相同；有模拟量、数字量和开关量。

(4) 传输信息的速度也千差万别。

外设是千差万别的，所以针对不同的外设应该选择更适合它们的输入/输出系统。输入/输出系统的基本功能是：

① 为数据传输操作选择输入/输出(I/O)设备。

② 使得选定的输入/输出设备和主机之间交换数据。

依据各种外设的特点，在计算机系统中，CPU 管理外围设备的方式就有程序查询方式、程序中断方式、DMA 方式、通道方式、外围处理机方式(PPU 方式)。如图 7-6 所示。

下面分别简单介绍：

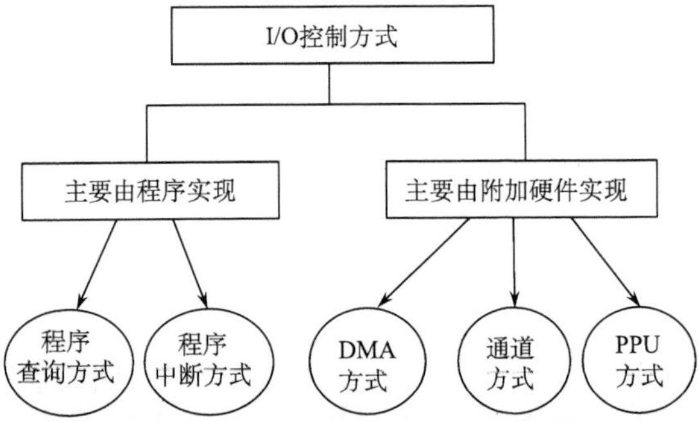


图 7-6 计算机系统的输入/输出方式

### 1. 程序查询方式

程序查询方式是一种最简单的输入/输出方式，数据在 CPU 和外围设备之间的传送完全靠计算机程序控制。这种方式的优点是 CPU 的操作和外围设备的操作能够同步，而且硬件结构比较简单。

### 2. 程序中断方式

中断是指当计算机执行正常程序时，系统中出现某些异常情况或特殊请求，这些情况和请求可能来自计算机内部，也可能来自计算机外部。一旦有上述事件发生，计算机执行正常程序的状态被中断，就是说，CPU 要暂停它正在执行的程序，而转去处理所发生的事件(通常就是执行一段特殊程序，被称为中断服务程序)。CPU 处理完毕后，自动返回到原来被中断了的程序继续运行。

中断与子程序调用相比，二者的正常程序都是主程序，区别在于：①子程序的执行是程序员事先安排好的；中断服务程序的执行则是由随机的中断事件引起的，比如电源掉电、请求 I/O 数据传送、现场报警等。②子程序的执行往往与主程序有关；中断服务程序可能与被中断的程序毫无关系。③有可能出现多个中断事件同时请求的情况，此时，主机就需要进行判优，进而决定为哪一个请求服务；子程序不存在此种情况。

### 3. 直接内存访问(DMA)

直接内存访问方式是一种完全由硬件执行 I/O 交换的工作方式。在这种方式中，DMA 控制器从 CPU 完全接管对总线的控制，数据交换不经过 CPU，而直接在内存和 I/O 设备之间进行。DMA 方式一般用于高速传送成组数据。DMA 控制器将向内存发出地址和控制信号，修改地址，对传送的字的个数计数，并且以中断方式向 CPU 报告传送操作的结束。

**4. 通道方式**

I/O 通道进一步提高了 CPU 的效率。这是因为通道是一个特殊功能的处理器,它有自己的指令和程序专门负责数据输入/输出的传输控制,而 CPU 将“传输控制”的功能下放给通道后只负责“数据处理”功能。这样,通道与 CPU 分时使用主存,实现了 CPU 内部运算与外设的并行工作。

在通道控制方式下,一个主机可以连接几个通道。每个通道又可以连接多台外设,这些设备可具有不同速度,可以是不同种类。这种输入/输出系统增强了主机与通道操作的并行能力以及各通道之间、同一通道的各设备之间的并行操作能力,同时也为用户提供了增减外设的灵活性。

## 7.5 计算机总线系统

在计算机系统里,对于相同的指令系统、相同的功能,不同厂家生产的各功能部件在实现方法上几乎没有相同的,但各厂家生产的相同功能部件却可以互换使用,这就是因为计算机总线系统在计算机中所具有的连接作用。总线是构成计算机系统的互连机构,是多个系统功能部件之间进行数据传送的公共通路。

### 7.5.1 总线的概念和结构

计算机总线是构成计算机系统的其他高速功能部件,如存储器、通道和外设等互相连接的总线。一个单处理器系统中的总线可大致分为三类。

(1) 内部总线:指芯片内部连接各元件的总线。如 CPU 芯片内部,在各个寄存器、ALU、指令部件等各元件之间也有总线相连。

(2) 系统总线:指连接 CPU、存储器和各种 I/O 模块等主要部件的总线,有主板式和底板式总线。主板式总线是一种板级总线,主要连接主机系统印刷电路板中的 CPU 和主存等部件,也被称为处理器-主存总线;底板式总线通常用于连接系统中的各个功能模块,实现系统中的各个电路板的连接。典型的有 PCI 总线、Multibus 总线、VME 总线等。系统总线通常由一组控制线、一组数据线和一组地址线构成,也有数据线和地址线复用的。数据线用来承载在源部件和目的部件之间传输的信息,这个信息可能是数据、命令或地址(数据线和地址线复用时),如写磁盘。地址线用来给出源数据或目的数据所在的主存单元或 I/O 端口地址。控制线用来控制对数据线和地址线的访问和使用;用来传输定时信号和命令信息。

(3) 通信总线(I/O 总线):中、低速 I/O 计算机系统的互连机构,是多个系统功能部件之间进行数据传送的公共通路。由于这类连接涉及到许多方面,包括距离远近、速度快慢、工作方式等,差异很大,所以通信总线的种类很多。

早期总线的内部结构如图 7-7 所示。

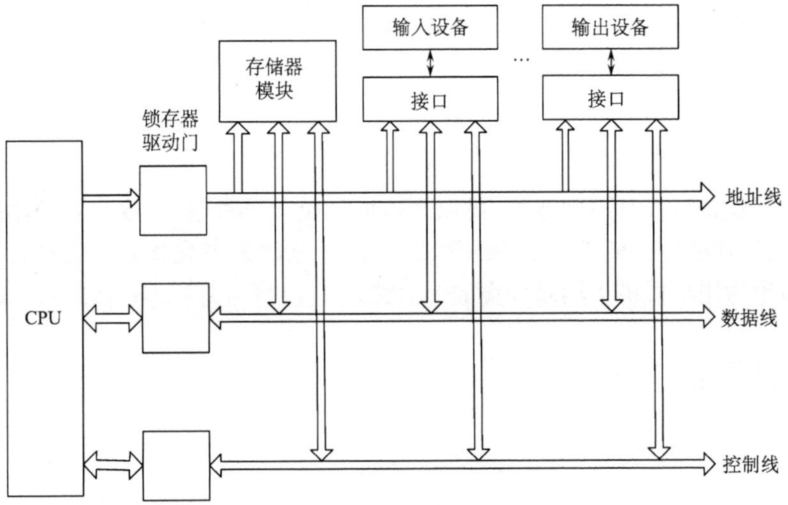


图 7-7 早期总线内部结构图

实际上早期总线只是处理器芯片引脚的延伸,是处理器与 I/O 设备适配器的通道。这种简单的总线一般由 50～100 条线组成,按其功能可分为三类:地址线、数据线和控制线。

总线具有四个特性,

(1) 物理特性:总线的物理特性是指总线在机械物理连接上的特性。包括连线类型、数量、接插件的几何尺寸和形状以及引脚线的排列等。从连线的类型来看,总线可分为电缆式、主板式和底板式。从连线的数量来看,总线一般分为串行总线和并行总线。在并行传输总线中,按数据线的宽度分为 8 位、16 位、32 位、64 位总线等。一般而言,串行总线用于长距离的数据传送,并行总线用于短距离的高速数据传送。

(2) 电气特性:总线的电气特性是指总线的每一条信号线的信号传递方向、信号的有效电平范围。CPU 发出的信号为输出信号,送入 CPU 的信号为输入信号。总线的电平表示方式有两种:单端方式和差分方式。在单端电平方式中,用一条信号线和一条公共接地线来传递信号,采用正逻辑。差分电平方式采用一条信号线和一个参考电压比较来互补传输信号,一般采用负逻辑。

(3) 功能特性:总线功能特性是指总线中每根传输线的功能。如地址线用来传输地址信息,数据线用来传输数据信息,控制线用来发出控制信息,不同的控制线其功能不同。

(4) 时间特性：总线时间特性是指总线中任一根传输线在什么时间内有效，以及每根线产生的信号之间的时序关系。可以用信号时序图来说明。

衡量总线的性能指标分下列几个方面，

(1) 总线带宽：总线本身所能达到的最高传输速率，单位是兆字节每秒(MB/s)。

总线宽度：数据总线的根数，用 bit 表示。

(2) 时钟同步/异步：总线数据与时钟同步工作的总线称为同步总线，与时钟不同步工作的总线称为异步总线。

(3) 总线复用：地址总线和数据总线共用一组物理线路，但特定时刻只能传送地址信号或数据信号。

(4) 信号线数：数据线、地址线、控制线三种总线的总和。

(5) 总线控制方式：包括并发工作、自动配置、仲裁方式、逻辑方式、计数方式等。

(6) 其他指标：如负载能力等。

## 7.5.2　总线的连接

在计算机系统中，根据连接方式不同，单机系统中采用的总线结构有三种基本类型：单总线结构、双总线结构、三总线结构。分别如图 7-8、图 7-9、图 7-10 所示。

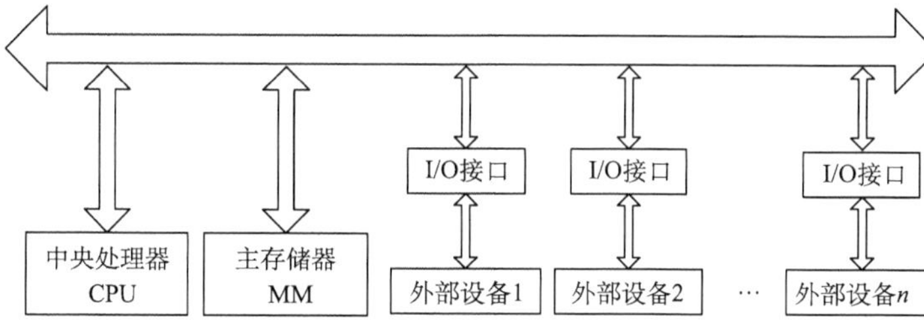


图 7-8　单总线结构

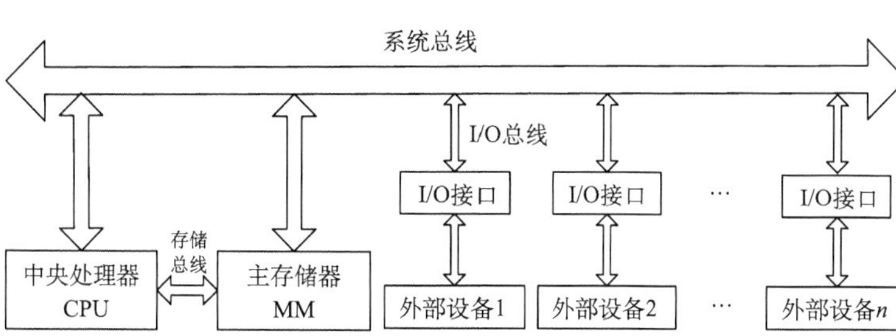


图 7-9　双总线结构

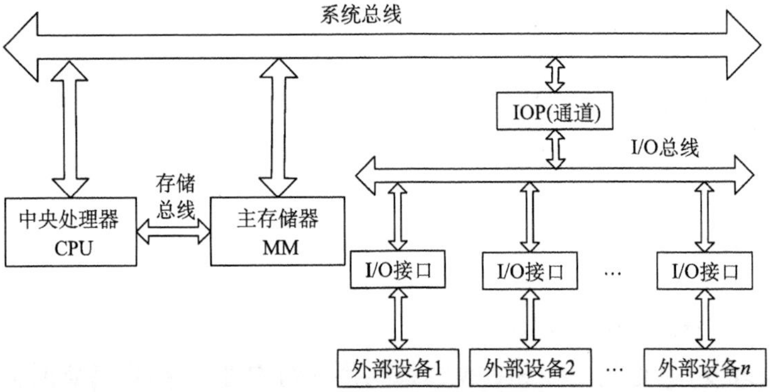


图 7-10　三总线结构

在许多单处理器的计算机中，使用一条单一的系统总线来连接 CPU、主存和 I/O 设备，我们把这种总线结构叫做单总线结构。在双总线结构中，存在两种总线：一种是存储总线，用于 CPU 与主存储器的信息交换；另一种是 I/O 总线，用于外设与主机的信息交换。为了使高速外设(如磁盘机)能高速地与主存储器进行数据交换，在高速外设与主存储器之间可以增设 I/O 通道，从而形成多总线结构。总线结构对计算机系统性能具有一定的影响，可以从下面三点来讨论，

(1) 最大存储容量：例如在单总线系统中，对主存和外设进行存取的差别，仅仅在于出现在总线上的地址不同，为此，必须为外围设备保留某些地址。由于某些地址必须用于外围设备，所以在单总线系统中，最大主存容量必须小于计算机字长所决定的可能的地址总数。

(2) 指令系统：在双总线系统中，CPU 对存储总线和系统总线必须有不同的指令系统，这是因为操作码规定了要使用哪一条总线，所以在双总线系统中，访存操作和输入/输出操作各有不同的指令。

(3) 吞吐量：计算机系统的吞吐量是指流入、处理和流出的信息的速率。它取决于信息输入内存的速度，CPU 取指、存取数据的速度，以及所得结果从内存送给一台外围设备的速度。这些步骤中每一步都关系到主存，因此，系统吞吐量主要取决于主存的存取周期。

### 7.5.3　总线的内部结构

简单总线结构的不足之处在于：

① CPU 是总线上的唯一主控者。

② 总线信号是 CPU 引脚信号的延伸，故总线结构与 CPU 密切相关，通用性较差。

当代流行的总线内部结构如图 7-11 所示：

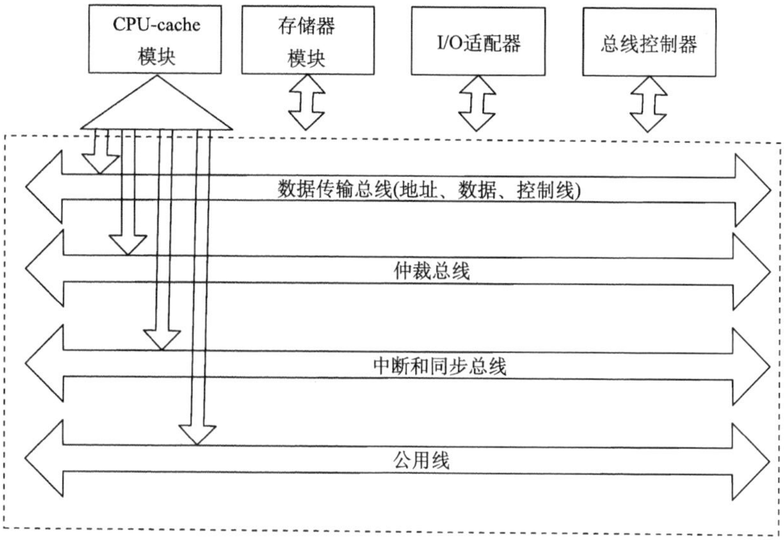


图 7-11　当代流行的总线内部结构

图 7-11 表示的总线是标准总线，这种总线追求与结构、与 CPU、与技术无关性的开发标准，并满足包括多个主控者环境的需求，例如多个 CPU 在内的环境。

在当代总线结构中，CPU 和它私有的 cache 一起作为一个模块与总线相连，系统中允许有多个这样的处理器模块，而总线控制器完成几个总线请求者之间的协调与仲裁。

整个总线分成如下四部分，

(1) 数据传送总线：由地址线、数据线、控制线组成。

(2) 仲裁总线：包括总线请求线和总线授权线。

(3) 中断和同步总线：用于处理带优先级的中断操作，包括中断请求线和中断认可线。

(4) 公用线：包括时钟信号线、电源线、地线、系统复位线以及加电或断电的时序信号线等。

### 7.5.4　总线的仲裁和数据传输控制

总线的仲裁是指连接到总线上的功能模块有主动和被动两种形态，为了解决多个主设备同时竞争总线控制权，必须具有总线仲裁部件，以某种方式选择其中一个主设备作为总线的下一次主方。总线主控设备控制对总线的访问，它能够发起并控制所有总线请求。从设备只能响应主控设备发来的总线命令。对多个主设备提出的占用总线请求，一般采用优先级或公平策略进行仲裁。一是“等级性”，即每个主控设备有一个总线优先级，具有最高优先级的设备应该先被服务；二是“公平性”，即任何设备即使是具有最低优先权的设备也不能永远得不到总线使用权。按照总线仲裁电路的位置不同，仲裁方式分为集中式仲裁和分布式仲裁两类。

### 1. 集中式仲裁

集中式裁决方式是将控制逻辑做在一个专门的总线控制器或总线裁决器中，将所有的总线请求集中起来，利用一个特定的裁决算法进行裁决。在集中式仲裁中，每个功能模块有两条线连到中央仲裁器：一条是送往仲裁器的总线请求信号线BR；另一条是仲裁器送出的总线授权信号线BG。

1) 链式查询方式

优先级由主控设备在总线上的位置来决定，要求拥有总线使用权的高优先级设备简单地拦截总线允许信号，不让其更低级的设备收到该信号。链式查询方式结构图如图7-12所示。

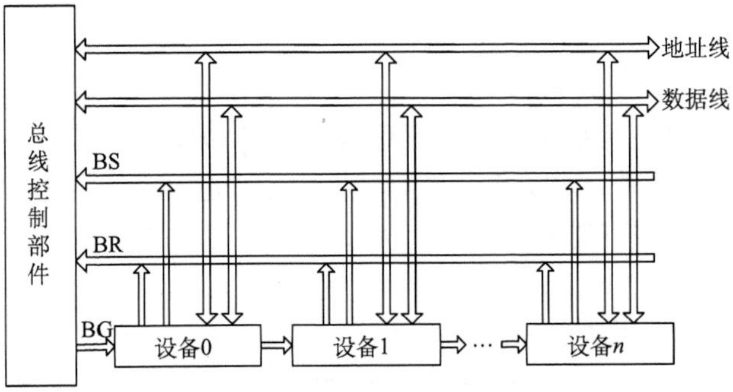


图7-12 链式查询方式结构图

(1) 链式查询方式的主要特点：总线授权信号BG串行地从一个I/O接口传送到下一个I/O接口。假如BG到达的接口无总线请求，则继续往下查询；假如BG到达的接口有总线请求，BG信号便不再往下查询，该I/O接口获得了总线控制权。离中央仲裁器最近的设备具有最高优先级，通过接口的优先级排队电路来实现。

(2) 链式查询方式的优点：只用很少几根线就能按一定优先次序实现总线仲裁，很容易扩充设备。

(3) 链式查询方式的缺点：对询问链的电路故障很敏感，如果第 $i$ 个设备的接口中有关联的电路有故障，那么第 $i$ 个以后的设备都不能进行工作。查询链的优先级是固定的，如果优先级高的设备出现频繁的请求时，优先级较低的设备可能长期不能使用总线。

2）计数器定时查询方式

计数器定时查询方式结构图如图 7-13 所示。

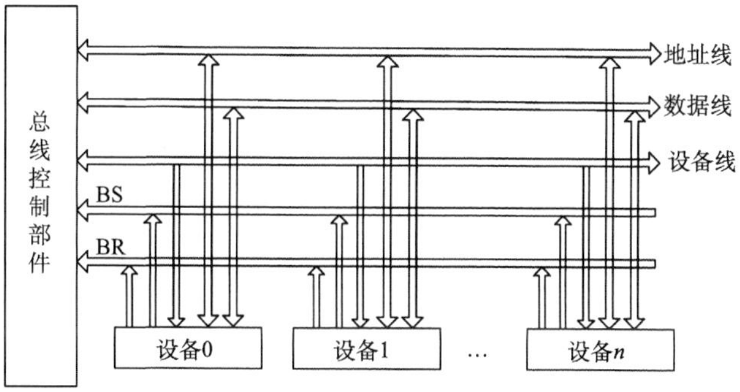


图 7-13　计数器定时查询方式结构图

总线上的任一设备要求使用总线时，通过 BR 线发出总线请求。中央仲裁器接到请求信号以后，在 BS 线为“0”的情况下让计数器开始计数，计数值通过一组地址线发向各设备。每个设备接口都有一个设备地址判别电路，当地址线上的计数值与请求总线的设备地址相一致时，该设备置“1”BS 线，获得了总线使用权，此时中止计数查询。

每次计数可以从“0”开始，也可以从中止点开始。如果从“0”开始，各设备的优先次序与链式查询法相同，优先级的顺序是固定的；如果从中止点开始，则每个设备使用总线的优先级相同。

计数器的初值也可用程序来设置，这可以方便地改变优先次序，但这种灵活性是以增加线数为代价的。

3）独立请求方式

这种方案使用一个中央裁决器从请求总线的一组设备中选择一个。独立请求方式结构图如图 7-14 所示。

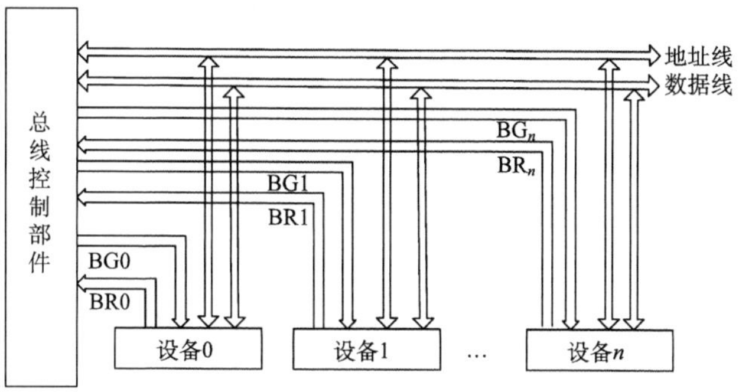


图 7-14　独立请求方式结构图

每一个共享总线的设备均有一对总线请求线 BR$i$ 和总线授权线 BG$i$。当设备要求使用总线时，便发出该设备的请求信号。中央仲裁器中的排队电路决定首先响应哪个设备的请求，给设备以授权信号 BG$i$。

独立请求方式的优点有：

① 响应时间快，确定优先响应的设备所花费的时间少，用不着一个设备接一个设备地查询；

② 对优先次序的控制相当灵活，可以预先固定也可以通过程序来改变优先次序；

③ 用屏蔽某个请求的办法，不响应来自无效设备的请求。

**2. 分布式仲裁**

在分布式的裁决方式下，没有专门的总线控制器，其控制逻辑分散在各个部件或设备中。分布式仲裁不需要中央仲裁器，每个潜在的主方功能模块都有自己的仲裁号和仲裁器。当它们有总线请求时，便将其唯一的仲裁号发送到共享的仲裁总线上，每个仲裁器将仲裁总线上得到的号与自己的号进行比较。如果仲裁总线上的号大，则它的总线请求不予响应，并撤销它的仲裁号。最后，获胜者的仲裁号保留在仲裁总线上。显然，分布式仲裁是以优先级仲裁策略为基础。

1）自举分布式裁决

这种方式使用多个请求线，不需要中央裁决器，每个设备独立地决定自己是否是最高优先级请求者。

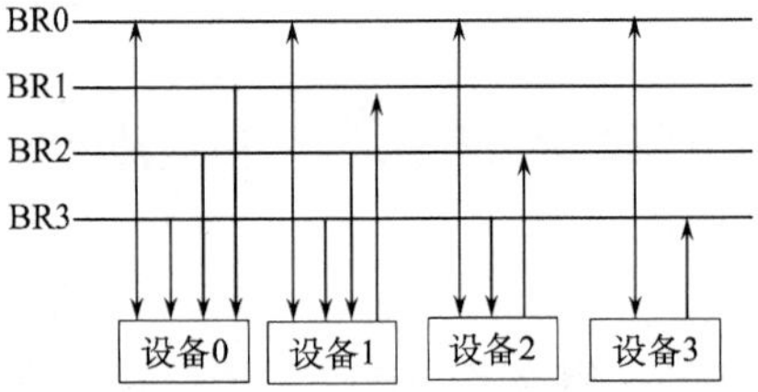


图 7-15　自举分布式裁决

图 7-15 中 BR0 为总线忙信号线，BR$i$ 为设备 $i$ 的总线请求线。总线裁决期间每个设备将有关请求线上的信号合成后取回分析，根据这些请求信号确定自己能否拥有总线控制权。每个设备通过取回的合成信息能够检测出其他设备是否发出了总线请求。这种方案需要较多的连线用于请求信号，所以，许多总线用数据线 DB 作为总线请求线。

2）冲突检测分布式裁决

这种方案中，每个设备独立地请求总线，多个同时使用总线的设备会产生冲突，这时冲突被检测到，按照某种策略在冲突的各方选择一个设备。当冲突发生时，两个设备都会停止传输，延迟一个随机时间后再重新使用总线。这种方案一般用在网络通信总线上。

3）并行竞争分布式裁决

这种方案需要使用总线的主控设备把自己的仲裁号发送到仲裁线上，每个设备根据并行竞争算法决定在一定时间以后占用总线还是撤销仲裁号。

当代的总线标准大都能支持以下四类模式的数据传输，

(1) 读、写操作：读操作是由从方到主方的数据传输；写操作是由主方到从方的数据传输。一般地，主方先以一个总线周期发出命令和从方地址，经过一定的延时再开始数据传输总线周期。为了提高总线利用率、减少延时损失，主方完成寻址总线周期后可让出总线控制权，以使其他主方完成更紧迫的操作，然后再重新竞争总线，完成数据传输总线周期。

(2) 块传输操作：只需给出块的起始地址，然后对固定块长度的数据一个接一个地读出或写入。对于 CPU(主方)、存储器(从方)而言的块传输，常称为猝发式传输，其块长一般固定为数据线宽度(存储器字长)的 4 倍。

(3) 写后读、读修改写操作：只给出地址一次，或进行先写后读操作，或进行先读后写操作。前者用于校验目的，后者用于多道程序系统中对共享存储资源的保护。这两种操作和猝发式操作一样，主方掌管总线直到整个操作完成。

(4) 广播、广集操作：一般而言，数据传输只在一个主方和一个从方之间进行。但有的总线允许一个主方对多个从方进行写操作，这种操作称为广播。与广播相反的操作称为广集，它将选定的多个从方数据在总线上完成 AND 或 OR 操作，用以检测多个中断源。

**例 7.1**　分析说明下图所示某 CPU 总线周期时序图。

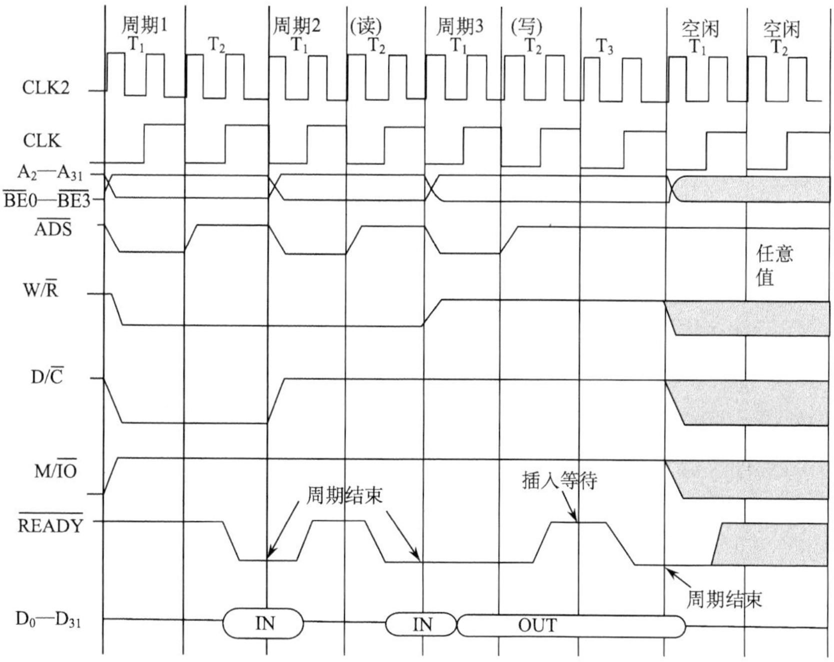

**解:** 十分明显,该总线系统采用同步定时协议。总线周期是在时钟信号 CLK 和 CLK2 定时下完成的,并与所有的机器周期保持时间上的同步。一个机器周期由 2 个 CLK 时钟周期组成($T_1$,$T_2$ 节拍)。

机器周期 1 为读指令周期(W/R=0,D/C=0,M/IO=1)。在 $T_1$ 时间,主方 CPU 送出 ADS=0 信号,表示总线上的地址及控制信号有效;在 $T_2$ 时间末尾,从方存储器读出指令并送到数据线 $D_0$—$D_{31}$ 上,同时产生 READY=0 信号,通知 CPU 本次“读出”操作已完成。

机器周期 2 为读数据周期。除了 D/C=1 为高电平外,其余与机器周期 1 相同。

机器周期 3 为写数据周期。W/R=1,写入的数据由 CPU 输出到数据线 $D_0$—$D_{31}$ 上。假如在一个机器周期内能完成写入操作,则在 $T_2$ 末尾由存储器产生 READY=0 信号。假如 $T_2$ 末尾尚未完成写入操作(图中所示),则 READY=1,并将 $T_2$ 延长一个时钟周期。CPU 在后一个 $T_2$ 末尾检测 READY=0,于是结束写入周期。$T_2$ 可以多次延长,直到 READY=0 为止。读出周期也可按此方法处理。图中还示出总线的空闲状态,空闲状态仅有一个 $T_i$ 节拍。只要总线继续空闲,可以连续出现多个 $T_i$ 节拍。

### 7.5.5 总线标准

对于相同的指令系统、相同的功能,不同厂家生产的各功能部件在实现方法上几乎没有相同的,但各厂家生产的相同功能部件却可以互换使用,其原因在于它们都遵守了相同的系统总线的要求,这就是系统总线的标准化问题。所谓总线标准是指国际工业界正式公布或推荐的连接各个模块的总线规范,是把各种不同的模块或设备组成计算机或计算机应用系统时必须遵循的连接规范。

总线按其在系统中的位置及功能不同,一般可分为三级,

(1) 芯片级总线:利用它把芯片连成模块。

(2) 模块级总线:利用它把主板和主板上各模块连成微机。

(3) 系统级总线:利用它把多台微机或设备连成微机系统。

从微型计算机应用角度看,我们最关心的是模块级和系统级总线。

无论哪种总线标准,尽管在设计细节和适应范围上有很多不同,各有特点,但从总体原则上看,每种总线设计所要解决的问题是大体相同的,其总线规范(Specification)一般都应包括信号系统、电气特性和机械结构。

微型机中采用的标准总线从 ISA 总线发展到 EISA 总线,又发展到 VESA 总线。

目前常用模块级内部扩展总线有 ISA 总线(AT 总线)、PCI 总线、AGP 总线

和 PCMCIA 总线。

目前常用系统级外部总线有 Centronics 总线、IEEE 488 总线、CAMAC 总线、ATA/IDE 总线、SCSI 总线、RS-232-C 总线、USB 总线和 IEEE1394 总线等。

## 7.6　输入/输出接口

输入/输出接口(Input/Output Interface)包括输入接口和输出接口,是电子设备之间数据传输的重要通道。

### 7.6.1　接口的基本概念与基本功能

接口有存储器接口和 I/O 接口,习惯上常指 I/O 接口,它是主机和外设(控制器)之间的实体部件,是实现主机与外设之间信息交换所必不可少的硬件支持。

I/O 接口的功能是负责实现 CPU 通过系统总线把 I/O 电路和外围设备联系在一起。具体来说就是设置数据的寄存、缓冲逻辑,以适应 CPU 与外设之间的速度差异。接口通常由一些寄存器或 RAM 芯片组成,如果芯片足够大还可以实现批量数据的传输;能够进行信息格式的转换,例如串行和并行的转换;能够协调 CPU 和外设两者在信息的类型和电平的差异,如电平转换驱动器、数/模或模/数转换器等;协调时序差异;地址译码和设备选择功能;设置中断和 DMA 控制逻辑,以保证在中断和 DMA 允许的情况下产生中断和 DMA 请求信号,并在接受到中断和 DMA 应答之后完成中断处理和 DMA 传输。

归纳起来接口的基本功能有下列几个方面,

(1) 数据的暂存与缓冲:用来实现将不同工作速度的设备连接起来进行数据传送时的速度匹配。

(2) 保存设备的工作状态:这是为了便于 CPU 对外设的查询和控制,它通常是通过设立设备状态寄存器来实现的,这个寄存器的各位被用来标志设备的不同状态。

(3) 信息交换方式的控制:通常是用信息交换方式的控制逻辑电路,来保证主机与外设在规定的通信方式下实现信息交换。如小型机和微型机经常会用到程序查询式、中断式或 DMA 式这三种通信方式,从而能保证进行信息的选择和信息交换的实现。

(4) 通信联络控制:其作用是给出主机与外设(接口)在信息交换过程中所需要的联络控制信号,进行定时控制,解决时间配合问题。

(5) 外设的识别:为了解决 CPU 呼叫通信对方并且对方也能识别是呼叫自己这一问题,需要设立外设识别电路。通常这部分电路称为地址译码电路或设备选择电路,用来接收地址总线上的I/O识别信息。

(6) 数据格式的变换控制:接口连接主机和外设,然而这两边的数据格式往往是不相同的。在输入和输出操作时,为了满足两边各自的要求,必须使接口具有相应的变换功能。

### 7.6.2 接口的分类

按照电路和设备的复杂程度,I/O接口硬件主要分为两大类:①I/O接口芯片;②I/O接口控制卡。

按主机与外设交换信息的方式来分,可以有四种不同类型的接口。

(1) 程序查询式接口:CPU执行相应的程序段来完成I/O数据传送。I/O接口逻辑有:数据缓冲寄存器、设备状态寄存器、设备地址译码器以及I/O操作方式和定时联络控制等电路。

(2) 中断式接口:CPU执行中断服务程序来完成I/O数据传送;除上述电路外,还要有一个中断控制器。

(3) DMA接口:支持直接存储器存取方式工作的I/O数据传送,即无需CPU的干预,可在主存与外设之间直接进行数据传送。需要的接口硬件除了基本的I/O接口逻辑外,最为关键的还应有一个DMA控制器。

(4) 通道式控制接口:通信的实质与第三种方式相同。

按接口与外设数据传送的形式来分,有两种不同类型的接口:

(1) 并行接口:即数据是以字/字节的各位同时在总线上流通的方式传送的。

(2) 串行接口:即在接口和外设的一边,数据是以字/字节的各位沿一根数据线一位接一位地按时间先后顺序逐位传送的,而在接口电路中还要增加其他一些有关逻辑,如串行变换等。

常见接口种类还有磁盘接口、SCSI接口和USB接口等。

### 7.6.3 串行口举例

RS-232接口又称之为RS-232口、串口、异步口或一个COM(通信)口。“RS-232”是其最明确的名称。在计算机世界中,大量的接口是串口或异步口,但并不一定符合RS-232标准,但我们也通常认为它是RS-232口。严格地讲RS-232接口是DTE(数据终端设备)和DCE(数据通信设备)之间的一个接口。DTE包括计算机、终端、串口打印机等设备;通常只有调制解调器(MODEM)和某些交换机的COM口是DCE的。标准指出:DTE应该拥有一个插头(针输出),DCE拥有一个插座(孔输出),这经常被制造商忽视(如WYSE终端就是孔输出DTE串口),但影响不大，只要分辨清楚 DCE、DTE 就行了，然后按照标准接线图接线就不会弄错了(DTE、DCE 引脚定义相同)。

**表 7-1　RS-232 接口引脚定义**

| 25 芯 | 9 芯 | 信号方向来自 | 缩写 | 描述名 |
|---|---|---|---|---|
| 2 | 3 | PC | TXD | 发送数据 |
| 3 | 2 | 调制解调器 | RXD | 接收数据 |
| 4 | 7 | PC | RTS | 请求发送 |
| 5 | 8 | 调制解调器 | CTS | 允许发送 |
| 6 | 6 | 调制解调器 | DSR | 通讯设备准备好 |
| 7 | 5 | —— | GND | 信号地 |
| 8 | 1 | 调制解调器 | CD | 载波检测 |
| 20 | 4 | PC | DTR | 数据终端准备好 |
| 22 | 9 | 调制解调器 | RI | 响铃指示器 |

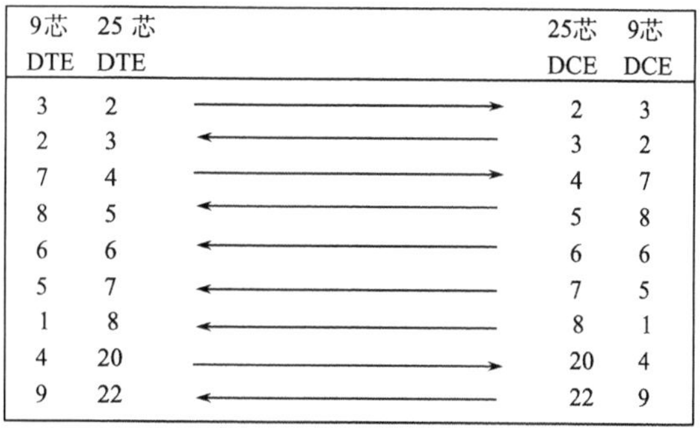


图 7-16　DTE、DCE 设备信号线电流方向图

# 7.7　输入/输出数据传输方式

## 7.7.1　程序查询方式

CPU 与 I/O 设备的工作往往是异步的，很难保证当 CPU 执行输入操作时，外设已把要输入的信息准备好了；而当 CPU 执行输出时，外设的寄存器(用于存放 CPU 输出数据的寄存器)一定是空的。所以，通常程序控制的传送方式在传送信息之前，必须要查询一下外设的状态；当外设准备就绪了才传送；若未准备好，则

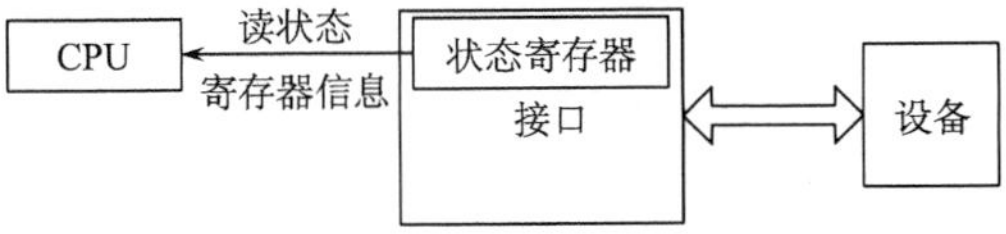


图 7-17　程序查询方式的接口

CPU 等待。程序查询方式的接口如图 7-17 所示。

**1. 查询式输入**

在输入时，CPU 必须了解外设的状态，看外设是否准备好。当输入设备的数据已准备好后，发出一个选通信号，一边把数据送入锁存器，一边使 D 触发器为“1”，给出“准备好”Ready 的状态信号。而数据与状态必须由不同的端口输至 CPU 数据总线。当 CPU 要由外设输入信息时，先输入状态信息，检查数据是否已准备好，当数据已经准备好后，才输入数据。读入数据的指令，使状态信息清“0”。

**2. 查询式输出**

同样地，输出时，CPU 也必须了解外设的状态，看外设是否有空（即外设不是正处在输出状态，或外设的数据寄存器是空的，可以接收 CPU 输出的信息）。若有空，则 CPU 执行输出指令，否则就等待。

因此，程序查询方式的工作过程分为以下步骤（参见图 7-18），

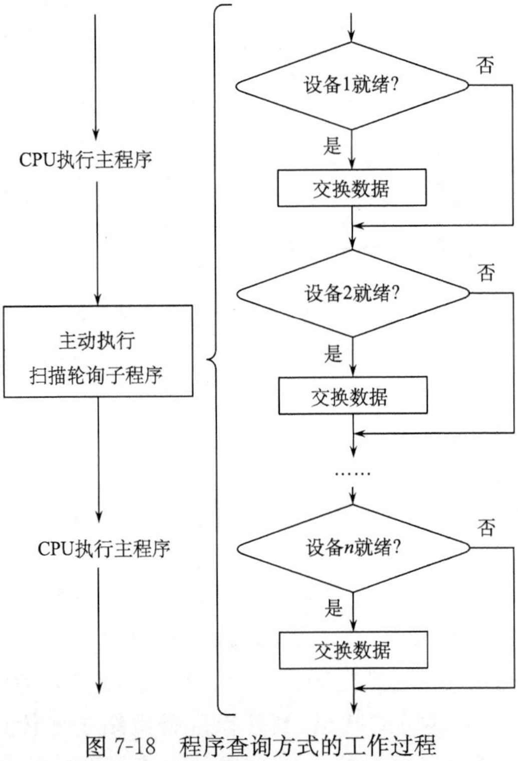


图 7-18　程序查询方式的工作过程

(1) 预置参数：设定数据传送长度；设置数据缓冲区首地址。

(2) 向外设发出命令，启动外设开始工作，并请求进行数据交换。

(3) 从外设读取反映外设当前工作进程的状态字。

(4) 检查状态字中的标志，看外设能否进行数据交换。

(5) 如果外设没有准备就绪，则重复上述(3)和(4)，一直到这个外设准备就绪，发出准备就绪信号为止。

(6) CPU 从外设输入数据或将数据输出给外设，完成数据交换。同时，CPU 将状态字中的外设就绪状态信号标志清除。

对程序查询方式的工作过程可以加以改进，采用适时查询法，即启动外设后不等待，而去执行其他程序，当估计外设已接近完成时，则进入测试程序段；或者可以采用轮流查询的方法，多个外设一起查询，前面优先级高，后面优先级低。

## 7.7.2　程序中断方式

在上述的查询传送方式中，CPU 要不断地询问外设，当外设没有准备好时，CPU 要等待，不能进行别的操作，这样就浪费了 CPU 的时间；并且许多外设的速度是较低的，如键盘、打印机等，它们输入或输出一个数据的速度是很慢的，在这个过程中，CPU 本可以执行大量的指令。为了提高 CPU 的效率，可采用中断的传送方式：在输入时，若外设的输入数据已存入寄存器，由外设向 CPU 发出中断请求；在输出时，若外设已把上一个数据输出，输出寄存器已空，由外设向 CPU 发出中断请求。然后，CPU 就暂停原执行的程序（即实现中断），转去执行输入或输出操作（中断服务），待输入/输出操作完成后即返回，CPU 再继续执行原来的程序。这样就可以大大提高 CPU 的效率，而且允许 CPU 与外设（甚至多个外设）同时工作。中断概念的提出是计算机发展史上的重大变革。

因此，中断的定义就是：当计算机执行正常程序时，系统中出现某些异常情况或特殊请求，这些情况和请求可能来自计算机内部，也可能来自计算机外部；一旦有上述事件发生，计算机执行正常程序的状态被中断，这就是说，CPU 要暂停它正在执行的程序，而转去处理所发生的事件（通常就是执行一段特殊程序，被称为中断服务程序）；CPU 处理完毕后，自动返回到原来被中断了的程序继续运行。中断的执行过程如图 7-19 所示。

能够引起 CPU 中断的原因就是中断源。中断源是指形成这个原因的设备、部件或条件。中断源的种类有，

(1) 输入/输出设备：系统中的外部设备都可以设计成为以中断方式与主机进行数据的交换，从而作为系统的中断源。

(2) 故障与错误：系统运行中会出现诸如电源掉电、运算出错、非法指令等问

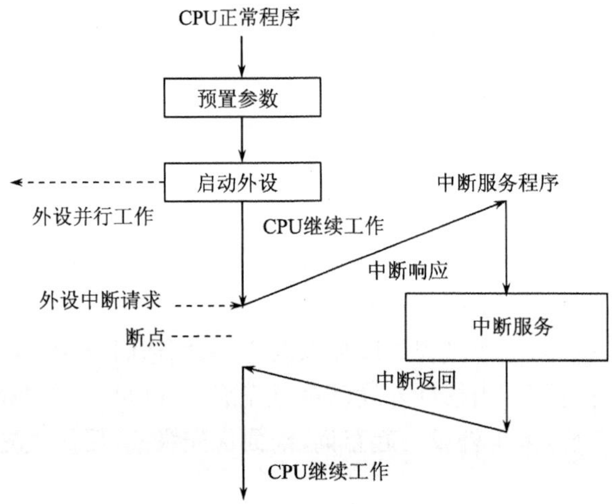


图 7-19 程序中断的工作过程

题，它们也常采用中断方式请求 CPU 立即处理。

(3) 实时时钟：系统中的时钟定时电路是必不可少的，若定时时间到，时钟电路就可以通过中断告知主机。

(4) 程序调试和软件中断：程序调试中常常采用设置中断断点的方法来观察程序的运行是否正确。有些机器的指令系统设计有软件中断指令，利用中断机制实现操作系统的功能调用以及调试程序。需要说明一点，这类中断是由程序员事先安排好的。和调用子程序的作用一样，这类中断与上述由外部硬件产生的中断有些不同。

按中断源是在主机之内还是之外，中断分为

(1) 内部中断：内部中断是指中断源来自主机内部，如运算出错、程序调试和软件中断等；

(2) 外部中断：外部中断来自主机之外，如外部设备、实时时钟和硬件故障产生的中断等。

按中断对 CPU 的打扰情况，中断分为

(1) 程序中断：CPU 要用专门的中断服务程序为中断源服务，并且在服务前要进行断点和现场的保护，在服务后要进行现场和断点恢复的中断。这种中断就是一般所说的中断，是大多数中低速外设以及内中断常用的中断方式。

(2) 简单中断：当这种中断发生时，相应的请求源只是请求 CPU 的正常程序暂停一下，通常称为总线请求或 DMA 请求。暂停的目的是把主存和接口的数据通路让给请求源使用(即总线使用权)，使得能在主存和请求源之间直接进行一次数据传送；当这次传送结束后，请求源立即把这个使用权归还给 CPU，接着运行刚才暂停的程序。这个暂停时间通常一次为一个存取周期。

按寻找中断服务程序入口的实现方法，中断分为

(1) 向量中断(矢量中断)：中断服务程序入口由中断源自己提供；

(2) 非向量中断：入口由 CPU 查询得到。

中断的整个工作过程包括：中断请求、中断判优、中断响应、中断识别、中断服务、中断返回。中断处理过程流程图如图 7-20 所示。

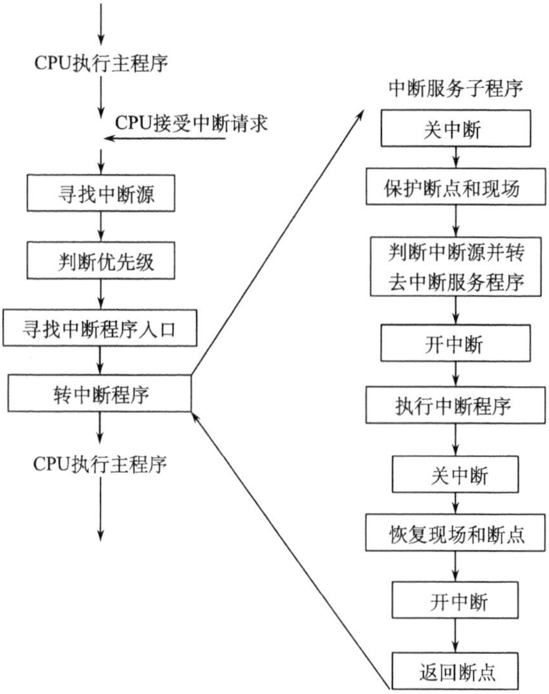


图 7-20　中断处理过程流程图

下面简单介绍这六步工作过程：

**1. 中断请求**

中断请求是中断源向 CPU 发出中断请求信号，要求 CPU 为它服务的过程。可以提出中断请求的基本条件两个：① 外设本身工作已经完成，其形成电路与程序查询的准备就绪状态标志一样；②外设是否被允许中断，这个标志位称为中断允许标志位。在外部中断源的接口，一般都设立允许中断触发器，通常这个触发器的状态可由 CPU 用指令改变。例如当这个触发器为“1”时，表示允许该中断源发出中断请求，否则为不允许。只有当外设工作完成而且被允许中断时，相应中断源才

可以通过这个请求电路形成中断请求信号。因此这个过程需要两个触发器。

**2. 中断判优**

中断优先需要判断两个优先级，即：①中断请求与 CPU 现行程序谁的优先级更高的问题；②各中断源之间，谁更迫切的问题。实现这一步骤可以采用软件和硬件结合的办法。为了得到较高的效率，一般采用硬件判优方法。判优逻辑随着判优方案的不同可有不同的结构，其组成部分既可能在设备接口之中，也可能在 CPU 内部，也可能这两部分都有。其作用是决定 CPU 的响应并且找出最高优先请求者，如果确定接收这个请求的话，就由 CPU 发出中断响应信号 INTA。

**3. 中断响应**

CPU 响应最高优先级的中断请求，并且在适当的时机向中断源提供一个应答的响应信号，表明主机承认了它的请求，这就是中断响应。在采用硬件向量中断的方式中，CPU 通常还要利用它通知中断接口电路向 CPU 提供一个中断向量。可以响应的条件有两个：① 一条指令执行结束的时刻；②此时 CPU 允许中断。在大多数计算机 CPU 内，都设置了一个中断屏蔽触发器，由这个触发器的状态来决定 CPU 对中断请求是否响应。能使中断屏蔽触发器置“1”的指令，一般称为开中断指令，比如 IF＝1，表示系统允许中断；能使中断屏蔽触发器置“0”的指令，一般称为关中断指令，表示系统禁止受理另一个中断。用户在适当的时机可以用这些指令来对中断的能与否进行选择和控制。计算机中断系统对一般外设的中断请求受中断标志位控制，如果此时 CPU 可以被中断，允许 CPU 响应可屏蔽中断（Maskable Interrupt）的中断请求；另外一种是必须立刻响应的中断请求，如电源掉电、机器故障等，此时采用不受中断标志位控制的方式，称为非屏蔽中断（Non-Maskable Interrupt）。

**4. 中断识别**

中断识别是中断源的识别，这一过程是 CPU 来识别的，它与中断优先级的判定密切相关。中断优先级的判定是解决这一问题的前提和基础。这一过程之后使 CPU 转入相应的服务程序。中断识别的方法有：① 软件查询法：采用与程序查询传送方式一样的方法，用软件查询程序段检测中断请求的标志，同时还可以实现中断判优；②硬件向量法：中断向量是中断源向 CPU 提供的唯一识别码，该识别码是有方向的；识别码实际是主存的一个地址码，即中断向量地址。中断向量地址的产生有三种：

① 由编码电路实现，直接产生。

② 由硬件产生一个“位移量”，再加上 CPU 某寄存器里存放的基地址。

③ 向量地址转移法：由优先级编码电路产生对应的固定地址码，其地址中存放的是转移指令，通过转移指令可以转入设备各自的中断服务程序入口。

**5. 中断服务**

进入中断服务程序需要保护中断当时的现场。中断现场是指在发生中断时，CPU及其现行程序的当前主要状态。这其中最为关键的状态是程序计数器PC的值，也就是CPU现行程序被中断时下条指令的存储地址，即断点地址，简称断点。除断点外，中断现场应包含CPU程序运行情况的状态，这些状态有程序状态字PSW以及程序执行的当前结果等。中断服务程序分为三个部分。

1) 起始部分

起始部分的主要功能是保护CPU原来程序的一些现场，另一个功能是控制系统在执行中断服务程序过程中是否允许再被中断。

2) 主体部分

主体部分的主要功能应该是完成中断源的请求任务。对一般输入/输出外部设备来说，就是进行数据的输入/输出操作并修改相应的传送参数。这部分是中断服务程序中最核心的、也是实质性的部分。

3) 结尾部分

结尾部分的主要功能是恢复起始部分所保护的现场内容，然后准备返回。通常是用一条返回指令作为整个中断服务程序的最后一条指令。

**6. 中断返回**

中断服务程序的结束是一条中断返回指令，由它实现从中断处理过程返回被中断的程序断点位置处继续执行，从而完成了一次中断过程。

以上所述的六步是外部设备作为中断源引起中断的全过程。显然，整个过程只有中断服务这个阶段才是实际有效的部分，其中的关键是执行I/O指令实现数据交换，其余几个阶段可认为是中断服务的前后处理，是一种辅助性的但不可缺少的操作。当中断频繁发生时，这个辅助性操作是降低CPU利用率和限制外设速度的原因所在。

根据计算机系统对中断处理的策略不同，可将计算机系统分为单级中断系统和多级中断系统。单级中断系统是中断结构中最基本的形式。在单级中断系统中，所有的中断源都属于同一级，优先次序是离CPU近的优先权高。多重中断是指当一个中断服务程序执行期间，系统出现了更高优先级的中断请求，CPU暂停现行的中断服务程序的执行而转去执行优先级更高的中断源服务程序的过程。对于多重中断，本书不进行更多的讲解。

### 7.7.3 DMA 方式

程序中断传送仍是由 CPU 通过程序来传送。每次要保护断点、保护现场需用多条指令,每条指令要有取指和执行时间。这对于一个高速 I/O 设备,以及成组交换数据的情况,例如磁盘与内存间的信息交换,就显得速度太慢了。

所以,我们希望用硬件在外设与内存间直接进行数据交换(DMA),而不通过 CPU。这样,数据传送速度的上限就取决于存储器的工作速度。但是,通常系统的地址和数据总线以及一些控制信号线(例如 I/O 等)是由 CPU 管理的。在 DMA 方式下,我们就希望 CPU 把这些总线让出来(即 CPU 连到这些总线上的线处于第三态——高阻状态),而由 DMA 控制器接管,控制传送的字节数,判断 DMA 是否结束,以及发出 DMA 结束等信号。这些都是由硬件实现的。直接内存访问(DMA)是一种完全由硬件执行 I/O 交换的工作方式。在这种方式中,DMA 控制器从 CPU 完全接管对总线的控制,数据交换不经过 CPU,而直接在内存和 I/O 设备之间进行。DMA 方式一般用于高速传送成组数据。DMA 控制器将向内存发出地址和控制信号、修改地址、对传送的字的个数计数,并且以中断方式向 CPU 报告传送操作的结束。DMA 的种类很多,但多种 DMA 至少能执行以下一些基本操作:

① 从外围设备发出 DMA 请求。

② CPU 响应请求,把 CPU 工作改成 DMA 操作方式,DMA 控制器从 CPU 接管总线的控制。

③ 由 DMA 控制器对内存寻址,即决定数据传送的内存单元地址及数据传送个数的计数,并执行数据传送的操作。

④ 向 CPU 报告 DMA 操作的结束。

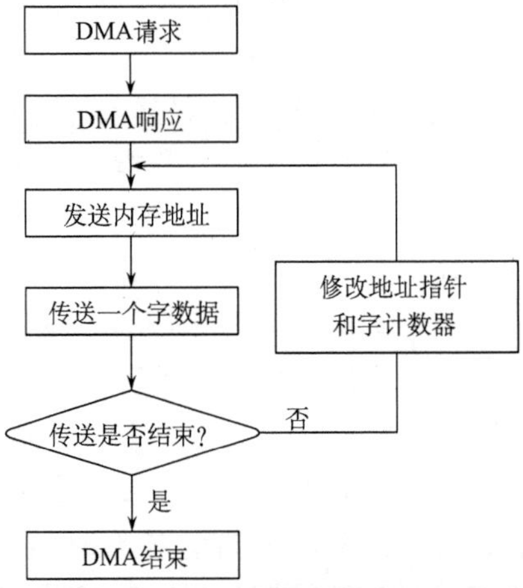


图 7-21　DMA 的工作过程

图 7-21 给出了 DMA 的工作过程,它可以分为如下的五个步骤,

(1) 预处理:CPU 针对外设想要通过 DMA 传送完成的工作对 DMA 控制器进行设定,例如,设置 DMA 控制器的地址寄存器,指明数据存储的主存地址;设置字节计数寄存器,指明此次传送的数据量等;然后开放 DMA 通道,准备好接收外设的请求。

(2) DMA 请求的应答:外设要进行数据传送时,向 DMA 控制器提出 DMA 传送请求，DMA控制器则向CPU提出使用系统总线的要求；CPU此时释放总线的控制权，交由DMA控制器管理，并用响应信号通知DMA控制器，DMA控制器接管系统的总线。

（3）DMA传送：DMA控制器此时向外设返回一个应答信号，表明外设的DMA请求得到响应，可以开始数据交换。同时，DMA控制器发出存储器地址、存储器和外设的传送控制信号。在这些信号的控制下，外设与主存通过系统的总线直接交换数据。

（4）判断DMA传送是否结束：DMA控制器内具有计数寄存器，利用它可以知道此次预定的数据量是否传送完毕。如果尚未完成，则自动修改存储器地址，并开始再次DMA传送。

（5）最后，CPU要进行DMA后处理：如果DMA控制器完成了此次数据交换，则会告知CPU恢复对总线行使控制权；CPU还会以程序查询或程序中断方式获知传送结束，进行相应的处理。CPU可能对输入的数据进行操作，也可能为下次的输出准备好数据，还可能又要对DMA控制器进行设定，以便随时开始响应新的DMA传送请求。

DMAC称为DMA控制器，是控制存储器和外部设备之间直接高速地传送数据的硬件电路，它应能取代CPU。具体地说，DMAC应具有如下功能：

① 能接收外设的请求，向CPU发出DMA请求信号。

② 当CPU发出DMA响应信号之后，接管对总线的控制，进入DMA方式。

③ 能寻址存储器，即能输出地址信息和修改地址。

④ 能向存储器和外设发出相应的读/写控制信号。

⑤ 能控制传送的字节数，判断DMA传送是否结束。

⑥ 在DMA传送结束以后，能结束DMA请求信号，释放总线，使CPU恢复正常工作。

各种DMAC一般都有两种基本的DMA传送方式：①单字节方式：每次DMA请求只传送一个字节数据，每传送完一个字节，都撤除DMA请求信号，释放总线。②字节（字符）组方式：每次DMA请求连续传送一个数据块，待规定长度的数据块传送完了以后才撤除DMA请求，释放总线。DMA控制器按组成结构分为：选择型DMA控制器和多路型DMA控制器。选择型DMA控制器在物理上可以连接多个设备，而在逻辑上只允许连接一个设备。选择型DMA控制器不适用于慢速设备，但多路型DMA控制器适合于同时为多个慢速外围设备服务。

DMA方式的优点主要是速度快。由于CPU根本不参加传送操作，因此省去了CPU取指令、取数、送数等操作。在数据传送过程中，没有保存现场、恢复现场之类的工作。内存地址修改、传送字个数的计数等也不是由软件实现，而是用硬件线路直接实现的。

## 7.7.4 通道方式

在计算机中连接着许多输入/输出设备,其中包括字设备和块设备。为每一个设备都配置一个专用的DMA控制器是不经济的,而且多个DMA的并行工作还会使存储器的访问发生冲突。因此,人们希望在多个设备之间共享DMA控制器,这样就形成了输入/输出通道的概念。

通道是一个由输入/输出处理器控制的输入/输出部件。通道控制器有自己的指令,即通道命令,能够根据程序控制多个外部设备,并提供了DMA共享的功能,而DMA只能进行固定的数据传输操作。

### 1. 通道的类型

通道处理器本身可看作一个简单的专用计算机,它有自己的指令系统。通道处理器能够独立执行用通道命令编写的输入/输出控制程序,产生相应的控制信号来控制设备的工作。通道通过数据通路与设备的控制器进行通信。

采用通道数据传输方式的计算机中有两种总线:一种是存储器总线,它承担CPU与内存、通道之间的数据传输任务;另一种是承担输入/输出操作的总线,即通道总线。一台计算机中可以有多条通道,一条通道总线可以连接几个设备控制器。设备控制器类似于输入/输出设备的接口,它接收通道控制器的命令并向设备发出控制命令。一个设备控制器可控制多个同类设备,只要这些设备是轮流工作的。通道处理器中只运行输入/输出控制程序。每个通道可以连接多个外围设备。根据数据传送方式,通道可分成选择通道、数组多路通道和字节多路通道三种类型。

1) 选择通道

对于高速的设备,如磁盘等,要求较高的数据传输速度。对于这种高速传输,通道难以同时对多个这样的设备进行操作,只能一次对一个设备进行操作,这种通道称为选择通道。它与设备之间的传输一直维持到设备所请求的传输完成为止,然后再为其他外围设备传输数据。选择通道的数据宽度是可变的,通道中包含一个保存输入/输出数据传输所需的参数寄存器。参数寄存器包括存放下一个主存传输数据存放位置的地址和对传输数据计数的寄存器。选择通道的输入/输出操作启动之后,该通道就专门用于该设备的数据传输,直到操作完成。选择通道的缺点是设备申请使用通道的等待时间较长。

2) 数组多路通道

数组多路通道以数组(数据块)为单位在若干高速传输操作之间进行交叉复用,这样可减少外设申请使用通道时的等待时间。数组多路通道适用于高速外围设备,这些设备的数据传输以块为单位。通道用块交叉的方法,轮流为多个外设服务。当同时为多台外设传送数据时，每传送完一块数据后选择下一个外设进行数据传送，使多路传输并行进行。数组多路通道既保留了选择通道高速传输的优点，又充分利用了控制性操作的时间间隔为其他设备服务，使通道的功能得到了有效发挥，因此数组多路通道在实际系统中得到较多的应用。特别是对于磁盘和磁带等一些块设备，它们的数据传输本来就是按块进行的。而在传输操作之前又需要寻找记录的位置，在寻找的期间让通道等待是不合理的。数组多路通道可以先向一个设备发出一个寻找的命令，然后在这个设备寻找期间为其他设备服务。在设备寻找完成后才真正建立数据连接，并一直维持到数据传输完毕。因此采用数组多路通道可提高通道的数据传输的吞吐率。

3）字节多路通道

字节多路通道用于连接多个慢速和中速的设备，这些设备的数据传送以字节为单位。每传送一个字节要等待较长时间，如终端设备等。因此，通道可以以字节交叉方式轮流为多个外设服务，以提高通道的利用率。这种通道的数据宽度一般为单字节。它的操作模式有两种：字节交叉模式和猝发模式。在字节交叉模式中，通道操作分成较短的段。通道向准备就绪的设备进行数据段的传输操作。传输的信息可由一个字节的数据以及控制和状态信息构成。通道与设备的连接时间是很短的。如果需要传输的数据量比较大，则通道转换成猝发的工作模式。在猝发模式下，通道与设备之间的传输一直维持到设备请求的传输完成为止。通道使用一种超时机制判断设备的操作时间（即逻辑连接时间），并决定采用哪一种模式。如果设备请求的逻辑连接时间大于某个额定的值，通道就转换成猝发模式，否则就以字节交叉模式工作。

字节多路通道和数组多路通道都是多路通道，在一段时间内可以交替地执行多个设备的通道程序，使这些设备同时工作；但两者也有区别：首先，数组多路通道允许多个设备同时工作，但只允许一个设备进行传输型操作，而其他设备进行控制型操作，而字节多路通道不仅允许多个路同时操作；而且允许它们同时进行传输型操作。其次，数组多路通道与设备之间的数据传送的基本单位是数据块，通道必须为一个设备传送完一个数据块以后才能为别的设备传送数据块；而字节多路通道与设备之间的数据传送基本单位是字节。通道为一个设备传送一个字节之后，又可以为另一个设备传送一个字节，因此各设备与通道之间的数据传送是以字节为单位交替进行的。

### 2. 通道的功能

衡量通道性能的指标是通道的流量，指通道在传送数据时，1 秒内传送的位数(b/s)。通道所能达到的最大流量称为通道的极限流量。对于字节多路通道，其极限流量应大于所接外设的字节传送速率之和，因为字节多路通道同时为多个外设传输数据;对于其他两种方式的通道,通道的极限流量应大于所接外设中字节传送速率最大的设备,因为数组多路通道和选择通道是轮流为外设传输数据的。

1) 通道的功能

① 接收 CPU 的输入/输出操作指令,按指令要求控制外围设备。

② 从内存中读取通道程序并执行,即向设备控制器发送各种命令。

③ 组织和控制数据在内存与外设之间的传送操作,根据需要提供数据中间缓存空间以及提供数据存入内存的地址和传送的数据量。

④ 读取外设的状态信息,形成整个通道的状态信息,提供给 CPU 或保存在内存中。

⑤ 向 CPU 发出输入/输出操作中断请求,将外围设备的中断请求和通道本身的中断请求按次序报告给 CPU。

CPU 通过执行输入/输出指令以及处理来自通道的中断,来实现对通道的管理。来自通道的中断有两种:一种是数据传输结束中断;另一种是故障中断。通道的管理是操作系统的任务。

通道通过使用通道指令,控制设备进行数据传送操作,并以通道状态字的形式接收设备控制器所提供的外围设备的状态。因此,设备控制器是通道对输入/输出设备实现传输控制的执行机构。

2) 设备控制器的具体任务

① 从通道接受通道指令,控制外围设备完成指定的操作。

② 向通道提供外围设备的状态。

③ 将各种外围设备的不同信号转换成通道能够识别的标准信号。

在具有通道的计算机中,实现数据输入/输出操作的是通道指令。CPU 的输入/输出指令不直接实现输入/输出的数据传送,而是由通道指令实现这种传送。CPU 用输入/输出指令启动通道执行通道指令。CPU 的通道输入/输出指令的基本功能主要是启动、停止输入/输出过程,了解通道和设备的状态以及控制通道的其他一些操作。

通道指令也叫通道控制字(CCW,Channel Command Word 的缩写),它是通道用于放行输入/输出操作的指令,可以由 CPU 存放在内存中,由通道处理器从内存中取出并执行。通道执行通道指令,以完成输入/输出传输。通道程序由一条或几条通道指令组成,也称通道指令链。

### 3. 通道工作过程

通道中包括通道控制器、状态寄存器、中断机构、通道地址寄存器、通道指令寄存器等。其中,通道地址寄存器相当于一般 CPU 中的程序计数器。

通道控制器的功能比较简单,它不含大容量的存储器,通道的指令系统也只是几条与输入/输出操作有关的命令。它要在 CPU 的控制下工作，某些功能还需 CPU 承担，如通道程序的设置、输入/输出的异常处理、传送数据的格式转换和校验等。因此，通道不是一个完全独立的处理器。

通道状态字类似于 CPU 内部的程序状态字，用于记录输入/输出操作结束的原因，以及输入/输出操作结束时通道和设备的状态。通道状态字通常存放在内存的固定单元中，由通道状态字反映中断的性质和原因。

CPU 在进行一个输入/输出操作之前，首先准备好通道程序，然后安排好数据缓冲区，再给通道和设备发启动命令。CPU 把准备好的通道程序存放在内存中，由通道控制器读取并执行。

通道接到启动信号后，首先到指定的内存单元中取通道地址字，放在通道地址寄存器(CAW，Channel Address Word 的缩写)中。这个存放通道地址字的内存单元的地址可以是固定的，然后根据通道地址寄存器中的值到内存中去取第一条通道指令，并放在通道指令寄存器中。通道程序执行时通过在通道指令寄存器中的相应位进行设置来告诉通道指令执行机构在执行完成当前指令后，自动转入下一条指令或者结束数据传送过程。通道程序的最后一条指令是一条结束指令，通道在执行到这条结束指令时就不再取下一条指令，而是通知设备结束操作。在通道程序执行完毕后，由通道向 CPU 发中断信号，并将通道状态字写入内存专用单元，CPU 根据通道状态字(CSW，Channel Status Word 的缩写)分析这次输入/输出操作的执行情况。

通道与设备控制器之间的接口是计算机的一个重要界面。为了便于用户根据不同需要配置不同设备，通道-设备控制器的接口一般采用总线式标准接口，使得各设备和通道之间都有相同的接口线和相同的工作方式。这样，在更换设备时，通道不需要做任何变动。

### 7.7.5　输入/输出处理机

输入/输出处理机方式是通道方式的进一步发展，有两种输入/输出处理机系统结构。

**1. 通道结构的输入/输出处理机，称为 I/O 处理机(IOP)**

IOP 与通道方式一样，也是通过执行通道程序对外设进行控制，能和 CPU 并行工作，提供了 DMA 控制能力。IOP 与通道的区别主要有：①通道有功能有限的、面向外设控制和数据传送的指令系统；IOP 有自己专用的指令系统，不仅可进行外设控制和数据传送，而且可进行算术运算、逻辑运算、字节变换和测试等。②通道方式下，通道程序存于和 CPU 公用的主存中；而 IOP 有自己单独的存储器，并可访问系统的内存。③通道方式下，许多工作仍然需要 CPU 实现；而 IOP 有自己的运算器和控制器，能处理传送出错及异常情况，能对传送的数据格式进行转换，能进行整个数据块的校验等。

具有 IOP 的 I/O 系统是一个分级的 I/O 系统。当 CPU 执行到用户程序要求进行某种输入/输出操作时，它就发一个 I/O 请求，调用操作系统中的 I/O 管理程序；I/O 管理程序接受到请求后，就组织这次 I/O 操作所需的数据/控制信息块，包括总线请求方式、总线物理宽度、通道操作命令字和通道程序的参数块(设备地址、数据地址、通道程序指针、回送结果单元等)等，并放在主存公共区域，然后启动 IOP 中的通道工作；IOP 从主存公共信息区读取 CPU 放在该处的控制信息，并根据 CPU 预先设置的信息选择一个指定的通道程序执行。

**2. 外围处理器(PPU)方式的输入/输出处理机系统结构**

在大型计算机系统中，有时选用通用计算机担任 PPU，它基本上独立于主 CPU 而工作，也有自己的指令系统，可进行算术/逻辑运算、主存读写和与外设交换信息等。

总之，用于 I/O 设备和主机之间进行数据传送的方法有程序查询、中断方式、DMA 控制、通道和输入/输出处理器方式。这些方法逐步把处理 I/O 操作的负担从处理器移到更智能化的 I/O 控制器或 I/O 处理器，其目的是将处理器周期从 I/O 操作中释放出来，同时也逐步增加了 I/O 系统的复杂性和价格。因此，一个给定的计算机系统应该选择它所连接设备适合的 I/O 控制方式。

## 习 题

1. 试简述输入/输出设备的分类与各自的特点。
2. 简述打印机的分类。
3. 计算机的总线有哪些特性？
4. 计算机总线的内部结构是怎样的？
5. 试说明总线结构对计算机系统性能的影响。
6. 试画出三总线系统的结构图。
7. 请说明程序查询方式与中断方式各自的特点。
8. 简要描述外设进行 DMA 操作的过程及 DMA 方式的主要优点。
9. 集中式仲裁有哪几种方式？
10. 在计算机中，CPU 管理外围设备有哪几种方式？
11. 举出三种中断向量产生的方法。
12. CPU 响应中断应具备哪些条件？

# 第 8 章　汇编语言的程序格式

汇编语言是一种符号语言，它用指令的助记符、符号地址、标号等来书写程序。与高级语言源程序相比，汇编语言程序更简短、易读、易编写，可移植性也好，但是用汇编语言写成的语句，必须遵循严格的语法规则。本章主要介绍这些规则。

## 8.1　汇编程序的功能

汇编语言源程序是按严格的语法规则用汇编语言指令编写的程序，又简称为汇编源程序。用汇编语言的指令编写的源程序是不能为机器所识别的程序，要经过汇编程序加以翻译，目的就是把汇编语言编写的源程序翻译成 CPU 能识别的机器指令序列。因此汇编程序的作用就是把源文件转换成用二进制代码表示的目标文件(称为 OBJ 文件)。在转换过程中，如果源程序中有语法错误，则汇编结束后，汇编程序将指出源程序中的错误信息，如非法格式，未定义的助记符、标号，漏掉操作数等。用户还可以用编辑程序来修改源程序中的错误，最后得到无语法错误的目标文件。目标文件虽然已经是二进制文件，但它还不能直接上机运行，必须经过连接程序(LINK)把目标文件与库文件或其他目标文件连接在一起形成可执行文件(EXE 文件)后才可以在机器上运行。

因此，要在计算机上运行汇编语言程序需要以下四个步骤：

① 用编辑程序建立 ASM 源文件。

② 用汇编程序把 ASM 文件汇编成 OBJ 文件。

③ 用连接程序把 OBJ 文件转换成 EXE 文件。

④ 用 DOS 命令直接输入文件名即可执行该程序。

汇编程序的主要功能总结如下：

① 检查出源程序中的语法错误，并给出出错信息提示。

② 生成源程序的目标代码程序，给出列表文件。

③ 汇编时遇到宏指令即展开。

## 8.2　汇编语言的格式

汇编语言的源程序由一条条指令组成。可供使用的指令有三种：指令语句、伪指令语句和宏指令语句。指令部分的内容已经在前面章节进行了介绍，本章主要讨论伪指令部分的内容。宏指令将在第 9 章介绍。

汇编语言中的语句可以由四个部分构成，具体格式如下：

[名字项]操作码项 [操作数] [;注释]

## 8.2.1 名字项

名字项是可选项。名字是自定义的标识符，包括标号、变量名、段名或符号名等。标识符一般最多由 31 个字母、数字以及专用字符“?”、“·”、“—”，“$”组成，并满足下列要求：

① 不能用数字开头；

② 不能单独使用“$”或“?”，它们有专门用途；

③ 不能是系统的保留字，如指令名、寄存器名和伪指令名等。

通常情况下，汇编语言不区分标识符中字母的大小写。

一般来说，名字项可以是标号或变量。它们都是用来表示本语句的符号地址，是可有可无的，只有当需要用符号地址访问语句的时候才出现。

### 1. 标号

标号是一种特殊的标识符，它代表代码段中的某个具体位置，用以表明转移的目标位置。其说明形式如下：

标号:汇编语言指令;注释

其中，标号必须是一个合法的标识符，在其后面紧跟一个冒号“:”，冒号与汇编语言指令之间要有分隔符。通常用若干个空格、TAB 作为分隔符。

例如，`DISP:  MOV  AL,0`

其中，DISP 标号表示出标号后面的 MOV 指令的地址。

标号有三种属性：段属性、偏移属性和类型属性。

(1) 段属性：定义了标号后的指令所在的段，段基值存在代码段寄存器 CS 中。

(2) 偏移属性：表示标号后的指令与段基址的偏移量，即该指令目标代码的首地址与段基址之间的距离。偏移量一定存在于 IP 寄存器中，是一个 16 位的无符号数。

(3) 类型属性：反映了标号的转移特性，用来指示该标号是在本段内引用(NEAR 型)，还是段间引用(FAR 型)。在没有特殊声明时，标号的类型属性隐含为 NEAR 属性。

### 2. 变量

变量是一个可以存放数据的存储单元的名字，即存放数据所在存储单元的地址符号名。变量和标号在某些性质上有所不同，但它们都是一个符号地址，代表一个存储单元的地址。

变量和标号一样,也有以下三种属性,

(1) 段属性:定义变量的段起始地址,此地址必须在一个段寄存器中,通常一个变量的段地址在 DS 中。

(2) 偏移属性:变量的偏移地址是指变量所在地址与段地址的偏移量,它代表从段的起始地址到定义变量的地址之间的字节个数。

(3) 类型属性:用来表明该变量所保留的字节数。如 BYTE(1 个字节长)、WORD(2 个字节长)等。它由在数据定义时的变量定义伪指令来决定。

在定义变量时,虽然可以不写变量名,但最好还是要写,因为不写变量名,就意味着只能用内存单元的偏移量来访问它。这时,一旦内存单元的偏移量发生变化,那么,程序中的所有引用都要修改,这不仅增加了程序维护的工作量,而且也容易因遗漏修改而出错。

### 8.2.2　操作码项

操作码项是一条指令语句中不可省略的成分,它可以是指令、伪指令或宏指令的一组助记符。对于汇编语言来说,不同的操作码项对应不同的处理方式,它表示这条语句要求 CPU 完成某种具体操作。对于指令,汇编程序将其翻译成机器指令;对于伪指令,汇编程序将根据其所要求的功能进行处理;对于宏指令,汇编程序将根据其定义将其展开。

指令语句经汇编程序汇编后可以产生供计算机执行的指令代码,每一条指令语句可以表示为该计算机具有的一种能力,如实现两个操作数加减运算、寄存器间数据的传送等。这些指令的运行都需要 CPU 在规定时间发送微命令来实现,因此指令语句也可称为可执行语句。

伪指令,也称伪操作,是一种说明性的语句,用来告诉汇编程序如何汇编源程序,即程序员与汇编程序之间交流的语句。通过在源程序中适当的位置填写伪指令语句,可以进行程序段的定义、数据与变量的定义以及存储单元分配等功能。伪指令语句没有对应的机器指令,经过汇编后不会产生目标代码。指令和伪指令的区别可以说就是执行的位置不同:指令是在程序运行时执行,而伪指令是在翻译的过程中由汇编程序执行。

### 8.2.3　操作数项

操作数是指令执行的对象。根据指令的不同,操作数可以没有,可以是一个、两个或更多。操作数可以是常量、变量、表达式、寄存器号或标号等。指令中的操作数通常是给出一种寻址方式,对于伪指令和宏指令则给出所需参数。如果操作数中含有表达式,那么在汇编时,汇编程序会按照一定的优先级对表达式进行计算,得到一个数值或地址作为操作数。表达式将在 8.4 节进行介绍。

### 8.2.4 注释项

注释项是用来对程序指令的说明和解释,用“;”表示注释的开始。汇编程序忽略注释字段的内容,不产生机器代码,它不影响程序和指令的功能。适当提供注释可增加程序的可读性,有利于程序的调试、修改和维护。

## 8.3 伪指令

伪指令用于向汇编程序提供用户自定义的符号、数据的类型、数据空间的长度,以及目标程序的格式、存放位置等提示性信息,其作用是指示汇编程序如何进行汇编。汇编后,伪指令并不产生相应的机器指令代码。本节介绍常用的伪指令及其用法。

### 8.3.1 程序开始和结束伪指令

#### 1. 程序(模块)开始的伪指令

在源程序开始处可以用 NAME 或 TITLE 为模块取名字。

1) NAME 伪指令

格式:NAME 模块名

汇编程序将以给出的“模块名”作为模块的名字。

2) TITLE 伪指令

如果程序中没有 NAME 伪指令,则也可使用 TITLE 伪指令。

格式:TITLE 模块名

TITLE 伪指令用来给源程序设置标题,以后每页的第一行都列出该标题。同时,若程序中没有 NAME 伪指令,则汇编程序将用 TITLE 定义的“模块名”中的前 6 个字符作为模块的名称。模块名最多可有 60 个字符。

若程序中既无 NAME 又无 TITLE 伪指令,则将用源程序名作为模块名。所以 NAME 及 TITLE 伪指令并不是必需的,但程序的开始常使用 TITLE 伪指令,以便在列表文件中能打印出标题来。

### 2. 程序(模块)结束伪指令

格式:END[标号]

END 语句为源程序的最后一个语句,用以标志整个程序的结束,即告诉汇编程序汇编工作到此结束。其中,标号可以是子程序名或带":"的标号,为该程序的启动地址,即程序开始运行的第一条指令的地址,当标号缺省时表示该模块不是主程序模块,此程序为一个子程序,不能单独运行,只能被其他程序调用。

代码段寄存器 CS 是存放当前执行的目标代码的段地址,指令指针寄存器 IP 是提供下一条目标代码的偏移地址。对 CS 和 IP 的装入方法是利用 END 后的标号来完成的。汇编程序编译连接后形成可执行程序,自动将 CS 和 IP 指向 END 后的标号处,即将标号的段地址装入 CS,偏移地址装入 IP。

CS 和 IP 不能够用数据传送指令进行赋值,但在程序运行时,某些指令可修改 CS 和 IP,如调用和返回指令(CALL 和 RET)、转移指令(JMP)、中断指令(INT)等。

## 8.3.2　段定义伪指令

如果在一个程序中设置一个段时,必须使用段定义伪指令,具体格式如下:

段名　SEGMENT　[定位类型][组合类型][类别]
　　　语句体
段名　ENDS

伪指令 SEGMENT 表示段的开始,指出段名和段的各种特性;ENDS 表示段的结束。

### 1. 段名

每一个段必须设置段名,段名代表所定义段的段首址。段名必须是一个合法的标记符,由用户命名,通常选择与本段用途相关的名字,要避免与系统保留字一致。对于数据段、附加段和堆栈段,段内语句体一般是存储单元的定义、分配等伪指令语句;若是代码段,则主要是指令及相关的伪指令语句。

### 2. 定位类型

定位类型表示该段起始边界要求,连接程序按照定位类型的要求,并安排各段在存储器中的衔接方式。它有四种可以选择的类型:PAGE、PARA、WORD 和 BYTE,默认为 PARA 类型。

(1) PAGE:表示逻辑段从页边界开始,256 字节称为 1 页,所以该段起始地址

(也就是段基址)最低 8 位二进制数为 0(即以 00H 结尾)。

(2) PARA:表示该段从小节的边界开始,16 字节称为 1 小节,所以该段起始地址以 0000B(即 0H)结尾。

(3) WORD:表示该段从字的边界开始,2 字节称为 1 个字,所以该段起始地址以 0B 结尾。

(4) BYTE:表示该段从字节的边界开始,即可以从任何地址开始。此时本段的起始地址紧接在前一个段的后面,两个段之间不留空单元。

### 3. 组合类型

组合类型指定本段与其他段之间怎样连接和定位,主要用于多模块的程序中,有 6 种方式,默认为 NONE。

(1) NONE:表示本段是一个独立的段,与其他段没有连接关系。对不同程序模块中有相同段名的逻辑段也分别作为不同的逻辑段装入内存,不进行组合。

(2) PUBLIC:在满足定位类型的条件下,本段将与其他具有 PUBLIC 属性的同名段按指定的连接顺序链接成一个新的逻辑段。段的长度为各同名 PUBLIC 段长度之和。

(3) COMMON:连接时,本段与其他同名 COMMON 段根据指定的连接顺序从同一段基址开始装入,即各个逻辑段重叠在一起,共享相同的存储空间。共享存储空间的长度由同名段中最大的段确定。这些段具有相同的段基址,也称覆盖式连接。

(4) STACK:具有 STACK 属性的逻辑段是堆栈段。连接时,具有同名的 STACK 段连接形成一个公共堆栈段,连接后的堆栈段的长度是各同名堆栈段长度之和,SS 指向这一逻辑地址的首地址,SP 指向栈顶单元。

(5) MEMORY:这种方式表明在存储器中定位时该段应处于其他段之上。如有多个段声明为 MEMORY,那么在连接时,汇编程序把遇到的第一个 MEMORY 段定位在地址最高处,其他 MEMORY 段当作 COMMON 段处理。

(6) AT 表达式:表示用户可以直接设定段的起始地址,逻辑段定位时,其基地址等于表达式给出的值,如“AT 0FF20H”,表明本段的起始单元物理地址是 0FF20H。这种方式不适用于代码段。

## 8.3.3　段对应伪指令

CPU 在访问存储器时,无论是取指令还是存取操作数,都需要按段来操作,即一定要有段寄存器存放段地址。取指令时要通过 CS 来存放代码段的段基值,堆栈操作时通过 SS 存放堆栈段的段基值,存取操作数时则通过 DS 或 ES 来存放操作数所在段的段基值。由于四个段寄存器只能指向当前的段，即只有当前段内的存储单元才可以被访问。编程时必须设定哪些段是当前段，且分别由哪个寄存器指向，汇编程序在汇编时才能对每一条指令进行准确的汇编。ASSUME 伪指令的功能就是告诉汇编程序已经定义的段和段寄存器的对应关系。格式如下：

ASSUME　段寄存器:段名[,段寄存器:段名……]

其中，段寄存器指 CS、DS、SS 和 ES(80386 以上 CPU 还有 FS 和 GS)，段名是指用段定义伪指令 SEGMENT 定义的段名，可以同时指定多个段寄存器与段名的对应关系，段寄存器与段名间需用冒号隔开。

注意：

① ASSUME 语句是非执行语句，要求放在代码段中，在执行寻址操作之前把 ASSUME 语句作为代码段的第一条语句。

② ASSUME 仅约定了对某个逻辑段进行寻址操作时使用哪一个段寄存器，而真正把地址信息装入段寄存器(称为段寄存器的初始化)的操作必须在源程序中用指令设置。

③ 可使用下列语句取消逻辑段与段寄存器的约定关系：

```
ASSUME  NOTHING     ;取消该语句前的所有段寄存器设置
ASSUME  ES:NOTHING  ;取消对 ES 的设置
```

ASSUME 伪指令只是建立了段寄存器与段名之间的对应关系，段寄存器的值需要用指令装入，例题 8.1 说明了段寄存器的装入。

**例 8.1**　段寄存器的装入。

**解**：

```
DATA_SEG    SEGMENT
    X       DB  ?
DATA_SEG    ENDS
EXTRA_SEG   SEGMENT
    Y       DW  ?
EXTRA_SEG   ENDS
CODE_SEG    SEGMENT
    ASSUME  CS:CODE_SEG,DS:DATA_SEG,ES:EXTRA_SEG
START:
  MOV       AX,DATA_SEG
  MOV       DS,AX          ;将 DATA_SEG 的段地址装入 DS
  MOV       AX,EXTRA_SEG
  MOV       ES,AX          ;将 EXTRA_SEG 的段地址装入 ES

CODE_SEG    ENDS
```

### 8.3.4 过程定义伪指令

在程序设计中，常把具有某种功能的程序段设计成一个过程。所谓过程就是汇编语言子程序。设置过程的目的是为了简化程序的设计，它是模块化程序设计的基础。过程只需定义一次，可在程序的不同地方多次调用，可缩短由源程序产生的目标代码的长度。

格式：

```
过程名  PROC  [类型]
        ;过程体
过程名  ENDP
```

其中，过程名是过程入口地址的符号表示，它由程序员指定，且开始处和结束处的过程名一致。过程名同标号一样，具有三种属性：段属性、偏移属性和类型属性，类型属性可指定为 NEAR 或 FAR 两种。具有 NEAR 属性的子程序与调用程序应在同一个逻辑段中，而具有 FAR 属性的子程序和调用程序不在同一个逻辑段内。也就是说，段内调用的子程序一般为 NEAR 类型，段间调用的子程序一般为 FAR 类型。若为 NEAR 类型，那么在定义过程时，参数 NEAR 可省略。过程体为过程内的指令和伪指令序列。

一个过程总是通过 CALL 指令调用，通过 RET 指令返回的，因此，在过程中至少有一条 RET 指令，也允许有多个 RET 指令，这意味着过程有多个出口返回调用程序。

### 8.3.5 汇编语言程序的结构

汇编语言源程序经汇编、连接后，按照所生成的可执行程序的不同形式，分为生成 EXE 文件和 COM 文件的源文件格式两种。

EXE 文件是一种可执行程序，它是一个可重定位的装入模块，可以包含多个段。EXE 程序由文件头和程序本身的二进制代码两部分组成，其中文件头中含有装入程序(把该 EXE 文件装入内存时所需要的有关信息)。对于每个可执行文件，装入 DOS 系统以后都有一个前缀区 PSP(Program Segment Prefix)，称为程序段前缀。PSP 共占用了 256 个字节，即 100H 个字节，区域内包括该文件的一切信息，用于和 DOS 通信。EXE 文件被装入时，在 PSP 之后存放用户程序、数据和用户堆栈。装入程序对段和指针寄存器的设置为：CS 和 IP 为主程序的入口地址(程序装入后执行的第一条指令地址)，SS 为堆栈段的段基址，SP 指向栈顶，其他段寄存器全部被初始化为指向 PSP 的段基址，以便用户能够访问 PSP 中的信息。因此需要在用户程序中重定位 DS 和 ES 使之指向用户的数据段和附加段。SS 和 SP 可以不在程序中设置而由系统设置，CS 和 IP 则设置为程序传送过来的值。完整的汇编语言程序结构如下：

```
DATASEG     SEGMENT
X     DB    ?
DATASEG     ENDS
EXTRASEG    SEGMENT
Y     DW    ?
EXTRASEG    ENDS
STACKSEG    SEGMENT stack 'stack'
      DW    100DUP(?)
TOP   DW    ?
STACKSEG    ENDS
CODESEG     SEGMENT
ASSUME CS:CODESEG,DS:DATASEG,ES:EXTRASEG,SS:STACKSEG
start:
…                   ;指令序列
CODESEG     ENDS
END start
```

代码段中用 ASSUME 伪指令定义了段和段寄存器之间的对应关系，还需要用指令为 DS、ES 和 SS 赋值。

```
MOV     AX,DATASEG
MOV     DS,AX            ;为 DS 赋值
MOV     AX,EXTRASEG
MOV     ES,AX            ;为 ES 赋值
```

对于堆栈段来讲，除了为堆栈段的段寄存器 SS 赋值外，还要设置堆栈的栈顶指针 SP。如果堆栈定义时给出了参数 STACK，则连接程序 LINK 自动将 SS:SP 指向堆栈的栈底；如未定义堆栈段，则由系统指定堆栈段，SS:SP 也由系统自动设置。如需要在程序中用指令设置 SS:SP，指令序列如下：

```
MOV     AX,STACKSEG
MOV     SS,AX
MOV     SP,OFFSET TOP
```

COM 文件也是一种可执行程序，它的总长度不能超过 64KB，整个文件只能由一个段组成。它没有文件头，只包含程序本身的二进制代码。这种结构代码紧

凑、占用内存少、速度快,因此适合编制较小的程序或驻留程序。COM 文件和 EXE 文件一样也有一个 PSP 区。COM 文件被装入 DOS 时,DS、ES、CS 和 SS 都指向了 PSP 的起点,程序在 PSP 之后,所以 COM 文件的 IP 为 100H,SP 指向这 64KB 的末尾。

```
CODESEG    SEGMENT
              ORG   100H;程序的入口位置
              ASSUME   CS:CODESEG,DS:CODESEG,ES:CODESEG
START:     JMP   BEGIN
X          DB   ?
Y          DW   ?
BEGIN:
……
;指令序列
CODESEG    ENDS
              END START
```

程序执行的过程是这样的:END 伪指令表示程序结束,END 后的标号 START 表示程序的入口位置,因此程序从 START 标号位置开始执行,这个位置是一条转移指令 JMP BEGIN,也就是说程序转到 BEGIN 标号执行。BEGIN 开始是程序的指令序列,执行到 END 结束。在 START 标号和 BEGIN 标号之间是程序的数据部分,即变量定义部分。COM 格式的程序由于只有一个段,因此变量的定义部分和指令部分都在一起,程序在执行的时候需要执行的是指令,因此通常采用这种结构来区分变量和指令。

由于装入用户程序使其在内存中执行是由操作系统(DOS)完成的,用户程序执行结束应该返回被调用处,即返回 DOS 操作系统。也就是说,在 DOS 操作系统中执行汇编语言编写的程序,在程序结束后,仍然要返回 DOS 操作系统。返回 DOS 的方式有两种:

第一种是传统的方法,即将汇编语言的程序作为 DOS 操作系统的子程序,在代码段的指令序列部分增加子程序的定义和调用伪指令,代码段修改如下:

```
CODESEG  SEGMENT
ASSUME CS:CODESEG,DS:DATASEG,ES:EXTRASEG,SS:STACKSEG
    MAIN   PROC     FAR
    PUSH   DS           ;PSP的段地址入栈(装入时DS初始值为PSP的段地址)
    MOV    AX,0
    PUSH   AX           ;偏移地址0入栈
    ;指令序列
```

```
        RET                     ;返回指令将堆栈中的偏移地址和段地址出栈
        MAIN   ENDP
    CODESEG   ENDS
             END MAIN
```

另外一种方法是使用 DOS 的中断调用，这种方法屏蔽了调用和返回过程的细节操作，实现起来非常简单。代码段的修改如下：

```
    CODESEG   SEGMENT
    ASSUME CS:CODESEG,DS:DATASEG,ES:EXTRASEG,SS:STACKSEG
    START:
        ;指令序列
        MOV     AX,4C00H
        INT     21H
    CODESEG   ENDS
              END START
```

## 8.3.6 数据定义伪指令

### 1. 数据定义伪指令的格式

数据定义伪指令用于定义程序中使用的数据，即变量。定义变量就是给变量分配存储单元，且对这个存储单元赋予一个符号名(变量名)，同时将这些存储单元预置初值，格式为：

[变量名]　变量类型　操作数 1[,操作数 2,…]

其中变量名是一个符号地址，表示其后操作数的首地址，多个操作数构成一个数组。变量名是程序员给出的标识符，为可选项，给出变量名是为了按名称访问其对应的内存单元。

变量类型是伪指令助记符，主要包括下列几种，

(1) DB(Define Byte)：定义字节类型，后面的每个操作数占 1 个字节；

(2) DW(Define Word)：定义字类型，后面的每个操作数占 2 个字节；

(3) DD(Define Dword)：定义双字类型，后面的每个操作数占 4 个字节；

(4) DQ(Define Qword)：定义四字类型，后面的每个操作数占 8 个字节；

(5) DT(Define Tword)：定义十字节类型，后面的每个操作数占 10 个字节。

操作数可以是以下几种形式，

(1) 数字常量及数值表达式：可以有十进制、二进制、十六进制、八进制数字常量，常用前三种格式。操作数也可以是数值表达式，可使用的操作符见 8.4 节。常用的数据格式如下：

① 十进制数：以 D 结尾，有效数字是 0～9。由于汇编语言中默认值是十进制数，所以 D 可以省略不写。

② 二进制数：以 B 结尾，有效数字是 0 和 1。例如：10100011B，101000B。

③ 十六进制数：以 H 结尾，有效数字是 0～9 和 A～F，如第一位数字是字母形式，在前边加上数字 0。例如：2104H，0FF4CH。

④ 八进制数：以 Q 或 O 结尾，有效数字是 0～7，例如 352Q。

例如，变量定义语句如下：

VAR1　DB　0BH，23H，2+3，-2

使用 DEBUG 观察变量 VAR1 的存储情况：

```
1435:0100  0B 23 05 FE 00 00 00 00-00 00 00 00 00 00 00 00  .#..............
1435:0110  B8 45 14 8E D8 B8 00 4C-CD 21 00 00 00 00 00 00  .E....L.!.......
1435:0120  00 00 00 00 00 00 00 00-00 00 00 00 00 00 00 00  ................
1435:0130  00 00 00 00 00 00 00 00-00 00 00 00 00 00 00 00  ................
1435:0140  00 00 00 00 00 00 00 00-00 00 00 00 00 00 00 00  ................
1435:0150  00 00 00 00 00 00 00 00-00 00 00 00 00 00 00 00  ................
1435:0160  00 00 00 00 00 00 00 00-00 00 00 00 00 00 00 00  ................
1435:0170  00 00 00 00 00 00 00 00-00 00 00 00 00 00 00 00  ................
```

从 1435:0100 单元开始给变量 VAR1 分配存储单元，顺序存储数据（以十六进制数表示）0BH，23H，5，0FEH。

（2）字符串常量：在汇编语言中字符需要用单引号括起来，其值为字符的 ASC 码。因为每个字符占用一个字节，所以最好用 DB 助记符定义字符串。例如：字符‘A’的 ASC 码为 41H，变量定义语句：

X　DB　‘ABCD’

存储单元分配情况为，X 地址单元 1435:0100H 存储 41H，X+1 地址单元存储 42H，X+2 地址单元存储 43H，X+3 地址单元存储 44H。

```
1435:0100  41 42 43 44 00 00 00 00-00 00 00 00 00 00 00 00  ABCD............
1435:0110  B8 45 14 8E D8 B8 00 4C-CD 21 00 00 00 00 00 00  .E....L.!.......
1435:0120
```

变量定义语句：

Y　DW　‘AB’

因为变量 Y 是字类型变量（DW 伪指令定义），存储的数据是一个字符串‘AB’，即 4142H。按照存储单元存储数据的规则，高地址单元存储高字节数据，低地址单元存储低字节数据，因此，存储单元是这样进行分配的：Y 地址单元存储字符‘B’的 ASC 码 42H，Y+1 地址单元存储字符‘A’的 ASC 码 41H。

```
1435:0100  42 41 00 00 00 00 00 00-00 00 00 00 00 00 00 00  BA..............
1435:0110  B8 45 14 8E D8 B8 00 4C-CD 21 00 00 00 00 00 00  .E....L.!.......
1435:0120
```

需要注意的是，在使用 DW、DD、DQ 和 DT 定义字符串数据时，最多只能定义 2 个字符；否则汇编过程就会出错。当用户需要定义多个(大于 2 个)字符数据时，需要使用 DB 伪指令进行定义。

(3) 地址表达式：操作数是地址表达式时，如变量类型为 DW，表示存储 16 位偏移地址；变量类型为 DD，表示存储 32 位地址，段地址存储在高字部分，偏移地址存储在低字部分。

例如：

```
X        DB    ?
ADDR1    DW    X;ADDR1 的内容为变量 x 的偏移地址
ADDR2    DD    X;ADDR2 的高字为变量 x 的段地址，低字为变量 x 的偏移
                 地址
```

(4) 操作数为"?"：表示只为变量分配存储单元，未定义初始值。

(5) 操作数中有复制操作符 DUP，DUP 语句格式：

<表达式>DUP(数据 1，数据 2，数据 3，…，数据 $n$)

功能：重复定义 DUP 后面给出的数据列表，重复次数由表达式的值决定。

说明：复制操作符可以重复复制数据表中给出的数据，但是从整体上看它还是属于数据定义伪指令语句中一个单独的数据项。表达式的值应该是一个正整数，用于指定括号中数据项的重复次数。DUP 可以进行嵌套，即数据项中还可以出现符合规定的复制操作符 DUP。

### 2. 变量的属性

变量同标号一样也具有三种属性：

1) 变量的段属性

变量的段属性是指变量所在段的段地址，当需要访问该变量时，变量的段地址已经在某一段寄存器中。

2) 变量的偏移属性

变量的偏移属性是指变量所在段的首地址到该变量的偏移量。

3) 变量的类型属性

变量的类型属性是指该变量的数据所占的字节数。数据定义伪指令 DB 所定义的变量的类型属性为 1 字节，DW 为 2 字节，DD 为 4 字节，DQ 为 8 字节，而 DT 为 10 字节。

变量在定义后，其类型便被确定，使用时要注意类型匹配。

例如，变量定义如下：

```
BYTE_VAR   DB   ?
WORD_VAR   DW   ?
```

指令 MOV AL,BYTE_VAR 和 MOV AX,WORD_VAR 为正确用法,如写为:MOV AL,WORD_VAR 就会出现错误。

但是,可以使用 PTR 属性操作符临时改变变量的类型属性,它优先于隐含的类型属性,参见 8.4.5 节对属性运算符的介绍。

## 8.3.7 符号定义伪指令

符号定义伪指令是将程序中多次出现的同一个常量或表达式定义为一个标识符,以便在程序中使用标识符来代替对应的常量或表达式。使用符号常量的好处主要是有助于提高程序的可读性,并且便于修改,有时也用于简化书写。符号定义的指令的格式如下:

符号名 EQU 表达式

它为常量或表达式及其他各种符号定义一个等价的符号名,但不申请分配存储单元。此后,程序中凡是需要该表达式的地方都可以用该符号来代替。表达式可以是常数、变量、标号、数值或地址表达式等任何有效的操作数格式。例如:

```
X     EQU    6
Y     EQU    X * 3
BS    EQU    ES:[BX + SI]
WP    EQU    WORD PTR
```

在同一源程序中,使用 EQU 定义的符号不能与本程序中的其他符号名同名,也不能用 EQU 伪指令重复定义符号。等号伪指令能对所定义的符号名多次重新定义,其作用域从定义到重新定义之前,且以最后一次定义的值为准,例如:

```
VAL = 3
VAL = VAL + 1
```

等号伪指令所定义的符号常量可用 PURGE 取消定义,其格式为:

PURGE 符号常量名表

## 8.3.8 定位伪指令与地址计数器

汇编源程序由若干个段构成,程序中使用的内存地址包含段地址和段内偏移地址两部分。汇编程序在将源程序转换为目标程序的过程中,每汇编一个段,都需要跟踪其中代码或数据的偏移地址,当前的偏移地址就放在地址计数器中。符号“$”代表地址计数器的现行值。

汇编语言允许用户直接用“$”来引用当前地址计数器的值。一般使用的时候分为两种情况:

① 当“$”用在指令中时，它表示本条指令的第一个字节的地址，例如常用的延时程序：

```
MOV   CX,1000H
DELAY:LOOP   DELAY
```

也可以这样写：

```
MOV   CX,1000H
LOOP  $
```

② 当“$”用在伪指令的操作数字段时，它表示的是地址计数器的当前值。

例： 利用$计算数组中的元素个数。

```
ARRAY1   DB   1,2,3,4
COUNT1   EQU   $-ARRAY1
ARRAY2   DW   1,2,3,4
COUNT2   EQU   ($-ARRAY1)/2
```

段内偏移地址一般从 0 开始顺序使用。如果需要，可以用 ORG 伪指令来指定以某个单元的起始地址，格式：

ORG　表达式

表达式的值在 0～65535 之间，且表达式中可以包含地址计数器。如表达式的值为 N，则 ORG 伪指令可以使下一个字节的地址成为表达式的值 N，即将地址计数器的值置为 N。

### 8.3.9 对准伪指令

对准伪指令 EVEN 也可以用来修改地址计数器，即把地址计数器的值调整为偶数。

格式为：

EVEN

EVEN 伪指令使下一个字节地址成为偶数。由于 CPU 读写奇地址开始的字需要用 2 个总线周期，因此，一个字的地址最好从偶地址开始，这样可以保证字的读写在一个总线周期内完成，尤其是大量的对存储器进行的字操作，比如说字类型的数组，为保证其从偶地址开始，可以在它前面用 EVEN 伪操作来达到这一目的。例如：

```
DATA1      SEGMENT
           ORG   100H
X  DB   1                          ;X 变量从偏移地址 0100H 开始
EVEN                               ;使地址计数器为偶数
Y  DW   100 DUP(?)                 ;变量 Y 从 0102H 开始
```

### 8.3.10　基数控制伪操作

汇编程序中默认的数制是十进制数，如果不是十进制数就需要在数的后面用标记指示。如，十六进制数 12CFH，二进制数 101101B，八进制数 377O，如果需要改变默认的数制，可以使用 RADIX 伪指令，格式为

RADIX　表达式

可以将默认的基数改变为 2～16 内的任意一个。

例如：

```
RADIX     16        ;将默认数制改为十六进制数
MOV  AX,100D        ;AX中放十进制数100
ADD  AX,2A3C        ;AX加十六进制数2A3CH
```

## 8.4　运算符与表达式

表达式是操作数常见的形式，它可以由常数、变量、标号通过运算符连接而成。表达式的值是在汇编程序将源程序汇编成目标文件的过程中计算确定的，而不是在程序运行过程中求得的。

汇编语言的运算符分为算术运算符、逻辑运算符、关系运算符、数值返回运算符和分离运算符。接下来我们将按顺序介绍这些运算符的用法。

### 8.4.1　算术运算符

表 8-1 列出了算术运算符。算术运算符包括：+、-、*、/和 MOD。算术运算符可以用于数值表达式或地址表达式中，参加运算的数和结果必须是整数；除法运算的结果只取商的整数部分；运算符 MOD 是作除法操作，取余数，如：8 MOD 3=2，加法和减法可用于两个操作数地址的运算（以变量名表示）。

**表 8-1　算术运算符**

| 运算符 | 格式 | 运算 |
|---|---|---|
| + | 表达式 1+表达式 2 | 加法 |
| - | 表达式 1-表达式 2 | 减法 |
| * | 表达式 1 * 表达式 2 | 乘法 |
| / | 表达式 1/表达式 2 | 除法 |
| MOD | 表达式 1 MOD 表达式 2 | 取余数 |

例如，源操作数为算术表达式的指令：

```
MOV  AX,1 + 2        ;(AX) = 3
MOV  AX,4 * 5        ;(AX) = 20
MOV  AX,14/3         ;(AX) = 4
MOV  AX,14 MOD 3     ;(AX) = 2
```

## 8.4.2　关系运算符

表 8-2 列出了关系运算符。关系运算符包括 EQ(等于)、NE(不等于)、LT(小于)、LE(小于等于)、GT(大于)、GE(大于等于)。表达式必须是常数或同一个段内的变量。如果是常数，则按无符号数比较；如果是变量，则比较它们的偏移量。表达式的比较结果为真，则值全为 1，结果为假，则值为 0。

**表 8-2　逻辑运算符和移位运算符**

| 运算符 | 格式 | 运算 |
|---|---|---|
| EQ | 表达式 1 EQ 表达式 2 | 两个表达式相等为真，否则为假 |
| NE | 表达式 1 NE 表达式 2 | 两个表达式不相等为真，否则为假 |
| LT | 表达式 1 LT 表达式 2 | 表达式 1<表达式 2 为真，否则为假 |
| LE | 表达式 1 LE 表达式 2 | 表达式 1≤表达式 2 为真，否则为假 |
| GT | 表达式 1 GT 表达式 2 | 表达式 1>表达式 2 为真，否则为假 |
| GE | 表达式 1 GE 表达式 2 | 表达式 1≥表达式 2 为真，否则为假 |

例如，MOV 指令如下：

```
MOV AL,3 GT 5   ;(AL) = 0
MOV AL,3 LE 5   ;(AL) = 0FFH
MOV AX,3 NE 5   ;(AX) = 0FFFFH
```

## 8.4.3　逻辑运算符和移位运算符

表 8-3 列出了逻辑运算符和移位运算符。逻辑运算符包括：AND(逻辑与)、OR(逻辑或)、NOT(逻辑非)和 XOR(逻辑异或)。移位运算符包括：SHL(左移)和 SHR(右移)。

逻辑运算符和移位运算符都是按位操作的，参加运算的数和运算的结果均是整数，只用于数字表达式中；并且和逻辑运算指令及移位指令不同，逻辑运算和移位运算是在编译时进行计算的，而指令是在程序运行时执行的。

表 8-3　逻辑运算符和移位运算符

| 运算符 | 格式 | 运算 |
|---|---|---|
| AND | 表达式 1 AND 表达式 2 | 与 |
| OR | 表达式 1 OR 表达式 2 | 或 |
| NOT | NOT 表达式 1 | 非 |
| XOR | 表达式 1 XOR 表达式 2 | 异或 |
| SHL | 表达式 1 SHL 表达式 2 | 左移 |
| SHR | 表达式 1 SHR 表达式 2 | 右移 |

例如：

```
B = 5
C = 7
MOV AX,((B GE C)AND B)OR((B LT C)AND C);将 B 和 C 中较大的数放 AX
NUM = 10101100B
MOV   AL,NOT NUM      ;(AL) = 53H
MOV   AL,NUM SHL 3    ;(AL) = 60H
```

## 8.4.4　数值回送运算符

表 8-4 列出的是数值回送运算符。数值回送运算符包括 5 个：SEG、OFFSET、TYPE、LENGTH、SIZE，它们是汇编语言中特有的运算符，运算对象必须是变量或标号。变量、标号在定义后，就有了它们的属性，即段属性、偏移属性和类型属性。段属性表示出变量或标号所在的段；偏移属性表示变量或标号在段内的偏移地址；类型属性是指变量的数据所占的字节数。变量的类型值共有 5 种，1(DB 字节类型)，2(DW 字类型)，4(DD 双字类型)，8(8 字节)，10(10 字节)。标号的类型属性是指该标号是在本段内引用(NEAR 型)，还是段间引用(FAR 型)，标号的类型值为－1(NEAR 类型)和－2(FAR 类型)。LENGTH 和 SIZE 运算符只能对变量进行运算。LENGTH 的返回值规定如下：变量定义时，变量类型后第一个操作数用 DUP 重复的次数，如没有使用 DUP 则均为 1，若嵌套使用 DUP，则只回送最外层的重复次数。SIZE 的返回值是 LENGTH 值和 TYPE 值的乘积。

表 8-4　数值回送运算符

| 运算符 | 格式 | 运算 |
|---|---|---|
| SEG | SEG 变量/标号 | 取变量/标号的段地址 |
| OFFSET | OFFSET 变量/标号 | 取变量/标号的偏移地址 |
| TYPE | TYPE 变量/标号 | 取变量/标号的类型值 |
| LENGTH | LENGTH 变量 | 取变量的重复次数 |
| SIZE | SIZE 变量 | 取变量所占的存储单元数 |

## 8.4.5　属性运算符

属性运算符 PTR 的格式：

类型　PTR　地址表达式

上述进行的运算是使地址表达式具有新的属性。具体的操作是根据地址表达式找到操作数的物理地址，按照 PTR 前的类型取出操作数。

```
MUL    BYTE PTR[BX]      ;乘法指令的操作数是一个字节操作数
JMP    NEAR PTR LABLE1   ;段内跳转到标号 LABLE1
```

变量在定义后，变量的类型就已经确定。因此，在写指令的时候就需要注意操作数类型匹配的问题。

例如，变量定义如下：

```
X    DB    1,2,3
Y    DW    1,2,3
```

那么，指令 MOV　AL,X 和 MOV　AX,Y 是正确的，但是，如果这样写指令：

```
MOV    AX,X     ;将变量 X 的字节数据送字寄存器 AX,类型不匹配
MOV    AL,Y     ;将变量 Y 的字数据送字节寄存器 AL,类型不匹配
```

就会出现错误。使用 PTR 运算符可以解决这样的问题，可以将指令进行修改：

```
MOV  AX,WORD PTR X  ;从变量 X 所指示的地址开始取字数据送 AX
MOV  AL,BYTE PTR Y  ;从变量 Y 所指示的地址开始取字节数据送 AL
```

## 8.4.6　运算符的优先级

运算符的优先级见表 8-5，当一个表达式中同时有几个运算符时，汇编程序按照以下规则进行运算：

① 先执行优先级别高的运算。

② 优先级别相同的操作，从左至右顺序执行。

③ 可以用圆括号改变运算的顺序。

**表 8-5　运算符的优先级**

| 优先级 | 运算符 |
|---|---|
| 最高 1 | LENGTH,SIZE,[],<>,WIDTH,MASK |
| 2 | PTR,OFFSET,SEG |
| 3 | TYPE |
| 4 | HIGH,LOW |

续表

| 优先级 | 运算符 |
| --- | --- |
| 5 | *,/,MOD,SHL |
| 6 | SHR |
| 7 | +,− |
| 8 | EQ,NE,LT,LE,GT |
| 9 | GE |
| 10 | NOT |
| 11 | AND |
| 12 | OR,XOR |
| 最低 13 | SHORT |

注:<>,WIDTH 和 MASK 是记录中所用的运算符

没有必要记忆这些符号的优先次序,这是因为汇编语言的运算符、操作符及表达式和高级语言的运算符、操作符及表达式的地位很不一样。汇编语言编程的核心功能并不依赖它们而是指令语句。

## 习　　题

1. 什么是汇编语言源程序?什么是汇编程序?汇编程序有哪些功能?
2. 简述汇编语言源程序的运行过程。
3. 什么是伪指令?汇编指令与伪指令有何区别?
4. 源程序中如何指示出程序执行的起始位置?源程序如何实现程序返回 DOS?
5. 变量定义如下,画图说明变量所分配的存储空间和初始化的数据值。

```
VAR1    DB    'XYZ',2 DUP(1,2,3 DUP(0)),1+2,1-2
VAR2    DW    0,?,123H,'CD'
```

6. 下列语句分别执行后,AX 寄存器的值是多少:

(1) MOV　AL,5CH　AND　66H

(2) MOV　AX,14 SHL 2

(3) MOV　AX,NOT 11H

(4) MOV　AX,1234H+5

(5) MOV　AL,'a'<'b'

7. 请设置一个数据段 dataseg,按照如下要求定义变量:

(1) var1 为 20 个元素的字数组;

(2) var2 为 2 个字节变量:1,2;

(3) var3 为 var1 的地址;

(4) var4 为字符串:name。

8. 标号和变量有哪些属性?

9. 请指出下列指令的错误:

```
MOV  BX,[DX]
MOV  1200H,AL
MOV  AL,1200H
MOV  AX,[SP][BP]
MOV  VAR1[AX],CX
MOV  [DI],[SI]
```

10. 写出下列指令的执行结果:

```
DSEG SEGMENT
    ORG 1000H
VAR DB 1,2,3
    EVEN
ARY DW 10 DUP(0)
DSEG ENDS
(1) MOV  AL,VAR
(2) MOV  AX,ARY + 2
(3) LEA  BX,VAR
(4) MOV  BX,TYPE ARY
(5) MOV  BX,TYPE VAR
(6) MOV  CX,LENGTH ARY
(7) MOV  DX,SIZE ARY
(8) MOV  SI,OFFSET ARY
```

11. 写出将 eseg 段的段地址传送给 ES 寄存器的指令序列。

12. 判断下列指令或程序是否有错? 若有错,请指出错误所在。

```
(1) x EQU 100H
    MOV X,AX
(2) MOV ES,100
(3) bytevar DB ?
    MOV AX,bytevar
(4)   X   DW  1
      Y   DW  2
     ADD  X,  Y
```

13. 假设 VAR1 和 VAR2 为字类型的变量,LAB 为程序中的一个标号,试找出下列指令的错误之处。

```
(1) ADD VAR1,VAR2
(2) SUB AL,VAR1
(3) JNZ VAR1
```

(4) JMP LAB[SI]

(5) JMP NEAR LAB

14. 有符号定义语句如下：

```
BUFF      DW  1,2,3,'12'
EBUFF     DW  ?
L         EQU (EBUFF-BUFF)/2
```

问:L 的值为多少?

# 第 9 章　汇编语言程序设计

顺序结构、分支结构和循环结构是结构化程序设计中三种最基本的程序结构。顺序结构是程序按照指令的先后顺序逐条执行。如果实际编程时需要解决的问题比较复杂，需要对不同情况做出不同的处理，那么就在程序中设置若干个分支，运行时由处理器根据不同情况做出判断，选择执行相应的处理分支，这样的程序结构通常被称为分支结构。在实际问题的处理程序中，常常还会遇到需要某些程序段在一定条件下，被重复执行多次的情况，这类结构的程序称为循环结构程序。

程序的执行顺序是由代码段寄存器 CS 和指令指针寄存器 IP 来确定的。CS 指示当前指令所在代码段的段地址，IP 则是要执行的下一条指令的偏移地址。实现分支和循环程序其实就是通过修改 CS 和 IP 寄存器的内容来改变程序执行流程。CS 和 IP 寄存器的内容不能用通用的数据传送指令改变，只能通过转移控制指令修改。转移指令可以改变程序的执行顺序，循环指令可以使循环内的指令序列重复执行多次。本章结合具体实例，介绍用三种控制结构设计汇编语言程序的基本方法以及子程序和高级汇编语言技术。

## 9.1　分支程序设计

程序的逻辑根据某一条件表达式为真或假，执行两个不同处理之一时，便是双分支结构形式；其中一个处理为空时，就是单分支形式；如果分支处理中又嵌套有分支，或者具有多个分支走向时，即为逻辑上的多分支形式。

### 9.1.1　单分支结构

单分支结构流程图如图 9-1 所示。程序执行过程中，进行条件判断：满足条件时，执行分支 1；不满足条件则退出分支。

**例 9.1**　AX 和 BX 寄存器中分别存放着 2 个无符号数，找出最大数放 AX 寄存器。

**解：**　首先进行算法分析，要找到 AX 和 BX 中的最大数需要比较这 2 个无符号数的大小，如果(AX)＜(BX)，将 BX 中的最大数放 AX 寄存器；否则，AX 中已经是最大数，不用进行操作。

接下来，画出程序流程图，如图 9-2 所示。

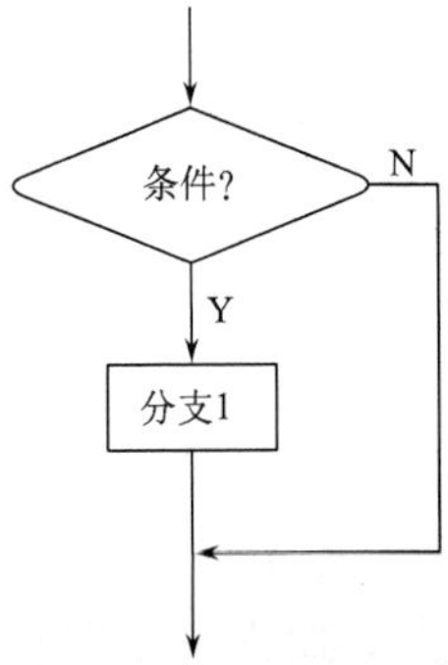


图 9-1　单分支结构

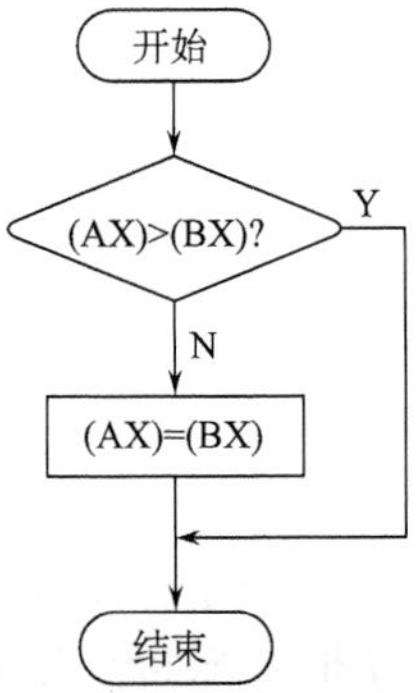


图 9-2　将最大值放 AX

最后，根据流程图，写出程序指令如下：

```
CMP     AX,BX
JA      EXIT
MOV     AX,BX
EXIT:
```

## 9.1.2　双分支结构

双分支结构流程图如图 9-3 所示。程序执行过程中，进行条件判断：满足条件时，执行一个分支；不满足条件时，执行另一个分支。

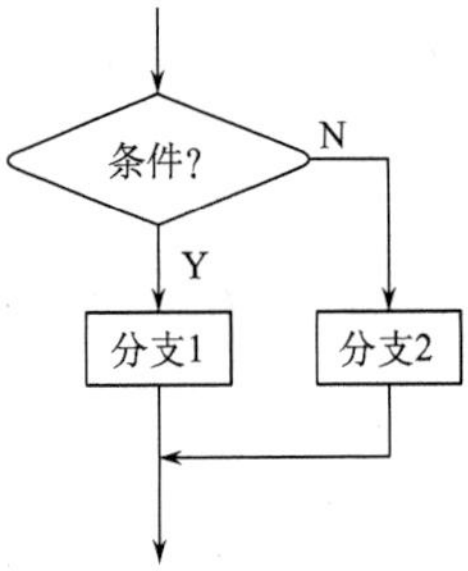


图 9-3　双分支结构

**例 9.2**　将例题 9.1 进行修改，AX 和 BX 寄存器中分别存放着 2 个无符号数，找出最大数放 CX 寄存器。

**解：**　首先进行算法分析，要找到 AX 和 BX 中的最大数放 CX 寄存器，有两种方法。方法一：在例题 9.1 中已经找到最大数并将最大数放在了 AX 寄存器，如需要将最大数放 CX 寄存器，只需要再增加一条指令 MOV　CX,AX 即可。

方法二：比较这 2 个无符号数的大小，如果(AX)＜(BX)，将 BX 中的最大数放 CX 寄存器；否则，将 AX 中的最大数放 CX 寄存器。

接下来，画出程序流程图，如图 9-4 所示。

程序指令如下：

```
CMP     AX,BX
JA      L1
```

```
MOV    CX,BX
JMP    EXIT
L1:
MOV    CX,AX
EXIT:
```

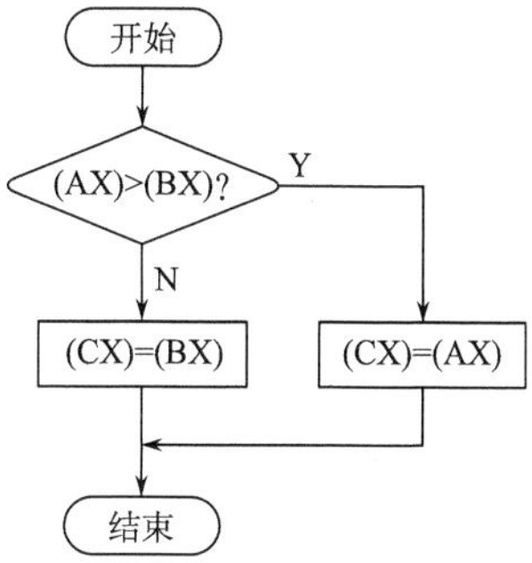


图 9-4　将最大值放 CX

双分支结构需要注意，在任何时候，程序仅能执行双分支中的一个分支，因此程序设计时，任意一个分支执行后都会退出分支结构。例题 9.2 中分支 MOV　CX,BX 执行后执行指令 JMP　EXIT 跳转到分支结束位置；分支 MOV　CX,AX 执行后，顺序执行 EXIT:标号，同样执行到分支结束位置。

### 9.1.3　多分支结构

如图 9-5 所示，多分支程序结构设计的实现过程相当于 CASE 语句形式。最直接的方法就是使用简单的分支结构进行组合，使用条件转移指令结合无条件转移指令来实现。

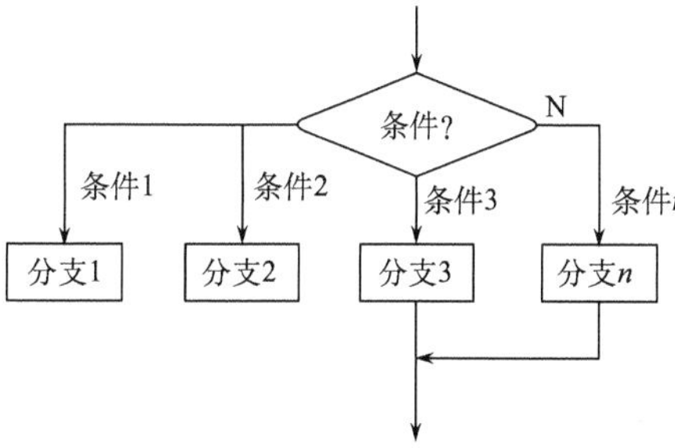


图 9-5　多分支结构

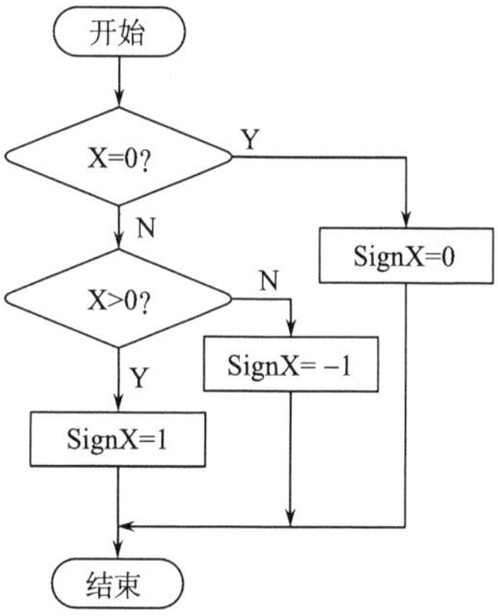


图 9-6　符号函数计算流程

**例 9.3**　设计符号函数 $\text{signX}=\begin{cases}1, & \text{当 } X>0, \\ 0, & \text{当 } X=0, \\ -1, & \text{当 } X<0。\end{cases}$

**解**：　对于符号函数来讲，它的取值有三种情况 1,0 和−1，因此采用多分支结构实现，流程图如图 9-6 所示：

```
DSEG SEGMENT
x  dw   -1
sign  dw  ?
DSEG ENDS
CSEG SEGMENT
    assume  cs:CSEG,ds:DSEG
MAIN PROC FAR
    mov ax,dseg
    mov ds,ax

    cmp x,0
    jz  11
    jl  12
    mov sign,1
    jmp exit
12:  mov sign,-1
    jmp exit
11:mov sign,0
exit:
    mov ax,4C00H
    int 21h
MAIN ENDP
CSEG ENDS
END MAIN
```

实现多分支结构还可以使用跳跃表法，它是将各个分支的转移地址保存在表格中，使程序根据不同的条件转移到不同的分支。采用何种寻址方式找到表中的转移地址是跳跃表法实现的关键。

**例 9.4**　跳跃表法实现菜单选择。

**解：** DSEG SEGMENT

```
menu  db  '1 -------- file',0dh,0ah        ;菜单内容
      db  '2 -------- edit',0dh,0ah
      db  '3 -------- run',0dh,0ah
      db  '4 -------- debug',0dh,0ah
      db  '5 -------- exit',0dh,0ah
      db  'input select(1-5)','$'
jmptab  dw  switch1           ;跳跃表存放着5个分支的转移地址
```

```
        dw   switch2          ;switch1～switch5 分别是程序中的 5 个标号
        dw   switch3
        dw   switch4
        dw   switch5
DSEG ENDS
SSEG SEGMENT PARA STACK 'stack'   ;可以没有堆栈段
    dw 100h dup(0)
SSEG ENDS
CSEG SEGMENT
    assume  cs:CSEG,ds:DSEG,ss:SSEG
MAIN PROC FAR
    mov ax,dseg
    mov ds,ax
input1:
lea   dx,menu              ;显示菜单字符串，首地址放 DX，字符串以 $ 结束
     mov ah,09             ;功能号 09
     int 21h               ;使用 DOS 功能调用
     mov ah,01             ;使用 DOS 功能调用的 01 功能
     int 21h               ;键盘输入一个字符
     cmp al,31h            ;字符 1 的 ASC 码为 31H
     jb error1             ;判断输入的字符是否为 1～5 之间的数
     cmp al,35h
     ja error1             ;不是则转去执行错误处理
     sub al,31h            ;将字符的 ASC 码转为数字
     shl al,1              ;输入的数值乘 2
     mov bx,0
     mov bl,al             ;放入 BX
     jmp jmptab[bx]        ;用寄存器相对寻址方式找到转移地址
switch1:
     call file1            ;调用子程序，进行分支 1 的处理
     jmp exit
switch2:
     call edit1            ;调用子程序，进行分支 2 的处理
     jmp exit
```

```
switch3:
      call run1          ;调用子程序,进行分支 3 的处理
      jmp exit
switch4:
      call debug1        ;调用子程序,进行分支 4 的处理
      jmp exit
switch5:                 ;分支 5
exit:  mov ax,4C00H
      int 21h
      jmp input1
error1:                  ;错误处理及各分支子程序
  ⋮
MAIN ENDP
CSEG ENDS
END MAIN
```

| | | |
|---|---|---|
| jmptab | switch1 | jmptab+0 |
| | 的偏移地址 | |
| | switch2 | jmptab+2 |
| | 的偏移地址 | |
| | switch3 | jmptab+4 |
| | 的偏移地址 | |
| | switch4 | jmptab+6 |
| | 的偏移地址 | |
| | switch5 | jmptab+8 |
| | 的偏移地址 | |

图 9-7 jmptab 的存储结构

可以看出,跳跃表法程序设计的关键在于在数据段中定义了一个 5 个元素的数组 jmptab,每个元素的内容为一个跳转地址,见图 9-7。根据输入的数字 1~5,从数组中取出相应的内容送给转移指令进行转移,例如:DOS 中断的 01 功能接收键盘输入的字符的 ASC 码。假设输入数字 3,要将程序跳转到 switch3 处执行,如何在 jmptab 中找标号 switch3 的地址? 可以使用不同的寻址方式进行转移,程序的执行过程是这样的:从 DOS 的 01 功能中断开始,键盘输入数字 3,则 AL 寄存器中接收数字字符 3 的 ASC 码,AL=33H;switch3 的偏移地址存储在 jmptab+4 地址单元,先将 AL 中的数字字符 3 转为数值 3,方法是 AL-30H;jmptab 表中存储的转移地址是从 jmptab+0 开始,每个转移地址占 2 个字节。因此标号的转移地址存储的位置和输入数值之间的关系为:

$$\text{switch N 的存储地址} = \text{jmptab} + (N-1) * 2$$

现在 AL=3,将 BX=(AL−1) * 2,转移指令使用寄存器相对寻址方式 jmp jmptab[bx],从 jmptab+4 地址找到 switch3 的偏移地址并将其传递给 IP,程序就转到 switch3 标号执行。

采用跳转表法的好处是：可以减少为决定程序分支而进行比较的次数；程序不必将输入的数字和 1～5 进行比较，而是直接根据数字计算出要跳转的地址，并且转移指令可以使用不同的寻址方式找到转移地址，使用非常灵活。例如，采用寄存器间接寻址方式实现跳跃表，程序修改为：

```
CSEG SEGMENT
    assume  cs:CSEG,ds:DSEG,ss:SSEG
MAIN PROC FAR
    mov ax,dseg
    mov ds,ax
input1:
lea dx,menu              ;显示菜单字符串,首地址放 DX,字符串以 $ 结束
    mov ah,09            ;功能号 09
    int 21h              ;使用 DOS 功能调用
    mov ah,01            ;使用 DOS 功能调用的 01 功能
    int 21h              ;键盘输入一个字符
    cmp al,31h           ;判断输入的字符是否为 1～5 之间的数
    jb error1
    cmp al,35h
    ja error1
    sub al,31h           ;将字符的 ASC 码转为数字
    shl al,1             ;输入的数值乘 2
    lea bx,jmptab        ;BX 取得跳转表 jmptab 的首地址
    add bl,al
    jmp word ptr[bx]     ;用寄存器间接寻址方式找到转移地址
switch1:
    call file1           ;调用子程序,进行分支 1 的处理
    jmp exit
switch2:
    call edit1           ;调用子程序,进行分支 2 的处理
    jmp exit
switch3:
    call run1            ;调用子程序,进行分支 3 的处理
    jmp exit
switch4:
```

```
    call debug1          ;调用子程序,进行分支4的处理
    jmp exit
switch5:                 ;分支5

exit:  mov ax,4C00H
    int 21h
    jmp input1
error1:                  ;错误处理及各分支子程序

MAIN ENDP
CSEG ENDS
END MAIN
```

**例 9.5** 无规律的跳跃表的实现,简单的计算器程序。根据键盘输入的+,—,*,/运算符跳转到相应的子程序执行。

**解:** 在例 9.4 中的跳跃表的实现,有这样的特点:输入的数据 N 与转移的位置之间有规律,使用公式 switch N 的存储地址=jmptab+(N—1)*2;而本例题中输入的是无规律的运算符号,这时跳跃表中除了存储转移地址之外,还要将对应的运算符号存储起来,将输入的运算符和表中的运算符比较,相同时进行跳转,不同时,比较下一个运算符,和表中所有的运算符比较都不相同,表示输入的运算符错误。程序如下:

```
DSEG SEGMENT
signtab  db   '+'
         dw   proc_add
         db   '-'
         dw   proc_sub
         db   '*'
         dw   proc_mul
         db   '/'
         dw   proc_div
DSEG ENDS
SSEG SEGMENT PARA STACK 'stack'
         dw   100h dup(0)
SSEG ENDS
CSEG SEGMENT
    assume  cs:CSEG,ds:DSEG,ss:SSEG
MAIN PROC FAR
```

```
    mov     ax,dseg
    mov     ds,ax
input1:
    mov     ah,01
    int     21h              ;接收键盘输入的运算符
    mov     cx,4             ;比较次数 4 次
    lea     si,signtab       ;SI 取得跳跃表的首地址
comp:
    cmp     al,[si]          ;输入的运算符和 signtab 中的运算符比较
    jz      branch           ;相同进行跳转
    add     si,3             ;不同,改变 SI 指针,进行下一次比较
    loop    comp
    jmp     input1           ;和表中所有的运算符都不相同,输入错误
                              运算符
branch:
    call    word ptr[si+1]   ;跳转到该运算符所对应的转移位置
    jmp     input1
exit:  mov ax,4C00H
    int     21h
MAIN ENDP
proc_add  proc near
                             ;+运算符对应的子程序
    ret
proc_add    endp
proc_sub    proc near
                             ;-运算符对应的子程序
    ret
proc_sub    endp
proc_mul    proc near
                             ;*运算符对应的子程序
    ret
proc_mul    endp
proc_div    proc near
                             ;/运算符对应的子程序
    ret
```

```
proc_div      endp
CSEG ENDS
END MAIN
```

# 9.2　循环程序设计

## 9.2.1　循环程序的结构形式

循环有两种基本结构，它们是当型循环和直到型循环结构，如图 9-8 所示。当型循环结构是先判断后执行的结构，它把对循环控制条件的判断放在循环的入口，先判断循环控制条件，若满足循环控制条件就执行循环体，否则退出循环。直到型循环结构则是先执行后判断的结构，它先执行一次循环体然后再判断循环控制条件，若满足循环控制条件则继续执行循环体，否则退出循环。这两种结构都可以实现循环，直到型循环的循环体至少会执行 1 次，因此在初始循环次数可能为 0 的情况下必须使用当型循环结构。

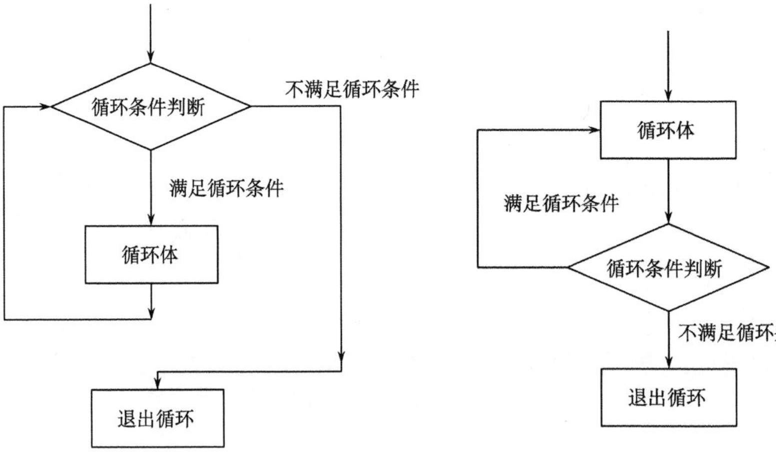


(a) 当型循环　　(b) 直到型循环

图 9-8　两种不同的循环结构

循环结构都可由如下四部分组成：①循环初始化部分；②循环体；③循环修改；④循环控制。循环次数有时是已知的，有时是不确定的，需要根据某种条件判断是否循环。在设计循环程序时，特别要注意循环入口和循环次数的正确设置、地址指针修改及循环控制条件的判断等，避免出现死循环等错误结果。

## 9.2.2　单重循环程序设计

**例 9.6**　设计程序，计算 sun＝1＋2＋…＋99＋100。

**解**：　程序的主要工作是求和运算，并且重复进行，这样的重复部分就可以用循环来实现，首先使用直到型循环，流程图如图 9-9 所示。

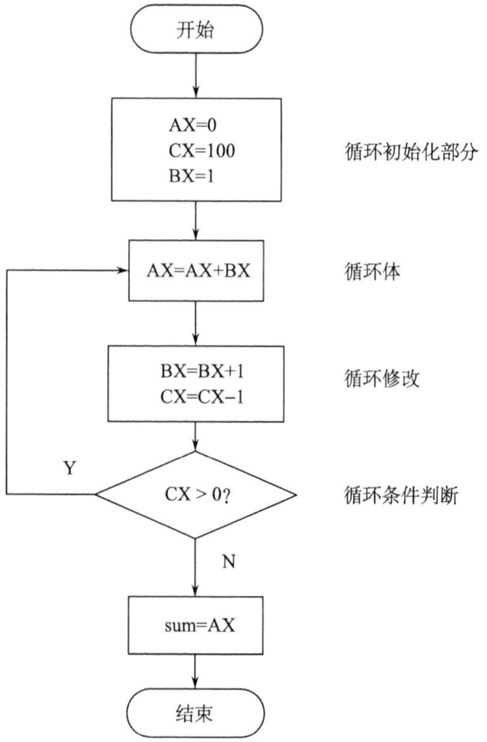


图 9-9　累加程序流程(直到型循环)

```
DATA          SEGMENT
         DB   'SUM = '
SUM      DW   ?
DATA          ENDS
CODE          SEGMENT
              ASSUME  CS:CODE,DS:DATA
START:        MOV  AX,DATA
              MOV  DS,AX
```

```
          MOV   AX,0              ;累加器清零
          MOV   CX,100            ;循环次数
          MOV   BX,1
LOOP1:    ADD   AX,BX             ;累加
          INC   BX
          DEC   CX                ;循环计数器修改
          JNZ   LOOP1             ;循环条件判断
          MOV   SUM,AX
          MOV   AH,  4CH
          INT   21H
CODE      ENDS
          END   START
```

程序运行结果将累加的和放入变量 sum，由于程序中没有将结果显示到显示器的操作，因此只能进入 DEBUG 环境查看运行结果，见图 9-10 所示，1＋2＋…＋99＋100＝5050，DEBUG 中的数默认十六进制显示，5050 转换成十六进制数是 13BAH。为了 DEBUG 调试方便，在数据段中 sum 变量定义前，事先存储了一个字符串‘sum＝’。

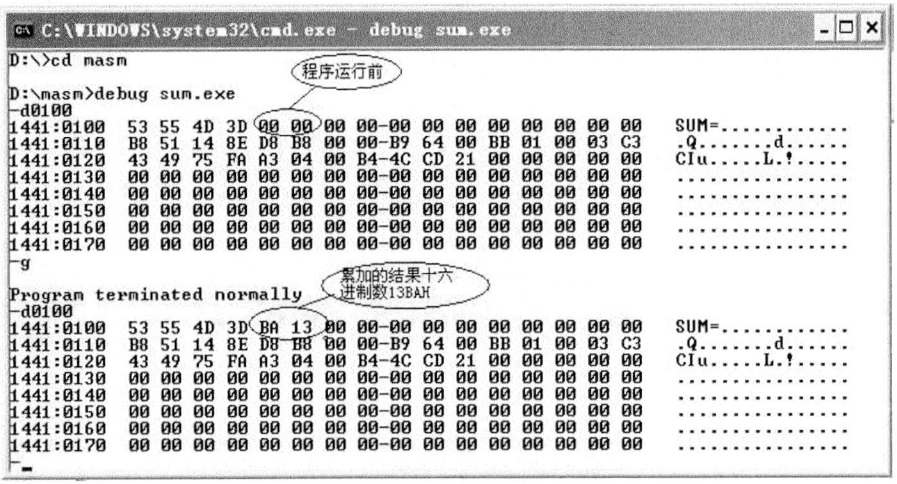


图 9-10　累加程序的运行结果

**例 9.7**　将累加程序使用当型的循环结构实现，流程图如图 9-11 所示。

**解：**

```
DATA        SEGMENT
```

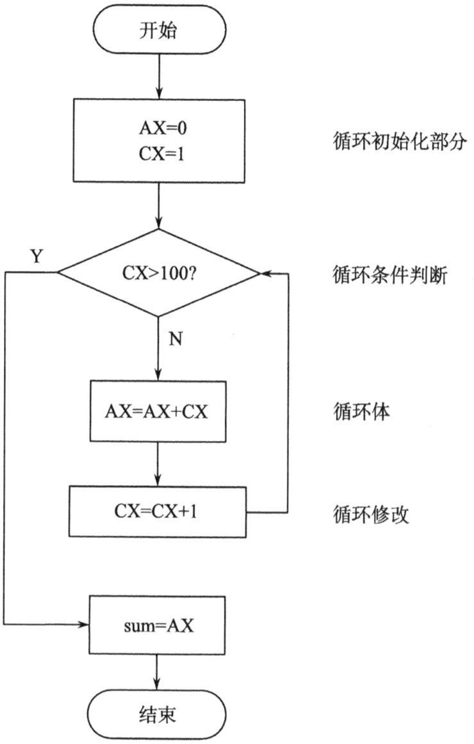


图 9-11　累加程序流程(当型循环)

```
        DB   'SUM = '
SUM     DW   ?
DATA         ENDS
CODE         SEGMENT
             ASSUME  CS:CODE,DS:DATA
START:       MOV   AX,DATA
             MOV   DS,AX
             MOV   AX,0           ;累加器清零
             MOV CX,1             ;循环次数计数
   LOOP1:    CMP   CX,100
             JA  EXIT
             ADD   AX,CX
             INC   CX             ;循环计数器修改
             JMP   LOOP1
```

```
    EXIT:   MOV  SUM,AX
            MOV  AH,4CH
            INT  21H
CODE        ENDS
            END  START
```

**例 9.8** 未确定循环次数的循环,由键盘输入一行字符存入 buffer 缓冲区,以回车符结束输入。

**解**: 键盘输入使用 DOS 中断的 01 号功能实现,采用循环的结构每次输入一个字符,循环次数不确定;循环结束的判断是当输入的字符为回车符(0DH)时,结束循环。循环可以采用当型循环也可以采用直到型循环。当型循环程序如下:

```
DATA        SEGMENT
BUFFER  DB  80 DUP(?)
DATA        ENDS
CODE        SEGMENT
            ASSUME  CS:CODE,DS:DATA
START:      MOV  AX,DATA
            MOV  DS,AX
            LEA  BX,BUFFER
LOP:        MOV AH,1          ;键盘输入字符
            INT 21H
            CMP AL,0DH        ;和回车符比较
            JE EXIT           ;相等,退出循环
            MOV[BX],AL        ;不是回车,将字符送缓冲区
            INC BX
            JMP LOP
EXIT:       MOV  AH,4CH
            INT  21H
CODE        ENDS
            END  START
```

程序运行结果如图 9-12 所示,1441:0100H 开始是 buffer 缓冲区,输入字符 abcdefghij 回车后,查看 1441:0100H 开始的 buffer 缓冲区的内容。

直到型循环结构如下:

```
START:    MOV  AX,DATA
          MOV  DS,AX
          LEA BX,BUFFER
```

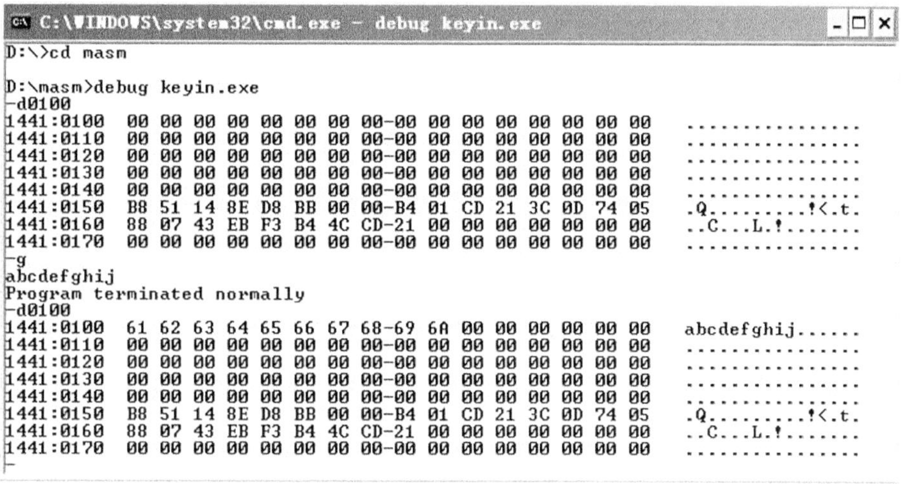


图 9-12　字符输入的运行结果

```
LOP:        MOV AH,1          ;键盘输入字符
            INT 21H
            MOV[BX],AL        ;送缓冲区
            INC BX
            CMP AL,0DH        ;和回车符比较
            JNZ LOP           ;不是回车,循环
EXIT:
```

这两种循环结构在输入时候,如果什么字符都不输入,直接回车,这时当型循环结构不会向缓冲区 buffer 中放入字符,而直到型循环会至少执行一次,并将回车符存入 buffer 缓冲区。因此,在循环设计的时候一定要充分考虑到程序的各种情况,正确使用循环结构。

## 9.2.3　多重循环程序设计

多重循环即循环体内又嵌套循环。基本思想和单重循环程序设计一致,但实现起来更复杂。应分别考虑各重循环的控制条件及其程序实现,相互之间不能混淆,即内外层循环必须是嵌套的形式,不能出现交叉。

**例 9.9**　在数组 ARY 中有 $n$ 个无符号数,将它们按由小到大的顺序排列。

**解**：　如图 9-13 所示,采用选择排序,第一轮选择排序选出 $n$ 个数中的最小数放在数组的第一个位置;第二轮选择排序从数组的第二个数开始到数组的最后一个数选出最小数，放数组的第二个位置；执行 $n$-1 轮选择排序，整个数组由小到大有序。例如 5 个数{9,7,5,3,1}采用选择排序的过程如下：

第一轮：AL=9　{9,7,5,3,1}第一次比较 AL 和 7，AL>7，交换

AL=7　{7,9,5,3,1}第二次比较 AL 和 5，AL>5，交换

AL=5　{5,9,7,3,1}第三次比较 AL 和 3，AL>3，交换

AL=3　{3,9,7,5,1}第四次比较 AL 和 1，AL>1，交换

AL=1　{1,9,7,5,3}四次比较后 AL 是 5 个数中的最小值，放入数组的第一个位置

AL=1　{1,9,7,5,3}

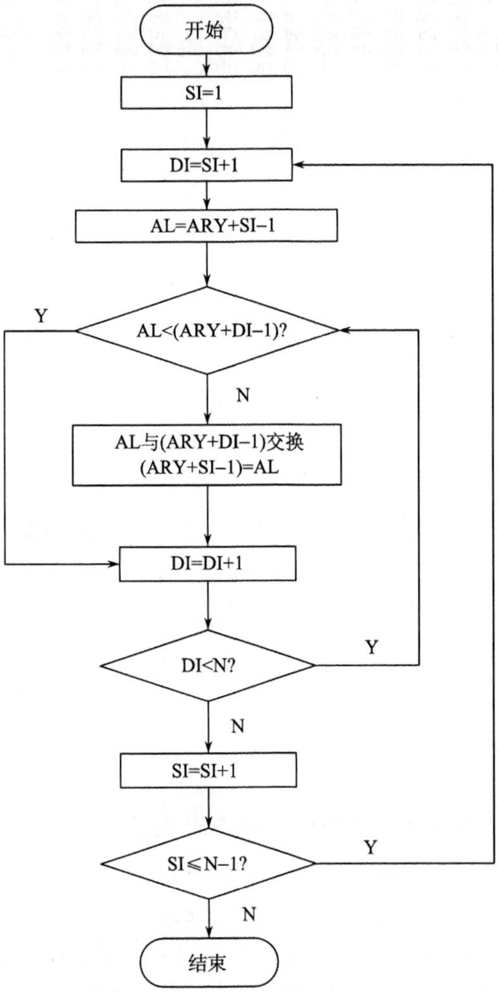


图 9-13　选择排序程序流程

第二轮：AL=9　{1,9,7,5,3}从数组的第 2 个数开始比较 3 次后
AL=3　{1,3,9,7,5}
第三轮：AL=9　{1,3,9,7,5}从数组的第 3 个数开始比较 2 次后
　　　AL=5　{1,3,5,9,7}
第四轮：AL=9　{1,3,5,9,7}从数组的第 4 个数开始比较 1 次后
AL=7　{1,3,5,7,9}
存储单元和寄存器分配如下：
SI：用来控制外循环的循环计数器，初值为 1，终值为 N－1，每次递增 1。
DI：用来控制内循环的循环计数器，初值(SI)＋1，终值为 N，每次递增 1。
AL：用来存放比较数据的寄存器。
ARY：存放要排序数据的数组。
N：存放要排序数组元素的个数。

```
DATA    SEGMENT
        DB          '@@DATA FOLLOWS@@'
    ARY DB          33H,21H,07H,0CH,05H,38H,03H
    N   EQU         $-ARY         ;N 为要排序数据的个数
DATA    ENDS
CODE    SEGMENT
        ASSUME  CS:CODE,DS:DATA
BEGIN:  MOV  AX,    DATA
        MOV  DS,    AX
        MOV  SI,    1             ;给外层循环计数器赋初值 1
NEXT1:  MOV  DI,SI
        INC  DI
        MOV  AL,    ARY[SI-1]     ;默认 AL 是最小值
NEXT2:  CMP  AL,    ARY[DI-1]
        JB      NEXT3
        XCHG    ARY[DI-1],AL
        MOV     ARY[SI-1],AL      ;找到最小值放在指定位置
NEXT3:  INC     DI                ;修改内层循环次数
        CMP     DI,N              ;若(DI)<N 转 NEXT2,继续执行内循环开始
        JBE     NEXT2             ;否则退出内循环,本循环结束准备进入下
                                   一轮循环
        INC     SI                ;修改外层循环次数
        CMP     SI,N-1            ;比较(SI)与 N-1
```

```
        JBE     NEXT1           ;若(SI)≤N-1转NEXT1继续循环,否则退出
        MOV     AH,4CH
        INT     21H
CODE  ENDS
END  BEGIN
```

图 9-14 所示为排序程序运行结果。

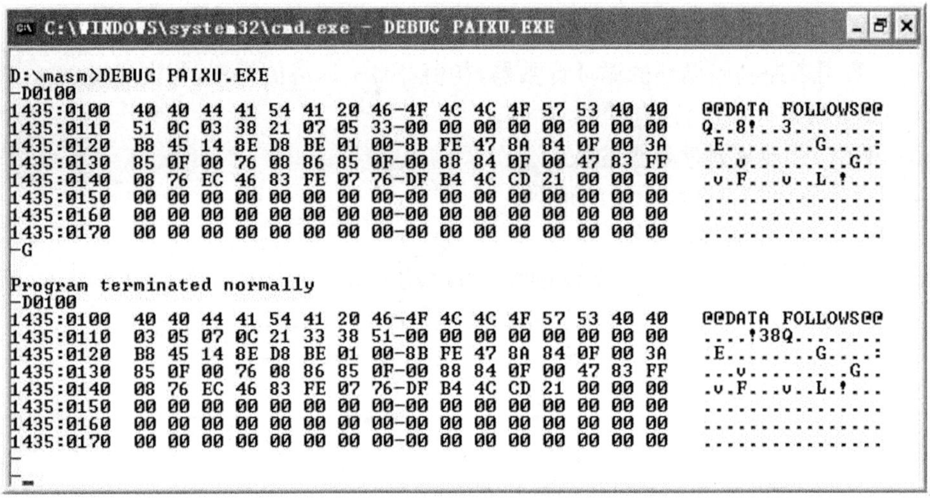


图 9-14　排序程序运行结果

## 9.3　宏汇编

在汇编语言程序中,对于重复使用的程序段,可以使用子程序来完成;每次在调用子程序时只需将入口参数改变,来达到子程序重用的目的,从而简化编程的工作。但是,子程序的调用和返回都需要对返回地址进行入栈和出栈,同时子程序在调用过程中还要保存子程序中用到的寄存器的内容,这些操作都是以消耗程序执行时间和占据系统内存为代价的。因此,当在程序中多次使用同一程序段,且传送参数较多时,使用宏汇编就更加合理。宏汇编可以代替子程序的操作,简化子程序调用与返回、保存断点和恢复断点的过程,提高编程效率。

将一段重复使用的程序段定义成宏指令,在使用时直接在程序中引用。当宏指令进行汇编时,汇编程序就会将宏指令所对应程序段的目标代码插入到该宏指令所在的位置上展开,即用对应的代码序列替代宏指令。因为是在汇编过程中实现的宏展开,所以常称其为宏汇编。因此,宏指令的引用只是提高编程效率,并没

有缩短目标代码所占有的存储空间。宏汇编相当于高级语言的库函数，可以将宏汇编单独存在一个文件中，建立宏库，由宏调用来使用。

### 9.3.1　宏定义

宏定义由伪指令 MACRO 和 ENDM 完成，格式为：

```
宏名  MACRO  [形参列表]
      宏定义体
      ENDM
```

① “宏名”是一个标识符，它的命名规则和变量、标号等标识符相同，宏名的第一个符号必须是字母，其后可跟字母、数字或其他有效符号。它是宏定义为宏指令规定的名称。一个程序中可以定义多个宏，每个宏必须有唯一的标识符，即宏名。宏名可以与源程序中的变量、标号或指令助记符相同，即宏指令具有比机器指令和伪指令更高的优先权。程序员可以设计新指令系统，扩充某些指令或伪指令的含义与功能。

② 宏作为宏指令代替的程序段，它由一系列机器指令或伪指令组成。

③ 宏定义可以有参数，也可以没有参数。宏定义的参数作为形参，在宏调用时就用实参来代替形参。多个形参之间用逗号分隔。

④ 必须先定义，后调用。因此，宏定义一定要放在它第一次被调用之前。

例如，在子程序的开始通常会对使用的寄存器入栈保存，在子程序结束时出栈恢复，可以定义没有参数的宏：

```
PUSH_ALL    MACRO
            PUSH  AX
            PUSH  BX
            PUSH  CX
            PUSH  DX
            ENDM
POP_ALL  MACRO
            POP  DX
            POP  CX
            POP  BX
            POP  AX
            ENDM
```

汇编的加法指令只有两个操作数，可以定义宏完成两个数相加，结果放第三个数中，带参数的宏定义如下：

```
ADD_M     MACRO     X,Y,Z
          PUSH      AX
          MOV  AX,  X
          ADD  AX,  Y
          MOV  Z,   AX
          POP       AX
          ENDM
```

## 9.3.2 宏调用

在汇编语言中使用已定义过的宏指令,称为宏调用。宏调用格式为

宏指令名 [实参 1][,实参 2],……

当调用时,实参的个数多于一个时,也要用逗号分隔,它们在位置上与形参一一对应。但宏汇编并不要求它们在数量上必须一致。若调用时实在参数的个数多于形式参数,则忽略多余的实在参数;若实在参数的个数少于形式参数,则多余的形式参数为空。

## 9.3.3 宏展开

在汇编时,宏指令被汇编程序用对应的代码序列替代,称之为宏展开。汇编后的列表文件中带"+"或"1,2"等数字的语句为相应的宏定义体。宏展开的具体过程是:当汇编程序扫描源程序遇到已有定义的宏调用时,用相应的宏定义体取代源程序的宏指令,同时用位置匹配的实参对形参进行取代。实参与形参的个数可以不等,多余的实参不予考虑,缺少的实参对相应的形参做"空"处理(以空格取代);另外汇编程序不对实参和形参进行类型检查,取代时完全是字符串的替代,至于宏展开后是否有效则在汇编程序翻译时进行语法检查。由此可见,宏调用不需要控制程序的转移与返回,而是将相应的程序段复制到宏指令的位置,嵌入源程序,即宏调用的程序体实际上并未减少,故宏指令的执行速度比子程序快。

一个宏定义名必须用伪指令 PURGE 取消后,才能重新定义。PURGE 伪指令的格式为

PURGE [宏名],……

**例 9.10** 定义宏 XCHGVAR 完成 2 个变量的交换。

**解:** 1) 宏定义

```
XCHGVAR  MACRO   VAR1,VAR2
                 PUSH  AX
```

```
        MOV   AX,VAR1
        XCHG  AX,VAR2
        MOV   VAR1,AX
        POP   AX
        ENDM
```

2）宏调用

数据段有如下定义：

```
  ARY  DW  10DUP(?)
```

代码段的宏调用指令如下：

```
MOV  SI,0
XCHGVAR  ARY[SI],ARY[SI+2]
```

3）汇编后，宏展开如下：

```
+  PUSH  AX
+  MOV  AX,ARY[SI]
+  XCHG  AX,ARY[SI + 2]
+  MOV  ARY[SI],AX
+  POP  AX
+  ENDM
```

## 9.4　子程序

在程序设计中，我们会发现一些多次无规律重复的程序段或语句序列。解决此类问题一个行之有效的方法就是将这些多次重复出现、具有通用性、能够完成特定处理任务的程序段编写成独立的、可供反复调用的子程序结构，以便在需要时调用。在汇编语言中，子程序又称过程。

调用子程序的程序称为主调程序或主程序。

### 9.4.1　子程序与主程序的关系

调用程序和子程序在同一代码段中。

```
MAIN  PROC  FAR             ;主程序
   ……
CALL  SUBR1
    ……
    RET
```

```
MAIN    ENDP
SUBR1   PROC   NEAR           ;子程序(NEAR 可省略)
        ……
               RET
SUBR1   ENDP
```

将子程序的返回地址(即 CALL 指令的下一条指令的地址,简称断点)压入堆栈,以便执行完子程序后能返回主程序,并从断点处继续往下执行,然后按照某种寻址方式转向子程序的入口地址去执行子程序。

程序的主程序看作 DOS 调用的一个子程序,因而 DOS 对 MAIN 的调用以及 MAIN 中的 RET 就是 FAR 属性。MAIN 及其子程序 SUBR1 在同一代码段中,SUBR1 定义为 NEAR 属性。

如果调用程序和子程序不在同一个代码段中,则使用 FAR 属性。

### 9.4.2 子程序举例

**例 9.11** 设计简单的能进行+,-,×,/运算的计算器。

**解:** 主程序的流程如图 9-15 所示。

INPUTNUM 子程序的功能是接收键盘输入的十进制数放入 BX 寄存器,程序中调用了 JUDGE 对键盘输入的字符进行判断,如果是运算符将其放入 OP 变量。

CALCULATE 子程序的功能是从变量 OP1 和变量 OP2 中取出操作数,从 OP 中取出运算符进行计算,并将结果放入 RESULT 保存。

DISP 子程序将 RESULT 变量中的十六进制数以十进制的形式显示出来。

PROC_ADD 子程序进行加法运算;

PROC_SUB 子程序进行减法运算;

PROC_MUL 子程序进行乘法运算;

PROC_DIV 子程序进行除法运算。

```
DATA     SEGMENT
OP1      DW  ?                ;第一个操作数
OP       DB  ?                ;运算符
OP2      DW  ?                ;第二个操作数
RESULT   DW  ?                ;运算结果
SIGNTAB  DB  '+'              ;跳跃表
         DW  proc_add
         DB  '-'
         DW  proc_sub
```

```
            DB   '*'
            DW   proc_mul
            DB   '/'
            DW   proc_div
DATA        ENDS
;定义宏将字符送显示器显示
PRINT_OUT   MACRO   CHR
      MOV    DL,CHR
      MOV    AH,02
      INT    21H
      ENDM
;定义宏接收键盘输入的字符放 AL
KEY_IN   MACRO
      MOV    AH,01
      INT    21H
      ENDM
;定义宏输出回车换行
NEW_LINE   MACRO
      PRINT_OUT   0DH
      PRINT_OUT   0AH
      ENDM
;代码段
CODE      SEGMENT
          ASSUME        CS:CODE,DS:DATA
MAIN      PROC      FAR
          MOV       AX,DATA
          MOV       DS,AX
LP1:      CALL      INPUTNUM        ;接收第一个操作数和运算符
          MOV       OP1,BX
          CALL      INPUTNUM        ;接收第二个操作数和'='
          MOV       OP2,BX
          CALL      CALCULATE       ;进行计算
          CALL      DISP            ;将运算结果以十进制形式显示
          NEW_LINE                  ;回车换行
          JMP       LP1
```

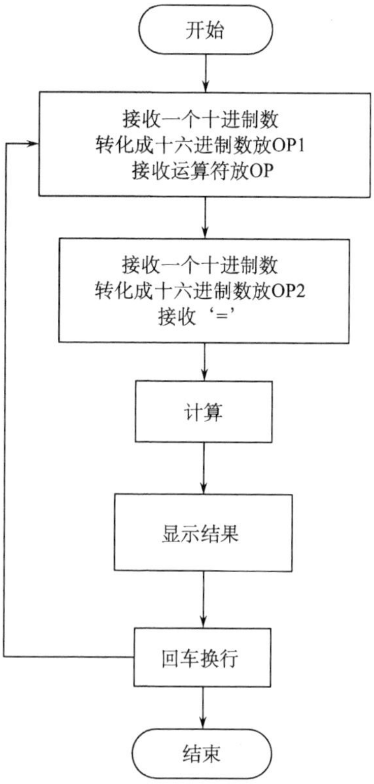


图 9-15　计算器的流程

```
        MOV     AX,4C00H
        INT     21H
MAIN    ENDP
INPUTNUM  PROC  NEAR
        MOV     BX,0
L1:     KEY_IN
        CALL    JUDGE
        CMP     AL,30H
        JB      EXIT1
        CMP     AL,39H
        JA      EXIT1
        SUB     AL,30H
        CBW
        XCHG    AX,BX
        MOV     CX,10
        MUL     CX
        XCHG    AX,BX
        ADD     BX,AX
        JMP     L1
EXIT1:  RET
INPUTNUM  ENDP
;判断输入的字符是不是运算符,如果是运算符放入OP变量
JUDGE   PROC    NEAR
        CMP     AL,'+'
        JZ      E1
        CMP     AL,'-'
        JZ      E1
        CMP     AL,'*'
        JZ      E1
        CMP     AL,'/'
        JZ      E1
        JMPV    E2
E1:     MOV     OP,AL
E2:     RET
JUDGE   ENDP
```

```
;采用跳跃表法,根据 OP 中的运算符跳转到相应的子程序进行运算
CALCULATE  PROC  NEAR
        MOV     AL,OP
        MOV     CX,4
        LEA     BX,SIGNTAB
B1:
        CMP     AL,[BX]
        JZ      BRANCH
        ADD     BX,3
        LOOP    B1
BRANCH:
        CALL    word ptr[BX+1]
        RET
CALCULATE  ENDP
;加法运算
PROC_ADD  PROC  NEAR
        MOV     AX,OP1
        ADD     AX,OP2
        MOV     RESULT,AX
        RET
PROC_ADD  ENDP
;减法运算
PROC_SUB  PROC  NEAR
     MOV    AX,OP1
     SUB    AX,OP2
     MOV    RESULT,AX
     RET
PROC_SUB  ENDP
;乘法运算
PROC_MUL  PROC  NEAR
     MOV    AX,OP1
     MUL    OP2
     MOV    RESULT,AX
     RET
PROC_MUL  ENDP
```

```
;除法运算
PROC_DIV  PROC   NEAR
     MOV   AX,OP1
     MOV   DX,0
     DIV   OP2
     MOV   RESULT,AX
  RET
PROC_DIV  ENDP
;以十进制形式显示 RESULT
DISP   PROC   NEAR
     MOV    AX,RESULT
     MOV    DX,0
     MOV    CX,100
     DIV    CX
     PUSH   DX
     ADD    AL,30H
     PRINT_OUT  AL
     POP    AX
     MOV    CL,10
     DIV    CL
     PUSH   AX
     ADD    AL,30H
     PRINT_OUT  AL
     POP    AX
     ADD    AH,30H
     PRINT_OUT  AH
     RET
DISP     ENDP
CODE     ENDS
         END  MAIN
```

## 习　　题

1. 字数组 ARY 中有 20 个数据，统计其中负数的个数，存入 NEG 单元。
2. 统计 BX 寄存器中 1 的个数，存入 COUNT 单元。

3. 计算 10 个元素的字数组 SCORE 的平均值，放入 AVER 变量。
4. STRING 是一个以'$'结尾的字符串，将其中的字符排序。
5. 在汇编语言中，主程序是如何调用子程序的？
6. 怎样才能正确地从子程序返回到主程序，先决条件是什么？
7. 子程序名代表什么含义？子程序名是断点吗？为什么？
8. 编写子程序 UPPER，将键盘输入的小写字符转换为大写字符，并在主程序中调用它。
9. 分别解释宏定义、宏调用、宏展开。
10. 宏与子程序的区别是什么？
11. 定义一个宏，显示一位十进数，在程序中调用并展开。

# 第 10 章　汇编语言程序的开发与调试

## 10.1　开发过程

汇编程序的开发过程包括编辑、汇编、连接和调试运行四个阶段，如图 10-1 所示。

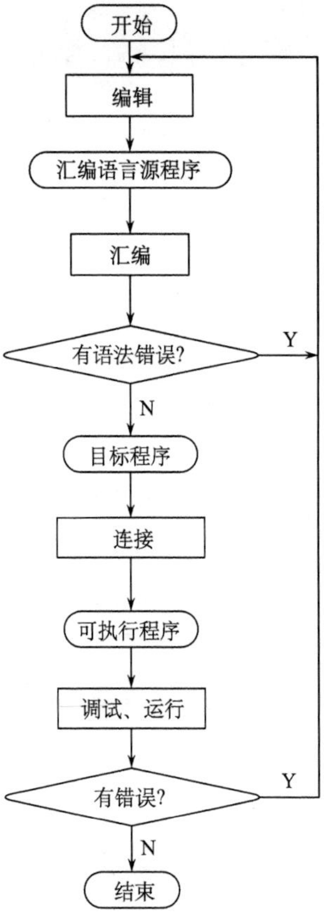

图 10-1　汇编语言开发流程

### 1. 源程序的编辑

调用编辑程序把源程序输入，生成一个扩展名为 ASM 的源文件并存入磁盘；如对原有的 ASM 文件进行修改，则在磁盘上还生成一个扩展名为 BAK 的备份文件，它是修改前的 ASM 文件自动改名形成的。常用的文本编辑软件有 DOS 提供的 EDIT、高级语言如 TC 提供的编辑环境，或 WINDOWS 下的纯文本文件方式等都可以用来编辑汇编语言源程序。

### 2. 源程序的编译

编译也称汇编，就是利用汇编程序对源程序进行翻译，生成扩展名为 OBJ 的目标文件。在编译过程中，若汇编程序检查到源程序中有语法错误，则不生成目标代码文件，而是给出错误信息。根据用户需要，汇编程序还可生成列表文件（LST 文件）和交叉参考文件（XRF 文件）。

### 3. 目标程序的连接

连接的过程是：利用连接程序将用户目标程序和库文件进行连接、定位，生成扩展名为 EXE 的可执行文件。连接时，如果在目标文件或库中找不到所需的连接信息，则连接程序会发出错误信息，且不生成可执行文件。根据用户需要，连接程序还可以生成内存分配文件（MAP 文件）。

#### 4. 运行、调试可执行程序

经过汇编和连接都没有错误的程序，其运行结果不一定能达到预期目标。原因是：汇编程序只能检测出程序中的语法错误，而无法检查出程序的逻辑错误。这就需要对生成的可执行文件进行调试，找出错误，再对源程序进行修改，即重复地进行编辑、编译、连接、调试，直到生成完全正确的可执行文件为止。

## 10.2　开发环境

对于汇编语言来说，有各种不同版本的编译器，但常用的还是 Microsoft 公司的 MASM 和 Borland 公司的 TASM。MASM 5.0 是一个应用时间相对较长的版本，而且在许多场合还在继续应用。因此这里就如何使用 MASM 5.0 开发汇编语言程序的过程进行全面介绍。

对于 MASM 5.0 来说，要建立、运行和调试用户自己编写的汇编语言源程序，必须有如下文件：

① 全屏幕编辑器或其他文本编辑器。

② 汇编程序 MASM. EXE。

③ 连接程序 LINK. EXE。

④ 调试程序 DEBUG. EXE。

MASM 5.0 不需要安装，可以直接使用，现将包含有以上文件的文件夹（文件夹名称为 MASM）复制到 D 盘。接下来进行如下操作。

### 10.2.1　编辑程序

#### 1. 进入 DOS 模式

如图 10-2 所示，在 Windows 2000 或者在 Windows XP 环境下鼠标单击“开始”→“运行”，在“运行”中输入“cmd”进入 DOS 模式。

#### 2. 进入 masm 子目录

C:\documents and settings\administrator>d:<回车>

D:\>cd masm<回车>

#### 3. 编辑源程序

在 DOS 提示符下输入 edit<回车>，运行 EDIT 软件，edit 运行界面如图 10-3 所示。将汇编语言源程序录入、编辑，并保存，注意，源程序的扩展名为 .asm。也

图 10-2　进入 DOS 模式

可以在 edit 后面加上源文件的名字，假设源程序名为 test. asm。

d:\masm>edit test. asm<回车>

或者可以使用 Windows 环境下的文本编辑器编辑源程序，如使用记事本 Notebook，同样需要注意源文件的扩展名为 . asm。

### 10. 2. 2　编译

汇编语言源程序的汇编过程是利用汇编程序(MASM)对已编辑好的源程序文件(. asm)进行汇编，将源程序文件中以 ASC 码表示的助记符指令逐条翻译成

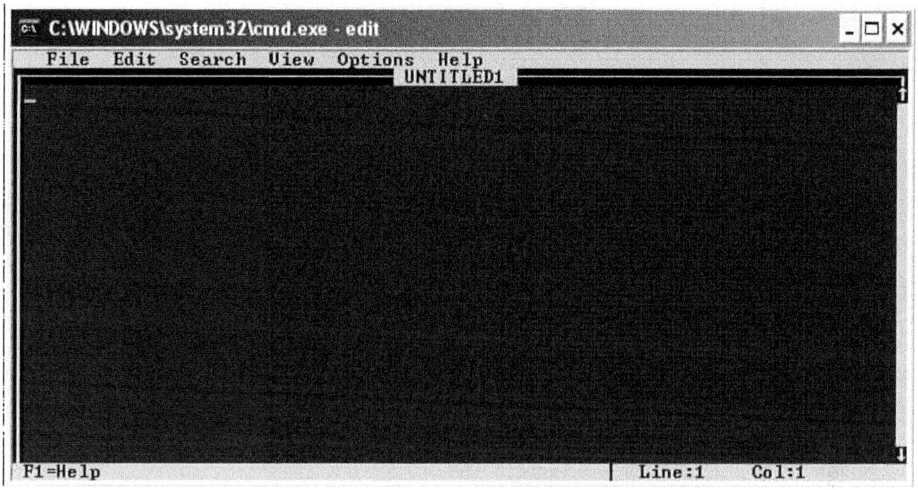


图 10-3 edit 运行界面

机器码指令,并完成源程序中的伪指令所指出的各种操作。在 DOS 提示符下输入 masm 命令:

d:\masm>masm test. asm<回车>

图 10-4 所示为 MASM 运行界面。

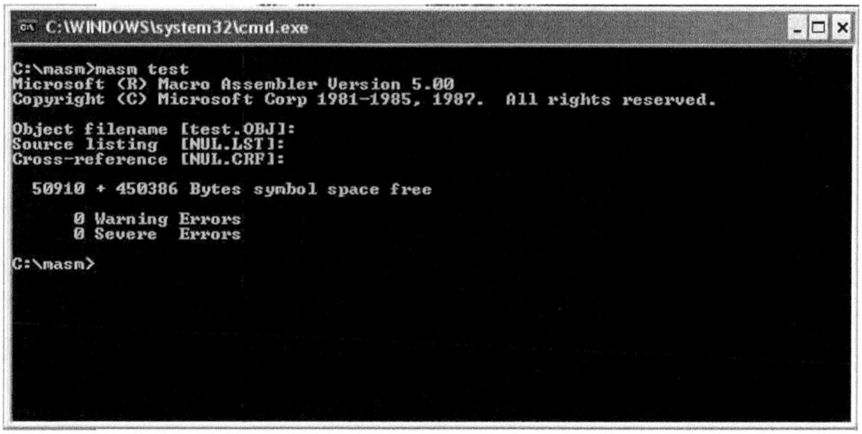


图 10-4 masm 运行界面

对该程序汇编后,可以形成三个文件:第一个是目标文件(OBJ),在该文件中,将源程序的操作码部分变为机器码,但地址操作数是可浮动的相对地址,而不是实际地址,因此需要 LINK 连接文件进行连接才能形成可执行文件;第二个文件是列表文件(LST),它把源程序和目标程序列表连接起来,以供检查程序用;第三个文件是交叉引用文件(CRF),它是一个对源程序所用的各种符号进行前后对照的文件。在这三个文件中只有目标文件是必需的。

如果用户需要另外的文件名,只需在其后输入新文件名,否则直接输入回车。如果不需要列表文件和交叉引用文件,可直接输入回车。

在汇编过程中,如果发现源程序中有语法错误,则系统提示出错信息,给出是什么性质的错误以及错误类型,最后列出错误的总数;接下来可重新进入全屏幕编辑状态,对源程序进行修改、然后再汇编,直到汇编通过为止。

### 10.2.3　连接

汇编后产生的目标程序(OBJ 文件)并不是可执行程序文件(EXE 文件),还不能直接运行,它必须通过连接程序(LINK)连接成一个可执行程序后才能运行。在 DOS 提示符下输入 link 命令。如图 10-5 所示,程序的扩展名可以省略,如不省略,加扩展名 obj。

d:\masm>link test. obj<回车>

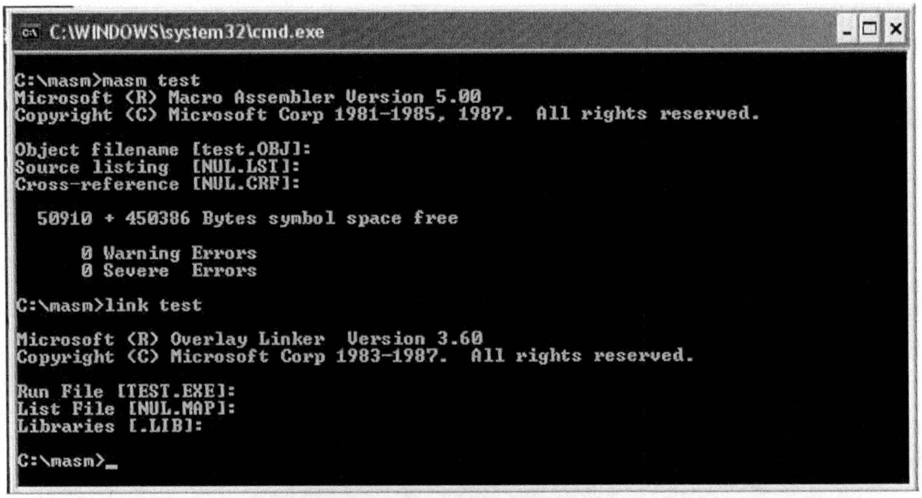


图 10-5　link 运行界面

连接程序进行连接时,其输入有两个部分:一是目标文件(OBJ),目标文件可以是一个也可以是多个,可以是汇编语言经汇编后产生的目标文件,也可以是高级语言(例如 C 语言)经编译后产生的目标文件;另一是库文件(LIB),库文件是系统中已经建立的,主要是向高级语言提供的。连接后输出两个文件,一是扩展名为

EXE 的可执行文件，另一个是扩展名为 MAP 的内存分配文件，它是连接程序的列表文件，又称为连接映像(Link Map)，它给出每个段在存储器中的分配情况，该文件可有可无。连接程序给出的"无堆栈段的警告性错误"并不影响程序的运行。

### 10.2.4 运行

运行 exe 文件。键入命令，exe 文件的扩展名可以省略。

d:\masm>test.exe<回车>

## 10.3 DEBUG 调试

可以使用 DEBUG 程序对生成的可执行文件进行调试。使用 DEBUG 可以读写、传送、查看 CPU 各种寄存器中的内容、显示内存单元的内容、设置程序起始执行地址或断点、机器码级跟踪程序的运行；也可以用 DEBUG 编程，简单、方便和直观，可以直接查看程序的执行情况，便于熟悉和理解指令、掌握基本编程技巧。

### 10.3.1 DEBUG 的进入与退出

在 DOS 提示符下直接启动调试程序 DEBUG，方法是键入如下格式的命令：

DEBUG[path][filename][parm1][parm2]

DEBUG 命令后的各项参数均用方括号[]括起，表示这些参数为可选项，可有可无。

[path]被调试程序所在路径；

[filename]被调试程序的文件名；

[parm1][parm2]被调试程序所需的参数。

例如对程序 test.exe 进行调试，键入命令：

d:\masm>debug test.exe<回车>

"—"是 DEBUG 的命令提示符，表明已进入 DEBUG 状态。在"—"提示符后，可以键入 DEBUG 命令。

在"—"提示符后输入 Q 并回车，将退出 DEBUG。

### 10.3.2 DEBUG 的主要命令

#### 1. DEBUG 命令的有关规定

在介绍 DEBUG 命令之前，先就 DEBUG 的一些相关规定作些说明：

① DEBUG 命令不区分大小写，后面跟着一个或多个参数，多个参数之间用逗号、空格或制表符分隔。

② DEBUG 命令中输入的地址或数据默认为十六进制数。

③ 按<回车>键后，命令生效。

### 2. 常用的 DEBUG 命令

学习汇编语言时，常用的 DEBUG 命令见表 10-1。

**表 10-1　常用的 DEBUG 命令**

| 命令字符 | 功能 |
|---|---|
| ? | 显示 DEBUG 命令列表 |
| q | 退出 DEBUG |
| r | 显示或修改寄存器的值 |
| d | 显示内存单元的值 |
| e | 修改内存单元的值 |
| a | 汇编命令 |
| u | 反汇编命令 |
| t | 单步运行命令 |
| g | 运行程序 |

1）显示修改寄存器命令 R

R 是显示或修改寄存器命令。显示寄存器用法如下：

```
-r
AX=0000  BX=0000  CX=0241  DX=0000  SP=0200  BP=0000  SI=0000  DI=0000
DS=1435  ES=1435  SS=1445  CS=1466  IP=0000  NV UP EI PL NZ NA PO NC
1466:0000 B86514        MOV     AX,1465
```

运行结果显示了寄存器和标志位的状态。如修改寄存器的值，可在 R 后加寄存器的名字，用法如下：

```
-r ax
AX 0000
⋮
```

命令输入并回车后会显示 AX 寄存器的值 0000，可以在冒号后输入要修改的值，如不进行修改，在冒号后回车。将 AX 值修改为 1，命令如下：

```
-r ax
AX 0000
:1
-r ax
```

```
AX 0001
:
```

2）显示存储单元命令 D

D 为显示存储单元的命令。命令用法如下：

```
-d
1466:0000  B8  65  14  8E  D8  8E  C0  8B-1E  00  00  B5  04  B1  04  D3   .e..............
1466:0010  C3  8A  C3  24  0F  04  30  3C-3A  7C  02  04  07  8A  D0  B4   ..$..0<:|.......
1466:0020  02  CD  21  FE  CD  75  E6  B4-0A  CD  21  B8  00  4C  CD  21   ..!..u..!...L.!
1466:0030  CB  00  00  00  00  00  00  00-00  00  00  00  00  00  00  00   ................
1466:0040  00  00  00  00  00  00  00  00-00  00  00  00  00  00  00  00   ................
1466:0050  00  00  00  00  00  00  00  00-00  00  00  00  00  00  00  00   ................
1466:0060  00  00  00  00  00  00  00  00-00  00  00  00  00  00  00  00   ................
1466:0070  00  00  00  00  00  00  00  00-00  00  00  00  00  00  00  00   ................
```

D 命令从某一地址开始显示连续的 128 个存储单元的内容，后面省略参数，默认段地址为数据段，偏移地址为上一个 D 命令显示的最后一个存储单元的地址的位置开始。最左侧是存储单元的地址，中间是 16 个字节的存储单元的值，用十六进制数表示，最右侧是十六进制数所对应的 ASC 码，“.”表示不可显示的字符。

D 命令可以使用段地址:偏移地址方式显示存储单元的内容，段地址也可以省略。

```
-r
AX=0000  BX=0000  CX=0241  DX=0000  SP=0200  BP=0000  SI=0000  DI=0000
DS=1435  ES=1435  SS=1445  CS=1466  IP=0000  NV UP EI PL NZ NA PO NC
1466:0000 B86514        MOV     AX,1465
-d 1435:0100
1435:0100  00 00 00 00 00 00 00 00-00 00 00 00 00 00 00 00   ................
1435:0110  00 00 00 00 00 00 00 00-00 00 00 00 00 00 00 00   ................
1435:0120  00 00 00 00 00 00 00 00-00 00 00 00 00 00 00 00   ................
1435:0130  00 00 00 00 00 00 00 00-00 00 00 00 00 00 00 00   ................
1435:0140  00 00 00 00 00 00 00 00-00 00 00 00 00 00 00 00   ................
1435:0150  00 00 00 00 00 00 00 00-00 00 00 00 00 00 00 00   ................
1435:0160  00 00 00 00 00 00 00 00-00 00 00 00 00 00 00 00   ................
1435:0170  00 00 00 00 00 00 00 00-00 00 00 00 00 00 00 00   ................
-d 0100
1435:0100  00 00 00 00 00 00 00 00-00 00 00 00 00 00 00 00   ................
1435:0110  00 00 00 00 00 00 00 00-00 00 00 00 00 00 00 00   ................
1435:0120  00 00 00 00 00 00 00 00-00 00 00 00 00 00 00 00   ................
1435:0130  00 00 00 00 00 00 00 00-00 00 00 00 00 00 00 00   ................
```

```
1435:0140  00 00 00 00 00 00 00 00-00 00 00 00 00 00 00 00   ................
1435:0150  00 00 00 00 00 00 00 00-00 00 00 00 00 00 00 00   ................
1435:0160  00 00 00 00 00 00 00 00-00 00 00 00 00 00 00 00   ................
1435:0170  00 00 00 00 00 00 00 00-00 00 00 00 00 00 00 00   ................
```

D命令也可以使用地址范围的方式进行显示，例如从数据段偏移地址是0的位置开始到数据段0010H偏移地址范围内的存储单元的内容，指令如下：

```
-d0 10
1435:0000  CD 20 FF 9F 00 9A F0 FE-1D F0 4F 03 23 0E 8A 03   ..........0.#...
1435:0010  23                                                #
```

3) 修改存储单元命令E

E逐个修改指定单元内容或将字符串写入指定的一组连续单元，有两种方式：一种是输入E<地址><字符串>后按回车键，例如将偏移地址1200H开始的存储单元的内容修改为字符串‘abcd’，1，2，3，4，命令如下：

```
-e 1200 'abcd' 1 2 3 4
-d 1200
13BF:1200  61 62 63 64 01 02 03 04-00 00 00 00 00 00 00 00   abcd............
13BF:1210  00 00 00 00 00 00 00 00-00 00 00 00 00 00 00 00   ................
13BF:1220  00 00 00 00 00 00 00 00-00 00 00 00 00 00 00 00   ................
13BF:1230  00 00 00 00 00 00 00 00-00 00 00 00 00 00 00 00   ................
13BF:1240  00 00 00 00 00 00 00 00-00 00 00 00 00 00 00 00   ................
13BF:1250  00 00 00 00 00 00 00 00-00 00 00 00 00 00 00 00   ................
13BF:1260  00 00 00 00 00 00 00 00-00 00 00 00 00 00 00 00   ................
13BF:1270  00 00 00 00 00 00 00 00-00 00 00 00 00 00 00 00   ................
```

另一种方式是逐个存储单元进行修改，方法是E<地址>回车后出现提示光标，输入数据，然后按空格键，完成当前存储单元内容的修改，并使光标指向下一个存储单元；如不输入数据，直接按空格键，跳过对该存储单元的修改，并使光标指向下一个存储单元。输入完毕后按回车键结束E命令的操作。

```
-e 1200
13BF:1200  00.61   00.62   00.a   00.b
-d 1200
13BF:1200  61 62 0A 0B 00 00 00 00-00 00 00 00 00 00 00 00   ab..............
13BF:1210  00 00 00 00 00 00 00 00-00 00 00 00 00 00 00 00   ................
13BF:1220  00 00 00 00 00 00 00 00-00 00 00 00 00 00 00 00   ................
13BF:1230  00 00 00 00 00 00 00 00-00 00 00 00 00 00 00 00   ................
13BF:1240  00 00 00 00 00 00 00 00-00 00 00 00 00 00 00 00   ................
13BF:1250  00 00 00 00 00 00 00 00-00 00 00 00 00 00 00 00   ................
13BF:1260  00 00 00 00 00 00 00 00-00 00 00 00 00 00 00 00   ................
```

```
13BF:1270  00 00 00 00 00 00 00 00-00 00 00 00 00 00 00 00
```

4）汇编与反汇编命令

汇编命令 A 以汇编指令的形式在内存中写入机器指令，逐行汇编程序，主要用于小段程序的汇编。使用 A 命令汇编程序，不允许程序中出现标号和伪指令，但 DOS 的 DEBUG 允许使用 DB 和 DW 这两条伪指令。如果没有给出起始地址，汇编后的程序代码从指令指针寄存器 IP 的值所指定的地址开始存放。按两次回车键可退出汇编命令 A 的状态。

反汇编命令 U：在指定的地址范围内，将二进制机器指令逐条翻译成汇编语言符号指令。

例如，将 AL—AH 的结果放入某一存储单元，命令如下：

输入汇编指令，

```
-a
13BF:0100 mov al,8
13BF:0102 mov ah,3
13BF:0104 sub al,ah
13BF:0106 mov[010b],ax
13BF:0109 int 20h
13BF:010B
```

进行反汇编：

```
-u 0100
13BF:0100 B008          MOV    AL,08
13BF:0102 B403          MOV    AH,03
13BF:0104 28E0          SUB    AL,AH
13BF:0106 A30B01        MOV    [010B],AX
13BF:0109 CD20          INT    20
13BF:010B 0503A3        ADD    AX,A303
13BF:010E 0401          ADD    AL,01
13BF:0110 CD20          INT    20
13BF:0112 0000          ADD    [BX+SI],AL
13BF:0114 0000          ADD    [BX+SI],AL
13BF:0116 0000          ADD    [BX+SI],AL
13BF:0118 0000          ADD    [BX+SI],AL
13BF:011A 0000          ADD    [BX+SI],AL
13BF:011C 3400          XOR    AL,00
13BF:011E AE            SCASB
```

```
13BF:011F 1300          ADC     AX,[BX + SI]
```

5) 执行程序命令

在 DEBUG 下,可以完整地执行程序、分段执行程序或单步执行程序。

(1) 执行程序命令 G

格式:G[=<程序起始地址>][<断点>……]

功能:完整或分段执行程序

说明:G 命令可以从头至尾完整地执行程序,如果 G 命令带有断点参数,则执行到断点地址时暂停并显示当前的寄存器状态,断点最多允许设置 100 个。程序正常结束时显示"Program terminated normally"。例如将 0100H 地址开始写入的汇编指令进行执行,执行后检查 010BH 地址单元的内容。

```
-a0100
13BF:0100 mov al,8
13BF:0102 mov ah,3
13BF:0104 sub al,ah
13BF:0106 mov[010b],ax
13BF:0109 int 20
13BF:010B
-g=0100

Program terminated normally
-d 010b
13BF:0100                                   05 03 00 00 00       .....
13BF:0110   00 00 00 00 00 00 00 00-00 00 00 00 34 00 AE 13   ............4...
13BF:0120   00 00 00 00 00 00 00 00-00 00 00 00 00 00 00 00   ................
13BF:0130   00 00 00 00 00 00 00 00-00 00 00 00 00 00 00 00   ................
13BF:0140   00 00 00 00 00 00 00 00-00 00 00 00 00 00 00 00   ................
13BF:0150   00 00 00 00 00 00 00 00-00 00 00 00 00 00 00 00   ................
13BF:0160   00 00 00 00 00 00 00 00-00 00 00 00 00 00 00 00   ................
13BF:0170   00 00 00 00 00 00 00 00-00 00 00 00 00 00 00 00   ................
13BF:0180   00 00 00 00 00 00 00 00-00 00 00                  ...........
```

(2) 跟踪执行命令 T

T 可以逐条跟踪指令的执行,以便调试程序;每条指令执行后都将显示各寄存器的当前值。0100H 开始的汇编程序,单步跟踪执行过程如下:

```
-t=0100

AX=0008  BX=0000  CX=0000  DX=0000  SP=FFEE  BP=0000  SI=0000  DI=0000
DS=13BF  ES=13BF  SS=13BF  CS=13BF  IP=0102  NV UP EI PL NZ NA PO NC
13BF:0102 B403          MOV     AH,03
```

```
-t

AX=0308  BX=0000  CX=0000  DX=0000  SP=FFEE  BP=0000  SI=0000  DI=0000
DS=13BF  ES=13BF  SS=13BF  CS=13BF  IP=0104  NV UP EI PL NZ NA PO NC
13BF:0104 28E0          SUB     AL,AH
-t

AX=0305  BX=0000  CX=0000  DX=0000  SP=FFEE  BP=0000  SI=0000  DI=0000
DS=13BF  ES=13BF  SS=13BF  CS=13BF  IP=0106  NV UP EI PL NZ NA PE NC
13BF:0106 A30B01        MOV     [010B],AX                 DS:010B=0305
-t

AX=0305  BX=0000  CX=0000  DX=0000  SP=FFEE  BP=0000  SI=0000  DI=0000
DS=13BF  ES=13BF  SS=13BF  CS=13BF  IP=0109  NV UP EI PL NZ NA PE NC
13BF:0109 CD20          INT     20
```

# 参 考 文 献


[1] 易小琳,朱文军,鲁鹏程,等. 计算机组成原理与汇编语言. 北京:清华大学出版社,2009

[2] 张雪兰,谭毓安,李元章. Intel 80x86/Pentium 汇编语言程序设计. 第三版. 北京:北京理工大学出版社,2009

[3] 王成耀. 80x86 汇编语言程序设计. 第二版. 北京:人民邮电出版社,2008

[4] 穆玲玲,钱晓捷主编. 高等教育计算机学科"应用型"教材 32 位汇编语言程序设计. 北京:电子工业出版社,2007

[5] 马力妮. 高等院校计算机科学与技术"十五"规划教材 80x86 汇编语言程序设计. 北京:机械工业出版社,2004

[6] 唐宁九,李征. 8086/8088 汇编语言程序设计. 成都:四川大学出版社,2008

[7] 卜艳萍,周伟. 汇编语言程序教程/高等学校教材. 计算机科学与技术. 第二版. 北京:清华大学出版社,2007

[8] 冯康. 汇编语言. 武汉:武汉大学出版社,2007

[9] 钱晓捷. 新版汇编语言程序设计. 北京:电子工业出版社,2006

[10] 姜嫒嫒,任卓谊. IBM PC 80x86 汇编语言程序设计. 北京:冶金工业出版社,2004

[11] 白中英. 计算机组成原理. 第四版. 北京:科学出版社,2008

[12] 沈美明,温冬婵. IBM－PC 汇编语言程序设计. 第二版. 北京:清华大学出版社,2010

[13] 徐洁,俸远祯. 计算机组成原理与汇编语言程序设计. 第二版. 北京:电子工业出版社,2010

[14] 王诚,刘卫东,宋佳兴. 计算机组成与设计. 第二版. 北京:清华大学出版社,2004

[15] 王诚,郭超峰. 计算机组成原理. 人民邮电出版社,2009

[16] 蒋本珊. 计算机组成原理教师用书. 北京:清华大学出版社,2005

[17] 徐爱萍. 计算机组成原理习题与解析. 第三版. 北京:清华大学出版社,2007

[18] Patric Juola 著,吴为民,艾丽华,张大伟译. 计算机组成及汇编语言原理. 北京:机械工业出版社,2010

[19] 郑纬民,汤志忠. 计算机系统结构. 北京:清华大学出版社,2001

[20] 李学干. 计算机系统结构. 西安:西安电子科技大学出版社,2006

# 附录 A　DOS 功能调用

## 1. DOS 中断

DOS V2.0 使用了 20H—27H，其功能定义为：

| 中断 | 功能 | 入口参数 | 出口参数 |
|---|---|---|---|
| INT20 | 程序正常退出 | CS=PSP 段地址 | |
| INT21 | 系统功能调用 | AH=功能号 | |
| INT22 | 程序结束处理 | | |
| INT23 | Ctrl-Break 处理 | | AL=0(忽略) |
| INT24 | 严重错误处理 | AL=驱动器号 | AL=1(重试)<br>AL=2(通过 INT 23H 终止)<br>Cy=1 出错 |
| INT25 | 绝对磁盘读 | CX=读入扇区数<br>DX=起始逻辑扇区数<br>DS:BX=缓冲区地址<br>AL=驱动器号 | Cy=0 正确 |
| INT26 | 绝对磁盘写 | CX=写盘扇区数<br>DX=起始逻辑扇区数<br>DS:BX=缓冲区地址 | |
| INT27 | 驻留退出 | CS=PSP 段地址<br>DX=程序末地址+1 | |

## 2. DOS 功能调用

功能号在 AH 中，并设好其余的入口参数，向 DOS 发出 INT21H 命令，最后获得出口参数。

| 调用号 | 功能 | 入口参数 | 出口参数 |
|---|---|---|---|
| 00H | 程序终止 | CS=PSP 段地址 | |
| 01H | 键盘输入字符 | | AL=输入的字符 |
| 02H | 显示输出 | DL=显示的字符 | |
| 03H | 串行设备输入 | | AL=输入的字符 |

续表

| 调用号 | 功能 | 入口参数 | 出口参数 |
|---|---|---|---|
| 04H | 串行设备输出 | DL=输出的字符 | |
| 05H | 打印输出 | DL=输出的字符 | |
| 06H | 直接控制台 I/O | DL=0FFH(输入请求)<br>DL=字符(输出请求) | AL=输入的字符 |
| 07H | 键盘输入字符(无回显) | | AL=输入的字符 |
| 08H | 键盘输入字符(无回显)<br>检测 Ctrl-Break | | AL=输入的字符 |
| 09H | 显示字符串 | DS:DX=缓冲区首址 | |
| 0AH | 输入字符串 | DS:DX=缓冲区首址<br>DS:DX=缓冲区首地址<br>(DS:DX)=缓冲区最大字符数 | (DS:DX+1)=实际输入的字符数 |
| 0BH | 检查标准输入状态 | | AL=00 无按键<br>AL=0FFH 有按键 |
| 0CH | 清除输入缓冲区并执行指定的标准输入功能 | AL=功能号<br>(01/06/07/08/0AH)<br>DS:DX=缓冲区(0AH 功能) | AL=输入的数据<br>(功能 01/06/07/08) |
| 0DH | 初始化磁盘状态 | | 清除文件缓冲区 |
| 0EH | 选择缺省的驱动器 | DL=驱动器号<br>(0=A,1=B,…) | AL=逻辑驱动器数 |
| 0FH | 打开文件 | DS:DX=FCB 首址 | AL=00 成功,0FFH 失败 |
| 10H | 关闭文件 | DS:DX=FCB 首址 | AL=00 目录修改成功<br>AL=FF 目录中未找到文件 |
| 11H | 查找第一匹配目录 | DS:DX=FCB 首址 | AL=00 成功,0FFH 失败 |
| 12H | 查找下一匹配目录 | DS:DX=FCB 首址 | AL=00 成功,0FFH 失败 |
| 13H | 删除文件 | DS:DX=FCB 首址 | AL=00 成功,0FFH 失败 |
| 14H | 顺序读 | DS:DX=打开的 FCB 首址 | AL=00 成功,<br>01 文件结束<br>02 缓冲区太小<br>03 缓冲区不满 |
| 15H | 顺序写 | DS:DX=打开的 FCB 首址 | AL=00 成功,<br>01 盘满<br>02 缓冲区太小 |
| 16H | 创建文件 | DS:DX=未打开的 FCB 首址 | AL=00 成功<br>0FFH 目录区满 |
| 17H | 文件换名 | DS:DX=被修改的 FCB 首址 | AL=00 成功,<br>0FFH 未找到目录项或文件重名 |

续表

| 调用号 | 功能 | 入口参数 | 出口参数 |
|---|---|---|---|
| * 18H | 保留未用 | | |
| 19H | 取缺省驱动器号 | | AL=驱动器号(0=A,1=B,…) |
| 1AH | 设置磁盘缓冲区 DTA | DS:DX=磁盘缓冲区首址 | |
| * 1BH | 取缺省驱动器的磁盘格式信息 | | AL=每簇的扇区数<br>CX=每扇区的字节数<br>DX=数据区总簇数－1<br>DS:BX=介质描述字节 |
| * 1CH | 取指定驱动器的磁盘格式信息 | DL=驱动器号(0=缺省,1=A,…) | AL=每簇的扇区数<br>CX=每扇区的字节数<br>DX=数据区总簇数－1<br>DS:BX=介质描述字节 |
| * 1DH | 保留未用 | | |
| * 1EH | 保留未用 | | |
| * 1FH | 取缺省驱动器的 DPB | | DS:BX=DPB 首址 |
| * 20H | 保留未用 | | |
| 21H | 随机读一个记录 | DS:DX=打开的 FCB 首址 | AL=00 成功,<br>01 文件结束<br>02 缓冲区太小<br>03 缓冲区不满 |
| 22H | 随机写一个记录 | DS:DX=打开的 FCB 首址 | AL=00 成功,<br>01 盘满<br>02 缓冲区太小 |
| 23H | 取文件大小 | DS:DX=未打开的 FCB 首址 | AL=00 成功,0FFH 失败 |
| 24H | 设置随机记录号 | DS:DX=打开的 FCB 首址 | |
| 25H | 设置中断向量 | AL=中断号<br>DS:DX=中断程序入口 | |
| * 26H | 创建新的 PSP | DS:DX=新的 PSP 段地址 | |
| 27H | 随机读若干记录 | DS:DX=打开的 FCB 首址<br>CX=要读入的记录数 | AL=00 成功,01 文件结束<br>AL=02 缓冲区太小<br>AL=03 缓冲区不满<br>CX=读入的块数 |
| 28H | 随机写若干记录 | DS:DX=打开的 FCB 首址<br>CX=要写入的记录数 | AL=00 成功,01 盘满<br>AL=02 缓冲区太小<br>AL=03 缓冲区不满<br>CX=已写的块数 |

续表

| 调用号 | 功能 | 入口参数 | 出口参数 |
|---|---|---|---|
| 29H | 分析文件名 | AL=分析控制标记<br>DS:SI=要分析的字符串<br>ES:DI=未打开的 FCB 首址 | AL=00 未通配符<br>01 有通配符<br>0FFH 驱动器字母无效<br>ES:DI=未打开的 FCB |
| 2AH | 取系统日期 | | CX=年(1980-2099)<br>DH=月,DL=日,AL=星期<br>(0=星期日) |
| 2BH | 置系统日期 | CX=年,DH=月,DL=日 | AL=00 成功,0FFH 失败 |
| 2CH | 取系统时间 | | CH=时(0-23),CL=分,DH=秒,<br>DL=百分之几秒 |
| 2DH | 置系统时间 | CX=时,分 DX=秒,百分秒 | AL=00 成功,0FFH 失败 |
| 2EH | 设置/复位校验开关 | AL=0 关闭,1 打开 | |
| 2FH | 取磁盘传输地址 DTA | | ES:BX=DTA 首地址 |
| 30H | 取 DOS 版本 | | AL,AH=DOS 主、次版本 |
| 31H | 结束并驻留 | AL=返回码,DX=内存大小 | |
| * 32H | 取指定驱动器的 DPB | | DS:BX=DPB 首址 |
| 33H | 取或置 Ctrl-Break 标志 | AL=0:取,1:置,DL=标志 | DL=标志(取功能)0:关 1:开 |
| * 34H | 取 DOS 中断标志 | | ES:BX=DOS 中断标志 |
| 35H | 取中断向量地址 | AL=中断号 | ES:BX=中断程序入口 |
| 36H | 取磁盘的自由空间 | DL=驱动器号(0=缺省,<br>1=A | AX=FF 驱动器无效<br>其他每簇扇区数<br>BX=自由簇数<br>CX=每扇区字节数<br>BX=文件区所占簇数 |
| * 37H | 取/置参数分隔符取<br>/置设备名许可标记 | AL=0:取分隔符,<br>1:置分隔符,DL=分隔符<br>2:取许可标记<br>3:置许可标记,DL=许可标记 | DL=分隔符(功能 0)<br>DL=许可标记(功能 2) |
| 38H | 取国家信息 | AL=0,DS:DX=缓冲区首址 | BX=国家码(国际电话前缀码)<br>AX=错误码 |
| 39H | 创建子目录 | DS:DX=路径字符串 | CF=0 成功,1 失败,<br>AX=错误码 |
| 3AH | 删除子目录 | DS:DX=路径字符串 | CF=0 成功,1 失败,<br>AX=错误码 |
| 3BH | 设置子目录 | DS:DX=路径字符串 | CF=0 成功,1 失败,<br>AX=错误码 |

续表

| 调用号 | 功能 | 入口参数 | 出口参数 |
|---|---|---|---|
| 3CH | 创建文件 | DS:DX=带路径的文件名 CX=属性 1-只读 2-隐蔽 4-系统 | CF=0 成功,AX=文件号<br>CF=1 失败,AX=错误码 |
| 3DH | 打开文件 | DS:DX=带路径的文件名 AL=方式 0-读 1-写 2-读写 | CF=0 成功,AX=文件号<br>CF=1 失败,AX=错误码 |
| 3EH | 关闭文件 | BX=文件号 | CF=0 成功<br>CF=1 失败,AX=错误码 |
| 3FH | 读文件或设备 | BX=文件号 CX=字节数 | CF=0 成功<br>DX:AX=新的指针位置 |
| 40H | 写文件或设备 | DS:DX=缓冲区首址 | CF=1 失败,AX=错误码 |
| 41H | 删除文件 | DS:DX=带路径的文件名 | CF=0 成功,1 失败,<br>AX=错误码 |
| 42H | 移动文件指针 | AL=方式 0-正向 1-相对 2-反向<br>BX=文件号,CX:DX=移动的位移量 | CF=0 成功,DX:AX=新的文件指针<br>CF=1 失败,AX=错误码 |
| 43H | 取/置文件属性 | AL=0:取 1:置,CX=新属性<br>DS:DX=带路径的文件名 | CX=属性(功能 0)1-只读<br>2-隐蔽 4-系统 20H-归档 |
| 44H | 设备输入/输出控制:设置/取得与打开设备的句柄相关联信息,或发送/接收控制字符串至设备句柄 | AL=0/1 取/置设备信息<br>2/3 读/写设备控制通道<br>4/5 同功能 2/3<br>6/7 取输入/输出状态<br>BX=句柄(功能 0-3,6-7)<br>BL=驱动器号(功能 4-5)<br>CX=字节数(功能 2-5)<br>DS:DX=缓冲区(功能 2-5) | CF=0 成功<br>DX=设备信息(功能 0)<br>AL=状态(功能 6/7)<br>0 未准备,1 准备<br>AX=传送的字节数(功能 2-5) |
| 45H | 复制文件号(对于一个打开的文件返回一个新的文件号) | BX=文件号 | CF=0 成功,AX=新文件号<br>CF=1 失败,AX=错误码 |
| 46H | 强行复制文件号 | BX=现存的文件号,<br>CX=第 2 文件号 | CF=0 成功,1 失败<br>AX=错误码 |
| 47H | 取当前目录 | DL=驱动器号<br>DS:SI=缓冲区首址 | CF=0 成功,1 失败<br>AX=错误码 |
| 48H | 分配内存 | BX=所需的内存节数 | CF=0 成功,AX=分配的段数,<br>CF=1 失败,AX=错误码<br>BX=最大可用块大小 |
| 49H | 释放内存 | ES=释放块的段值 | CF=1 失败,AX=错误码 |

续表

| 调用号 | 功能 | 入口参数 | 出口参数 |
|---|---|---|---|
| 4AH | 修改分配内存 | ES=修改块的段值<br>BX=新长度(以节为单位) | CF=1 失败,AX=错误码<br>BX=最大可用块大小 |
| 4BH | 装载程序运行程序 | AL=0 装载并运行<br>1 获得执行信息<br>3 装载但不运行<br>DS:DX=带路径的文件名<br>ES:BX=装载用的参数块 | CF=1 失败,AX=错误码 |
| 4CH | 带返回码的结束 | AL=进程返回码 | |
| 4DH | 取由 31H/4CH 带回的返回码 | | AL=进程返回码<br>AH=类型码,0-正常结束<br>1-由 Ctrl-Break 结束<br>2-由严重设备错误而结束<br>3-由调用 31H 而结束 |
| 4EH | 查找第一个匹配项 | DS:DX=带路径的文件名<br>CX=属性 | CF=1 失败,AX=错误码 |
| 4FH | 查找下一个匹配项 | | CF=1 失败,AX=错误码 |
| *50H | 建立当前的 PSP 段地址 | BX=PSP 段地址 | |
| *51H | 读当前的 PSP 段地址 | | BX=PSP 段地址 |
| *52H | 取 DOS 系统数据区首址 | | ES:BX=DOS 数据区首址 |
| *53H | 为块设备建立 DPB | DS:SI=BPB,ES:DI=DPB | |
| 54H | 取校验开关设定值 | | AL=标志值(0:关,1:开) |
| *55H | 由当前 PSP 建立新 PSP | DX=PSP 段地址 | |
| 56H | 文件换名 | DS:DX=带路径的旧文件名<br>ES:DI=带路径的新文件名 | CF=1 失败,AX=错误码 |
| 57H | 取/置文件时间及日期 | AL=0/1 取/置,BX=文件号<br>CX=时间,DX=日期 | CF=0 成功,CX=时间,DX=日期 |

当 CF=1 失败时,AX=错误码。

| 错误码 | 错误类型 | 错误码 | 错误类型 |
|---|---|---|---|
| 01H | 无效的功能号 | 0AH | 不正确的环境 |
| 02H | 文件未找到 | 0BH | 不正确的格式 |
| 03H | 路径未找到 | 0CH | 无效的存取代码 |
| 04H | 打开的文件太多 | 0DH | 无效的数据 |
| 05H | 拒绝存取 | 0EH | 保留 |
| 06H | 非法的文件号 | 0FH | 指定的驱动器无效 |
| 07H | 内存控制块破坏 | 10H | 试图删除当前目录 |
| 08H | 没有足够的内存空间 | 11H | 非同一设备 |
| 09H | 无效的内存块地址 | 12H | 没有更多的文件 |

# 附录 B　8086 汇编指令表

| 指令名称 | 指令形式 | 标志位 | 说明 | 应用举例 |
| --- | --- | --- | --- | --- |
| AAA | AAA | AF CF | 加后非压缩 BCD 码调整 AL→AX | AAA |
| AAD | AAD | SF ZF PF | 除前非压缩 BCD 码调整 AX→Bi | AAD |
| AAM | AAM | SF ZF PF | 乘后非压缩 BCD 码调整 AX | AAM |
| AAS | AAS | AF CF | 减后非压缩 BCD 码调整 AL→AX | AAS |
| ADC | 同 ADD | AF CF OF<br>SF PF ZF | 带进位加法(CF)<br>DST←(DST)+(SRC)+(CF) | |
| ADD | ADD reg/mem,imm/reg<br>ADD reg/mem | AF CF OF<br>SF PF ZF | 加法 | ADD BYTE Ptr<br>[87EAH],39 |
| AND | AND DST,SRT<br>reg/mem-imm/reg/mem | PF SF ZF<br>CF=OF=0 | 逻辑与　(置 0\不变)<br>(设置 CF) | AND AL,0FH<br>AND AX,AX |
| CALL | CALL PRO | 不影响标志位 | PUSH IP(now)&IP←(IP)+disp16 | |
| | CALL reg/mem | | PUSH IP(now)&IP←(reg/mem) | |
| | CALL FAR PTR PRO | | PUSH CS-IP&CS-IP←(CS-IP)PRO | |
| | CALL DWORD PTR mem | | PUSH CS-IP&IP←(m)CS←(m+2) | |
| CBW | CBW | 不影响 | 将 AL 值带符号扩展到 AX | CBW |
| CLC | CLC | CF=0 | 进位标志 CF 置 0 | CLC |
| CLD | CLD | DF=0 | 方向标志 DF 置 0(地址增量) | CLD |
| CLI | CLI | IF=0 | 中断标志 IF 置 0 | CLD |
| CMC | CMC | CF=-CF | 进位标志 CF 取反 | CMC |
| CMP | 同 ADD | AF CF OF<br>PF SF ZF | 操作数相减但结果不回送 | |
| CMPS | CMPS mem,mem<br>CMPSB/W | AF CF OF<br>PF SF ZF | 比较字符串(DS:SI)-(ES:DI)<br>SI←(SI)(+/-)1　DI←(DI)(+/-)1 | |
| CWD | CWD | 不影响 | 将 AX 带符号扩展到 DX:AX | CWD |
| CWDE | CWDE | 不影响 | 将 AX 带符号扩展到 EAX | CWDE |
| DAA | DAA | AF CF PF SF ZF | 加法后的 10 进制调整 AL | DAA |
| DAS | DAS | AF CF PF SF ZF | 减法后的 10 进制调整 AL | DAS |
| DEC | DEC reg/mem | AF OF PF SF ZF<br>(不影响 CF) | 目标减 1 | DEC BYTE Ptr<br>[8A90H] |

续表

| 指令名称 | 指令形式 | 标志位 | 说明 | | 应用举例 |
|---|---|---|---|---|---|
| DIV | DIV r/m8 | AF CF OF PF SF ZF 无法预测 | 无符号除法 | AX 除以 BL,商在 AL 中,余数在 AH 中 | DIV BL |
| | DIV r/m16 | | | DX:AX 除以 BX,商在 AX 中,余数在 DX 中 | DIV BX |
| ESC | ESC | 不影响 | 处理器交权 | | ESC |
| HLT | HLT | 不影响 | 系统进入暂停状态 | | HLT |
| IDIV | IDIV r/m8 | AF CF OF PF SF ZF 无法预测 | 有符号除法 | AX 除以 BL,商在 AL 中,余数在 AH 中 | IDIV BL |
| | IDIV r/m16 | | | DX:AX 除以 BX,商在 AX 中,余数在 DX 中 | IDIV BX |
| IMUL | IMUL r/m8 | 设置 CF OF S Z A P 无法预测 | 有符号乘法:AX←AL * r/m8 | | IMUL CL |
| | IMUL r/m16 | | 有符号乘法:DX:AX←AX * r/m16 | | IMUL CX |
| IN | IN AL/AX/EAX,imm8 | 不影响标志位 | 从 imm8 端口读数据到 AL/AX/EAX | | IN AL,0FFH |
| | IN AL/AX/EAX,DX | | 从 DX 指定的端口读数据到 AL/AX/EAX | | IN AL,DX |
| INC | INC reg/mem | OF SF ZF AF PF (不影响 CF) | 目标加 1 | | INC BYTE Ptr [00459AF0] |
| INT | INT imm8 | 标志位被压栈 IF=0 | 中断功能调用 PUSH FLAGS-CS-IP imm8 * 4 中断向量表查 CS/IP | | INT 21H |
| IRET | IRET | 弹出标志位 | 中断返回 POP IP-CS-FLAGS | | IRET |
| JXX 条件转移 | JA rel8 | CF=ZF=0 | 无符号数>(=JNBE) | | |
| | JAE rel8 | CF=0\|ZF=1 | 无符号数≥(=JNB) | | |
| | JB rel8 | CF=1 & ZF=0 | 无符号数<(=JNAE) | | |
| | JBE rel8 | CF=1\|ZF=1 | 无符号数≤(=JNA) | | |
| | JC rel8 | CF=1 | 进位转移 | | |
| | JCXZ rel8 | | CX=0 转移 | | |
| | JE rel8 | ZF=1 | 相等转移(=JZ) | | |
| | JG rel8 | SF=OF & ZF=0 | 有符号数>(=JNLE) | | |
| | JGE rel8 | SF=OF\|ZF=1 | 有符号数≥(=JNL) | | |
| | JL rel8 | SF≠OF & ZF=0 | 有符号数<(=JNGE) | | |
| | JLE rel8 | SF≠OF\|ZF=1 | 有符号数≤(=JNG) | | |
| | JNA rel8 | CF=1\|ZF=1 | 无符号数≤(=JBE) | | 不高于 |
| | JNAE rel8 | CF=1 & ZF=0 | 无符号数<(=JB) | | 不高等于 |

续表

| 指令名称 | 指令形式 | 标志位 | 说明 | | 应用举例 |
|---|---|---|---|---|---|
| JXX条件转移 | JNB rel8 | CF=0\|ZF=1 | 无符号数≥(=JAE) | | 不低于 |
| | JNBE rel8 | CF=ZF=0 | 无符号数>(=JA) | | 不低等于 |
| | JNC rel8 | CF=0 | 无进位转移 | | |
| | JNE rel8 | ZF=0 | 不相等转移(=JNZ) | | |
| | JNG rel8 | SF≠OF\|ZF=1 | 有符号数≤(=JLE) | | 不大于 |
| | JNGE rel8 | SF≠OF & ZF=0 | 有符号数<(=JL) | | 不大等于 |
| | JNL rel8 | SF=OF\|ZF=1 | 有符号数≥(=JGE) | | 不小于 |
| | JNLE rel8 | SF=OF & ZF=0 | 有符号数>(=JG) | | 不小等于 |
| | JNO rel8 | OF=0 | 无溢出转移 | | |
| | JNP rel8 | PF=0 | 奇状态转移(=JPO) | | |
| | JNS rel8 | SF=0 | 非负数转移 | | |
| | JNZ rel8 | ZF=0 | 非0转移(=JNE) | | |
| | JO rel8 | OF=1 | 溢出转移 | | |
| | JP rel8 | PF=1 | 偶状态转移(=JPE) | | |
| | JPE rel8 | PF=1 | 偶状态转移(=JP) | | |
| | JPO rel8 | PF=0 | 奇状态转移(=JNP) | | |
| | JS rel8 | SF=1 | 负数转移 | | |
| | JZ rel8 | ZF=1 | 等于0转移(=JE) | | |
| JMP | JMP SHORT OPR | 不影响标志位 | IP←(IP)+disp8 | −128B～+127B | 段内转移 |
| | JMP[NEAR PTR]OPR | | IP←(IP)+disp16 | −32KB～+32KB | |
| | JMP WORD PTR OPR | | IP←(OPR) | | |
| | JMP FAR PTR OPR | | IP←(IP)opr&CS←(CS)opr | | 段间转移 |
| | JMP DWORD PTR OPR | | IP←(OPR)&CS←(OPR+2) | | |
| LAHF | LAHF | 不影响 | AH=SF:ZF:0:AF:0:PF:1:CF | | LAHF |
| LDS | LDS DST, SRC<br>Reg←mem | 不影响标志位 | DST←(SRC)<br>DS←(SRC+2) | | LDS DI,[BX] |
| LSS | 同LDS | 不影响 | 指针送寄存器和SS | | |
| LES | 同LDS | 不影响 | 指针送寄存器和ES | | |
| LFS | 同LDS | 不影响 | 指针送寄存器和FS | | |
| LGS | 同LDS | 不影响 | 指针送寄存器和GS | | |
| LEA | LEA r16,m | 不影响标志位 | 将源操作数的有效地址送r16 | | LEA SI,[BX] |
| | LEA r32,m | | 将源操作数的有效地址送r32 | | LEA STRING |

续表

| 指令名称 | 指令形式 | 标志位 | 说明 | 应用举例 |
|---|---|---|---|---|
| LOCK | LOCK | 不影响 | 总线锁定 | LOCK |
| LODS | LODS mem<br>LODSB/W | 不影响标志位 | 装入串:AL/AX←(DS:SI)<br>SI←(SI)(+/−)1 | |
| LOOP | LOOP rel8 | 不影响 | CX←(CX)−1 …(CX)≠0,则循环 | |
| LOOPE<br>LOOPZ | LOOPE rel8 | 不影响标志位 | CX←(CX)−1<br>(CX)≠0 且 ZF=1,则循环 | |
| LOO-<br>PNE<br>LOO-<br>PNZ | LOOPNE rel8 | 不影响标志位 | CX←(CX)−1<br>(CX)≠0 且 ZF=0,则循环 | |
| MOV | MOV DST,SRC<br>DST≠CS、IP 和 imm | 不影响标志位 | 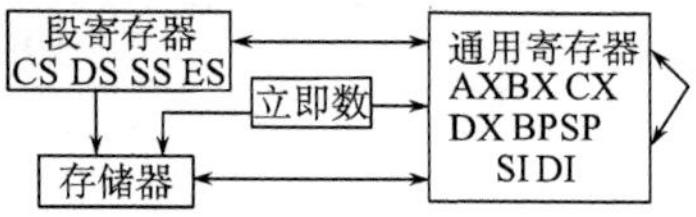 | MOV<br>[9AF0H],AL |
| MOVS | MOVS mem,mem<br>MOVSB/W | 不影响标志位 | 字符串传送 ES:DI←(DS:SI)<br>SI←(SI)(+/−)1<br>DI←(DI)(+/−)1 | MOVS<br>ES:BYTE<br>PTR[DI],<br>DS:[SI] |
| MUL | MUL r/m8 | 设置 CF OF<br>S Z A P 无法预测 | 无符号乘法:AX←AL * r/m8 | MUL CL |
| | MUL r/m16 | | 无符号乘法:DX:AX←AX * r/m16 | MUL CX |
| NEG | NEG reg/mem | CF OF SF<br>ZF AF PF | 求补:取反加一<br>0−(DST) | NEG CL |
| NOP | NOP | 不影响 | 空操作 | NOP |
| NOT | NOT reg/mem | 不影响 | 按位取反 | NOT CL |
| OR | 同 AND | PF SF ZF<br>CF=OF=0 | 逻辑或 | OR AL,0FH<br>(不变\置 1) |
| OUT | OUT imm8,AL/AX/EAX | 不影响标志位 | 将 AL/AX/EAX 输出到 imm8 指定端口 | OUT 0FFH,AL |
| | OUT DX,AL/AX/EAX | | 将 AL/AX/EAX 输出到 DX 指定的端口 | OUT DX,AL |
| POP | POP DST<br>DST! =imm & CS | 不影响标志位 | DST←((SP)+1,(SP))<br>SP←(SP)+2 | POP WORD Ptr<br>[87EAH] |
| POPF | POPF | 设置所有标志位 | 从堆栈中弹出 16 位标志寄存器 | POPF |
| PUSH | PUSH SRC<br>8086 SRC! =imm | 不影响标志位 | SP<…(SP)−2<br>((SP)+1,(SP))←(SRC)[SP 循环] | PUSH WORD<br>Ptr[87EAH] |
| PUSHF | PUSHF | 不影响 | 压栈 16 位标志寄存器 | PUSHF |
| RCL | 同 SHL | 同 ROL | 带进位循环左移 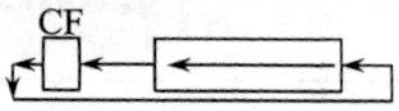 | RCL AL,1 |

续表

| 指令名称 | 指令形式 | 标志位 | 说明 | 应用举例 |
|---|---|---|---|---|
| RCR | 同 SHL | 同 ROL | 带进位循环右移 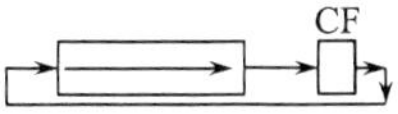 | RCR AL,1 |
| ROL | 同 SHL | 移一位后符号位改变则 OF=1 | 循环左移: 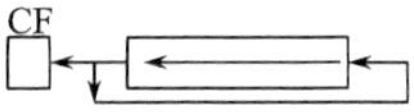 | ROL AL,1 |
| ROR | 同 SHL | 同 ROL | 循环右移: 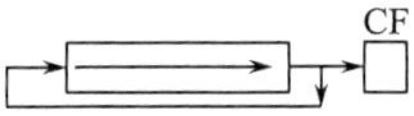 | ROR AL,1 |
| REP | REP String operation | 不影响标志位 | CX=0 则终止…… CX←(CX)-1<br>……串操作…… SI/DI 增量 | |
| REPZ<br>REPE | REPE String operation | AF CF OF<br>PF SF ZF | CX=0\|\|ZF=0 则终止…… CX←(CX)-1<br>……串比较…… SI/DI 增量 | |
| REPNZ<br>REPNE | REPNE String operation | AF CF OF<br>PF SF ZF | CX=0\|\|ZF=1 则终止…… CX←(CX)-1<br>……串比较…… SI/DI 增量 | |
| RET | RET | 恢复压栈标志位<br>POP IP[CS] | 子过程返回(Near)/(Far) | RET |
| | RET imm16 | | 子过程返回后 SP←(SP)+imm16 | RET 08 |
| SAHF | SAHF | SF ZF AF PF CF | (SF:ZF:0:AF:0:PF:1:CF)←AH | SAHF |
| SAL | 同 SHL | 移入 CF<br>OF PF SF ZF | 算术左移:[所有移位]如果操作数符号位改变,则 OF=1(CL≠1 则 OF 无定义) | SAL AL,1 |
| SAR | 同 SHL | 移入 CF<br>OF PF SF ZF | 算术右移 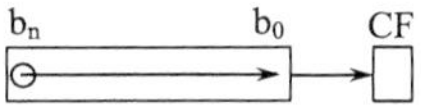 | SAR AL,1 |
| SHL | SHL reg/mem,1<br>SHL reg/mem,CL | 移入 CF<br>OF PF SF ZF | 逻辑左移 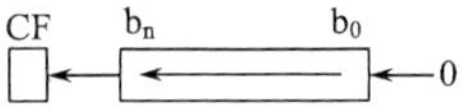 | SHL AL,1<br>SHL AL,CL |
| SHR | 同 SHL | 移入 CF<br>OF PF SF ZF | 逻辑右移 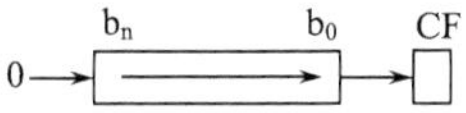 | SHR AL,1 |
| SBB | 同 SUB | AF CF OF<br>SF PF ZF | 带借位减法(CF)<br>DST←(DST)-(SRC)-(CF) | |
| SCAS | SCAS mem<br>SCASB/W | OF SF ZF<br>AF PF CF | 扫描字符串(ES:DI)-(AL/AX)<br>DI←(DI)(+/-)1 | |
| STC | STC | CF=1 | 进位标志 CF 置 1 | STC |
| STD | Std | DF=1 | 方向标志 DF 置 1(地址减量) | STD |
| STI | STI | IF=1 | 中断标志 IF 置 1(开中断) | STI |
| STOS | STOS mem<br>STOSB | 不影响标志位 | 存入串(ES:DI)←(AL/AX)<br>DI←(DI)(+/-)1 | |
| SUB | SUB reg/mem,imm/reg<br>SUB reg,mem | AF CF OF<br>SF PF ZF | 减法 | SUB BYTE Ptr [87EAH],39 |

续表

| 指令名称 | 指令形式 | 标志位 | 说明 | 应用举例 |
|---|---|---|---|---|
| TEST | 同 AND | PF SF ZF<br>CF=OF=0 | 逻辑与测试，但是不改变目的操作数，只设置相关标志位 | TEST AL,1FH |
| WAIT | WAIT | 不影响 | 等待，检查非屏蔽浮点异常 | WAIT |
| XCHG | XCHG OPR1,OPR2<br>reg-reg\reg-mem | 不影响标志位 | 目的操作数和源操作数的值交换<br>操作数不允许为段寄存器 | XCHG AX,BX |
| XLAT | XLAT[TABLE] | 不影响标志位 | LEA BX,TABLE;表首址给 BX<br>MOV AL,4;待转换内容到 AL<br>AL←((BX)+(AL)) | XLAT |
| XOR | 同 AND | PF SF ZF<br>CF=OF=0 | 逻辑异或 | XOR AL,0FH<br>(不变\反) |